Günther La Roche

SOLARGENERATOREN FÜR DIE RAUMFAHRT

Günther La Roche

SOLARGENERATOREN FÜR DIE RAUMFAHRT

Grundlagen der photovoltaischen Solargeneratortechnik für Raumfahrtanwendungen

Mit 154 Abbildungen

Herausgegeben von Otto Mildenberger

Die Deutsche Bibliothek – CIP-Einheitsaufnahme

LaRoche, Günther:
Solargeneratoren für die Raumfahrt: Grundlagen der
photovoltaischen Solargeneratortechnik für Raumfahrtanwendungen /
Günthe LaRoche. Hrsg. von Otto Mildenberger. –
   ISBN 978-3-663-11384-3   ISBN 978-3-663-11383-6 (eBook)
   DOI 10.1007/978-3-663-11383-6

Herausgeber: Prof. Dr.-Ing. *Otto Mildenberger* lehrt an der Fachhochschule
Wiesbaden/Rüsselsheim, in den Fachbereichen Elektrotechnik und Informatik

http://www.vieweg.de

Umschlaggestaltung: Klaus Birk, Wiesbaden

ISBN 978-3-663-11384-3

Vorwort

Als ich am 1.11.1972 die Leitung des Solarzellenlabors bei MBB übernahm, war mir in keiner Weise klar, welche Entwicklung die Solargeneratortechnik in den nächsten Jahren nehmen würde und welche Herausforderungen an mich und an mein Team gestellt werden würden.

Das Solarzellenlabor existierte bereits seit 1965 (damals noch Ludwig Bölkow KG) und die Hauptaufgabe bestand darin, die Technologien für den Bau von Solargeneratoren für deutsche bzw. europäische Satelliten zu entwickeln. Natürlich kam zunächst das Know-how aus USA. Mehrere Firmen in Europa starteten Solarzellenentwicklungen für Raumfahrtanwendungen, an eine terrestrische Nutzung war damals noch nicht zu denken. In Deutschland waren dies Siemens und AEG-Telefunken, in Frankreich SAT, in Großbritannien Ferranti und in Italien SELENIA. Erstes Ziel in Deutschland war die Entwicklung der Solargenerator-Technologie für den ersten deutschen Forschungssatelliten "Azur". Bölkow arbeitete mit Siemens zusammen. Die Solarzelle war eine Silizium 1Ωcm-Zelle, 2x2cm mit lötbaren Ti-Ag-Kontakten. Die Verschaltung erfolgte durch Lötung von Silbermesh, die Deckgläser waren aus Quarz und waren so dimensioniert, daß die Kontakte frei blieben. Parallel und in Konkurrenz entwickelte AEG-Telefunken eine ähnliche Technologie mit eigenen Zellen und gewann auch den Auftrag für den Bau des Azur-Solargenerators.

Doch die nächste Herausforderung war die Entwicklung der Solargenerator-Technologie für die Sonnensonde "HELIOS", die sich auf 0,25AU der Sonne näherte und dadurch wegen der hohen Temperaturen eine neue Verbindertechnologie erforderte. Wieder waren Bölkow/Siemens (jetzt MBB/Siemens) und AEG-Telefunken die Konkurrenten. Bei beiden wurden Schweißtechniken entwickelt, bei MBB/Siemens eine Widerstandsschweißtechnik für Silber-Verbinder, bei AEG-Telefunken eine Spalt-Elektroden-Schweißung für Molybdän-Verbinder. Wieder bekam AEG-Telefunken den Auftrag. Aber bei MBB war eine Technik entwickelt worden, welche die Basis für die Erfolge der nächsten Jahre bildete. Weltweit erstes Flugexperiment mit einem geschweißten Solargenerator war DIAL, der 1970 von MBB gebaut wurde. Es folgte AEROS, dem immerhin schon 60W Leistung installiert wurden.

Mittlerweile erreichte AEG-Telefunken beim Bundesministerium für Wissenschaft und Forschung (BMWF), daß aus Wettbewerbsgründen deutsche Raumfahrt-Solargeneratoren nur noch mit Solarzellen von AEG-Telefunken ausgerüstet werden sollten. Dies zog die Einstellung der Solarzellentechnik bei Siemens nach sich und stärkte die Position von AEG-Telefunken derart, daß MBB nur die komplette Elektrik und keine Solarzellen angeboten wurden.

In dieser Situation wurde mir die Leitung des Solarzellenlabors bei MBB übertragen. Wir hatten keine Zellen, keinen Auftrag und keine Lobby und der Personalstand lag bei 6 Mitarbeitern. Es war mir klar, daß öffentliche Aufträge und damit auch Aufträge von der Europäischen Weltraum Agentur (ESA) für MBB nicht mehr in Frage kamen. Die einzige Chance bestand auf dem kommerziellen Markt. Und hier bot sich die Chance in der Zusammenarbeit mit Aerospatiale, die 1972 den Auftrag für den Bau des präoperationellen meteorologischen Satelliten "Meteosat" gewann. MBB war mit den Subsystemen Struktur, Thermalkontrolle, Apogäumsmotor und Solargenerator beteiligt. Die französische Firma SAT ersetzte Siemens als Solarzellenlieferant.

"Meteosat" wurde ein großer Erfolg. Die 3 Satelliten leisteten 4 Jahre länger als geplant erfolgreich ihren Dienst. Die MBB Schweißtechnik hatte sich voll bewährt, neu entwickelt wurde die 100%-ige Bedeckung der Zelle durch das Deckglas und die Verlängerung der Lebensdauer durch Einführung einer Verbinder-Ausgleichsschleife.

Für ESA hatte MBB Solargenerator-Strukturen aus kohlefaserverstärkten Kunststoffen entwickelt. Diese Strukturen wurden für den Bau des Solargenerators für OTS eingesetzt. AEG-Telefunken wurde mit der elektrischen Belegung beauftragt, MBB verkabelte den Solargenerator. Erstmals wurden Litzenkabel aus reinem Silber hergestellt und mit den Solarzellenmodulen verschweißt, ein erster Schritt zur komplett verschweißten Solargenerator-Elektrik, die 6 Jahre später beim Solargenerator für den Intelsat VI-Satelliten verwirklicht wurde.

In Europa zeichnete sich für die kommerzielle Nutzung des Weltraums zunächst keine große Perspektive ab, beziehungsweise nicht in dem Umfang, daß sich mehrere Firmen im Wettbewerb halten konnten, zumal ESA wegen deutscher Fördergelder eindeutig AEG-Telefunken unterstützte. So war es nur logisch, daß die Solarzellenentwickler SAT, Ferranti und SELENIA die Produktion einstellten. Da europäische Projekte europäische Produkte bevorzugten, mußte MBB den europäischen Markt AEG-Telefunken überlassen und sich internationalen Projekten zuwenden. Als Solarzellenlieferanten boten sich die US-Firmen Spectrolab und ASEC an. Der internationale Durchbruch gelang mit der Kooperation von MBB und Ford Aerospace Corporation (heute Space Systems Loral) im Intelsat V Programm. MBB gewann den Solargenerator mit Spectrolab-Zellen, mußte dann aber nach Intervention des BMWF "Solar Cell Assemblies" von AEG-Telefunken verwenden.

Die Fertigung von 15 Flugeinheiten des Intelsat V Solargenerators erforderte Automation in der Zellverarbeitung. Die ersten Modul-Schweißautomaten wurden erfolgreich entwickelt und eingesetzt und die MBB Solargeneratortechnik wurde weithin bekannt. Bei der Ausschreibung des Intelsat V- Nachfolgeprogramms, Intelsat VI, war MBB bereits Partner von 2 US-Firmen. Hughes Aircraft Corporation gewann den Auftrag und beauftragte MBB mit der Herstellung des Solargenerators. Die Verarbeitung von über 200.000 Spectrolab Solarzellen erforderte eine Vollautomation der Verbinder-Herstellung (12,5μm Silberfolie!) und -Verschweißung, der Deckglasklebung und Modulschweißung sowie eine Mechanisierung der Panelintegration und Verkabelung. Die Automaten wurden von Siemens nach MBB-Spezifikationen gefertigt und brachten MBB die modernste Solargenerator-Fertigung der Welt. Fürderhin war MBB ein Qualitätsbegriff in der Raumfahrt-Solargeneratortechnik und Folgeaufträge für kommerzielle Satelliten wie SCS1/Superbird (SS/L), Italsat (Aerospatiale), Inmarsat 2 (Fokker), Orion (BAE), Eutelsat 2 (Aerospatiale), Tempo/Panamsat (SS/L) u.a.m. waren die konsequente Folge.

1992 wurde Daimler-Benz Hauptgesellschafter von MBB und gründete die Deutsche Aerospace die später in Daimler-Benz Aerospace (DASA) umbenannt wurde. Nachdem Daimler-Benz zuvor schon AEG erworben hatte, waren plötzlich die beiden früheren Konkurrenten unter einem Dach. Die AEG-, jetzt TST-Solargeneratortechnik war gekennzeichnet durch Adaptabilität an unterschiedlichste Anforderungen, wie sie von vielfältigen wissenschaftlichen und auch kommerziellen Anwendungen gestellt wurden. Durch die Vereinigung der beiden Bereiche im DASA-Geschäftsbereich Dornier Satellitensysteme GmbH (DSS) wurde in Ottobrunn ein Technologiezentrum geschaffen, das allen Anforderungen der Solargeneratortechnik für die Raumfahrt gewachsen und mit den größten US-Unternehmen konkurrenzfähig ist.

Es war klar, daß mit einer derartigen Entwicklung der Fertigungsfähigkeiten auch die physikalischen, technischen und praktischen Grundlagen Schritt halten mußten. Aus eigener Erfahrung war mir schon früh klar geworden, daß es kein geschlossenes Werk gab, das die Problematik der Zellverarbeitung hinreichend behandelte. Für jedes Einzelproblem suchte man in der Literatur und landete dann meistens bei den Standardwerken der Halbleiterphysik. Um das, was ich mir aus vielen Quellen an Kenntnissen zusammentrug auch für meine Mitarbeiter zugänglich zu machen, fing ich früh an, die für unsere Anwendungen maßgebenden physikalischen Zusammenhänge aufzuschreiben. Bald wurde mir klar, daß das Verständnis aller mit der Verarbeitung, Integration und Test von Solarzellen zusammenhängenden Effekte die Kenntnis der Halbleiterphysik voraussetzt. So begann ich erst einmal intensiv die Physik der Solarzellen zu studieren und fand in E.S. Yangs Buch "Fundamentals of Semiconductor Devices" ein Werk, das auf fast alle meine Fragen eine Antwort hatte. Das nachfolgende Kapitel 2 "Physik der Solarzelle" lehnt sich stark an Yangs Werk an, das ich für weitergehende Studien wärmstens empfehlen möchte. Forum für den Fortschritt in der Solarzellen- und Solargeneratortechnik war und ist die IEEE Photovoltaic Specialists Conference, die in Abständen von 18 Monaten bereits seit Ende der 50-er Jahre in USA stattfindet. Erstmals hatte ich 1973 die Gelegenheit an der zehnten derartigen Konferenz in Palo Alto teilzunehmen. Hier fand ich ein riesiges Feld für Erfahrungsaustausch insbesondere mit "alten Hasen" wie Joe Loferski, Martin Wolf, Chuck Backus, Peter Iles, Gene Ralph, Hans Rauschenbach und vielen anderen mehr, die auf dem Gebiet der Photovoltaik bereits wichtige Meilensteine gesetzt hatten. Nur durch außergewöhnliche Umstände ließ ich mir fürderhin eine PVSC entgehen. Die Informationen, die ich in persönlichen Gesprächen, aus Vorträgen oder aus den Proceedings erwarb, flossen unmittelbar in mein sich langsam entwickelndes Skriptum ein und neue Mitarbeiter fanden bereits eine brauchbare Unterstützung bei der Einarbeitung in ein sehr spezielles Gebiet vor. Überdies hatten wir nunmehr eine in sich geschlossene Basis für Solargenerator-Berechnungen, die jederzeit nachvollziehbar und damit allgemein akzeptiert war. Aus Konkurrenzgründen war zunächst an eine Veröffentlichung nicht zu denken. Erst nach der Fusion mit TST war die Konkurrenzsituation in Europa soweit entschärft, daß ich eine Veröffentlichung überlegte. Dazu mußte das Skriptum jedoch vollständig überarbeitet und in sich konsistent gemacht werden. Nachdem ich 1991 die Abteilungsleitung zugunsten der Funktion eines Chefberaters für Photovoltaik aufgegeben hatte, erhoffte ich mir mehr Freizeit für die Verfolgung dieses Ziels. Dennoch dauerte es fast 5 Jahre, bis das Skriptum Buchform angenommen hatte.

Ein technisch-wissenschaftliches Buch lebt von der Kritik, den Kommentaren und den Empfehlungen seiner Leser. Bisher bekam ich nur Rückmeldungen von meinen Mitarbeitern, die neben der Theorie auch die Praxis miterlebten und beides zu einem in sich konsistenten Ganzen verschmolzen. Inwieweit die Theorie alleine in sich konsistent ist, möge die Kritik der Leser beurteilen. Ich kann aber versichern, daß sich alle abgeleiteten Formeln in der Praxis bestens bewährt haben und die Basis für die DSS- Solargeneratortechnik bilden, welche bereits vielfache weltweite Anerkennung erfahren hat.

Was wäre eine Theorie ohne die praktische Umsetzung. Ich hatte das Glück Mitarbeiter zu haben, die handwerkliches Geschick mit dem Verständnis der Materialeigenschaften verbanden. So war es durchaus nicht selten, daß wir zunächst das Verfahren und dann erst die Theorie erfanden. Heute kann ich sagen, daß die Symbiose von Theorie und Praxis erst zu den Erfolgen führte, auf die wir heute zurückblicken können. Deshalb möchte ich dieses Buch primär meinen engeren Mitarbeitern Christiane Oxynos-Lauschke, Hannelore Schindler, Anneliese Socher (†), Hans Kahlfuß, Franz Köhler, Hermann Kulms, Klaus Littmann, Walter Lukschal, Werner Neudeck, Wolfgang Roersch, Karl-Heinz

Wehner widmen und natürlich meiner Frau Helga und unseren Töchtern Anette und Florine, die oft unter meiner körperlichen und geistigen Abwesenheit zu leiden hatten.

Dem Verlag Vieweg und meiner Firma Dornier Satellitensysteme GmbH möchte ich meinen Dank aussprechen für die Möglichkeit, dieses Buch zu veröffentlichen. Besonders danken aber möchte ich Herrn Professor Dr. Otto Mildenberger für die freundliche Unterstützung bei der Gestaltung des Manuskripts.

Günther La Roche   Ottobrunn im Juni 1997

Inhaltsverzeichnis

1 Einleitung ... 1

2 Physik der Solarzelle ... 3

  2.1 Leiter, Isolatoren, Halbleiter ... 3

  2.2 Leitungsmechanismen im Halbleiter ... 4

  2.3 Ladungsträgerkonzentration und Fermi - Niveau ... 6

  2.4 Ströme im Halbleiter ... 10

  2.5 Der Halbleiter im gestörten thermischen Gleichgewicht ... 12

  2.6 Potentiale und elektrische Felder ... 17

  2.7 Grundgleichungen für den Halbleiter ... 20

    2.7.1 Kontinuitätsgleichung ... 20

    2.7.2 Raumladungsverteilung ... 21

  2.8 Der pn-Übergang ... 21

  2.9 Die Solarzelle ... 31

  2.10 Hetero-Übergänge ... 37

  2.11 Metall-Halbleiter Übergänge (MS-Übergänge) ... 40

3 Solarzellen und ihre elektrischen Eigenschaften ... 45

  3.1 Typische Solarzellenmerkmale ... 45

  3.2 Messung der elektrischen Eigenschaften ... 46

    3.2.1 Meßbedingungen ... 46

    3.2.2 Messung der Solarzellen-Kennlinie ... 48

    3.2.3 Spektrale Empfindlichkeit und deren Berücksichtigung bei der Eichung von Sonnensimulatoren ... 50

  3.3 Beschreibung der Solarzelleneigenschaften ... 53

    3.3.1 Darstellung der IV-Charakteristik ... 53

    3.3.2 Die zellspezifischen Faktoren I_0, V_T^*, R_s ... 55

    3.3.3 Die Dunkelstrom-Kennlinie ... 57

    3.3.4 Temperaturkoeffizienten ... 58

    3.3.5 Wirkungsgrad ... 61

    3.3.6 Intensität ... 63

  3.4 Grenzen der photovoltaischen Energieerzeugung ... 63

    3.4.1 Absorption und Flächennutzung ... 64

      3.4.1.1 Absorption ... 64

      3.4.1.2 Reflexionsverluste ... 65

3.4.1.3 Oberflächentexturierung (schwarze Zelle)...66

3.4.1.4 Rückseiten-Reflektor (BSR-Zellen)...68

3.4.1.5 Verminderte Flächennutzung und Serienwiderstände 68

3.4.2 Verbesserung des Sammelwirkungsgrads (violette Zelle)........................70

3.4.3 Nicht-optimale Höhe des Potentialwalls am pn-Übergang
          (niederohmige Zelle) 70

3.4.4 Rekombinationen..71

3.4.5 GaAs-Zellen...73

3.4.6 Mehrschicht-Zellen, Multiübergangszellen 77

3.5 Elektrische Eigenschaften realer Solarzellen 80

4 Herstellungs- und Verarbeitungsverfahren 83

4.1 Zelltypen und Prozeßfolgen...83

4.2 Herstellung von Solarzellen...86

4.2.1 Das Grundmaterial...86

4.2.2 Kristallzüchtung 86

4.2.3 Dotierungsverfahren...88

4.2.4 Kontaktierung 95

4.2.5 Passivierung 98

4.3 Verschaltungstechniken..99

4.4 Fertigungsablauf zur Herstellung eines Solargenerators............................104

5 Module 107

5.1 Die Gesamt-Kennlinie einer Solarzelle und der Lawinen-Durchbruch.............107

5.1.1 Die Gesamt-Kennlinie 107

5.1.2 Berechnung der Durchbruchsspannung von Solarzellen........................108

5.2 Verschaltung von Solarzellen...112

5.2.1 Die modulspezifischen Parameter 113

5.2.2 Matching Kriterien..116

5.2.3 Solarzellenverbinder...119

5.3 Hot Spots..124

5.3.1 Entstehung von Hot Spots 124

5.3.2 Verhinderung von Hot Spots...127

6 Solarzellen und Korpuskularstrahlung...129

6.1 Teilchenstrahlung und ihre Modellierung 129

6.1.1 Die Teilchenstrahlung im erdnahen Raum 129

6.1.2 Das Magnetfeld/elektrische Feld der Erde...134

6.1.3 Teilchenfluß Modelle 136

6.2 Mechanismus der Teilchenschädigung ... 140

6.2.1 Ionisation ... 140

6.2.2 Atomversetzungen ... 141

6.2.3 Einfluß der Störstellen auf die Zellparameter ... 144

6.2.4 Äquivalente Teilchenschädigungen ... 146

6.2.5 Schädigungskoeffizienten für Elektronen ... 148

6.2.6 Schädigungskoeffizienten für Protonen ... 149

6.2.7 Schädigungskoeffizienten für Neutronen und α-Strahlung ... 151

6.2.8 Ionisationseffekte ... 152

6.2.9 Ausheilung von Zellschädigungen ... 152

6.3 Degradationsverhalten von Solarzellen ... 153

6.3.1 Degradation verschiedener Zellen bei 1MeV-Elektronen-Bestrahlung ... 153

6.3.2 Einfluß auf Temperaturkoeffizienten ... 154

6.4 Relative Schädigungskoeffizienten für Weltraumstrahlung ... 156

6.5 Berechnung von Zelldegradationen ... 169

6.6 Elektrostatische Aufladung ... 170

7 Leistungsberechnung und Auslegung von Solargeneratoren ... 175

7.1 Missionsprofil und Satellitenkonfiguration ... 177

7.2 Bahnspezifische Daten ... 177

7.3 Thermische Eigenschaften von Solargeneratoren ... 180

7.3.1 Temperaturen ... 180

7.3.2 Wärme- und Albedostrahlung ... 183

7.4 Regelung der vom Solargenerator erzeugten elektrischen Leistung ... 187

7.5 Verlustfaktoren ... 191

7.5.1 Kalibrierungsfehler ... 191

7.5.2 Matching Verluste ... 192

7.5.3 Deckglasgewinn ... 193

7.5.4 Leitungsverluste ... 193

7.5.5 Zufällige Zellausfälle ... 195

7.5.6 Sonnenintensität ... 196

7.5.7 Einfallswinkel der Sonnenstrahlung ... 196

7.5.8 Mikrometeoriten und Weltraumschrott ... 197

7.5.9 UV-Strahlung ... 200

7.6 Leistungsberechnung ... 200

8 Ausführung von Solargeneratoren 209

   8.1 Aufbau von entfaltbaren Solargeneratoren 209

      8.1.1 Starre Systeme 209

      8.1.2 Flexible Systeme 214

   8.2 Satellitenmontierte Solargeneratoren 222

   8.3 Kritische Solargeneratorparameter 225

      8.3.1 Masse 226

      8.3.2 Spezifische Leistung 227

      8.3.3 Flächenleistung 227

      8.3.4 Kosten 228

9. Literatur 231

   9.1 Allgemeine Literatur und Literatur zu Kapitel 1 231

   9.2 Literatur zu Kapitel 2 232

   9.3 Literatur zu Kapitel 3 232

   9.4 Literatur zu Kapitel 4 235

   9.5 Literatur zu Kapitel 5 236

   9.6 Literatur zu Kapitel 6 237

   9.7 Literatur zu Kapitel 7 238

   9.8 Literatur zu Kapitel 8 239

A Anhang: „Eigenschaften von Solarzellen und Solarzellenmaterialien" 241

   A1 Physikalische Eigenschaften von Solarzellenmaterialien 242

   A2 Charakteristische Zellparameter 243

   A3 Temperaturkoeffizienten 244

   A4 Steigung C von $\log\left(1+\dfrac{\Phi}{\Phi_0}\right)$ von Raumfahrtzellen 245

   A5 Kritischer Teilchenfluß Φ_0 von Raumfahrtzellen 246

Namen- und Sachwortverzeichnis 247

Bezeichnungen und Bedeutung der Symbole

Die angegebenen Einheiten sind solche, die häufig verwendet werden. Bei Symbolgleichheit geht die jeweilige Bedeutung aus dem Zusammenhang klar hervor. Werte für Natur-Konstanten sind im MKS-System angegeben.

a	Empirische Materialkonstante für Ionisationskoeffizient $[\mathrm{cm}^{-1}]$
a	große Halbachse einer Ellipsenbahn
a	Querschnitt (klein)
A	Querschnitt, Fläche
A	Diffusions-/Rekombinationsstrom-Anteil (Gütefaktor)
A_a	Flächenfaktor
AMx	Luftmasse bei x Atmosphären
a_0	Bohrscher Radius $(5{,}3 \cdot 10^{-11}\mathrm{m})$
b	Albedo
b	Empirische Materialkonstante für Ionisationskoeffizient $[\mathrm{V/m}]$
b	kleine Halbachse einer Ellipsenbahn
B	Magnetische Flußdichte $[\mathrm{G}]$
B	Proportionalitätsfaktor bei Rekombination
B_x	Bestrahlungsstärke bei AMx $(x=0;\ 1;\ 1{,}5;\ldots)[\mathrm{W/m}^2]$
c	Konzentrationsfaktor
c	Lichtgeschwindigkeit $= 2{,}99792 \cdot 10^8 \mathrm{m/s}$
C	Kapazität $[1\mathrm{F}=1\mathrm{As/V}]$
C(z)	Maß für die Steigung einer Degradationskurve
c_n	Einfangwahrscheinlichkeit für ein Elektron
c_p	Einfangwahrscheinlichkeit für ein Loch
d	Dicke, Abstand
d_n	Dicke der n-Seite
d_p	Dicke der p-Seite
D	Diffusionskonstante $[\mathrm{m}^2/\mathrm{s}]$
D(E,t)	relativer Schädigungskoeffizient omnidirektionaler Teilchenstrahlung der Energie E bzgl. unidirektionaler 1 MeV-Elektronen bzw. 10 MeV-Protonen für eine Zelle, die von einem Deckglas der Dicke t bedeckt ist.
$D(E_0,\Theta)$	relativer Schädigungskoeffizient unidirektionaler Teilchenstrahlung unter dem Einfallswinkel Θ und der Energie E_0 bzgl. unidirektionaler 1 MeV-Elektronen bzw. 10MeV-Protonen
D(P,M)	Mismatch-Verlustfaktor auf die Leistung bezogen
dE/dx	Bremsenergie der Elektronen in einem Material der Dichte ρ $[\mathrm{MeV \cdot cm}^2/\mathrm{g}]$
D_n	Diffusionskonstante für Elektronen

D_p Diffusionskonstante für Löcher

$DI_{pr}(E_o,0)$ relativer Strom-Schädigungskoeffizient unidirektionaler Teilchenstrahlung unter senkrechtem Einfallswinkel und der Energie E_o bzgl. unidirektionaler 10 MeV-Protonen

$DV_{pr}(E_o,0)$ relativer Spannungs-Schädigungskoeffizient unidirektionaler Teilchenstrahlung unter senkrechtem Einfallswinkel und der Energie E_o bzgl. unidirektionaler 10 MeV-Protonen

e_n Emissionswahrscheinlichkeit für ein Elektron

e_p Emissionswahrscheinlichkeit für ein Loch

$\mathbf{e}_r, \mathbf{e}_\lambda, \mathbf{e}_\varphi$ Einheitsvektoren bzgl. Polarkoordinaten

erf   Gaußsches Fehlerintegral

$\mathbf{E}$ elektrische Feldstärke [V/m]

E Energie

E_c niedrigstes Energieniveau des Leitungsbandes (Bandkante) [eV]

E_d Versetzungsenergie eines Atoms [eV]

E_f Ferminiveau [eV]

E_{fi} Fermi-Niveau eines intrinsischen Halbleiters (annähernd = halber Bandabstand)

$E_g(T)$ Bandabstand Leitungsbandkante E_c -Valenzbandkante E_v bei Temperatur T. Für Si $E_g(0) = 1,153eV$

E_m Elastizitätsmodul des Materials m

E_o Energie eines Teilchens beim Eintritt in die Solarzelle

E_{ph} Photonenenergie [eV]

E_R Rhydbergenergie für Wasserstoff (13,6eV)

E_s Schweißenergie

E_t Energieniveau der Fallen [eV]

E_T Schwellenergie für eine Atomversetzung

E_v Bandkante des Valenzbandes [eV]

$f(E)$ Verteilungsfunktion. Sie beschreibt die Besetzungswahrscheinlichkeit eines Energiezustands E entweder nach Fermi-Dirac oder nach Maxwell-Boltzmann.

F Strahlungsfluß pro Sekunde in W/cm^2

FF Füllfaktor $=I_{mp} \cdot V_{mp}/(I_{sc} \cdot V_{oc})$

F_{ph} Photonen-/Lichtenergie pro $cm^2 \cdot s$

F_t Teilchenfluß [sec^{-1}]

$F_x(\lambda)$ Strahlungsleistung der Wellenlänge λ nach der Absorptionslänge x. Einheit: $W/cm^2 nm$

g Spaltweite zwischen 2 Zellen

G Erzeugungsrate [$cm^{-3}s^{-1}$]

G_L lichtinduzierte Paar-Erzeugungsrate [$cm^{-3} \cdot s^{-1}$]

G_{th} thermisch induzierte Erzeugungsrate

h	Höhe
h	Plancksches Wirkungsquantum (= $6{,}6262 \cdot 10^{-34}$ Js)
i	Inklination der Bahnebene
i	Hilfsgröße für Strom I (= I/I_0)
I	elektrischer Strom [A]
$I(\lambda)$	Kurzschlußstrom der Solarzelle der von $F(\lambda)$ erzeugt wird
$I(x)$	Strom an der Stelle x
I_G	Generierter Photostrom
I_j	Strom über pn-Übergang
I_{mp}	Strom bei P_{mp}
I_n	Elektronenstrom [A]
I_0	Dioden-Sättigungsstrom [A]
I_p	Löcherstrom [A]
I_{sc}	Kurzschlußstrom [A]
J	Stromdichte [A/cm^2]
J_n	Elektronen-Stromdichte
J_p	Löcher-Stromdichte
J_{rev}	Stromdichte in Sperr-Richtung
k	Boltzmann Konstante (= $1{,}38066 \cdot 10^{-23}$ J/K)
k	Hilfsgröße für Kurzschlußstrom I_{sc} (= I_{sc}/I_0)
k_0	magnetisches Dipolmoment [Wb·m]
$\mathbf{K}$	Wellenvektor
K	Schädigungskoeffizient
K_L	auf die Diffusionslänge bezogener Schädigungskoeffizient
K_t	auf die Lebensdauer bezogener Schädigungskoeffizient
K_n	Kennlinie einer Zellkette mit n Zellen in Serie
K_v	Konstante
$l, l, \mathbf{l}, L$	Länge
L	Diffusionslänge [µm]
L	Induktivität [1H=1Vs/A]
L_D	extrinsische Debye-Länge
L_n	Elektronen-Diffusionslänge
L_p	Löcher-Diffusionslänge
L_{sp}	spezifische Generatorleistung (= P/M)
m, m_0	Elektronenmasse ($9{,}1095 \cdot 10^{-29}$ kg)
m_e	effektive Elektronenmasse
m_h	effektive Masse der Löcher
$m(v)$	Masse der Komponente v

M	Gesamtmasse
M	relative Atommasse bzw. große Massen wie z.B. die Erdmasse
M_e	relative Elektronenmasse (=1/1836)
M_p	relative Protonenmasse (=1)
n	Elektronendichte im Leitungsband $[cm^{-3}]$
$N(E)$	Zustandsdichte. Sie beschreibt die Dichte der Energiezustände, die durch ein Elektron besetzt werden können
n^+	stark dotierte n-Zone
n_a	Anzahl der Atome pro cm^3 (Si: $5 \cdot 10^{22}/cm^3$)
n_i	intrinsische Ladungsträgerdichte. Für Si bei RT = $1{,}45 \cdot 10^{10} cm^{-3}$
n_n	Elektronendichte im n-Halbleiter $[cm^{-3}]$
n_o	Elektronendichte im Leitungsband im thermischen Gleichgewicht
n_p	Elektronendichte im p-Halbleiter $[cm^{-3}]$
n_v	Brechzahl des Materials v
n_{no}	Elektronendichte im n-Halbleiter im thermischen Gleichgewicht
n_{po}	Elektronendichte im p-Halbleiter im thermischen Gleichgewicht
$n_{ph}(E_g)$	Anzahl der pro Zeiteinheit auftreffenden Photonen mit Energie $\geq E_g$
n, N	Anzahl
N_a	Anzahldichte Akzeptoratome $[cm^{-3}]$
N_c	effektive Zustandsdichte im Leitungsband
N_d	Anzahldichte Donatoratome $[cm^{-3}]$
N_{GD}	Grunddotierung $[m^{-3}]$
N_o	Teilchendichte an Oberfläche
N_{ph}	Anzahl der pro Zeiteinheit auftreffenden Photonen
N_t	Anzahldichte der Fallen in der verbotenen Zone
N_v	effektive Zustandsdichte im Valenzband, Teilchendichte $[m^{-3}]$
$N_{td}(E_n)$	Anzahl der Versetzungen von Atomen, die durch ein Proton erzeugt wird, das unter beliebigem Winkel mit der Energie E_n auf den Halbleiter auftrifft
p	Druck
p	Löcherdichte im Valenzband
$p+$	stark dotierte p-Zone
p_n	Löcherdichte im n-Halbleiter $[cm^{-3}]$
p_{no}	Löcherdichte im n-Halbleiter im thermischen Gleichgewicht
p_0	Löcherdichte im Valenzband im thermischen Gleichgewicht
$p(o)$	Druck bei NN
p_p	Löcherdichte im p-Halbleiter $[cm^{-3}]$
p_{po}	Löcherdichte im p-Halbleiter im thermischen Gleichgewicht
P	elektrische Leistung
PCU	Energieaufbereitungsanlage (Power Conditioning and Control Unit)

P_{mp}	maximale Leistung
q	Elementarladung $= 1{,}602 \cdot 10^{-19}$ As
Q	elektrische Ladung [As]
Q_μ	Wärmeleistung der Wärmequelle μ
r	Radius
r	spezifischer Widerstand [Ωcm]
r, R	elektrischer Widerstand [Ω]
r_v	relative Brechzahl
r_v	spez. Widerstand des Materials v
R	Rekombinationsrate [cm^{-3}s^{-1}]
$R(\lambda)$	Reflexionsvermögen bei der Wellenlänge λ
R_e	Erdradius (=6.371km)
R_{Ko}	Kontaktwiderstand
R_O	Oberflächenwiderstand
R_{pr}	Protonen-Reichweite
R_s	Serieller Widerstand
R_{sh}	Shunt-Widerstand
RT	Raumtemperatur
R_{th}	Rekombinationsrate im thermischen Gleichgewicht
s	elektrische Leitfähigkeit
s	Elektroden-Spaltweite
S	Oberflächen-Rekombinations-Geschwindigkeit [m/s]
$S(\lambda)$	spektrale Empfindlichkeit, d.i. der Kurzschlußstrom einer Solarzelle pro Bestrahlungsstärke-Einheit und Bandbreiten-Einheit bei der Wellenlänge λ.
S_n	Oberflächenrekombination auf der n-Seite
S_p	Oberflächenrekombination auf der p-Seite
S_W	Wärmestrahlung [W/m^2]
t	Dicke
t	Zeit
T	absolute Temperatur [K]
T_c	Temperatur in °C
T_0	Normtemperatur (meist 25°C oder 28°C)
U	Rekombinationsrate der Überschußelektronen
U_s	Oberflächenrekombinationsrate [cm^{-2}s^{-1}]
v	Geschwindigkeit; auch Hilfsgröße für Spannung ($=V/V_T$)
v_D	Driftgeschwindigkeit
v_{th}	thermische Geschwindigkeit der Ladungsträger
V	elektrisches Potential, Spannung [V]

V_D	Durchbruchspannung
V_j	Spannungsabfall am pn-Übergang
V_{mp}	Spannung bei P_{mp}
V_{oc}	Leerlaufspannung [V]
V_T	Thermische Spannung (kT/q=25,8mV bei RT)
V^*_T	tatsächliche thermische Spannung [V]
w	Breite der Raumladungszone
w	spezifische Wärme
x, y, z	Koordinaten
x_j	Tiefe des pn-Übergangs
x_n	Breite der Raumladungszone auf der n-Seite eines pn-Übergangs
x_p	Breite der Raumladungszone auf der p-Seite eines pn-Übergangs
z	Zenitdistanz (Winkelabstand Sonne - Bahnpol)
$z(\phi)$	$I_{sc}, I_{mp}, V_{mp}, V_{oc}$ oder P_{mp} nach Bestrahlung mit einem Teilchenfluß ϕ
$z(t)$	Zuverlässigkeit
$z_\nu(t)$	Zuverlässigkeit der Komponente ν
Z_ν	Massezahl des Atoms ν
α	Absorptionskoeffizient [m^{-1}]
α	Temperaturkoeffizient für Bandabstand ($=2,3 \cdot 10^{-4}$eV/K für Si)
α_ν	Absorptionskoeffizient des Materials ν
α_ν	thermischer Ausdehnungskoeffizient des Materials ν
β	Temperaturfaktor für Bandabstand (= 136K für Si)
$\beta(I)$	Temperaturkoeffizient des Stromes (=dI/dT)
χ	Elektronenaffinität
δ	Deklination, Winkel
$d\Omega$	Flächenelement
ε	Dielektrizitätskonstante, numerische Exzentrizität
ν	thermisches Emissionsvermögen des Materials ν
ε_0	Elektrische Feldkonstante $8,854 \cdot 10^{-12}$As/Vm
$\phi_0(z)$	kritischer Teilchenfluß, bei dem $z(\phi)$ in eine lineare Funktion von log ϕ übergeht
Φ	Ionisierungsspannung (qΦ: Ionisierungsenergie, Austrittsarbeit)
Φ	omnidirektionaler Teilchenfluß pro cm^2
Φ_b	Potentialschwelle Metall-Halbleiter
Φ_m	Ionisierungsspannung für ein Metall
Φ_n	unidirektionaler Teilchen-/Strahlungsfluß pro cm^2

Φ_s	Ionisierungsspannung für einen Halbleiter
γ	Gravitationskonstante
η	Winkel, Wirkungsgrad
ϑ	elektrische Verschiebung $(=\varepsilon \cdot \mathbf{E})$
φ	Fermi-Potential [V]
φ	Winkel, geographische Länge
φ_n	Fermi-Potential des n-Leiters
φ_p	Fermi-Potential des p-Leiters
κ	aufsteigende Knotenlinie
$\kappa(x)$	Ionisationskoeffizient
$\kappa_e(x)$	Ionisationskoeffizient für Elektronen
$\kappa_l(x)$	Ionisationskoeffizient für Löcher
λ	Fehlerrate
λ	geographische Breite
λ	Wärmeleitfähigkeit [W/m·°K]
λ	Wellenlänge meist in nm oder μm
λ_v	el. Leitfähigkeit des Materials v
μ_n	Beweglichkeit der Elektronen
μ_p	Beweglichkeit der Löcher
ν	Anzahl von Sekundärversetzungen pro Primärversetzung
ν	Frequenz
Θ	Sonneneinfallswinkel
ρ	Abstand Erdpunkt - Satellit
ρ	Raumladungsdichte [As/cm^3]
P	Richardson Konstante $(=120\text{A}/°\text{K}^2\text{cm}^2)$
ρ_v	Dichte des Materials v
σ	Stefan-Boltzmann-Konstante $(5{,}67 \cdot 10^{-12}\ \text{W}/(°\text{K})^4\ \text{cm}^2)$
σ	Wirkungsquerschnitt [cm^2]
σ_v	mechanische Spannung des Materials v
τ	Lebensdauer [s]
τ_{el}	Lebensdauer der Minoritätsträger aufgrund von Elektronenbestrahlung
τ_m	mittlere Zeit bis Teilchen am Ende der freien Weglänge kollidiert

τ_n	Lebensdauer der Elektronen im p-Halbleiter
τ_p	Lebensdauer der Löcher im n-Halbleiter
τ_{pr}	Lebensdauer der Minoritätsträger aufgrund von Protonenbestrahlung
Ω	Rektaszension der aufsteigenden Knotenlinie
ψ	elektrostatisches Potential [V]
ψ	Winkel
ψ_n	elektrostatisches Potential des n-Leiters gegenüber dem Fermi-Potential φ_n
ψ_0	eingebautes Potential
ψ_p	elektrostatisches Potential des p-Leiters gegenüber dem Fermi-Potential φ_p
∂	Polabstand
Δ	Phasendifferenz

1 Einleitung

Solarzellen wandeln Licht direkt in elektrische Energie um. Der diesem Vorgang zugrunde liegende photovoltaische Effekt wurde bereits 1839 von A.E. Becquerel an Platin Elektroden, die in eine saure Lösung eintauchten, beobachtet. Die nächste wichtige Entwicklung stammt von Adams und Day, die erstmals 1877 den photovoltaischen Effekt an einem Festkörper, nämlich Selen, beobachteten. Die erste "Solarzelle" ist C.E. Fritts zuzuschreiben, der 1883 eine großflächige Anordnung (ca 30cm^2) einer dünnen Selen-Schicht zwischen einer Messing- und einer dünnen Gold-Elektrode beschrieb und bereits auf das enorme Potential einer photovoltaischen Anlage zur Energieerzeugung aufmerksam machte. Doch diese Entdeckung wurde erst 1930/31 von B. Lange und L. Bergmann wieder aufgenommen und weiterentwickelt. 1941 wurde die erste lichtempfindliche Siliziumanordnung von R.S. Ohl beschrieben doch die erste brauchbare Si-Solarzelle mit einem Wirkungsgrad von 6% wird erst 1954 von Pearson, Fuller und Chapin vorgestellt und die Bell Laboraties demonstrieren mit dem Betrieb eines Sprechfunkgeräts die erste Photobatterie. Damit wurde die Solarzelle auch für die Industrie interessant. Man begann ihre Physik besser zu verstehen, die Fertigungsprozesse wurden verbessert und man fand einen vielversprechenden Markt, die Raumfahrt.

1958 wird mit Vanguard I der erste Satellit über Solarzellen versorgt und in den 60-er Jahren etabliert sich die Si-Solarzelle als der wichtigste Energielieferant für Satelliten. Mittlerweile sind tausende von Satelliten mit Solargeneratoren ausgestattet und man kann ohne Übertreibung behaupten, daß es ohne Solarzellen keine derart fortschrittlichen Kommunikations-, Wetter-, wissenschaftliche und militärische Satelliten geben würde. Die Hauptvorteile der Solarzellen in der Raumfahrt liegen in ihrer Fähigkeit, fast ununterbrochen konstante Leistung zu liefern ohne Abfall zu produzieren und ohne einer Wartung zu unterliegen.

Silizium ist jedoch nicht das einzige Material, aus dem Solarzellen hergestellt werden können. Mit der Erkenntnis, daß der theoretisch erzielbare maximale Wirkungsgrad der Solarzellen vom Energieabstand Valenz-/Leitungsband des Materials abhängig ist (Loferski, 1956, Lit. 1.15) wurden auch andere Materialien wie Indiumphosphid InP, Galliumarsenid GaAs oder Kadmiumsulfid CdS für Solarzellen interessant. In die CdS Dünnfilmtechnik wurde zunächst nicht weniger investiert als in Silizium, doch scheiterte man letztendlich an Stabilitätsproblemen. Mit GaAs erzielte man erst in den 80-er Jahren mit der Einführung einer "Fensterschicht" einen Durchbruch doch bleibt die GaAs-Zelle trotz deutlich besserer Wirkungsgrade wie Si-Zellen aus Preisgründen auf Anwendungen der Raumfahrt beschränkt. InP-Zellen haben wegen ihrer Resistenz gegen Teilchenstrahlung militärisches Interesse geweckt ohne jedoch den technisch/kommerziellen Durchbruch geschafft zu haben.

Ursprünglich dachten die Bell-Techniker an einen terrestrischen Markt für ihre Solarzelle, doch in den 50-er und 60-er Jahren waren konventionelle Stromquellen weitaus billiger. Erst mit der Ölkrise in den frühen siebziger Jahren begann das Interesse an „alternativen" Energien mit einem Schlag zu wachsen und die Solarzellentechnik erlebte einen immensen Entwicklungsschub. Fortschritte wurden insbesondere bei den kristallinen Si-Solarzellen erzielt (Abbildung 1-1), aber auch die Dünnfilmtechnik zeitigte große Erfolge. Nachfolger der CdS-Zellen wurden amorphe Si-Zellen (a-Si) und Kupfer-Indium-Diselenid-Zellen (CIS). Von ihnen haben a-Si-Zellen das höchste Entwicklungspotential (einstellbarer Bandabstand!), leiden jedoch immer noch an Stabilitätsproblemen (Staebler-Wronsky-Effekt). CIS-Zellen sind zwar stabil, ihre Wirkungsgrade liegen bei Produktionszellen jedoch noch nicht über 10%.

Für die Raumfahrt haben sich die kristallinen Silizium-Zellen bestens bewährt. Über 90% aller photovoltaischen Raumfahrtgeneratoren basieren auf Silizium und der Rest wird mit GaAs-Zellen betrieben. Entsprechend sollen in diesem Skriptum auch die Schwerpunkte verteilt sein: Die Grundlagen, Beziehungen, Verfahren, Wirkungen etc. werden primär für Silizium beschrieben und auf GaAs übertragen. Auf andere Solarzellentypen, die in der Raumfahrt sowieso keine Rolle spielen, wird jedoch nicht weiter eingegangen.

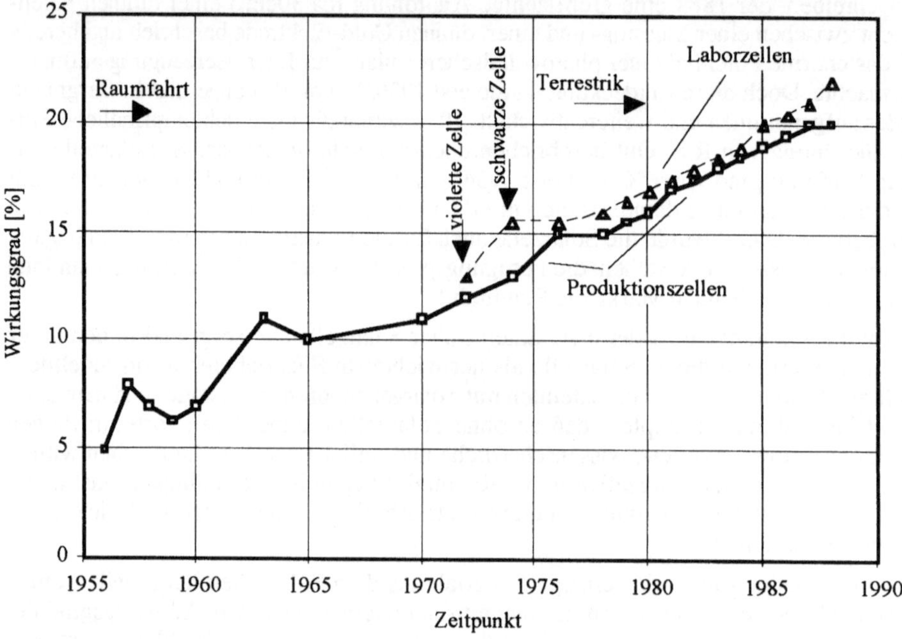

Abbildung 1-1 Entwicklung des Wirkungsgrads von Si-Solarzellen

2 Physik der Solarzelle

2.1 Leiter, Isolatoren, Halbleiter

Das freie Atom besteht aus einem Kern, um den auf diskreten Bahnen Elektronen kreisen. Um ein Elektron von der (n-1)-ten in eine höhere, n-te Bahn zu heben, wird Energie benötigt. Diese entspricht genau dem energetischen Unterschied $\Delta E = E_n - E_{n-1}$ der Bahnen, die mit wachsendem Abstand vom Kern immer „dichter" werden ($\Delta E \sim 1/\Delta n^2$) . Der Energieunterschied ΔE zwischen 2 benachbarten Bahnen wird immer geringer und nähert sich dem Kontinuum, je weniger das Elektron an den Kern gebunden ist (Abbildung 2-1).

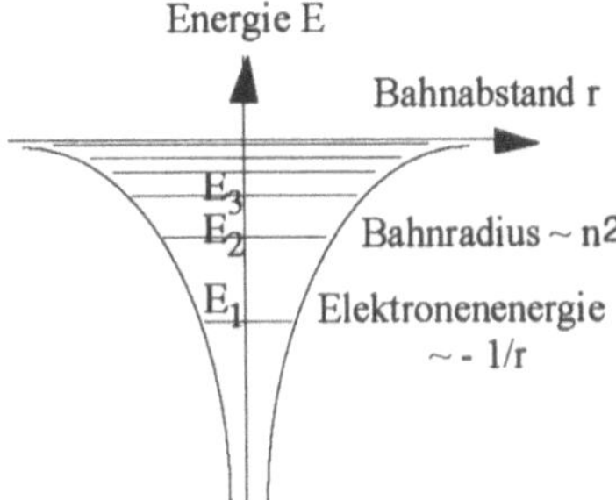

Abbildung 2-1 Energieniveau Schema eines freien Atoms

In einem Kristall sind nun die Atome so eng gepackt, daß sich ihre Anziehungsbereiche überlappen, wodurch die vorher scharfen äußeren Niveaus der Elektronen zu Bändern entarten (Abbildung 2-2). Durch die Annäherung der Atome können sogar die obersten Energiebänder benachbarter Atome ineinander übergehen, so daß ein dem Kristall als Ganzes zugeordnetes Energieband zustande kommt (Abbildung 2-3). Dieses Band nennt man das Leitungsband, weil es für die Elektronenleitung des Kristalls verantwortlich ist. Es braucht ursprünglich gar keine Elektronen zu besitzen. Maßgebend für die

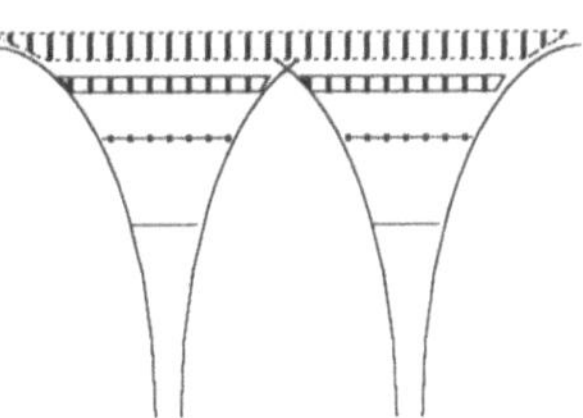

Abbildung 2-2 Entstehung von Energiebändern

"Leitereigenschaften" ist lediglich der energetische Abstand des darunterliegenden, mit Elektronen besetzten sog. Valenzbandes. Je nachdem, welche Anregungsenergie notwendig ist um Elektronen vom Valenzband ins Leitungsband zu heben unterscheidet man Metalle, Isolatoren und Halbleiter.

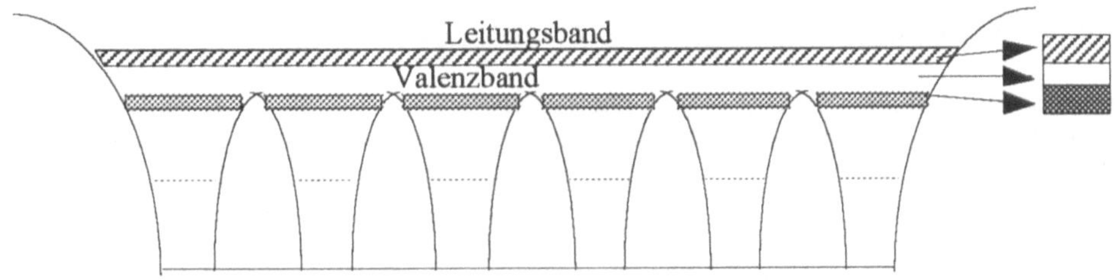

Abbildung 2-3 Entstehung von Valenz- und Leitungsband im Kristall

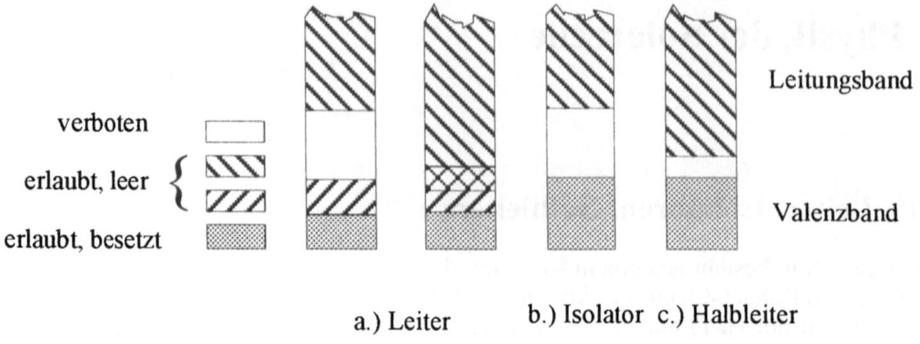

Abbildung 2-4 Energiebänderanordnung für Metalle, Isolatoren und Halbleiter

Bei Metallen ist das Valenzband im Grundzustand nicht voll besetzt bzw. die Wechselwirkung der Atome ist so groß, daß sich das Valenzband und das Leitungsband überlappen (Abbildung 2-4a), so daß sich Elektronen praktisch frei im Leitungsband bewegen können und nicht vorher erst durch Energieaufnahme angeregt werden müssen. Daher sind Metalle gute elektrische Leiter. Die Anzahl der freien Elektronen ist in der Größenordnung 10^{23}cm^{-3} und der resultierende spezifische Widerstand kleiner als 10^{-5} Ωcm.

Beim Isolator ist der Abstand zwischen Valenz- und Leitungsband so groß, daß er nur durch Aufnahme großer Energien von den Elektronen des Valenzbandes überwunden werden kann (Abbildung 2-4b). Die thermische Energie bei normalen Umgebungstemperaturen ist dazu viel zu gering. Nicht einmal die im normalen Sonnenlicht steckende Energie reicht für eine Photoleitfähigkeit aus. Der spezifische Widerstand eines Isolators liegt entsprechend in der Größenordnung $10^{12}\Omega$cm.

Für photoelektrische Leitung eignen sich besonders gut die sog. Halbleiter. Der Abstand zwischen Valenz- und Leitungsband ist bei ihnen so gering, daß Elektronen bereits durch thermische Anregung oder Lichteinwirkung aus dem mit Elektronen voll besetzten Valenzband ins Leitungsband gelangen können. Daher verhält sich ein Halbleiter bei niederen Temperaturen wie ein Isolator, bei hohen wie ein Leiter. Bei Raumtemperatur ist der spezifische elektrische Widerstand z.B. von Silizium in der Größenordnung $10^{5}\Omega$ cm.

2.2 Leitungsmechanismen im Halbleiter

Beim reinen Halbleiter ist eine elektrische Leitung nur dann möglich, wenn Elektronen vom Valenz ins Leitungsband gehoben wurden. Silizium, ein typischer Halbleiter, ist ein vierwertiges Element. Es besitzt 4 Valenzelektronen die zur chemischen Bindung beitragen, indem sie sich mit je einem Valenzelektron eines benachbarten Atoms paaren. Jedes Atom teilt sich dadurch mit den nächst benachbarten Atomen in jeweils 8 Elektronen, so daß einerseits alle Elektronen gebunden, andererseits das Valenzband vollständig gefüllt ist. Man spricht von kovalenter Bindung.

Für das Zustandekommen einer elektrischen Leitung muß diese Bindung durch Energiezufuhr aufgebrochen werden. Dadurch werden dann Elektronen frei, die sich im Kristallgitter bewegen können (Abbildung 2-5a). Dies entspricht im Bändermodell einer Hebung vom Valenz- ins Leitungsband. Ein befreites Elektron läßt jedoch eine Bindungslücke zurück, die durch ein Elektron einer benachbarten Bindung geschlossen werden kann, dort eine Bindungslücke zurücklassend. Die Bewegung derartiger Bindungslücken entspricht im Valenzband der Wanderung positiver Löcher. Der Leitungsmechanismus im reinen Halbleiter, die Eigenleitung, ist daher bipolar, d.h. sie kommt gleichermaßen durch Elektronen- wie Löcher- (oder Defektelektronen-) Leitung zustande. Man nennt Kristalle wie die reiner Halbleiter, bei denen die Konzentration von Leitungselektronen und Löchern gleich ist *intrinsisch*.

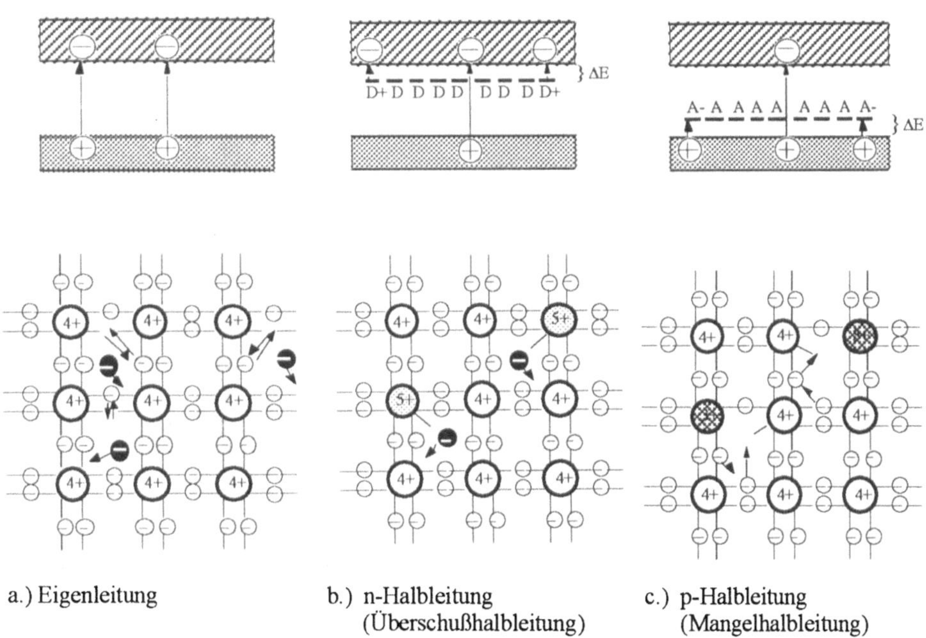

a.) Eigenleitung

b.) n-Halbleitung
(Überschußhalbleitung)

c.) p-Halbleitung
(Mangelhalbleitung)

Abbildung 2-5 Leitungsmechanismen im Halbleiter

Man kann nun die Stromanteile intrinsischer Kristalle so verändern, daß ganz unterschiedliche Leitungstypen entstehen, die man als *extrinsisch* bezeichnet. Dies wird durch Dotierung erreicht. Ersetzt man im Siliziumkristall einige Siliziumatome durch sog. Donatoren, Atomen mit 5 Valenzelektronen aus der 5. Gruppe des periodischen Systems wie etwa Phosphor, so ist für die chemische Bindung ein Elektron des Phosphoratoms überflüssig. Da für dieses Elektron keine Bindung aufgebrochen werden muß, benötigt es nur wenig Anregungsenergie, um sich frei im Kristall bewegen zu können (Abbildung 2-5b). Im Bändermodell liegt das Energieniveau dieser überschüssigen Elektronen knapp (für Phosphor 0,044eV) unter dem Leitungsband. Der Leitungsmechanismus besteht jetzt aus der ursprünglichen Eigenleitung und zusätzlich aus den leicht ins Leitungsband gelangenden, überschüssigen Donatorelektronen. Diesen mit Donatoren dotierten Halbleitertyp nennt man n-Halbleiter. Bei ihm sind die beweglichen, negativ geladenen Elektronen gegenüber den beweglichen Löchern in der Majorität.

Ersetzt man im Siliziumkristall einige Siliziumatome durch sog. Akzeptoren, Atomen mit 3 Valenzelektronen aus der 3. Gruppe des periodischen Systems wie etwa Bor, so fehlt für die gesättigte chemische Bindung ein Elektron. An dieser Stelle befindet sich ein Elektronenloch, ein Defektelektron. Dieses kann nun durch Einrücken benachbarter Elektronen gefüllt werden, wodurch die Löcher zu wandern beginnen (Abbildung 2-5c). Im Bändermodell liegt das Energieniveau dieser unbesetzten Valenzen dicht über dem Valenzband (für Bor 0,045eV). Der Leitungsmechanismus kommt durch die ursprüngliche Eigenleitung und zusätzlich durch die im Valenzband leicht beweglichen Defektelektronen der Akzeptoratome zustande. Diesen mit Akzeptoren dotierten Halbleitertyp nennt man p-Halbleiter. Bei ihm sind die beweglichen, positiv geladenen Löcher gegenüber den beweglichen Elektronen in der Majorität.

2.3 Ladungsträgerkonzentration und Fermi - Niveau

Die Leitungseigenschaften eines Halbleiters sind von der Anzahl der Elektronen im Leitungsband und der Löcher im Valenzband abhängig. Beide erhält man aus der jeweiligen Zustandsdichte N(E) und der Verteilungsfunktion f(E).

Die Zustandsdichte N(E) ist eine Funktion, die die Dichte der Energiezustände, die durch ein Elektron besetzt werden können, beschreibt. Das niedrigste Energieniveau, das ein Elektron im Leitungsband besitzen kann, ist das der Bandkante mit der Energie E_c. Hat ein Elektron eine größere Energie E, so stellt $E-E_c$ die kinetische Energie des Elektrons dar.

Aus quantenmechanischen Überlegungen (Lit. 1.1) stellt sich dann die Zustandsdichte der Elektronen im Leitungsband wie folgt dar:

$$N(E) = \frac{4p}{h^3} \cdot (2m_e)^{3/2} \cdot (E - E_c)^{0,5} \tag{2.1}$$

wobei m_e die effektive Elektronenmasse, d.h. die scheinbare Masse des Elektrons im Kristall bedeutet. Sie ist für Si annähernd $0,33m_0$.

Analog ist die Zustandsdichte der Löcher im Valenzband:

$$N(E) = \frac{4\pi}{h^3} \cdot (2m_h)^{3/2} \cdot (E_v - E)^{0,5} \tag{2.2}$$

wobei E_v die Bandkante des Valenzbands, E_v-E die kinetische Energie des Lochs und m_h die effektive Masse des Lochs bedeuten. Für Si ist annähernd $m_h = 0,56m_0$.

Die Verteilungsfunktion f(E) beschreibt die Besetzungswahrscheinlichkeit eines Energiezustands E und wird beschrieben durch die Fermi-Dirac-Verteilungsfunktion:

$$f(E) = \frac{1}{e^{(E-E_f)/kT} + 1} . \tag{2.3}$$

Diese Funktion ist in Abbildung 2-6 für verschiedene Temperaturen T dargestellt. Zunächst ersieht man daraus die Bedeutung von E_f, dem Ferminiveau: E_f ist die Grenzenergie, unterhalb der bei T=0°K alle Energieniveaus besetzt sind (f(E)=1) und oberhalb der bei T=0°K alle Energieniveaus leer sind (f(E)=0). Bei Temperaturen T>0 ist die Wahrscheinlichkeit, daß ein Energieniveau $E=E_f$ besetzt ist, immer 1/2. Und außerdem ist f(E) symetrisch zu E_f, d.h. die Wahrscheinlichkeit, daß ein Energieniveau E_f+dE besetzt ist ist ebenso groß wie die Wahrscheinlichkeit, daß ein Energieniveau E_f-dE unbesetzt ist.

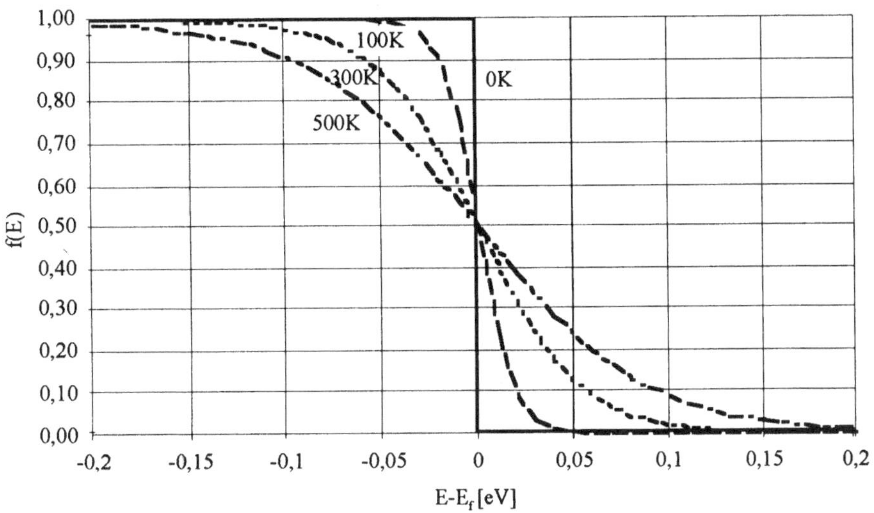

Abbildung 2-6 Fermi-Dirac Verteilungsfunktion bei verschiedenen Temperaturen

1-f(E) ist also die Wahrscheinlichkeit, daß ein Energieniveau E nicht mit Elektronen besetzt ist, d.h. daß es mit Löchern besetzt ist. Folglich ist die Verteilungsfunktion für Löcher im Valenzband:

$$1 - f(E) = \frac{1}{1 + e^{(E_f - E)/kT}} \qquad (2.4)$$

Für Energien E - E_f > 3kT, was für die meisten Anwendungen von Solarzellen gegeben ist, kann Gleichung (2.3) angenähert werden durch die Maxwell-Boltzmann Verteilung:

$$f(E) = e^{-(E - E_f)/kT} \qquad (2.5)$$

Mit den Gleichungen (2.1) und (2.5) erhält man für die Elektronendichte im Leitungsband:

$$n = \int_{E_c}^{\infty} f(E) \cdot N(E) dE$$

$$n = \frac{4\pi}{h^3} \cdot (2m_e)^{3/2} \cdot e^{-(E_c - E_f)/kT} \cdot \int_{E_c}^{\infty} (E - E_c)^{1/2} \cdot e^{-(E - E_c)/kT} d(E - E_c) \qquad (2.6)$$

$$= N_c \cdot e^{-(E_c - E_f)/kT} \qquad [m^{-3}] \qquad (2.7)$$

mit der effektiven Zustandsdichte im Leitungsband:

$$N_c = 2 \cdot \left(\frac{2\pi m_e kT}{h^2} \right)^{3/2} \quad [m^{-3}] \tag{2.8}$$

Für Silizium ist $N_c = 2{,}8 \cdot 10^{19}$ cm^{-3} bei Raumtemperatur.

Entsprechend erhält man aus (2.2) und (2.4) für die Löcherdichte im Valenzband:

$$p = N_v \cdot e^{-(E_f - E_v)/kT} \quad [m^{-3}] \tag{2.9}$$

mit der effektiven Zustandsdichte im Valenzband:

$$N_v = 2 \cdot \left(\frac{2\pi m_h kT}{h^2} \right)^{3/2} \quad [m^{-3}] \tag{2.10}$$

Für Silizium ist $N_v = 1{,}04 \cdot 10^{19}$ cm^{-3} bei Raumtemperatur.

Das Produkt

$$n \cdot p = N_c N_v e^{-E_g/kT} . \tag{2.11}$$

mit

$$E_g = E_c - E_v \tag{2.12}$$

ist für einen Halbleiter gegebenen Bandabstands E_g bei einer gegebenen Temperatur eine Konstante. Sie hängt nur von der Dichte der erlaubten Energiezustände im Leitungs- und Valenzband ab sowie vom Bandabstand E_g. Sie ist jedoch unabhängig vom Dotierungsgrad oder von der Lage des Ferminiveaus.

Der Bandabstand ist geringfügig temperaturabhängig. Es gilt:

$$E_g(T) = E_g(0) - \left(\frac{\alpha T^2}{(T + \beta)} \right) \tag{2.13}$$

Für Silizium ist $E_g(0) = 1{,}153$eV, $\alpha = 2{,}3 \cdot 10^{-4}$ eV/K und $\beta = 136$K für GaAs $E_g(0) = 1{,}52$eV, $\alpha = 5{,}4 \cdot 10^{-4}$ eV/K und $\beta = 204$K.

In einem intrinsischen Halbleiter ist die Elektronendichte gleich der Lochdichte:

$$n = p = n_i \tag{2.14}$$

(2.14) in (2.11) führt zu

$$n \cdot p = n_i^2 \tag{2.15}$$

einer Gleichung, die sowohl für intrinsische wie für extrinsische Halbleiter gültig ist. Als Konsequenz erhöht sich bei einem extrinsischen Halbleiter die Anzahl der zur Leitfähigkeit beitragenden Ladungsträger eines Typs auf Kosten des anderen (durch Rekombination), so daß das Produkt beider gleich bleibt. Aus (2.11) ergibt sich:

$$n_i = \sqrt{N_c \cdot N_v} \cdot e^{-E_g/2kT} \tag{2.16}$$

Nach dieser Gleichung läßt sich aus Leitfähigkeitsmessungen am intrinsischen Halbleiter der Bandabstand E_g bestimmen. Es ergibt sich für Silizium bei Raumtemperatur:

$$E_g = 1{,}107\,eV \quad \text{und} \quad n_i = 1{,}45 \cdot 10^{10}\ cm^{-3}.$$

Das Fermi - Niveau E_{fi} eines intrinsischen Halbleiters erhält man aus den Gleichungen (2.7) bis (2.10) sowie (2.14) zu:

$$E_{fi} = \frac{1}{2}\left(E_c + E_v\right) + \frac{3}{4}\,kT \cdot \ln\!\left(\frac{m_h}{m_e}\right) \tag{2.17}$$

Bei $m_h = m_e$ entspricht E_{fi} dem halben Bandabstand. Auch bei $m_h \neq m_e$ ist die Abweichung von E_{fi} vom halben Bandabstand vernachlässigbar, so daß E_{fi} ohne großen Fehler den halben Bandabstand definiert.

Mit E_f und E_{fi} ergibt sich aus (2.14), (2.7) und (2.9):

$$n = n_i \cdot e^{(E_f - E_{fi})/kT} \tag{2.18}$$

und

$$p = p_i \cdot e^{(E_{fi} - E_f)/kT} \tag{2.19}$$

Beide Gleichungen drücken die Elektronen- und Löcherkonzentration als Funktion der intrinsischen Konzentration n_i und der Energie des halben Bandabstands E_{fi} aus, was manchmal günstiger für die Anwendung ist wie die Gleichungen (2.7) und (2.9).

Dotiert man einen Halbleiter mit N_d Donatoratomen pro cm^3, so erhöht sich die Konzentration der Elektronen im Leitungsband. Da nur geringe Energie benötigt wird um die Donatorelektronen ins Leitungsband zu heben kann man annehmen, daß alle Donatoratome ionisiert sind. Da außerdem jedes Leitungselektron aus dem Valenzband dort ein Loch zurückläßt ist:

$$n = p + N_d \tag{2.20}$$

Für Akzeptoren N_a gilt entsprechend:

$$p = n + N_a \tag{2.21}$$

Für den n-Halbleiter (Index n) folgt aus (2.20) und (2.15):

$$n_n = \frac{\sqrt{N_d^2 + 4n_i^2} + N_d}{2} \tag{2.22}$$

und

$$p_n = \frac{\sqrt{N_d^2 + 4n_i^2} - N_d}{2} \tag{2.23}$$

Man erkennt, daß die Elektronen überwiegend zur Leitung beitragen, damit also die Majoritätsträger sind.

Entsprechend gilt für den p-Halbleiter (Index p) aus (2.21) und (2.15):

$$n_p = \frac{\sqrt{N_a^2 + 4n_i^2} - N_a}{2} \tag{2.24}$$

und

$$p_p = \frac{\sqrt{N_a^2 + 4n_i^2} + N_a}{2} \qquad (2.25)$$

Hier sind die Löcher Majoritätsträger.

Oft ist der Dotierungsgrad viel höher wie die intrinsische Ladungsträgerkonzentration. Dann gilt $n_i/N_d \ll 1$ bzw. $n_i/N_a \ll 1$ und man erhält:

$$n_n \cong N_d \qquad (2.26a)$$

und

$$p_n \cong \frac{n_i^2}{N_d} \qquad (2.26b)$$

bzw.

$$n_p \cong \frac{n_i^2}{N_a} \qquad (2.27a)$$

und

$$p_p \cong N_a \qquad (2.27b)$$

Die Lage des Fermi - Niveaus ergibt sich für n-Leiter aus (2.7) zu

$$E_f = E_c - kT \cdot \ln\!\left(\frac{N_c}{N_d}\right) \qquad (2.28)$$

d.h. knapp unterhalb der Leitungsbandkante.

Für p-Leiter folgt aus (2.9):

$$E_f = E_v + kT \cdot \ln\!\left(\frac{N_v}{N_a}\right) \qquad (2.29)$$

Das Fermi - Niveau liegt hier knapp über der Valenzbandkante.

2.4   Ströme im Halbleiter

Im n- Halbleiter bewegen sich die vom Donator - Atom abgetrennten Elektronen aufgrund der thermisch aufgenommenen Energie $3\,kT/2$. Diese wird in Bewegungsenergie umgesetzt gemäß

$$\frac{m_e \cdot v_{th}^2}{2} = \frac{3kT}{2} \qquad (2.30)$$

Die Bewegung der Elektronen ist willkürlich, sie hebt sich im Mittel auf. Erst durch Anlegen eines elektrischen Feldes E wird die Bewegung gerichtet, es entsteht ein Driftstrom I_n. Bei einer Elektronendichte n fließt dann durch den Querschnitt A der Driftstrom:

$$I_n = \frac{dQ}{dt} = -q \cdot A \cdot n \cdot v_D = q \cdot A \cdot n \cdot \mu_n \cdot E \tag{2.31}$$

wobei

$$\mu_n \cdot E = -v_D \tag{2.32}$$

die Driftgeschwindigkeit der Elektronen und

$$\mu_n = \frac{q \cdot \tau_m}{m_e} \tag{2.33}$$

die Beweglichkeit der Elektronen ist (τ_m: Mittlere Zeit bis zu einem Zusammenstoß). Mit $E = V/d$ und $V/I_n = R = r \cdot d/A$ ergibt sich für den spezifischen Widerstand r bzw. die elektrische Leitfähigkeit s:

$$\frac{1}{r} = s = q \cdot \mu_n \cdot n \tag{2.34}$$

Analoge Überlegungen führen für den Driftstrom der Löcher zu

$$I_p = q \cdot A \cdot p \cdot \mu_p \cdot E \tag{2.35}$$

und für den spezifischen Widerstand eines Halbleiters unter Berücksichtigung der n- und p- Leitung zu:

$$\frac{1}{r} = q \cdot \mu_n \cdot n + q \cdot \mu_p \cdot p \tag{2.36}$$

Der spezifische Widerstand ist in Abbildung 2-7 für Si als Funktion des Dotierungsgrads dargestellt. Der Basiswiderstand von Si - Zellen liegt i.A. zwischen 0,2 und 20 Ωcm.

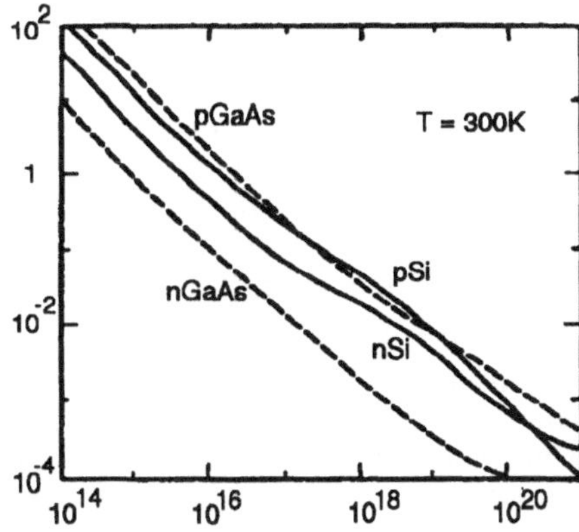

Abbildung 2-7
Spezifischer Widerstand r über dem Dotierungsgrad bei Raumtemperatur (Lit. 1.1)

Ursache für das Zustandekommen eines elektrischen Stromes muß aber nicht immer ein elektrisches Feld E sein. Es genügen schon Konzentrationsgradienten der Ladungsträger um Diffusionsströme von Gebieten hoher Ladungsträgerkonzentration in Gebiete niedriger Ladungsträgerkonzentration zu erzeugen. Diese Diffusionsvorgänge können durch das 1. Ficksche Gesetz beschrieben werden, nach dem der Ladungsträgerstrom dN/dt durch den Querschnitt A proportional zum Gefälle der Anzahldichte ist:

$$\frac{1}{A}\frac{dN}{dt} = -D\frac{dn}{dx} \tag{2.37}$$

Daraus folgt für den Elektronen - Diffusionsstrom mit $\dfrac{1}{A}\dfrac{dN}{dt} = n\dfrac{dx}{dt} = n\cdot v$

$$I_n = q\cdot A\cdot D_n \cdot\frac{dn}{dx} \tag{2.38}$$

und für den Löcher Diffusionsstrom

$$I_p = -q\cdot A\cdot D_p \cdot\frac{dp}{dx} \tag{2.39}$$

mit D_n und D_p als den Diffusionskonstanten für Elektronen bzw. Löcher. Das Minuszeichen in (2.39) deutet an, daß der von den Löchern erzeugte Strom dem Löchergradienten entgegengerichtet ist.

Der Gesamtstrom im Halbleiter addiert sich aus Drift - und Diffusionsströmen und beträgt:

$$I_n = q\cdot A\cdot\left(n\cdot\mu_n\cdot E + D_n\cdot\frac{dn}{dx}\right) \tag{2.40}$$

und

$$I_p = q\cdot A\cdot\left(p\cdot\mu_p\cdot E - D_p\cdot\frac{dp}{dx}\right) \tag{2.41}$$

2.5　Der Halbleiter im gestörten thermischen Gleichgewicht

Das in Kapitel 2.4 beschriebene thermische Gleichgewicht kennzeichnet den Normalzustand des Halbleiters. Es gibt nun Anregungen, z.B. durch Photoeffekt, die mehr freie Ladungsträger erzeugen, als diesem thermischen Gleichgewicht entspricht. Diese Anregungen sind i.A. reversibel, d.h. es stellt sich nach gewisser Zeit das thermische Gleichgewicht durch Rekombination wieder her. Jedoch im Zeitraum ihrer Existenz können die so erzeugten Ladungsträger einen nutzbaren Strom erzeugen.

In Abbildung 2-8 stellt G_{th} die Rate der durch thermische Energie erzeugten Leitungselektronen dar. Springt ein Leitungselektron wieder ins Valenzband zurück, so wird es durch Rekombination mit einem Loch vom Leitungsmechanismus abgezogen. Diese Rekombinationsrate ist in Abbildung 2-8 mit R_{th} bezeichnet. Im thermischen Gleichgewicht ist $G_{th} = R_{th}$ so daß die Bedingung $p\cdot n = n_i^2$ aufrechterhalten bleibt. Verändert man nun das thermische Gleichgewicht durch zusätzliche optische oder elektrische Erzeugung von Leitungselektronen, so kommt zu G_{th} noch eine zusätzliche Erzeugungsrate G_L hinzu, die $p\cdot n > n_i^2$ zur Folge hat. Bei einem dotierten Halbleiter (z.B. n-Silizium) hat kleines G_L effektiv lediglich eine Erhöhung der Minoritätsträgerdichte zur Folge. Da jedoch unabhängig von der Ursache mit einem Leitungselektron jeweils auch ein Loch erzeugt wird, bleibt stets die elektrische Neutralität des Kristalls gewährleistet.

Fällt die äußere Ursache für die Erzeugung von überschüssigen Ladungsträgern weg, so rekombinieren die Elektron-Loch-Paare solange, bis das thermische Gleichgewicht wieder hergestellt ist. Die durch den Sprung der Elektronen zurück ins Valenzband frei werdende Energie wird als Photon oder Phonon emittiert je nachdem ob die Rekombination direkt oder indirekt erfolgt. Die Bandstruktur eines Kristalls wird gewöhnlich in der Form eines EK-Diagramms dargestellt (E: Energie in eV; $\mathbf{K}=h/\lambda$: Wellenvektor in Einheiten der Gitterkonstanten). Wenn im $\mathbf{K}$-Raum das Minimum des Leitungsbandes und das Maximum des Valenzbandes zusammenfallen, dann erfolgt der Bandübergang eines Elektrons durch die verbotene Zone direkt, d.h. ohne Änderung des Wellenvektors. Fallen dagegen Minimum des Leitungsbandes und Maximum des Valenzbandes im $\mathbf{K}$-Raum nicht zusammen, d.h. ändert sich der Wellenvektor, so erfolgt der Übergang mittelbar über Gitterschwingungen (Phononen) oder über Fremdatome, die einen Teil ihrer Energie mit dem Elektron austauschen. Diese Übergänge nennt man indirekt. Rekombinationen vom Leitungsband zurück ins Valenzband sind entweder mit der Abgabe eines Photons verbunden (emissive Rekombination) oder erzeugen einen angeregten Ladungsträgerzustand (Exiton) im Valenzband (Auger-Rekombination). Die emissive Rekombination ist maßgebend für Direkt-Übergänge, während die Auger-Rekombination vor allem bei indirekten Übergängen stattfindet. Dabei wird noch ein Phonon an das Gitter abgegeben. Bei GaAs dominiert die direkte Rekombination (weshalb man es auch für Leuchtdioden benutzt), bei Si und Ge die indirekte Rekombination.

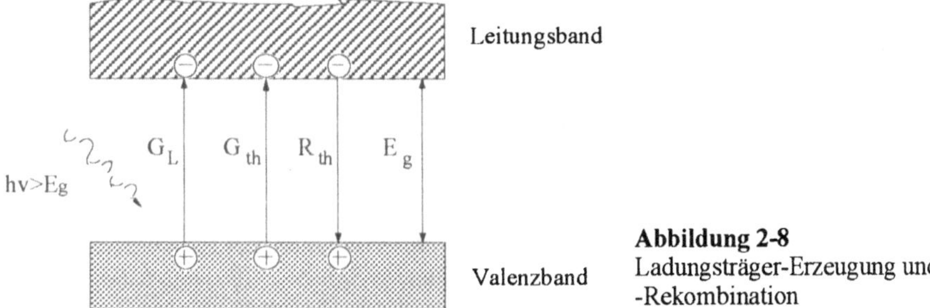

Abbildung 2-8
Ladungsträger-Erzeugung und
-Rekombination

Die direkte Rekombination ist in Abbildung 2-8 durch R_{th} dargestellt. Für diesen Fall ist die Rekombinationsrate R proportional zur Anzahl der Elektronen im Leitungsband und der Anzahl der unbesetzten Zustände (Löcher) im Valenzband:

$$R = B \cdot n \cdot p \qquad (2.42)$$

Der Proportionalitätsfaktor B berücksichtigt die statistische Natur des Rekombinationsprozesses. Im thermischen Gleichgewicht gilt:

$$G_{th} = R_{th} = B \cdot n_0 \cdot p_0 \qquad (2.43)$$

wobei der Index 0 das thermische Gleichgewicht kennzeichnen soll. Werden z.B. durch eine Lichtquelle zusätzliche Ladungsträger mit der Erzeugungsrate G_L erzeugt, so wird mit $n = n_0 + \Delta n$ und $p = p_0 + \Delta p$:

$$R = B \cdot \left(n_0 + \Delta n\right) \cdot \left(p_0 + \Delta p\right) \qquad (2.44)$$

und

$$G = G_{th} + G_L \qquad (2.45)$$

Im Gleichgewichtszustand (konstante Bestrahlung) ist R=G. Damit folgt für die Rekombinationsrate der Überschußelektronen:

$$U = R - R_{th} = G - G_{th} = G_L \qquad (2.46)$$

damit

$$G_L = B \cdot \left(n_0 + \Delta n\right) \cdot \left(p_0 + \Delta p\right) - B \cdot n_0 \cdot p_0 \qquad (2.47)$$

Da $\Delta n = \Delta p$ folgt:

$$G_L = B \cdot \Delta n^2 + B \cdot \left(n_0 + p_0 + \Delta p\right) \cdot \Delta p \qquad (2.48)$$

Bei geringer Überschuß - Elektronen - Produktion G_L ist $\Delta p \ll$ no+ po. Daraus folgt:

$$\Delta p = \frac{G_L}{B \cdot \left(n_0 + p_0\right)} = G_L \cdot \tau = U \cdot \tau \qquad (2.49)$$

mit

$$\tau = \frac{\Delta p}{U} = \frac{1}{B \cdot \left(n_0 + p_0\right)} \qquad (2.50)$$

τ ist definiert als die mittlere Lebensdauer der überschüssigen Ladungsträger. Ist z.B. die Erzeugungsrate $G_L = 10^{18}$ cm^{-3}s^{-1} und die mittlere Lebensdauer der Minoritätsträger 10^{-4}s, so ist die mittlere Dichte Δp der überschüssigen Ladungsträger 10^{14}cm^{-3}. Physikalisch stellt τ die durchschnittliche Zeit dar, die ein Loch frei bleibt, bevor es mit einem Elektron rekombiniert.

Indirekte Rekombination tritt bevorzugt da auf, wo die quantenmechanischen Erhaltungssätze nur durch einen Vermittler erfüllt werden können. Solche Zwischenzustände werden i.A. durch Rekombinationszentren oder Fallen gebildet. Ihr Energieniveau liegt in der verbotenen Zone zwischen Valenz- und Leitungsband (Abbildung 2-9). Bei Si wirken z.B. Goldatome als Fallen aber auch herstellungsbedingte Kristalldefekte oder von auftreffender Korpuskularstrahlung verursachte Fehler.

Nach Abbildung 2-9 sind 4 indirekte Übergänge möglich:

    1) Ein Elektron wird von einer Akzeptor - Falle eingefangen.

    2) Ein Elektron wird von einer Donator - Falle abgegeben.

    3) Eine Donator - Falle fängt ein Loch ein.

    4) Eine Akzeptor-Falle gibt ein Loch ab.

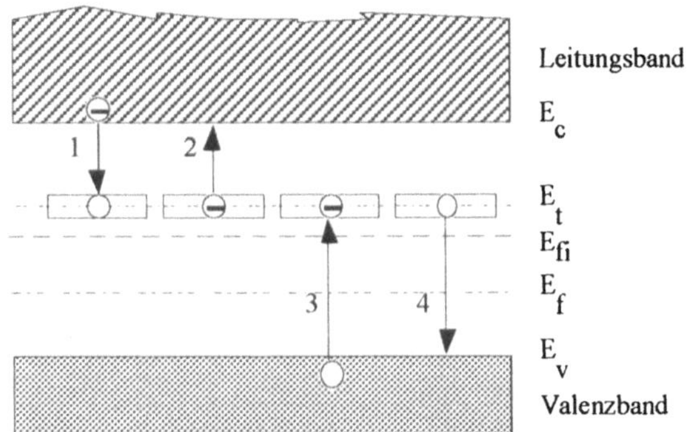

Abbildung 2-9
Indirekte Rekombination über Zwischenzustände

Die Wahrscheinlichkeit, daß eine Falle besetzt ist, folgt wiederum der Fermi-Dirac-Verteilungsfunktion

$$f_t = \frac{1}{e^{(E_t - E_f)/kT} + 1} \tag{2.51}$$

Wenn N_t die Dichte der Fallen bedeutet, stellt $N_t \cdot f_t$ die Anzahl der besetzten Rekombinationszentren und $N_t \cdot (1 - f_t)$ die Anzahl der leeren Rekombinationszentren dar. Damit wird die Einfangrate für ein Elektron durch eine Akzeptorfalle:

$$R_1 = c_n \cdot n \cdot N_t \cdot (1 - f_t) \tag{2.52}$$

wobei c_n die Einfangwahrscheinlichkeit für ein Elektron aus dem Leitungsband ist.

Die Emissionsrate für ein Elektron einer Donator-Falle ins Leitungsband ist

$$R_2 = e_n \cdot N_t \cdot f_t \tag{2.53}$$

wo e_n die Emissionswahrscheinlichkeit eines Fallen - Elektrons ist.

Entsprechend bekommt man für die Einfangs- und Emissionsraten für Löcher:

$$R_3 = c_p \cdot p \cdot N_t \cdot f_t \tag{2.54}$$

und

$$R_4 = e_p \cdot N_t \cdot (1 - f_t) \tag{2.55}$$

wo c_p und e_p die Einfangs- und Emissionswahrscheinlichkeiten für Löcher sind.

Im thermischen Gleichgewicht muß $R_1 = R_2$ sein. Damit und mit Gleichung (2.18) folgt:

$$c_n \cdot n_i \cdot e^{(E_f - E_{fi})/kT} \cdot N_t \cdot (1 - f_t) = e_n \cdot N_t \cdot f_t \tag{2.56}$$

Aus (2.51) folgt weiter:

$$\frac{1 - f_t}{f_t} = e^{(E_t - E_f)/kT} \tag{2.57}$$

und damit

$$e_n = c_n \cdot n_i \cdot e^{(E_t - E_{fi})/kT} \qquad (2.58)$$

Entsprechend folgt für die Löcher:

$$e_p = c_p \cdot n_i \cdot e^{(E_{fi} - E_t)/kT} \qquad (2.59)$$

Im Nicht-Gleichgewichts-Fall, etwa bei gleichmäßiger Bestrahlung des Halbleiters, häufen sich im Valenz- und Leitungsband zusätzliche Ladungsträger an, so daß gilt:

$$G_L = R_1 - R_2 = R_3 - R_4 \qquad (2.60)$$

Damit wird mit (2.52) bis (2.55):

$$c_n \cdot n \cdot N_t \cdot \left(1 - f_t\right) - e_n \cdot N_t \cdot f_t = c_p \cdot p \cdot N_t \cdot f_t - e_p \cdot N_t \cdot \left(1 - f_t\right) \qquad (2.61)$$

Mit $c_n = c_p = c$ und mit (2.58) und (2.59) ergibt sich:

$$f_t = \frac{n + n_i \cdot e^{(E_{fi} - E_t)/kT}}{n + p + 2n_i \cdot \cosh\!\left((E_t - E_{fi})/kT\right)} \qquad (2.62)$$

und damit für die netto Rekombinationsrate (mit $\cosh x = (e^x + e^{-x})/2$ und (2.58)):

$$U = R_1 - R_2 = \frac{c \cdot N_t \cdot \left(p \cdot n - n_i^2\right)}{n + p + 2n_i \cdot \cosh\!\left((E_t - E_{fi})/kT\right)} \qquad (2.63)$$

Im Gleichgewichtszustand $p \cdot n = n_i^2$ ist $U = 0$. Außerdem ist U dann am größten, wenn $E_t = E_{fi}$ ist, d.h. wenn das Energieniveau der Fallen in der Mitte der verbotenen Zone liegt. Weit davon entfernt wird nur ein Leitungstyp bevorzugt eingefangen, während der Einfang des anderen weniger wahrscheinlich ist.

Wendet man Gleichung (2.63) auf n-Silizium an (c_p maßgebend, da Fallen mit n besetzt!), dessen Fallenzentrum E_t bei E_{fi} liegen möge, so wird:

$$U = c_p \cdot N_t \cdot \frac{p_n \cdot n_n - n_i^2}{n_n + p_n + 2n_i} \qquad (2.64)$$

Mit $n_i^2 = n_{no} \cdot p_{no}$ und $n_n \cong n_{no} \gg p_n + 2n_i$ folgt:

$$U = c_p \cdot N_t \cdot \left(p_n - p_{no}\right) \qquad (2.65)$$

Damit wird die Lebensdauer der Löcher im n-Halbleiter:

$$\tau_p = \frac{1}{c_p \cdot N_t} \qquad (2.66)$$

die unabhängig ist von der Lebensdauer der Majoritätsträger und daher Minoritätsträger - Lebensdauer heißt.

Entsprechend gilt für Elektronen im p-Halbleiter:

$$\tau_n = \frac{1}{c_n \cdot N_t} \tag{2.67}$$

Bei hoher Ladungsträgerinjektion nähert sich die Lebensdauer $\tau_\infty = \tau_p + \tau_n$.

Für emissive Rekombination (radiative recombination) gilt für die Lebensdauer:

$$\tau_{p,n}^r \approx \frac{1}{N_{D,A}} \tag{2.68a}$$

Für GaAs gilt z.B. $1/\tau_p = 8 \cdot 10^{-9} N_D$ und $1/\tau_n = 0,47 \cdot 10^{-9} N_A$.

Für Auger - Rekombination gilt:

$$\tau_{p,n}^A \approx \frac{1}{N_{D,A}^2} \tag{2.68b}$$

Neben den Rekombinationsprozessen im Inneren des Halbleiters finden Rekombinationen vor allem auch an der Oberfläche statt, zumal die Oberfläche eines Halbleiters durch Gitterstörungen und Fremdatome bzw. -ionen eine Vielfalt von Energiezuständen darstellt. Unabhängig von der Herkunft der Oberflächenfallen kann die Rekombinationsrate pro Flächeneinheit in Analogie zu (2.65) dargestellt werden zu

$$U_s = c \cdot N_{ts} \cdot \left(p_n(0) - p_{no} \right) = S \cdot \left(p_n(0) - p_{no} \right) \tag{2.69}$$

wo $p_n(0)$ die durchschnittliche Minoritätsträgerdichte an der Oberfläche x=0 ist und N_{ts} die durchschnittliche Flächendichte der Rekombinationszentren an der Oberfläche (für (111)-Si höher als für (100)-Si!). $S = c \cdot N_{ts}$ stellt eine Geschwindigkeit dar und heißt Oberflächen-Rekombinations-Geschwindigkeit. $q \cdot U_s$ beschreibt eine Stromdichte, die in die Oberfläche hinein gerichtet ist. Die höhere Rekombinationsrate führt nun zu einer geringeren Minoritätsträger-Konzentration in der Oberfläche. Dieser Löchergradient hat einen Diffusionsstrom zur Folge, der jedoch durch den gleich großen Rekombinationsstrom der Elektronen kompensiert wird.

2.6 Potentiale und elektrische Felder

Das elektrische Feld ist definiert als der negative Gradient des Potentials V:

$$\mathbf{E} = -\frac{dV}{dx} \tag{2.70}$$

wobei

$$-q \cdot V = E \tag{2.71}$$

die potentielle Energie bedeutet.

In einem Halbleiter ist nun für ein Elektron im Leitungsband die kleinste mögliche Energie E_c seine potentielle Energie. Befindet sich ein Elektron jedoch in einem Energiezustand $> E_c$, so bedeutet diese überschüssige Energie die kinetische Energie des Elektrons im Leitungsband. Entsprechendes gilt für die Löcher im Valenzband (Abbildung 2-10a).

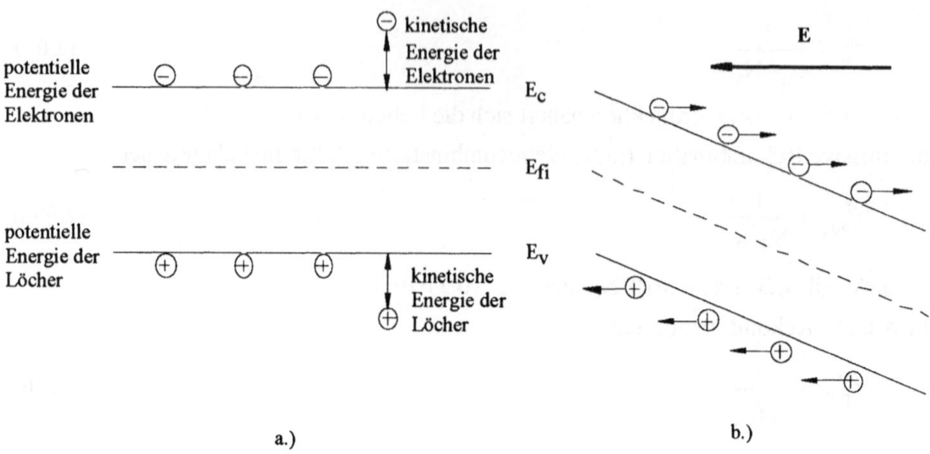

Abbildung 2-10 Bändermodell ohne (a) und mit (b) elektrischem Feld

Wird der Halbleiter nun in ein elektrisches Feld gebracht, so bekommen alle Elektronen und Löcher eine kinetische Energie vermittelt, die sich in einer Neigung der Bänder darstellt (Abbildung 2-10b).

Da E_c und E_v stets zu E_{fi} parallel verlaufen, läßt sich das elektrische Feld auch darstellen zu

$$E = \frac{1}{q}\frac{dE_{fi}}{dx} = -\frac{d\psi}{dx} \qquad (2.72)$$

mit dem elektrostatischen Potential

$$\psi = -\frac{E_{fi}}{q} \qquad (2.73)$$

Entsprechend definiert man das Fermi-Potential zu

$$\varphi = -\frac{E_f}{q} \qquad (2.74)$$

Damit werden (2.18) und (2.19):

$$n = n_i \cdot e^{(\psi-\varphi)/V_T} \qquad (2.75)$$

$$p = n_i \cdot e^{(\varphi-\psi)/V_T} \qquad (2.76)$$

wobei $V_T = \frac{kT}{q} \cong 0,026V$ bei Raumtemperatur.

Bei der Herstellung von dotierten Halbleitern kann man durch inhomogene Verteilung der Zusätze ein sog. eingebautes elektrisches Feld erzeugen. In Abbildung 2-11a ist die Dotierungsverteilung eines n-Silizium-Halbleiters dargestellt.

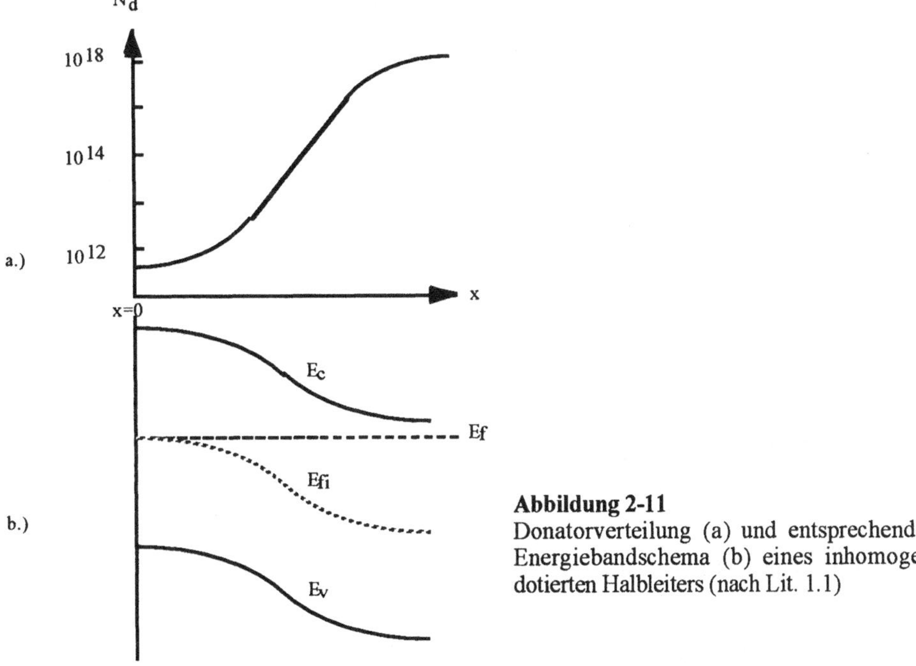

Abbildung 2-11
Donatorverteilung (a) und entsprechendes Energiebandschema (b) eines inhomogen dotierten Halbleiters (nach Lit. 1.1)

Bei der Konstruktion des Energiebandschemas wird vom konstanten Fermi-Niveau E_f als Referenz ausgegangen. Nimmt man an, daß alle Donatoratome ionisiert sind, dann ist die Elektronendichte $n=N_d(x)$. Damit folgt aus (2.18) für die Energie in der Mitte der verbotenen Zone:

$$E_{fi} = E_f - kT \cdot \ln\left(\frac{N_d(x)}{n_i}\right) \tag{2.77}$$

Für jedes $N_d > n_i$ liegt E_{fi} unter E_f, E_f-E_{fi} wächst mit wachsendem N_d. Da der Bandabstand E_g konstant bleibt, verlaufen E_c und E_v entsprechend (Abbildung 2-11b). Mit Glg. (2.73) und E_f=0 ergibt sich:

$$\psi = V_T \cdot \ln\left(\frac{N_d(x)}{n_i}\right) \tag{2.78}$$

und damit das elektrische Feld

$$E = -\frac{d\psi}{dx} = -\frac{V_T}{N_d}\frac{dN_d}{dx} \tag{2.79}$$

d.h. eine ungleichförmige räumliche Dotierung erzeugt in Halbleitern ein eingebautes elektrisches Feld.

2.7 Grundgleichungen für den Halbleiter

2.7.1 Kontinuitätsgleichung

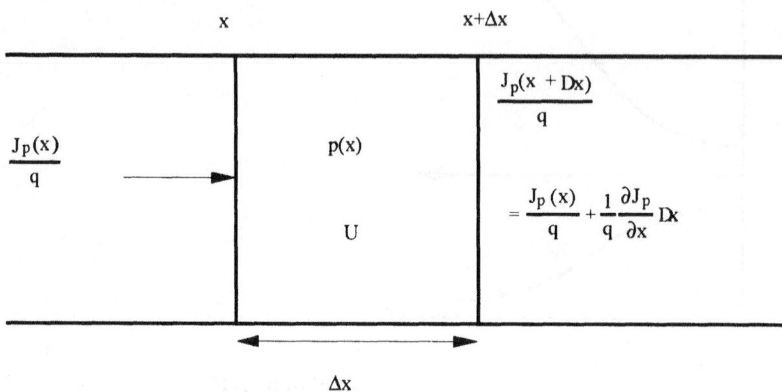

Abbildung 2-12 Kontinuität der Stromdichte im Halbleiter

In einem Halbleiter mit einheitlichem Querschnitt A fließe gemäß Abbildung 2-12 ein Löcherstrom $J_p = I/A = q \cdot p \cdot v$ durch ein kleines Raumelement der Länge Δx. Dieser Strom J_p kann nun in dem Volumenelement $A \cdot \Delta x$ durch elektrische Felder oder Diffusion verändert werden. Die Kontinuitätsbedingung fordert nun, daß die zeitliche Änderung der Löcheranzahl in Δx der Änderung des Löcherstroms in Δx entspricht. Letztere läßt sich nach Abbildung 2-12 ausdrücken zu:

$$\frac{J_p(x + \Delta x)}{q} - \frac{J_p(x)}{q} = \frac{1}{q}\frac{\partial J_p}{\partial x}\Delta x \qquad (2.80)$$

Im Raumelement mit der Länge Δx sind allerdings noch Ladungsträger durch Rekombination verloren gegangen. Dafür gilt nach (2.65) und (2.66):

$$U \cdot \Delta x = \frac{p - p_0}{\tau_p}\Delta x \qquad (2.81)$$

Die zeitliche Änderungsrate der Löcher ist

$$-\frac{\partial p}{\partial t}\Delta x \qquad (2.82)$$

wenn das Minuszeichen für eine Abnahme der Ladungsträgeranzahl steht. Damit erhält man die Kontinuitätsgleichung für den Löcherstrom:

$$\frac{1}{q}\frac{\partial J_p}{\partial x} + \frac{p - p_0}{\tau_p} = -\frac{\partial p}{\partial t} \qquad (2.83)$$

Entsprechend für den Elektronenstrom:

$$-\frac{1}{q}\frac{\partial J_n}{\partial x}+\frac{n-n_o}{\tau_n}=-\frac{\partial n}{\partial t} \tag{2.84}$$

wobei sich die Stromdichten J_p und J_n nach (2.40) und (2.41) schreiben zu:

$$J_n=q\cdot\left(n\cdot\mu_n\cdot E+D_n\cdot\frac{dn}{dx}\right) \tag{2.85}$$

und

$$J_p=q\cdot\left(p\cdot\mu_p\cdot E-D_p\cdot\frac{dp}{dx}\right) \tag{2.86}$$

2.7.2 Raumladungsverteilung

Raumladungszonen im Halbleiter lassen sich mit der Poisson-Gleichung beschreiben durch

$$\frac{dE}{dx}=\frac{\rho}{\varepsilon\cdot\varepsilon_o} \tag{2.87}$$

(ρ: Raumladungsdichte). Durch Integration erhält man die Beziehung zwischen Raumladungsverteilung und elektrischem Feld:

$$E=\int\frac{\rho}{\varepsilon\cdot\varepsilon_o}dx \tag{2.88}$$

Die tatsächliche Raumladung in einem Halbleiter ist die Summe der positiven Ladungen minus der Summe der negativen Ladungen. Da ein ionisiertes Donatoratom eine ortsfeste positive Ladung darstellt und ebenso ein ionisiertes Akzeptoratom eine negative, ist die Raumladung in einem Halbleiter gegeben durch:

$$\rho=q\cdot\left[p+N_d-\left(n+N_a\right)\right] \tag{2.89}$$

Mit (2.72) und (2.89) in (2.87) ergibt sich:

$$\frac{d^2\psi}{dx^2}=\frac{q}{\varepsilon\cdot\varepsilon_o}\cdot\left[\left(n-p\right)+\left(N_a-N_d\right)\right] \tag{2.90}$$

Die Gleichungen (2.83) bis (2.86) und (2.90) beschreiben komplett die Ladungsträger-, Strom- und Feldverteilungen im Halbleiter. Sie können mit geeigneten Randbedingungen gelöst oder angenähert werden.

2.8 Der pn-Übergang

Man kann intrinsisches Halbleitermaterial so dotieren, daß p- und n-leitende Zonen nebeneinander existieren. Die Grenze zwischen p-Leiter und n-Leiter nennt man einen pn-Übergang.

Der Übergang zwischen p- und n-Gebiet kann durch einen Stufenübergang beschrieben werden. Man erreicht ihn durch sog. "flache" Diffusion (Abbildung 2-13).

Seien die n- und p- Materialien getrennt, bevor sie physikalisch zu einem pn- Übergang zusammengebracht werden. Im n- Material liegt das Fermi-Niveau nahe der Kante des Leitungsbands, im p-Material nahe der Kante des Valenzbandes (Abbildung 2-14a). Für beide Materialien gelten die Gleichungen (2.18) bzw. (2.19). Mit ψ als dem Potential der Bandmitte und, φ_n, φ_p als den Fermipotentialen des n- bzw. p- Materials schreibt sich Gleichung (2.75) für den n-Leiter:

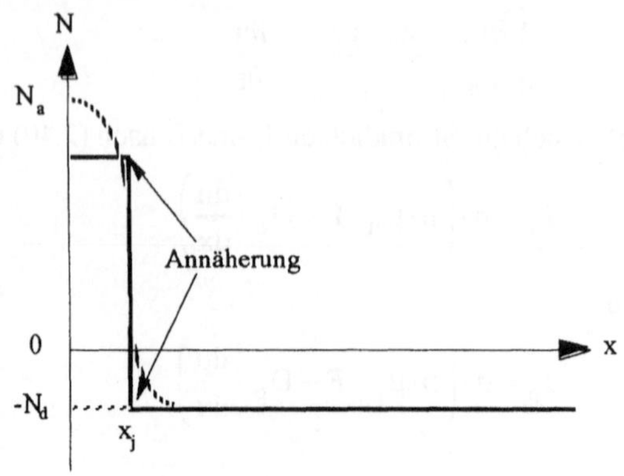

Abbildung 2-13 Flach diffundierter Stufenübergang

$$n = n_i \cdot e^{\left(\psi - \varphi_n\right)/V_T}$$

und Gleichung (2.76) für den p-Leiter:

$$p = n_i \cdot e^{\left(\varphi_p - \psi\right)/V_T}$$

Daraus:

$$\frac{dn}{dx} = \frac{n}{V_T} \cdot \left(\frac{d\psi}{dx} - \frac{d\varphi}{dx}\right) \tag{2.91}$$

und

$$\frac{dp}{dx} = -\frac{p}{V_T} \cdot \left(\frac{d\varphi}{dx} - \frac{d\psi}{dx}\right) \tag{2.92}$$

Nach (2.38) und (2.39) ergibt sich für die Stromdichten im n- und p-Leiter:

$$J_n = \frac{I_n}{A} = q \cdot D_n \cdot \frac{n}{V_T} \cdot \left(\frac{d\psi}{dx} - \frac{d\varphi_n}{dx}\right) \tag{2.93}$$

und

$$J_p = \frac{I_p}{A} = q \cdot D_p \cdot \frac{p}{V_T} \cdot \left(\frac{d\varphi_p}{dx} - \frac{d\psi}{dx}\right) \tag{2.94}$$

Mit (2.72) und der Einstein-Gleichung

$$\frac{D_p}{\mu_p} = \frac{D_n}{\mu_n} = \frac{kT}{q} = V_T \tag{2.95}$$

folgt:

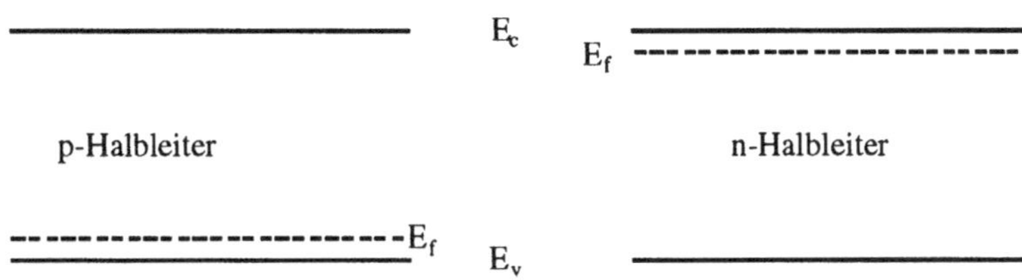

a.) isolierte p- und n-Leiter vor dem Kontakt

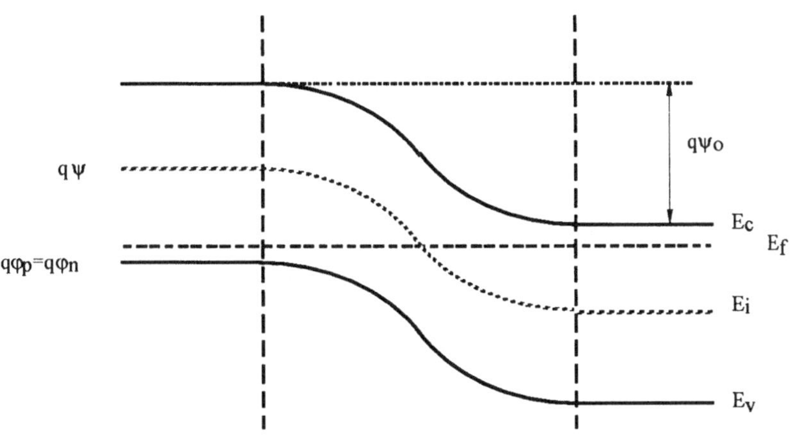

b.) Energiebändermodell nach dem Kontakt

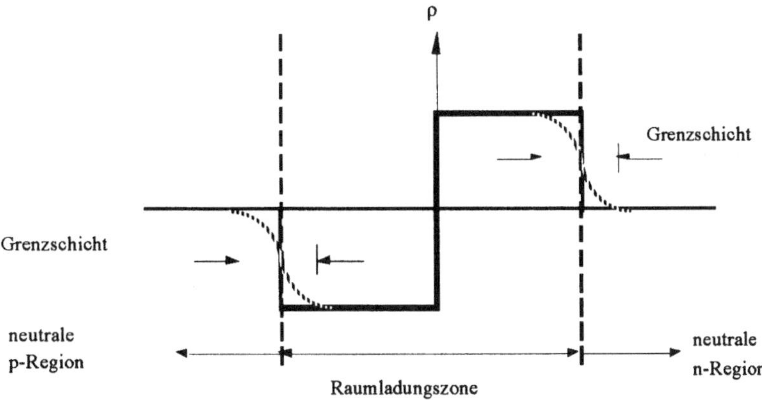

c.) Raumladungsverteilung im pn-Übergang

Abbildung 2-14 Verhältnisse am pn-Übergang

$$J_n = -q \cdot \mu_n \cdot n \cdot \left(E + \frac{d\varphi_n}{dx} \right)^{(2.35)} = -s_n(x) \cdot \left(E + \frac{d\varphi_n}{dx} \right) \qquad (2.96)$$

und

$$J_p = -q \cdot \mu_p \cdot p \cdot \left(E + \frac{d\varphi_p}{dx} \right) = -s_p(x) \cdot \left(E + \frac{d\varphi_p}{dx} \right) \qquad (2.97)$$

Die Gleichungen (2.96) und (2.97) drücken aus, daß in einem Halbleiter ohne elektrischem Feld E die Elektronen- und Löcherströme Null sind, solange die Fermi-Niveaus konstant sind.

Bringt man nun beide Materialien in Kontakt, so ist an der Übergangsstelle $d\varphi/dx \neq 0$. Nach (2.96) und (2.97) fließen solange Elektronen von der n-Seite zur p-Seite und Löcher von der p-Seite zur n-Seite, bis die Fermi-Niveaus gleich sind. Es ergibt sich das Energieband - Diagramm der Abbildung 2-14b.

Der Transport von Elektronen und Löchern über die pn-Grenze hinweg hinterläßt zudem auf der n-Seite unkompensierte Donatorionen N_d^+ und auf der p-Seite unkompensierte Akzeptorionen N_a^-, so daß sich eine Raumladungsverteilung mit elektrischem Feld $E=-d\psi/dx$ gemäß Abbildung 2-14c ausbildet. Daß kein weiterer Ladungstransport stattfindet liegt daran, daß die Ladungen im Feldbereich ortsfest sind (Raumladungszone!). Die Beziehung zwischen Raumladungsverteilung und elektrischem Potential wird durch die Poisson-Gleichung (2.90) beschrieben.

Nimmt man das Fermi-Potential zu $\varphi = 0$ an, so folgt aus (2.75) und (2.76):

$$n = n_i \cdot e^{\psi/V_T} \qquad (2.98)$$

$$p = n_i \cdot e^{-\psi/V_T} \qquad (2.99)$$

Die Gleichungen (2.90), (2.98) und (2.99) sind für sämtliche Zonen des pn-Übergangs anwendbar, also für

(1) die neutralen Zonen fernab des pn-Übergangs,

(2) die Raumladungszone, in der feste Ladungen aber keine freien Ladungsträger existieren, und

(3) die Grenzzonen zwischen der neutralen und der Raumladungszone.

In den neutralen Zonen ist die gesamte Raumladungsdichte $=0$. Daher ist:

$$\frac{d^2\psi}{dx^2} = 0 \qquad (2.100)$$

und

$$n - p - N_d + N_a = 0 \qquad (2.101)$$

Für den n-leitenden Teil kann $N_a = 0$ und $p \ll n$ angesetzt werden. Damit wird:

$$n = N_d \qquad (2.102)$$

(2.102) in (2.98):

$$\psi_n = V_T \cdot \ln\left(\frac{N_d}{n_i}\right) \tag{2.103}$$

und entsprechend für den p-leitenden Teil der neutralen Zone:

$$\psi_p = -V_T \cdot \ln\left(\frac{N_a}{n_i}\right) \tag{2.104}$$

Daher ist die Potentialdifferenz zwischen der n- und p-seitigen neutralen Zone:

$$\psi_o = \psi_n - \psi_p = V_T \cdot \ln\left(\frac{N_d \cdot N_a}{n_i^2}\right) \tag{2.105}$$

ψ_o heißt *eingebautes Potential*.

Für die Grenzzonen zwischen den neutralen und der Raumladungszone können (2.90), (2.98) und (2.99) nicht mehr analytisch gelöst werden. Durch Computeranalysen konnte die Breite der Grenzschicht zu näherungsweise $3L_D$ gefunden werden, wobei L_D extrinsische Debye Länge heißt und angegeben werden kann zu

$$L_D = \left(\frac{\varepsilon \cdot \varepsilon_o \cdot V_T}{q \cdot |N_d - N_a|}\right)^{1/2} \tag{2.106}$$

L_D ist dabei ein Maß für die Steilheit der Grenzzone. Für $N_d - N_a = 10^{16} \mathrm{cm}^{-3}$ ergibt sich für Si z.B. $L_D = 3 \times 10^{-6}$cm. Solche Breiten sind i.a. gegenüber der Breite der Raumladungszone vernachlässigbar, so daß man ohne Beschränkung der Allgemeinheit einen pn-Übergang lediglich aus neutraler und Raumladungszone bestehend betrachten kann.

Für die Raumladungszone gilt $n = p = 0$ (daher auch die Bezeichnung Verarmungszone!). Gleichung (2.90) wird damit:

$$\frac{d^2\psi}{dx^2} = \frac{q}{\varepsilon \cdot \varepsilon_o} \cdot \left(N_a - N_d\right) \tag{2.107}$$

Ohne Beschränkung der Allgemeinheit kann man eine homogene Verteilung der Raumladungen rechts und links des Übergangs annehmen (Abbildung 2-15a). Damit ergeben sich 2 Gleichungen:

$$\frac{d^2\psi}{dx^2} = -\frac{q}{\varepsilon \cdot \varepsilon_o} \cdot N_d \qquad \text{für } 0<x<x_n \tag{2.108a}$$

$$\frac{d^2\psi}{dx^2} = \frac{q}{\varepsilon \cdot \varepsilon_o} \cdot N_a \qquad \text{für } -x_p<x<0 \tag{2.108b}$$

Da die Gesamtladung im Halbleiter neutral sein muß gilt außerdem:

$$N_d \cdot x_n = N_a \cdot x_p. \tag{2.109}$$

mit der Raumladungszone $W = x_n + x_p$.

Für einen flach dotierten Übergang ist die Dotierung der einen Seite wesentlich stärker als die der anderen. Man nennt dies einen einseitigen Stufenübergang. Er entspricht Abbildung 2-15a.

Hier ist $N_d \gg N_a$, so daß $x_p \gg x_n$ und $W \approx x_p$, d.h. daß die Raumladungsschicht der stark dotierten Seite vernachlässigbar ist. Gleichung (2.107) reduziert sich auf Gleichung (2.108b).

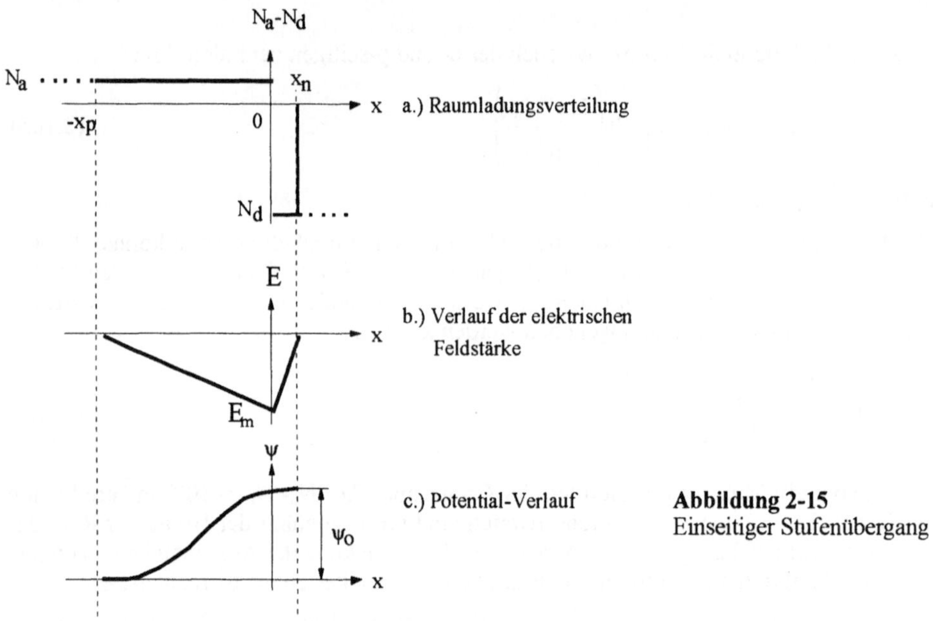

Abbildung 2-15
Einseitiger Stufenübergang

Integration von - x_p bis x ergibt:

$$\frac{d\psi}{dx} = \frac{q \cdot N_a}{\varepsilon \cdot \varepsilon_o} \cdot \left(x + x_p \right)$$

(2.110)

mit $d\psi/dx = 0$ für $x = -x_p$. Mit (2.72) folgt:

$$\mathbf{E} = \mathbf{E}_m \cdot \left(1 + \frac{x}{x_p} \right) \qquad (x \leq 0)$$

(2.111)

wobei

$$\mathbf{E}_m = -\frac{q \cdot N_a \cdot x_p}{\varepsilon \cdot \varepsilon_o}$$

(2.112)

die maximale Feldstärke in der Raumladungszone bedeutet. E ist in Abbildung 2-15b dargestellt.

Der Potentialverlauf ergibt sich durch Integration von Gleichung (2.110) von - x_p bis x:

$$\psi = \frac{q \cdot N_a \cdot x_p^2}{2 \cdot \varepsilon \cdot \varepsilon_o} \left(1 + \frac{x}{x_p}\right)^2 \qquad (x \leq 0) \tag{2.113}$$

mit $\psi = 0$ für $x = -x_p$. Das eingebaute Potential ψ_0 (vgl. Glg. (2.105)) ergibt sich damit außerdem zu

$$\psi_0 = \psi(0) = \frac{q \cdot N_a \cdot x_p^2}{2 \cdot \varepsilon \cdot \varepsilon_o} \tag{2.114}$$

d.h. es ist die Spannung zwischen $x = 0$ und $x = x_p$, wenn man den geringen Spannungsabfall zwischen 0 und x_n vernachlässigt.

Aus Gleichung (2.114) ergibt sich für die Breite der Raumladungszone:

$$W \cong x_p = \left(\frac{2 \cdot \varepsilon \cdot \varepsilon_o \cdot \psi_0}{q \cdot N_a}\right)^{1/2} \tag{2.115}$$

Dieselben Gleichungen mit N_d statt N_a und x_n statt $-x_p$ erhält man für einen einseitigen pn-Stufenübergang (p-Seite flach dotiert).

Im thermischen Gleichgewicht (Index 0) folgt aus Gleichung (2.105) mit (2.26a) und (2.27b) für das eingebaute Potential:

$$\psi_o = V_T \cdot \ln\left(\frac{p_{po} \cdot n_{no}}{n_i^2}\right) \tag{2.116a}$$

wobei der Index p bzw. n die jeweilige Seite des pn-Übergangs bedeutet. Mit $p_{po} \cdot n_{no} = n_i^2$ folgt weiter:

$$\psi_o = V_T \cdot \ln\left(\frac{n_{no}}{n_{po}}\right) \tag{2.116b}$$

und damit

$$n_{no} = n_{po} \cdot e^{\psi_0/V_T} \tag{2.117a}$$

Entsprechend mit $p_{po} \cdot n_{no} = n_i^2$:

$$p_{po} = p_{no} \cdot e^{\psi_0/V_T} \tag{2.117b}$$

d.h. die Elektronen - bzw. Löcherdichten auf beiden Seiten des Übergangs hängen über die Potentialdifferenz zusammen. Durch Anlegen einer in Durchlaß (+ auf p, - auf n) gerichteten äußeren Spannung V verringert sich das Potential auf ψ_0-V. Die Teilchendichten sind nun nicht mehr im thermischen Gleichgewicht. Statt dessen gilt:

$$n_n = n_p \cdot e^{(\psi_0 - V)/V_T} \tag{2.118}$$

Für geringe Ladungsträgerinjektionen ist $n_n = n_{no}$. Mit dieser Bedingung und Gleichung (2.117a) folgt:

$$n_p = n_{po} \cdot e^{V/V_T} \tag{2.119a}$$

und entsprechend:

$$p_n = p_{no} \cdot e^{V/V_T} \tag{2.119b}$$

Die Gleichungen (2.119a und b) definieren die Minoritätsträgerdichten an den Grenzen der Raumladungszone. Diese vermehrten Minoritätsträgeranzahlen erzeugen wiederum ein elektrisches Feld, das Majoritätsträger aus der neutralen Zone anzieht und die Raumladungen neutralisiert. Dadurch wirken die Minoritätsträger ungeladen und bewegen sich nur durch Diffusion (während die Majoritätsträger stark durch **E** beeinflußt werden). Damit folgt aus den Gleichungen (2.83) bis (2.86):

$$I_p = -q \cdot D_p \cdot \frac{dp_n}{dx} \tag{2.120a}$$

$$I_n = q \cdot D_n \cdot \frac{dn_p}{dx} \tag{2.120b}$$

$$\frac{\partial p_n}{\partial t} = D_p \frac{\partial^2 p_n}{\partial x^2} - \frac{p_n - p_{no}}{\tau_p} \tag{2.121a}$$

$$\frac{\partial n_p}{\partial t} = D_n \frac{\partial^2 n_p}{\partial x^2} - \frac{n_p - n_{po}}{\tau_n} \tag{2.121b}$$

Sei die p-Seite leicht dotiert und der äußere elektrische Anschluß entsprechend weit entfernt vom Übergang d.h., daß alle injizierten Ladungsträger vor Erreichen des Kontakts rekombinieren. Sei außerdem die Dotierung in der p-Seite homogen. Dann ergibt sich für

den zeitunabhängigen Fall mit $n_p - n_{po} = \Delta n_p$:

$$\frac{\partial n_p}{\partial t} = D_n \frac{\partial^2 \Delta n_p}{\partial x^2} - \frac{\Delta n_p}{\tau_n} = 0 \tag{2.122}$$

Das links addierte Glied $\partial^2 n_{po}/\partial x^2$ ist Null wegen der homogen angenommenen Dotierung.

Die allgemeine Lösung dieser Gleichung ist:

$$\Delta n_p = K_1 \cdot e^{-x/(D_n \tau_n)^{1/2}} + K_2 \cdot e^{x/(D_n \tau_n)^{1/2}} \tag{2.123}$$

K_1, K_2 sind zu bestimmende Konstanten.

Grenzbedingungen sind, wenn x = 0 an der Grenze zur Raumladungszone angenommen wird und die p-Region sich ins negative x erstreckt, einerseits Gleichung (2.119a)

$$n_p = n_{po} \cdot e^{V/V_T} \qquad\qquad \text{für x=0}$$

und andrerseits

$$n_p = n_{po} \qquad\qquad \text{für } x = -\infty \tag{2.124}$$

Aus (2.124) folgt $K_1 = 0$. Damit und mit (2.119a) in (2.123) ergibt:

$$\Delta n_p = n_{po} \cdot \left(e^{V/V_T} - 1\right) \cdot e^{x/L_n} \tag{2.125}$$

für den Bereich $-\infty < x \leq 0$.

In Gleichung (2.125) ist

$$L_n = \sqrt{D_n \cdot \tau_n} \tag{2.126}$$

L_n heißt die Elektronen Diffusionslänge. Sie entspricht der mittleren Distanz die ein erzeugtes Elektron zurücklegt, bis es rekombiniert.

Der Elektronenstrom ergibt sich durch Einsetzen von (2.125) in (2.120b):

$$I_n = q \cdot A \cdot \frac{D_n \cdot n_{po}}{L_n} \cdot \left(e^{V/V_T} - 1\right) \cdot e^{x/L_n} \tag{2.127}$$

oder mit dem Elektronenstrom an der Raumladungszone $x = 0$:

$$I_n(0) = q \cdot A \cdot \frac{D_n \cdot n_{po}}{L_n} \cdot \left(e^{V/V_T} - 1\right) \tag{2.128}$$

$$I_n = I_n(0) \cdot e^{x/L_n} \qquad (x = 0, \ldots, \infty) \tag{2.129}$$

d.h. der Elektronenstrom in der p-Seite nimmt mit wachsendem Abstand vom Übergang exponentiell ab.

Entsprechende Gleichungen erhält man für die n-Seite, die sich ins positive x erstrecken soll:

$$\Delta p_n = p_{no} \cdot \left(e^{V/V_T} - 1\right) \cdot e^{-x/L_p} \tag{2.130}$$

für den Bereich $0 < x \leq \infty$, sowie:

$$I_p = q \cdot A \cdot \frac{D_p \cdot p_{no}}{L_p} \cdot \left(e^{V/V_T} - 1\right) \cdot e^{-x/L_p} \tag{2.131}$$

$$I_p(0) = q \cdot A \cdot \frac{D_p \cdot p_{no}}{L_p} \cdot \left(e^{V/V_T} - 1\right) \tag{2.132}$$

und

$$L_p = \sqrt{D_p \cdot \tau_p} \tag{2.133}$$

L_p ist die Löcher - Diffusionslänge.

Abbildung 2-16a zeigt die Minoritätsträgerverteilung in einem pn-Halbleiter gemäß Glg. (2.125) und (2.130), Abbildung 2-16b die Ströme gemäß Gleichung (2.127) und (2.132).

Nun muß aber in beiden Gebieten der Gesamtstrom konstant sein. Daher muß in der p-Region der Löcherstrom in gleicher Weise anwachsen wie der Elektronenstrom abnimmt. Der Minoritätsträgerstrom geht also laufend in den Majoritätsträgerstrom durch Elektron-Loch-Rekombination über. Entsprechendes gilt für die n-Region (Abbildung 2-16c).

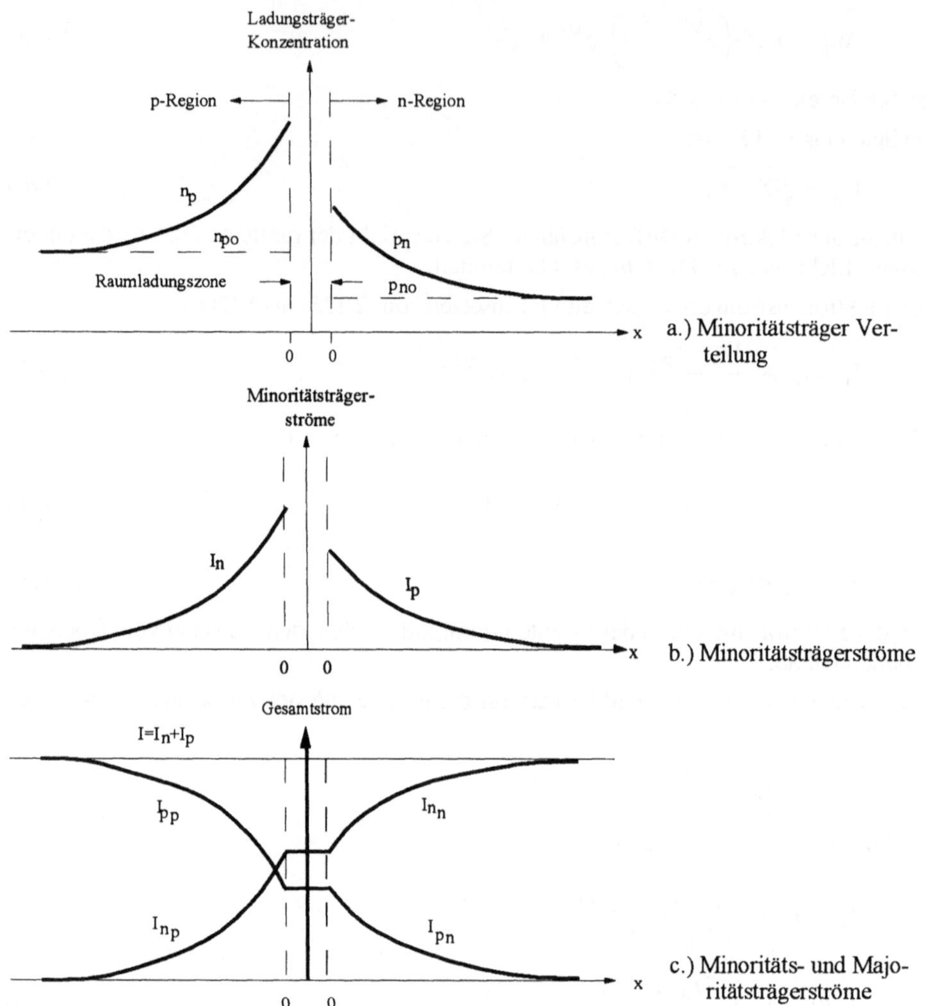

Abbildung 2-16 Der in Durchlaßrichtung geschaltete pn-Übergang

Der Gesamtstrom $I = I_p + I_n$ ergibt sich durch Addition der Minoritätsträgerströme an der Raumladungszonen - Grenze:

$$I = I_n(0) + I_p(0) = I_0 \cdot \left(e^{V/V_T} - 1 \right) \tag{2.134}$$

mit

$$I_0 = q \cdot A \cdot \left(\frac{D_p \cdot p_{no}}{L_p} + \frac{D_n \cdot n_{po}}{L_n} \right) \tag{2.135a}$$

oder

$$I_0 = q \cdot A \cdot n_i^2 \cdot \left(\frac{D_p}{L_p \cdot N_d} + \frac{D_n}{L_n \cdot N_a} \right) \qquad (2.135b)$$

oder mit (2.133):

$$I_0 = q \cdot A \cdot n_i^2 \cdot \left(\frac{L_p}{\tau_p \cdot N_d} + \frac{L_n}{\tau_n \cdot N_a} \right) \qquad (2.135c)$$

wobei $p_{no} = n_i^2 / N_d$ und $n_{po} = n_i^2 / N_a$.

Gleichung (2.134) beschreibt die ideale Strom-Spannungs-Charakteristik eines pn-Übergangs. I_0 heißt Dioden-Sättigungsstrom und ist der ideale Sperrstrom des Übergangs bei $V=-\infty$ (Abbildung 2-17). Für einen einseitigen Stufenübergang wird die IV-Charakteristik im wesentlichen von den Konstanten der leicht dotierten Seite bestimmt.

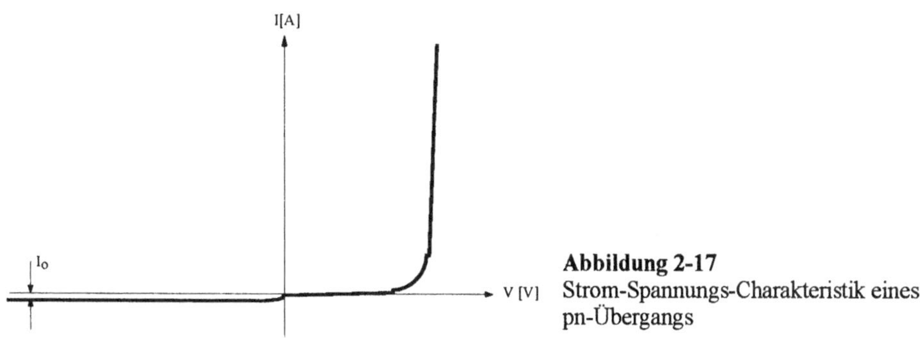

Abbildung 2-17
Strom-Spannungs-Charakteristik eines pn-Übergangs

2.9 Die Solarzelle

Licht ist eine Energieform, deren Einheit das Photon ist. Ein Photon hat die Energie $h\nu$. Diese hängt mit der Wellenlänge λ wie folgt zusammen:

$$\lambda = \frac{c}{\nu} = \frac{h \cdot c}{E_{ph}} = \frac{1,24}{E_{ph}} \qquad [\mu m] \qquad (2.136)$$

wo $E_{ph} = h\nu$ die Photonenergie in eV darstellt.

Wird ein Halbleiter mit Licht bestrahlt, können Photonen absorbiert werden oder nicht, je nachdem ob die Photonenergie kleiner oder größer/gleich der Energie des Bandabstands E_g ist (Abbildung 2-18). Photonen mit kleinerer Energie als E_g werden nicht vollständig vom Halbleiter absorbiert, da kein Energiezustand innerhalb der verbotenen Zone existiert um ein Elektron anzuregen. Licht dieses Wellenlängenbereichs durchdringt den Kristall ohne absorbiert zu werden. Bei $E_{ph} \geq E_g$ werden Elektron-Loch-Paare erzeugt und die überschüssige Energie $E_{ph} - E_g$ in Wärme umgewandelt.

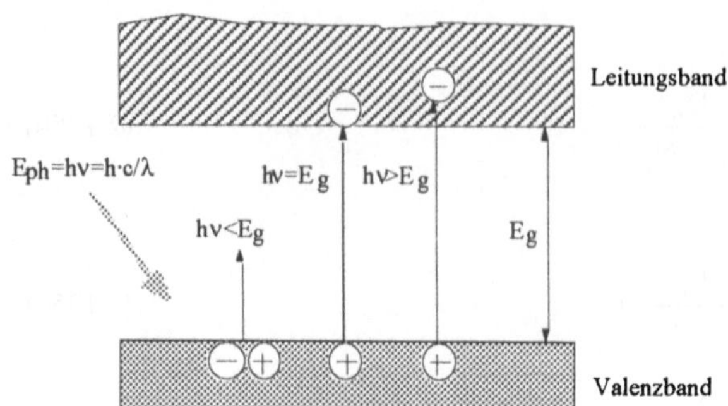

Abbildung 2-18

Optisch erzeugte Elektron/Loch-Paare im Halbleiter

Für die absorbierte Strahlungsenergie gilt das Absorptionsgesetz in der Form

$$F(x) = F_{ph} \cdot e^{-\alpha x} \tag{2.137}$$

mit F als der Lichtenergie pro $cm^2 \cdot sec$ und $F(0) = F_{ph}$. Da die Absorption von der Photonenenergie abhängt, ist auch der Absorptionskoeffizient α eine Funktion von $h\nu$.

α fällt stark ab bei Photonenenergien, die dem Bandabstand E_g entsprechen. Dementsprechend absorbiert Si nur Licht der Wellenlängen $\lambda \leq 1,1\mu m$, GaAs nur Licht der Wellenlängen $\lambda \leq 0,9\mu m$.

Die grundsätzlichen Vorgänge in einer Solarzelle erkennt man am einfachsten, wenn gleichmäßige Lichtabsorption innerhalb des Halbleitermaterials angenommen und die Abhängigkeit der Absorption von der Wellenlänge vernachlässigt wird. Sei G_L die Paar-Erzeugungsrate, die über den p- und n-Bereich der in Kapitel 2.8 betrachteten Diode konstant und homogen angenommen werde. Dann werden Gleichung (2.121a) und (2.121b) für die Minoritätsträger im n- und p-Bereich unter Gleichgewichtsbedingungen (die Erzeugungsrate G_L ist positiv zu rechnen, weil sie der Rekombinationsrate entgegenwirkt):

$$D_p \frac{\partial^2 p_n}{\partial x^2} - \frac{p_n - p_{no}}{\tau_p} + G_L = 0 \tag{2.138a}$$

für die n-Seite und

$$D_n \frac{\partial^2 n_p}{\partial x^2} - \frac{n_p - n_{po}}{\tau_n} + G_L = 0 \tag{2.138b}$$

für die p-Seite.

Wiederum mit $\Delta p_n = p_n - p_{no}$ ergibt sich als allgemeine Lösung von (2.138a):

$$\Delta p_n = K_1 \cdot e^{-x/(D_p \tau_p)^{1/2}} + K_2 \cdot e^{x/(D_p \tau_p)^{1/2}} + \tau_p \cdot G_L \tag{2.139}$$

mit den Grenzbedingungen:

$$p_n = p_{no} \cdot e^{V/V_T} \qquad\qquad \text{für x=0} \tag{2.140}$$

$$p_n = p_{no} + \tau_p G_L \qquad\qquad \text{für } x = \infty \tag{2.141}$$

(Bei $x = 0$ wird angenommen, daß die erzeugten Ladungsträger durch das dort herrschende elektrische Feld sofort abgesaugt werden!).

Damit folgt:

$$\Delta p_n = \left[p_{no} \cdot \left(e^{V/V_T} - 1 \right) - \tau_p \cdot G_L \right] \cdot e^{-x/\sqrt{D_p \tau_p}} + \tau_p \cdot G_L \tag{2.142}$$

oder mit (2.133):

$$\Delta p_n = \left[p_{no} \cdot \left(e^{V/V_T} - 1 \right) - \frac{L_p^2}{D_p} \cdot G_L \right] \cdot e^{-x/L_p} + \frac{L_p^2}{D_p} \cdot G_L \tag{2.143}$$

Der Löcherstrom ergibt sich durch Einsetzen von (2.143) in (2.120a) zu:

$$I_p = \left[\frac{q \cdot A \cdot D_p \cdot p_{no}}{L_p} \cdot \left(e^{V/V_T} - 1 \right) - q \cdot A \cdot L_p \cdot G_L \right] \cdot e^{-x/L_p} \tag{2.144}$$

Eine entsprechende Gleichung folgt für die n-Seite:

$$I_p = \left[\frac{q \cdot A \cdot D_n \cdot n_{po}}{L_n} \cdot \left(e^{V/V_T} - 1 \right) - q \cdot A \cdot L_n \cdot G_L \right] \cdot e^{-x/L_n} \tag{2.145}$$

Der Gesamtstrom ergibt sich wiederum durch Addition der Ströme an den Raumladungsgrenzen x=0 zu:

$$I = I_p(0) + I_n(0)$$

$$I = \left[\frac{q \cdot A \cdot D_p \cdot p_{no}}{L_p} + \frac{q \cdot A \cdot D_n \cdot n_{po}}{L_n} \right] \cdot \left(e^{V/V_T} - 1 \right) - q \cdot A \cdot G_L \cdot \left(L_P + L_n \right) \tag{2.146}$$

d.h. der Photostrom hat dieselbe Richtung wie der Diodensättigungsstrom I_0 (V=-∞!), fließt also in Sperrichtung. Zählt man diese Richtung positiv, so schreibt sich (2.146):

$$I = I_G - I_0 \cdot \left(e^{V/V_T} - 1 \right) \tag{2.147}$$

mit (2.135a) und

$$I_G = q \cdot A \cdot G_L \cdot \left(L_P + L_n \right) \tag{2.148}$$

Die Vorgänge in einer Solarzelle können damit wie folgt beschrieben werden:

a) Photonen werden absorbiert, so daß Elektron/Loch-Paare sowohl in der n- wie der p-Region erzeugt werden.

b) Vom Ort ihrer Entstehung aus diffundieren die Minoritätsträger in Richtung des Konzentrationsgefälles, d.h. zum pn-Übergang.

c) Minoritätsträger, die innerhalb einer Diffusionslänge vom Übergang entfernt erzeugt werden, erreichen die Raumladungszone.

d) Elektronen und Löcher werden in der Raumladungszone durch das starke eingebaute elektrische Feld getrennt. Elektronen gelangen von der p- zur n-Seite und laden diese negativ auf, Löcher gelangen von der n- zur p- Seite und laden diese positiv auf.

e) Sind die Solarzellenkontakte offen, erzeugt die Anhäufung der Ladungsträger auf beiden Seiten des Übergangs eine Leerlaufspannung V_{oc}. Wird eine Last an die Solarzelle angelegt, so fließt ein Photostrom I gemäß (2.147).

Die Herleitung der Gleichung (2.147) ging von Abstraktionen aus, die in der Praxis nicht vernachlässigbar sind. In Wirklichkeit besitzt eine Solarzelle endliche Dicke und die Erzeugungsrate ist nach Gleichung (2.137) sowohl dicken- wie wellenlängenabhängig. Außerdem spielen Reflexionsvermögen R und Oberflächenrekombinationsgeschwindigkeit S an den Kontakten eine nicht zu vernachlässigende Rolle. Letzteres insbesondere dann, wenn die Dicken der neutralen Zonen in die Größenordnung der Diffusionslängen der Minoritätsträger kommen.

Der allgemeinste Ansatz für Solarzellen folgt aus den Gleichungen (2.138a) und (2.138b) unter Berücksichtigung von (2.137) und dem Reflexionsvermögen $R(\lambda)$ an der Solarzellenoberfläche. Aus (2.137) folgt für die im Volumelement A·Δx absorbierte Lichtenergie:

$$\frac{F(x) - F(x + \Delta x)}{\Delta x} = \frac{-dF(x)}{dx} = \alpha \cdot F_{ph} \cdot e^{-\alpha x} \tag{2.149}$$

und damit die im Volumelement A·Δx pro sec durch Lichtabsorption erzeugte Ladungsträgeranzahl:

$$N(x) = -\frac{1}{h\nu}\frac{dF(x)}{dx} = \alpha \cdot N_{ph} \cdot e^{-\alpha x} \tag{2.150}$$

wobei N_{ph} die Anzahl der auf die Solarzelle pro Zeiteinheit auffallenden Lichtquanten ist. Unter Berücksichtigung des Reflexionsvermögens $R(\lambda)$ ergibt sich für die Erzeugungsrate:

$$G_L(x,\lambda) = \alpha(\lambda) \cdot N_{ph}(\lambda) \cdot \left(1 - R(\lambda)\right) \cdot e^{-\alpha(\lambda)(d_n - x)} \tag{2.151}$$

wenn die der Strahlung zugewandte Zelloberfläche bei $x = d_n$ angenommen wird (Abbildung 2-19).

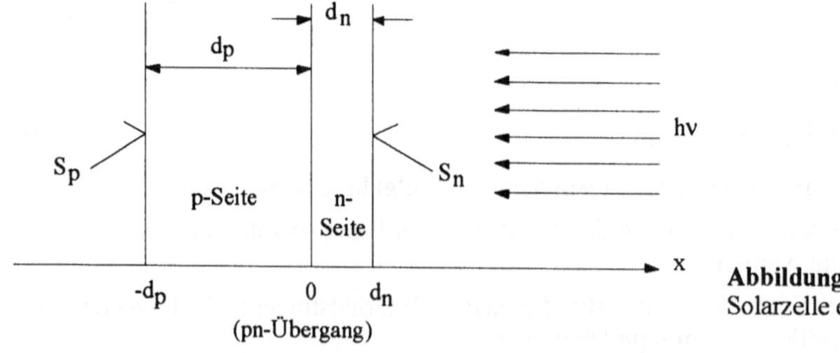

Abbildung 2-19
Solarzelle endlicher Dicke

Damit wird aus (2.138a) und (2.138b):

$$D_p \frac{\partial^2 p_n}{\partial x^2} - \frac{p_n - p_{no}}{\tau_p} + \alpha(\lambda) \cdot N_{ph}(\lambda) \cdot \left(1 - R(\lambda)\right) \cdot e^{\alpha(\lambda)(x - d_n)} \tag{2.152a}$$

für die n-Seite und

$$D_n \frac{\partial^2 n_p}{\partial x^2} - \frac{n_p - n_{po}}{\tau_n} + \alpha(\lambda) \cdot N_{ph}(\lambda) \cdot \left(1 - R(\lambda)\right) \cdot e^{\alpha(\lambda)(x - d_n)} \qquad (2.152b)$$

für die p-Seite.

Wiederum mit $\Delta p_n = p_n - p_{no}$ und (2.133) ergibt sich als allgemeine Lösung von (2.152a):

$$\Delta p_n = K_1 \cdot \sinh\left(\frac{x}{L_p}\right) + K_2 \cdot \cosh\left(\frac{x}{L_p}\right) - \frac{N_{ph} \cdot \left(1 - R(\lambda)\right)}{\alpha \cdot D_p \cdot \left(1 - 1/\alpha^2 L_p^2\right)} \cdot e^{\alpha(\lambda)(x - d_n)}$$

$$(2.153a)$$

und von (2.152b):

$$\Delta n_p = K_3 \cdot \sinh\left(\frac{x}{L_n}\right) + K_4 \cdot \cosh\left(\frac{x}{L_n}\right) - \frac{N_{ph} \cdot \left(1 - R(\lambda)\right)}{\alpha \cdot D_n \cdot \left(1 - 1/\alpha^2 L_n^2\right)} \cdot e^{\alpha(\lambda)(x - d_n)}$$

$$(2.153b)$$

Als Grenzbedingungen für die Raumladungsgrenzen bei x=0 gilt analog Gleichung (2.140):

$$p_n = p_{no} \cdot e^{V/V_T} \qquad\qquad \text{für x=+0} \qquad (2.154a)$$

$$n_p = n_{po} \cdot e^{V/V_T} \qquad\qquad \text{für x=-0} \qquad (2.154b)$$

Für die Zelloberflächen gilt jetzt allerdings:

$$-D_p \left(\frac{dp_n}{dx}\right)_{+d_n} = S_n \cdot \Delta p_n(+d_n) \qquad (2.155a)$$

bzw.

$$D_n \left(\frac{dn_p}{dx}\right)_{-d_p} = S_p \cdot \Delta n_p(-d_p) \qquad (2.155b)$$

Für den Löcherstrom an der Raumladungsgrenze (x = 0) ergibt sich dann, wenn I wiederum in Sperr-Richtung positiv gezählt wird:

$$I_p(\lambda) = \frac{qA\alpha L_p N_{ph}(1 - R)}{\left(1 - \alpha^2 L_p^2\right)} \cdot$$

$$\frac{\left\{\left[(\alpha L_p + D_p/L_p S_n) \cdot \sinh(d_n/L_p) + (1 + \alpha D_p/S_n) \cdot \cosh(d_n/L_p)\right] \cdot e^{-\alpha d_n} - (1 + \alpha D_p/S_n)\right\}}{\left[\sinh(d_n/L_p) + (D_p/L_p S_n) \cdot \cosh(d_n/L_p)\right]} -$$

$$- \frac{qAD_p p_{no}}{L_p} \frac{\left[\cosh(d_n/L_p) + (D_p/L_p S_n) \cdot \sinh(d_n/L_p)\right]}{\left[\sinh(d_n/L_p) + (D_p/L_p S_n) \cdot \cosh(d_n/L_p)\right]} \cdot \left(e^{V/V_T} - 1\right). \qquad (2.156a)$$

und für den Elektronenstrom an der Raumladungsgrenze:

$$I_n(\lambda) = \frac{qA\alpha L_n N_{ph}(1-R)}{\left(1-\alpha^2 L_n^2\right)} \cdot$$

$$\cdot\left\{\frac{\left[\left(\cosh\left(d_p/L_n\right)-e^{-\alpha d_p}\right)-\left(D_n/L_n S_p\right)\cdot\left(\sinh\left(d_p/L_n\right)+\alpha L_n\right)\right]}{\left[\sinh\left(d_p/L_n\right)+\left(D_n/L_n S_p\right)\cdot\cosh\left(d_p/L_n\right)\right]}-\alpha L_n\right\}\cdot e^{-\alpha d_n}-$$

$$-\frac{qAD_n n_{po}}{L_n}\frac{\left[\cosh\left(d_p/L_n\right)+\left(D_n/L_n S_p\right)\cdot\sinh\left(d_p/L_n\right)\right]}{\left[\sinh\left(d_p/L_n\right)+\left(D_n/L_n S_p\right)\cdot\cosh\left(d_p/L_n\right)\right]}\cdot\left(e^{V/V_T}-1\right). \qquad (2.156b)$$

Der Gesamtstrom ist wiederum die Summe der beiden Einzelströme. In die Form der Gleichung (2.147) gebracht ergibt sich:

$$I_G(\lambda) = qAN_{ph}(1-R)\cdot\left\{\frac{\alpha L_p}{\left(1-\alpha^2 L_p^2\right)}\cdot\right.$$

$$\cdot\frac{\left\{\left[\left(\alpha L_p+D_p/L_p S_n\right)\cdot\sinh\left(d_n/L_p\right)+\left(1+\alpha D_p/S_n\right)\cdot\cosh\left(d_n/L_p\right)\right]\cdot e^{-\alpha d_n}-\left(1+\alpha D_p/S_n\right)\right\}}{\left[\sinh\left(d_n/L_p\right)+\left(D_p/L_p S_n\right)\cdot\cosh\left(d_n/L_p\right)\right]}+$$

$$+\frac{\alpha L_n}{\left(1-\alpha^2 L_n^2\right)}\cdot\left[\frac{\left[\left(\cosh\left(d_p/L_n\right)-e^{-\alpha d_p}\right)-\left(D_n/L_n S_p\right)\cdot\left(\sinh\left(d_p/L_n\right)+\alpha L_n\right)\right]}{\left[\sinh\left(d_p/L_n\right)+\left(D_n/L_n S_p\right)\cdot\cosh\left(d_p/L_n\right)\right]}-\alpha L_n\right\}\cdot e^{-\alpha d_n}\right\}$$

$$(2.157)$$

$$I_0 = qA\left\{\frac{D_p p_{no}}{L_p}\frac{\left[\cosh\left(d_n/L_p\right)+\left(D_p/L_p S_n\right)\cdot\sinh\left(d_n/L_p\right)\right]}{\left[\sinh\left(d_n/L_p\right)+\left(D_p/L_p S_n\right)\cdot\cosh\left(d_n/L_p\right)\right]}+\right.$$

$$+\frac{D_n n_{po}}{L_n}\frac{\left[\cosh\left(d_p/L_n\right)+\left(D_n/L_n S_p\right)\cdot\sinh\left(d_p/L_n\right)\right]}{\left[\sinh\left(d_p/L_n\right)+\left(D_n/L_n S_p\right)\cdot\cosh\left(d_p/L_n\right)\right]}\right\} \qquad (2.158)$$

Gleichung (2.157) geht in (2.148) über für S>>D/L, d>>L, α>>1/L und R=0, während für die Herleitung von Gleichung (2.135) aus (2.158) die Bedingung d>>L genügt.

Abbildung 2-20 demonstriert den Einfluß der Minoritätsträger-Diffusionslänge L_n und der rückseitigen Oberflächen-Rekombinationsgeschwindigkeit S_p auf die Stromausbeute einer n/p-Silizium Zelle nach Gleichung (2.157). Während ein hohes S_p den Gesamtstrom reduziert wirkt sich eine Verringerung der Diffusionslänge L_n im Zellkörper in einer Verschlechterung der Rotempfindlichkeit aus. Letzteres wird bei der Schädigung von Solarzellen durch Elektronen und Protonen beobachtet was darauf hinweist, daß die Teilchenstrahlung des Weltraums vor allem die Basis einer Si-Zelle schädigt.

Für eine leistungsfähige Solarzelle muß I_0 möglichst klein sein (vgl. auch Gleichung (3.15)). Dies erreicht man nach (2.158) dadurch, daß man versucht $S \ll D/L$ ($D/L = L/\tau =$ mittlere Ladungsträgergeschwindigkeit) zu machen. Dann wird (2.158):

$$I_0 = qA \cdot \left[\frac{D_p p_{no}}{L_p} \, \text{tgh}\!\left(\frac{d_n}{L_p} \right) + \frac{D_n n_{po}}{L_n} \, \text{tgh}\!\left(\frac{d_p}{L_n} \right) \right] \tag{2.159}$$

I_0 wird daher günstiger, je dünner die n- und p-Bereiche sind bzw. je länger die Diffusionslängen der entsprechenden Minoritätsträger. Die Dicke des n- und p-Bereichs hängt wiederum sehr stark von der Größe des Absorptionskoeffizienten α ab, der nach Gleichung (2.157) den erzeugten Strom maßgeblich mitbestimmt.

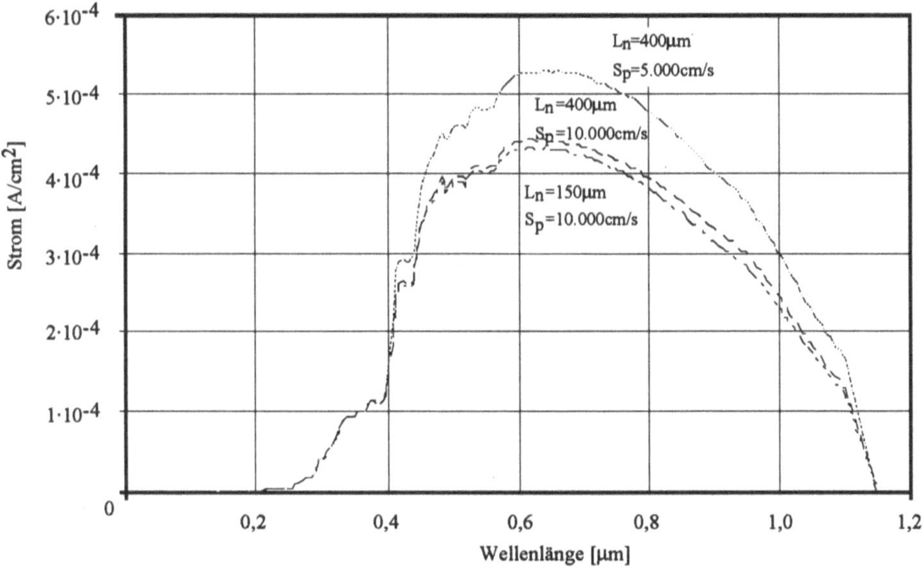

Abbildung 2-20 Einfluß der Diffusionslänge und der Oberflächenrekombination in der Basis auf die Stromausbeute einer p/n-Siliziumzelle nach Gleichung (2.157). Übrige Annahmen: $L_p=0,2\mu m$; $d_n=0,2\mu m$; $d_p=200\mu m$; $S_n=100cm/s$; $D_n=30cm^2/s$; $D_p=2cm^2/s$.

2.10 Hetero-Übergänge

Einen Übergang, der von 2 unterschiedlichen Halbleitermaterialien z. B. GaAs und Germanium gebildet wird, nennt man einen Hetero-Übergang im Gegensatz zu den bisher betrachteten Homo-Übergängen, bei denen beide Seiten aus demselben Material bestehen. Da i. a. die Bandabstände der beiden einen Hetero-Übergang bildenden Materialien unterschiedlich sind, zeigt das Bändermodell eines Hetero-Übergangs Diskontinuitäten.

Voraussetzung für die Kombination zweier unterschiedlicher Materialien zu einem Hetero-Übergang ist, daß die Gitterkonstanten der Partner gut zusammenpassen. Andernfalls bekommt man durch Fehlanpassung Energiezustände im verbotenen Energiebereich, die

die Übergangskennlinie stark beeinflussen (Materialien mit größerer Gitterkonstante als das Basismaterial lassen sich besser aufwachsen als solche mit kleinerer Gitterkonstante, da die Rißbildung verringert ist).

Sei die Kombination eines Halbleiters 1 mit kleinem Bandabstand E_{g1} und eines Halbleiters 2 mit großem Bandabstand E_{g2} betrachtet. Da jeder Halbleiter vom n- oder p-Typ sein kann gibt es die Kombinationen 1n-2p, 1n-2n, 1p-2n und 1p-2p. Beschränken wir uns zunächst auf die Kombination 1n-2p. Die beiden Halbleiter sollen sich in der Bandabstandsenergie E_g, der Dielektrizitätskonstanten ε, der Elektronen-Austrittsarbeit $q\phi$ und der Elektronenaffinität $q\chi$ unterscheiden. Das Energieband-Diagramm der getrennten Halbleiter ist in Abbildung 2-21 dargestellt wobei die Energieniveaus auf das Vakuum bezogen sind. Sei der Energieunterschied in den Leitungsbandkanten ΔE_c und in den Valenzbandkanten ΔE_v. Diese sind:

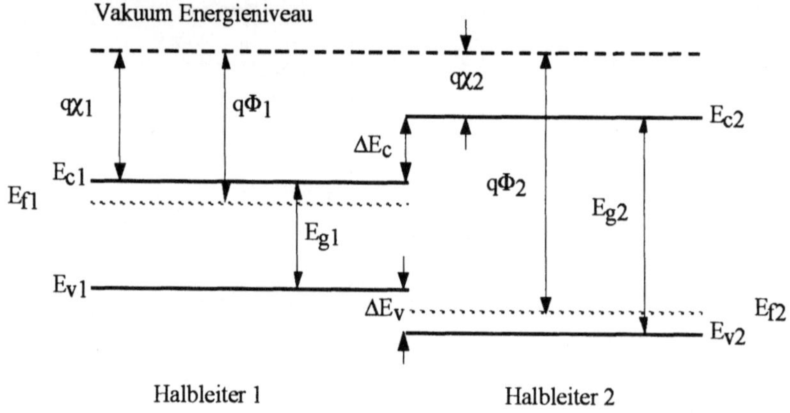

Abbildung 2-21 Energieband Diagramm für zwei isolierte, unterschiedliche Halbleiter

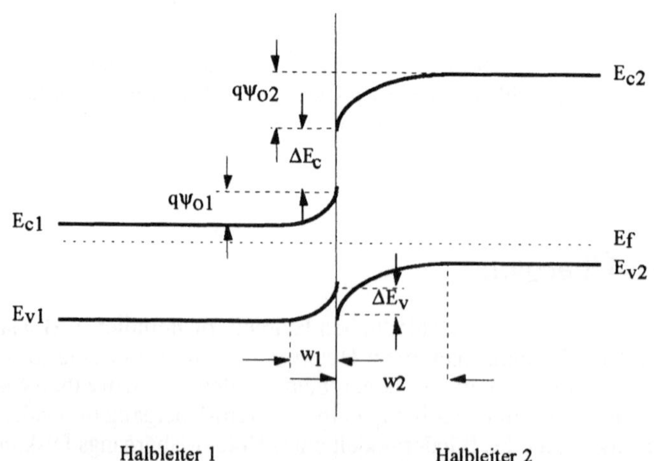

Abbildung 2-22 Energieband Diagramm für einen Hetero-Übergang im Gleichgewicht

$$\Delta E_c = q \cdot \left(\chi_1 - \chi_2\right) \tag{2.160}$$

und

$$\Delta E_v = \left(E_{g2} - E_{g1}\right) - \Delta E_c \tag{2.161}$$

Werden beide Halbleiter in engen Kontakt gebracht, müssen sich die unterschiedlichen Fermi-Niveaus auf gleiches Energieniveau einstellen. Dies geschieht durch Ladungsträgeraustausch: Elektronen des n-Halbleiters 1 wandern zum p-Halbleiter 2 und Löcher in umgekehrter Richtung. Das sich einstellende Energieband-Diagramm ist in Abbildung 2-22 dargestellt. Wie beim Homo-Übergang erzeugt die neue Ladungsträger-Verteilung eine Verarmungszone auf beiden Seiten des Übergangs. Innerhalb dieser Verarmungszone krümmen sich die Energiebänder auf der n-Seite nach oben, auf der p-Seite nach unten und zeigen damit die Existenz einer eingebauten elektrischen Spannung auf beiden Seiten des Übergangs an. Diese setzt sich zusammen aus der Summe der Einzelspannungen auf beiden Seiten des Übergangs:

$$\psi_0 = \psi_{01} + \psi_{02} \tag{2.162}$$

Die Breiten der Verarmungszonen erhält man wieder aus der Lösung der Poisson-Gleichung auf beiden Seiten des Hetero-Übergangs. Eine Randbedingung dabei ist die Kontinuität der elektrischen Verschiebung $\vartheta = \varepsilon \cdot E$:

$$\varepsilon_1 \cdot E_1 = \varepsilon_2 \cdot E_2 \tag{2.163}$$

Überdies führt die Bedingung der Ladungsneutralität zu

$$\frac{w_2}{w_1} = \frac{N_{d1}}{N_{a2}} \tag{2.164}$$

wie beim pn-Übergang.

Wie aber fällt eine angelegte Spannung über einem Hetero-Übergang ab? Die elektrischen Felder im n-Halbleiter 1 und p-Halbleiter 2 sind bei Anlegen einer Spannung $V = V_1 + V_2$:

$$E_1 = \frac{\psi_{01} - V_1}{w_1} \tag{2.165}$$

und

$$E_2 = \frac{\psi_{02} - V_2}{w_2} \tag{2.166}$$

Mit den Gleichungen (2.163) bis (2.166) ergibt sich:

$$\frac{\psi_{01} - V_1}{\psi_{02} - V_2} = \frac{\varepsilon_2 \cdot N_{a2}}{\varepsilon_1 \cdot N_{d1}} \tag{2.167}$$

d.h. bei wesentlich unterschiedlichem Dotierungsgrad fällt die Spannung im wesentlichen an der leichter dotierten Seite ab.

Die Stromstärken an einem Hetero-Übergang sind bestimmt durch die beteiligten Potentialschwellen. Für den betrachteten Fall eines Hetero-Übergangs dominiert in Durchlaßrichtung der Löcherstrom vom Halbleiter 2 zum Halbleiter 1, da die Potentialschwelle nur ψ_{02} beträgt im Gegensatz zu $\psi_{01} + \Delta E_c + \psi_{02}$ für Elektronen. Damit wird der Strom:

$$I = \frac{qAD_p p_{no}}{L_p} \cdot \left(e^{qV/kT} - 1 \right) \tag{2.168}$$

mit D_p, L_p und p_{no} als die Diffusionskonstante, die Diffusionslänge und die Gleichgewichts-Löcherdichte im Halbleiter 1. Im Gegensatz zum Homo-Übergang ist die dominierende Stromkomponente also nicht unbedingt der Minoritätsträgerstrom auf der leicht dotierten Seite. Tatsächlich begünstigt die Diskontinuität im Bändermodell die Injektion von Majoritätsträgern vom Halbleiter mit dem größeren Bandabstand unabhängig vom Dotierungsgrad.

Das betrachtete Modell ist im Großen und Ganzen anwendbar für Ge-GaAs (Ge: Halbleiter 1; GaAs: Halbleiter 2) und GaAs-AlGaAs (GaAs: Halbleiter 1; AlGaAs: Halbleiter 2), bei denen die Gitterfehlanpassung gering ist. Bei Hetero-Übergängen mit großer Gitterfehlanpassung wie z.B. Si-GaAs müssen noch Rekombinations- und Tunnelströme an der Schnittstelle berücksichtigt werden.

Für einen n-Halbleiter 1 mit Bandabstand E_{g1} und einen n- Halbleiter 2 mit Bandabstand $E_{g2} > E_{g1}$ verhält sich der Übergang wie bei einer Kombination Metall-Halbleiter, wo der Strom aufgrund thermionischer Elektronen-Emission von Halbleiter 2 auf Halbleiter 1 fließt. Dies wird im nächsten Kapitel betrachtet.

2.11 Metall-Halbleiter Übergänge (MS-Übergänge)

Die metallischen Kontakte einer Solarzelle sind Metall (M) - Halbleiter (S) - Übergänge. Nicht gleichrichtende MS-Übergänge besitzen einen geringen Spannungsabfall unabhängig von der Polung und heißen Ohmsche Kontakte. Ihr Verständnis folgt aus der allgemeinen Theorie der MS-Übergänge.

Der gleichrichtende MS-Übergang heißt Schottky-Diode. Abbildung 2-23a zeigt das Energiebandschema für ein Metall und einen n-Halbleiter. Die Ionisierungsenergie des Metalls $q\phi_m$ sei größer als die des Halbleiters $q\phi_s$. Bringt man nun Metall und Halbleiter in engen Kontakt, dann treten solange Elektronen vom Halbleiter ins Metall über, bis die Fermi-Niveaus gleich sind (Abbildung 2-23b). Die Verarmung an Elektronen in der Umgebung des Übergangs erzeugt im Halbleiter ein aufwärts gekrümmtes Band nahe der Metalloberfläche. Dadurch entsteht eine Potentialschwelle ψ_0, die eingebaute oder Diffusionsspannung:

$$\psi_0 = \phi_m + \phi_s \tag{2.169}$$

Diese Potentialdifferenz ψ_0 existiert zwischen der Raumladungszone w. Die Energieschwelle für Elektronen um vom Metall ins Halbleiter-Leitungsband zu gelangen ist:

$$q\phi_b = q \cdot (\phi_m - \chi_s) \tag{2.170}$$

ϕ_b heißt Schwellenwert des MS-Kontakts. Mit $V_n = \phi_s - \chi_s$, der Potentialdifferenz zwischen E_f und E_c, folgt:

$$\phi_b = \psi_0 + V_n \tag{2.171}$$

V_n kann aus Gleichung (2.28) berechnet werden.

Legt man an den Halbleiterkontakt des MS-Übergangs eine gegenüber dem Metallkontakt negative Spannung V, so verringert sich ψ_0 auf ψ_0-V (Abbildung 2-23c), während sich ϕ_b nicht ändert, da die Spannung erst über der Raumladungszone abfällt. Die Verringerung der Potentialschwelle auf der Halbleiterseite erlaubt es Elektronen leichter, vom Halbleiter in das Metall zu kommen. Dies entspricht daher dem Durchlaßfall. Umgekehrte Polung ergibt eine Anhebung der Potentialschwelle und verhindert den Elektronenübertritt (Sperrfall).

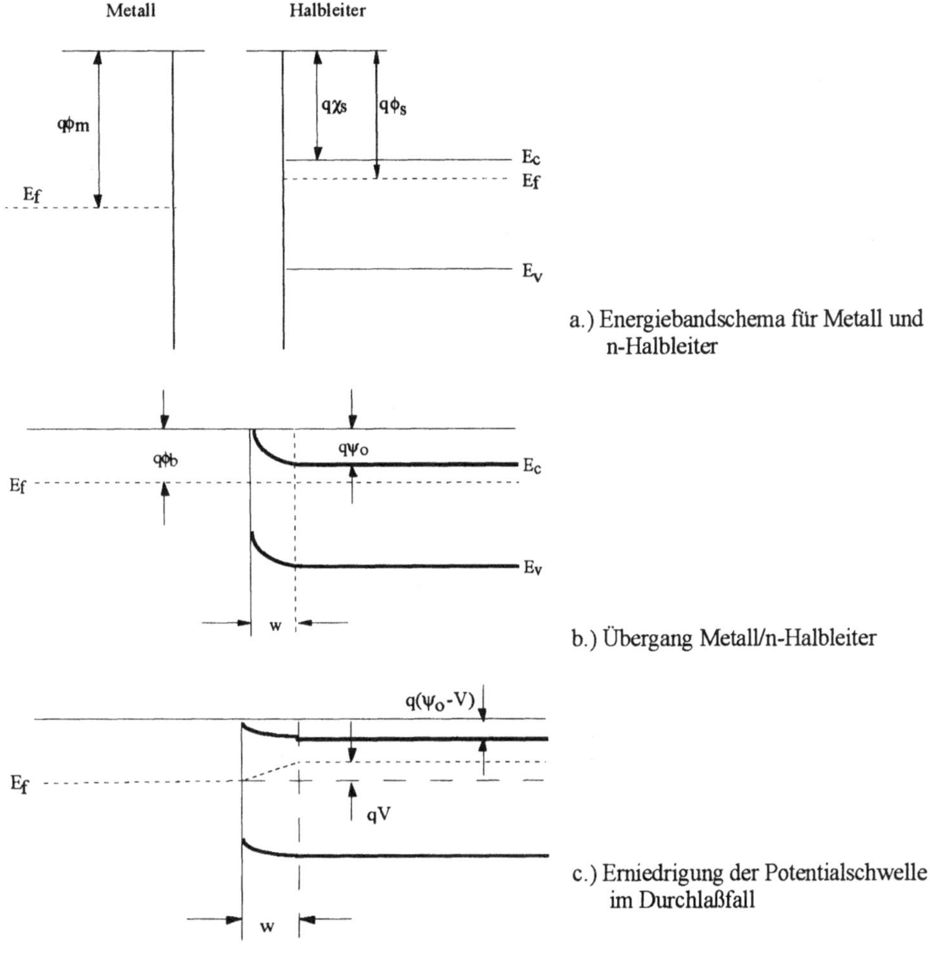

a.) Energiebandschema für Metall und n-Halbleiter

b.) Übergang Metall/n-Halbleiter

c.) Erniedrigung der Potentialschwelle im Durchlaßfall

Abbildung 2-23 Der MS-Übergang

Die Wirkungsweise des MS-Übergangs ist gekennzeichnet durch 2 Prozesse:

- Der Ladungsträgerdiffusion durch die Raumladungszone,
- die Emission von Elektronen vom Halbleiter ins Metall und umgekehrt.

Für die meisten Schottky-Dioden wird der Strom durch Emission begrenzt, Diffusionseffekte spielen keine große Rolle.

Für Elektronenemission in Metallen gilt die Richardson-Dushman-Gleichung:

$$I = A \cdot P \cdot T^2 \cdot e^{-q\phi_m/kT} \tag{2.172}$$

mit der Richardson Konstante $R=4\pi \cdot q \cdot m \cdot k^2/h^3=120$ A/K^{2}cm^2 (A:Emissionsfläche, m: Elektronenmasse).

Dieselbe Gleichung mit ϕ_b statt ϕ_m und m_e statt m bzw. R* statt R gilt auch für den MS-Übergang. Im thermischen Gleichgewicht ist jedoch die Anzahl der vom Metall in den Halbleiter emittierten Elektronen gleich der Anzahl der vom Halbleiter ins Metall emittierten Elektronen, so daß der resultierende Strom Null ist.

Wird eine Spannung V_R in Sperr-Richtung angelegt, vergrößert sich die Potentialschwelle vom Halbleiter ins Metall auf ψ_0+V_R , die Potentialschwelle vom Metall in den Halbleiter bleibt jedoch unverändert. Der resultierende Sättigungsstrom I_0 ist der Emissionsstrom des Metalls in den Halbleiter:

$$I_0 = A \cdot P \cdot T^2 \cdot e^{-\phi_b/V_T} \tag{2.173}$$

In Durchlaßrichtung reduziert sich die Potentialschwelle Halbleiter-Metall auf ψ_0-V. Der Durchlaßstrom wird:

$$I = A \cdot P \cdot T^2 \cdot e^{-(\phi_b-V)/V_T} \tag{2.174}$$

oder

$$I = I_0 \cdot e^{V/V_T} \tag{2.175}$$

und damit die gesamte Strom-Spannungs-Charakteristik am MS-Übergang:

$$I = I_0 \cdot \left(e^{V/V_T} -1 \right) \tag{2.176}$$

Der Schwellenwert ϕ_b ist in der Praxis nicht notwendigerweise die Differenz der Ionisationsspannungen. Meist erzeugen Störungen am Metall-Halbleiter Übergang eine Vielzahl von Energiezuständen, die in der verbotenen Zone liegen und gewöhnlich kontinuierlich über die Breite der verbotenen Zone verteilt sind. In vielen praktischen Schottky-Dioden spielen Störzustände eine so große Rolle, daß ϕ_b fast unabhängig von den Ionisierungsenergien und dem Dotierungsgrad des Halbleiters ist.

Eine Schottky -Diode kann auch als Solarzelle betrieben werden. Die Metallschicht wird als 50-100Å dicker Film semitransparent gestaltet. Für Strahlung mit $E_g>$ hv $> q\phi_b$ werden Elektronen im Metall angeregt und können die Potentialschwelle ϕ_b überwinden und einen Strom erzeugen. Wesentlich effektiver ist jedoch Strahlung mit hv $> E_g$. Dann werden im Halbleitermaterial Elektron-Loch-Paare erzeugt. Die Löcher diffundieren zum Metall, die Elektronen von der Raumladungszone weg in den Halbleiter hinein, was einen Photostrom ergibt (Abbildung 2-24).

Im Vergleich mit einer pn-Übergangs-Zelle gibt die MS-Solarzelle eine geringere Leerlaufspannung. Ursache dafür ist der höhere Sättigungsstrom I_0 (vgl. Gleichung 3.15), der dem thermischen Emissionsstrom der Majoritätsträger entspricht. Dieser kann reduziert werden, wenn man zwischen Metall und Halbleiter eine dünne Isolationsschicht einfügt (MIS-Solarzelle).

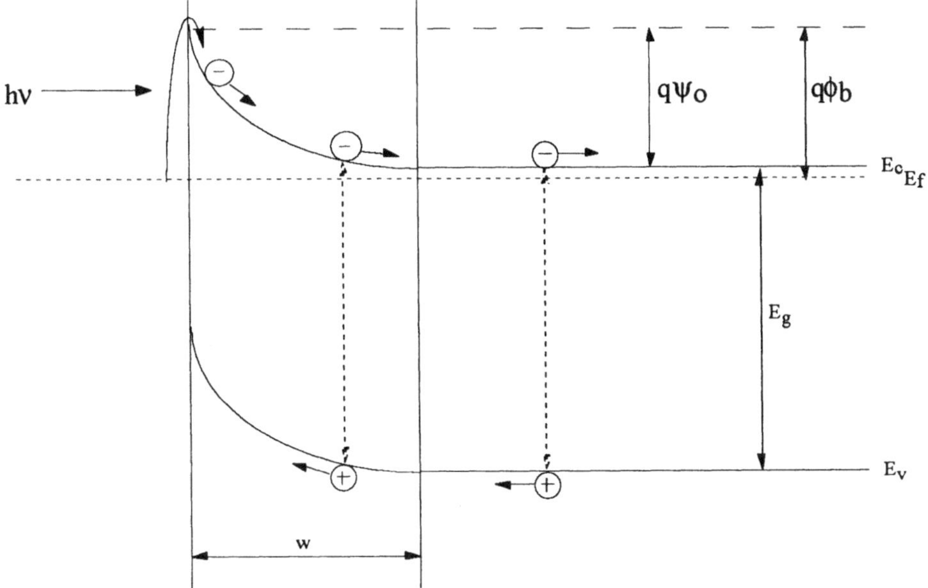

Abbildung 2-24 Funktion einer MS-Solarzelle

3 Solarzellen und ihre elektrischen Eigenschaften

3.1 Typische Solarzellenmerkmale

Die meisten heutigen Solarzellen sind flache, einkristalline Plättchen. Der pn-Übergang liegt im allgemeinen horizontal, die relativ dünne Emitter-Schicht ist der Sonnenstrahlung zugewandt. Die elektrischen Kontakte sind auf der Vorder- und auf der Rückseite. Die Zellfläche war bei den ersten Si- und GaAs-Ausführungsformen 1 x 2cm^2, dann 2 x 2cm^2 und 2 x 4cm^2. Inzwischen richtet sich die Größe einer Solarzelle nach den speziellen Anwendungskriterien und wird lediglich durch die Größe bzw. den Durchmesser des gezogenen Einkristalls (2"=50,8mm in den frühen 70-er Jahren, 3"=76,2mm Ende der 70er Jahre, 4"=101,6mm in den 80-er Jahren und 5" - 6" = 127,0mm-152,4mm in den 90-er Jahren) begrenzt. Die typische Entwicklung der Solarzellengrößen für Raumfahrtanwendungen bei DASA (vormals MBB) ist in Abbildung 3-1 dargestellt.

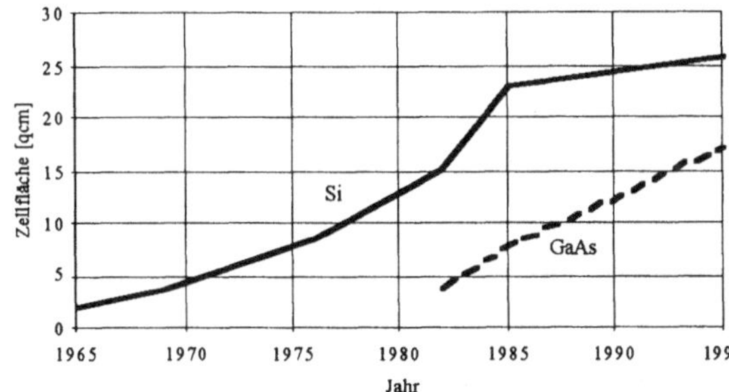

Abbildung 3-1
Entwicklung der Zellgrößen für Raumfahrtanwendungen bei DASA

Die Zell-Rückseite ist meist vollständig mit einem metallischen Kontakt bedeckt und stellt bei Si-Solarzellen meist den positiven Pol dar. Der elektrische Kontakt der Vorderseite ist entgegengesetzt gepolt. Er muß für die zur Energieerzeugung notwendige Sonnenstrahlung durchlässig sein. Dies erreicht man i.a. durch kamm- oder fischgrätenartige Formgebung der metallischen Kontakte, wobei Abdeckungsgrade von weniger als 5% erreicht werden. Die von den metallischen Kontakten freie, transparente Oberfläche der Zell-Vorderseite nennt man die aktive Fläche der Zelle, weil nur auf sie auffallende Strahlung Ladungsträger erzeugen kann.

Um Reflexionsverluste an der Zelloberfläche so gering wie möglich zu halten, ist die aktive Fläche mit einer Antireflexionsschicht überzogen. Den grundsätzlichen Aufbau einer Solarzelle zeigt Abbildung 3-2.

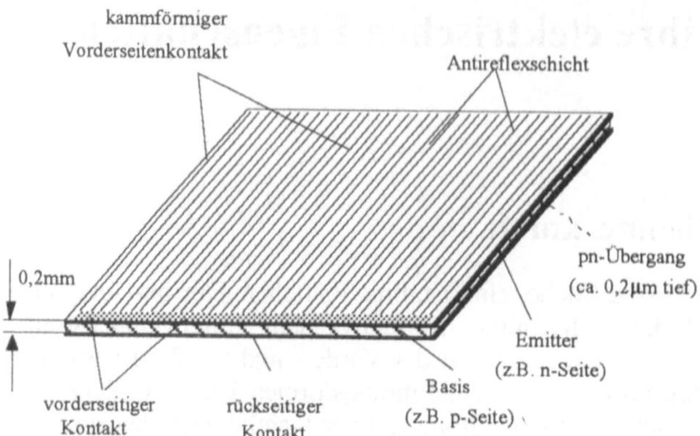

Abbildung 3-2
Prinzipieller Aufbau einer
Solarzelle

3.2   Messung der elektrischen Eigenschaften

3.2.1 Meßbedingungen

Die elektrischen Werte einer Solarzelle hängen von den Bestrahlungsbedingungen und
den daraus resultierenden Solarzellentemperaturen ab. Die eingestrahlte Energie der
Sonne ist jedoch orts- und zeitabhängig. Auf der Erdoberfläche ist die Intensität der Sonnenstrahlung durch die Extinktion der Luft und der in ihr vorhandenen Stoffe geringer als
auf Satellitenbahnen außerhalb der Erdatmosphäre. Auch ändert sich der Abstand R Sonne-Erde im Laufe eines Jahres durch die Elliptizität der Erdbahn ständig, so daß die auf
die Erde auftreffende Strahlungsleistung proportional R^{-2} variiert. Und überdies ist das
Sonnenspektrum weder spektral noch zeitlich konstant. Es zeigt eine Zeitvariation, die
von Sonnenflares, Sonnenflecken und anderen sonnenspezifischen Effekten abhängt.

Sonnenintensität und -spektrum auf der Erdoberfläche hängen ab vom Sonnenstand über
dem Horizont, der Höhe des Meßorts über NN, dem Zustand der Atmosphäre und den
optischen Eigenschaften des Untergrunds. Der Stand der Sonne über dem Horizont bestimmt den Lichtweg in der Atmosphäre. Als Maß dafür wurde die optische Luftmasse
AM (air mass) eingeführt. Die Luftmasse an einem beliebigen Punkt der Erde kann wie
folgt bestimmt werden:

$$AM = \frac{p}{p(0) \cdot \sin\theta}$$
(3.1)

mit p, p(0) Druck am Meßort bzw. bei NN und q als Sonnenwinkel über dem Horizont.

Danach definiert man für die Solarkonstante d.h. die eingestrahlte Strahlungsleistung pro
cm^2 folgende Standardbedingungen:

<u>AM0 (Air Mass Zero):</u> Dies ist das mittlere Sonnenspektrum außerhalb der Erdatmosphä-
re bei mittlerem Abstand Sonne-Erde ($1\,AU=149,6\cdot10^6$ km) am 2. April und 4. Oktober.
Sein integraler Wert, die Bestrahlungsstärke, ist nach neuesten Messungen (Lit. 3.47):

$$B_0 = (136,7 \pm 2,1) \quad mW/cm^2$$
(3.2)

Im Zeitpunkt der Wintersonnenwende ist die eingestrahlte Sonnenleistung 141,3 mW/cm^2, im Zeitpunkt der Sommersonnenwende 132,2 mW/cm^2.

Das Sonnenspektrum reicht von den Röntgenstrahlen mit Wellenlängen von 1Å und darunter bis zu Radiowellen mit Wellenlängen von 100m und darüber. Jedoch entfallen 99% der Sonnenenergie in den Bereich 0,276µm - 4,96µm und sogar 99,9% in den Bereich 0,217µm - 10,94µm. Die spektrale Verteilung der Sonnenstrahlung basiert im wesentlichen auf Messungen des Goddard Space Flight Centers an Bord des NASA 711 - Forschungsfluges GALILEO in 11,58km Höhe und wird entsprechend Tabelle 3-1 und Abbildung 3-3 angenommen (Spektrum nach Thekaekara bzw. US-Standard E490-73a, Lit. 3.1). Neuere Messungen ergaben jedoch im Bereich 0,5 - 0,8µm geringfügig höhere Werte (Lit. 3.2 und Lit. 3.3), weshalb sich mehr und mehr die spektrale Verteilung des World Radiation Center, Davos, (WRC) durchsetzt (Lit. 3.47).

Tabelle 3-1 Vergleich der spektralen Verteilung des AM0-Sonnenspektrums nach US-Standard E490-73a und WRC-Standard.

λ	$B_\lambda(T)$	B_λ (WRC)	λ	$B_\lambda(T)$	B_λ (WRC)	λ	$B_\lambda(T)$	B_λ (WRC)	λ	$B_\lambda(T)$	B_λ (WRC)
0,12	0,01		0,37	118,10	116,50	0,57	171,20	181,75	2,40	6,20	5,65
0,14	0,003		0,38	112,00	121,00	0,58	171,50	184,00	2,60	4,80	4,2
0,16	0,023		0,39	109,80	120,00	0,59	170,00	174,25	2,80	3,90	3,2
0,18	0,125		0,40	142,90	170,25	0,60	166,60	172,00	3,00	3,10	2,48
0,20	1,07		0,41	175,10	171,00	0,62	160,20	171,50	3,20	2,26	1,98
0,22	5,75		0,42	174,70	174,75	0,64	154,40	162,25	3,40	1,66	1,58
0,23	6,67		0,43	163,90	149,25	0,66	148,60	155,50	3,60	1,35	1,28
0,24	6,30		0,44	181,00	175,50	0,68	142,70	147,25	3,80	1,11	1,05
0,25	7,04	6,46	0,45	200,60	210,00	0,70	136,90	142,75	4,00	0,95	0,85
0,26	13,00	12,25	0,46	206,60	203,25	0,72	131,40	135,50	4,50	0,59	0,55
0,27	23,20	27,50	0,47	203,30	198,00	0,75	123,50	127,25	5,00	0,38	0,35
0,28	22,20	16,25	0,48	207,40	205,50	0,80	110,90	114,40	6,00	0,18	0,175
0,29	48,20	53,50	0,49	195,00	192,00	0,90	89,10	91,30	7,00	0,10	0,095
0,30	51,40	52,75	0,50	194,20	186,25	1,00	74,80	74,40	8,00	0,06	0,055
0,31	68,90	60,25	0,51	188,20	195,25	1,20	48,50	49,80	10,00	0,03	0,02
0,32	83,00	74,75	0,52	183,30	180,25	1,40	33,70	35,40	15,00	0,005	
0,33	105,90	99,75	0,53	184,20	194,75	1,60	24,50	24,70	20,00	0,002	
0,34	107,40	96,00	0,54	178,30	185,75	1,80	15,90	17,00	25,00		0,012
0,35	109,30	95,50	0,55	172,50	190,25	2,00	10,30	11,85			
0,36	106,80	94,00	0,56	169,50	184,00	2,20	7,90	7,48			

λ: Wellenlänge in µm; $B_\lambda(T)$, $B_\lambda(M)$: Durchschnittliche Bestrahlungsstärke der Sonne über eine schmale Bandbreite um λ als Mitte [mWcm^{-2}µm^{-1}] T: nach Thekaekara, WRC: nach World Radiation Center, Davos

<u>AM1 (Air Mass One):</u> Dies ist das Sonnenspektrum während der Äquinoktien am Äquator, auf Meereshöhe und an einem klaren, wolkenfreien Tag mit der Sonne im Zenit. Es wird erhalten nach einmaligem Durchlaufen der Erdatmosphäre. Sein integraler Wert ist (Lit. 1.3):

$$B_1 = 107{,}0 \text{ mW/cm}^2 \qquad\qquad (3.3)$$

Das AM1 - Spektrum zeigt die Einflüsse von Ozon im UV-Bereich und von Wasserdampf und Kohlendioxyd im langwelligen Bereich.

<u>AM1.5 (Air Mass One Point Five):</u> Dies ist das Sonnenspektrum während der Äquinoktien an einem Ort der geographischen Breite 48°, auf Meereshöhe und an einem klaren, wolkenfreien Tag mit der Sonne im Zenit. Es wird erhalten nach anderthalbmaligem Durchlaufen der Erdatmosphäre. Sein integraler Wert ist:

$$B_{1.5} = 100{,}0 \text{ mW/cm}^2 \qquad\qquad (3.4)$$

bei 14,2mm Wasserdampfdruck und 340 Dobson-Einheiten[1] Ozon. Abbildung 3-3 zeigt dieses häufig benutzte Spektrum im Vergleich mit AM0 (Lit. 3.4).

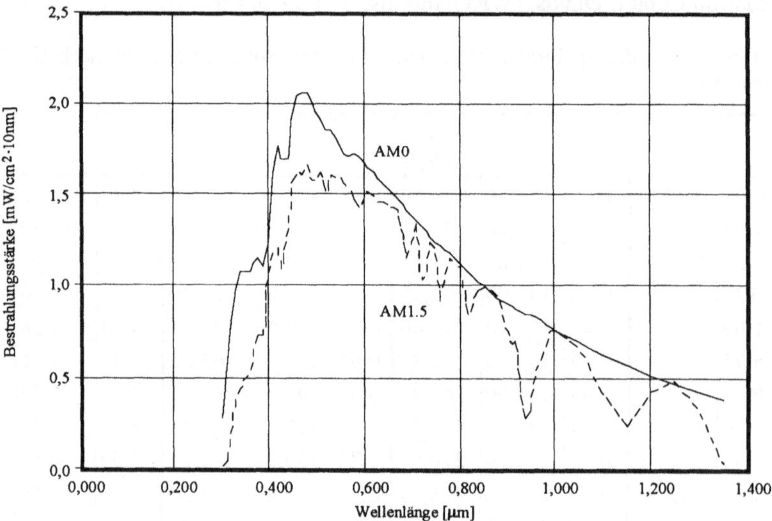

Abbildung 3-3 AM0 Spektrum im Vergleich zu AM1.5

Für die Raumfahrt ist natürlich das AM0-Spektrum maßgebend. Es ist für Erdumlaufbahnen direkt anwendbar. Für andere Bahnen wie etwa sonnennahe oder sonnenferne erfolgt die Umrechnung nach dem R^{-2}-Gesetz.

Um die AM0-Bedingungen auf der Erde zu simulieren verwendet man bevorzugt Xenon-Lampen, die durch geeignete Filterung dem AM0-Spektrum sehr nahe kommen.

3.2.2 Messung der Solarzellen-Kennlinie

Die Messung der Kennlinie d.h. der IV-Charakteristik ist ein erster wichtiger Schritt zur Anwendung von Solarzellen. Mit den gemessenen Kennlinien lassen sich dann Verschaltungen festlegen, mit denen vorgegebene elektrische Anforderungen an Solargeneratoren erfüllt werden können.

---

[1] 1 Dobson-Einheit entspricht 1/100 mm Ozon bei Normalbedingungen

Die Aufnahme der Kennlinie erfolgt entweder bei den simulierten späteren Operations-
bedingungen der Zelle oder bei Standardbedingungen d.h. AM0-Bestrahlung und 28°C
Zelltemperatur. Gemessen wird der Strom I durch einen von 0 bis ∞ variierenden Ohmschen Lastwiderstand und die an den Zellkontakten erzeugte Spannung (Abbildung 3-4).

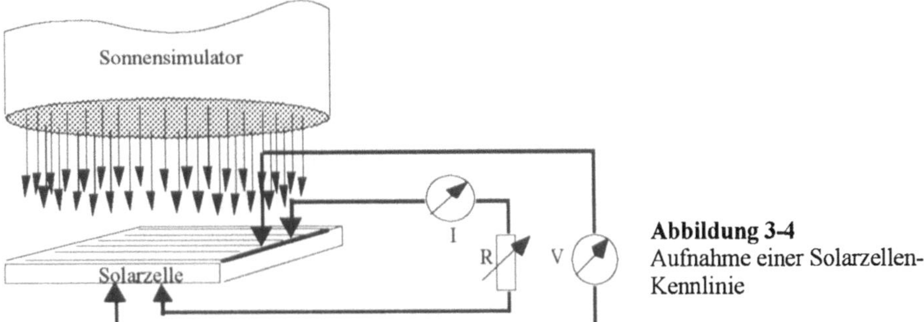

Abbildung 3-4
Aufnahme einer Solarzellen-
Kennlinie

Die Messung ist im Prinzip einfach, jedoch müssen einige Details beachtet werden: Die
Solarzellen-Kennlinie ist temperaturabhängig. Deshalb ist die Zelltemperatur exakt ein-
zustellen und zu kontrollieren. Bei gutem Kontakt zwischen Zelle und Zellträger
(Goldauflage!) ist für die Standardtemperatur von 28°C der Gradient zum Kühlmittel im
allgemeinen so gering, daß die Zelltemperatur gleich der Temperatur des Zellträgers
angenommen werden kann. Um sicherzustellen, daß die gemessene Spannung auch wirk-
lich die zwischen den Solarzellenkontakten ist, müssen Strom und Spannung in getrennten Kreisen gemessen werden, die beide an den Zellkontakten liegen. Damit wird eine
Verfälschung der Spannungsmessung durch Kontakt- und Leitungswiderstände vermieden. Der Lastwiderstand kann manuell, elektronisch oder durch Aufladung eines Kon-
densators variiert werden.

Die Kennlinie wird gewöhnlich gemäß Abbildung 3-5 mit der Spannung V als Abszisse
und dem Strom I als Ordinate dargestellt. Mit speziellen Multipliern läßt sich auch die
Leistung, also das Produkt aus Strom und Spannung, direkt über der Spannung darstellen
(Abbildung 3-5).

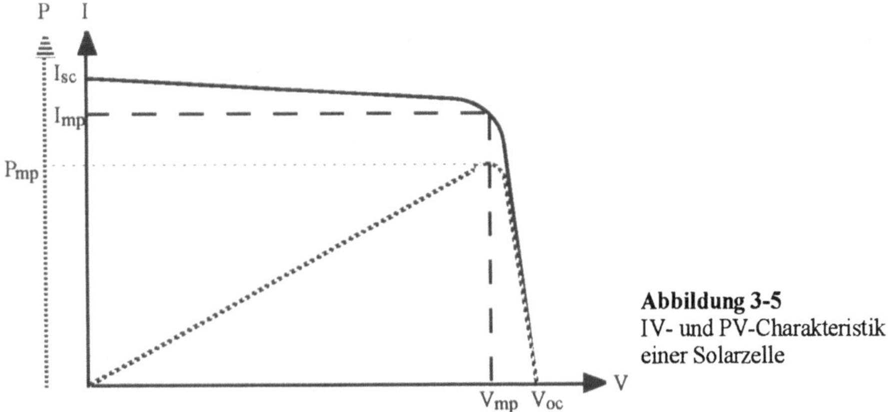

Abbildung 3-5
IV- und PV-Charakteristik
einer Solarzelle

Dann lassen sich folgende charakteristische Zellparameter definieren:

Kurzschlußstrom I_{sc} (sc: short circuit): Dies ist der Solarzellenstrom beim Lastwiderstand 0, d.h. bei $V = 0$.

Leerlaufspannung V_{oc} (oc: open circuit): Dies ist die Solarzellenspannung beim Lastwiderstand ∞, d.h. bei $I = 0$.

Maximale Leistung P_{mp} (mp: maximum power): Dies ist die maximale, unter den gegebenen Meßbedingungen von der Solarzelle erzeugte Leistung.

Strom bei maximaler Leistung I_{mp}: Dies ist der Strom, der im Leistungsmaximum fließt.

Spannung bei maximaler Leistung V_{mp}: Dies ist die Spannung im Leistungsmaximum.

Füllfaktor $FF = P_{mp}/(I_{sc}V_{oc})$: Dies ist ein Maß für die Rechtwinkligkeit einer Kennlinie.

In Tabelle 3-2 sind diese Größen für eine typische Silizium-Solarzelle größenordnungsmäßig wiedergegeben.

Tabelle 3-2 Typische charakteristische Zellparameter (Werte für Si-BSFR)

Größe	I_{sc}	V_{oc}	I_{mp}	V_{mp}	P_{mp}	FF
Wert	42,0	600	40,0	500	20,0	0,794
Einheit	mA/cm^2	mV	mA/cm^2	mV	mW/cm^2	

3.2.3 Spektrale Empfindlichkeit und deren Berücksichtigung bei der Eichung von Sonnensimulatoren

Für die Anpassung der Intensität eines Sonnensimulators verwendet man sog. Primärstandards. Das sind Solarzellen die im Weltraum oder in größeren Höhen (bis zu 50 km) mit Flugzeugen oder Ballonen im Sonnenspektrum vermessen wurden (Lit. 3.5, 3.6, 3.7). Die AM0-Bedingungen lassen sich dann mittels der Primärstandards mühelos ins Labor übertragen.

Weicht das Spektrum des Sonnensimulators jedoch vom AM0-Spektrum wesentlich ab, so spielt die sog. spektrale Empfindlichkeit der verwendeten Zellen eine Rolle. Die spektrale Empfindlichkeit $S(\lambda)$ ist definiert als der erzeugte Kurzschlußstrom einer Zelle pro Einheit monochromatischer Bestrahlungsstärke bei der Wellenlänge λ (mit $J = I/A$):

$$S(\lambda) = \frac{J_{sc}(\lambda)}{B(\lambda) \cdot \Delta\lambda} \tag{3.5}$$

Typische spektrale Empfindlichkeitskurven von verschiedenen Solarzellen sind in Abbildung 3-6 wiedergegeben.

Stimmt die spektrale Empfindlichkeit des Primärstandards mit der des Meßobjekts über den gesamten Empfindlichkeitsbereich der zu vermessenden Zelle überein, so hat eine Fehlanpassung des Simulatorspektrums bei beiden Zellen dieselbe Auswirkung, so daß ein direkter Vergleich möglich ist. Stimmt jedoch die spektrale Empfindlichkeit zwischen

Meßobjekt und Primärstandard nicht überein, so wirkt sich eine Fehlanpassung des Simulatorspektrums bei beiden Zelltypen unterschiedlich aus, so daß ein direkter Vergleich nicht möglich ist.

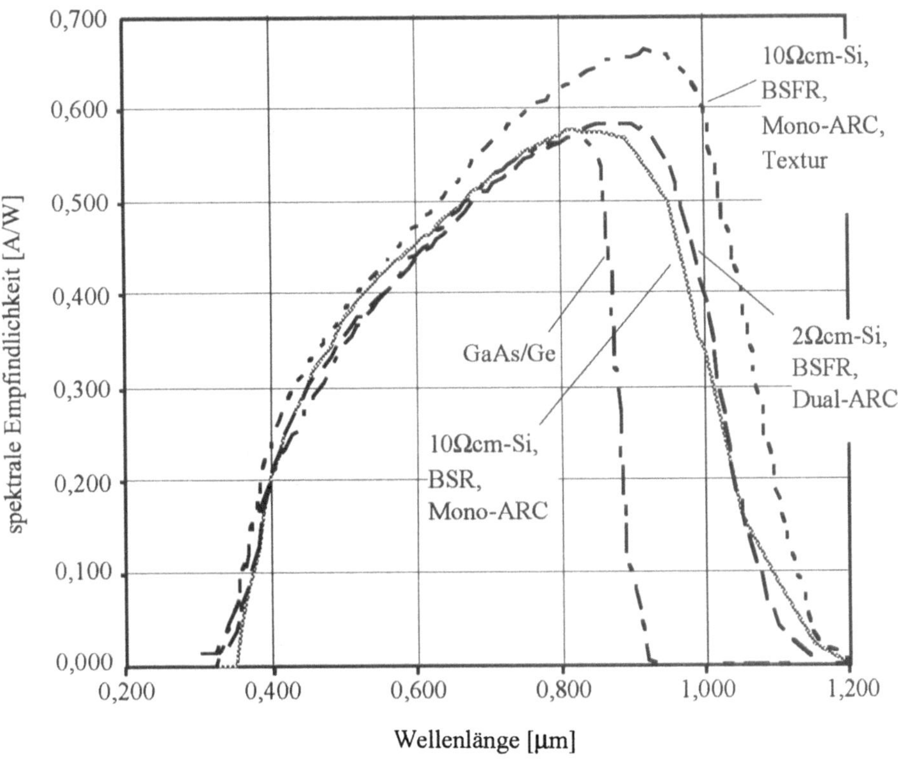

Abbildung 3-6 Spektrale Empfindlichkeiten verschiedener Zelltypen

Dieser zweite Fall ist eigentlich die Regel sei es durch den Zelltyp (Si-BSR, Si-BSF, texturiert, GaAs,...), die Fertigungstoleranzen (Dotierungsgrade, AR- Schichtdicken, Rekombinationszentren...) oder den Verarbeitungszustand der Zellen (Zelle, CIC, SCA). Deshalb müssen vom Primärstandard Sekundärstandards abgeleitet werden, die die Fehlanpassung des Simulatorspektrums weitgehend kompensieren.

Von Primärstandards kennt man i.A. den Kurzschlußstrom bei AM0-Bedingungen und die im Labor gemessene relative spektrale Empfindlichkeit $S^p(\lambda)$. Sei $B_o = \int\limits_0^\infty B_o(\lambda)d\lambda$ die Intensität des AM0-Spektrums und $S^{p*}(\lambda) = k{\cdot}S^p(\lambda)$ die normierte spektrale Empfindlichkeit des Primärstandards so daß:

$$I_o^p = \int\limits_0^\infty S^{p*}(\lambda)\cdot B_o(\lambda)d\lambda \qquad\qquad (3.6)$$

(o als unterer Index: Auf AM0 bezogen; s als unterer Index: Auf simulierte Bedingungen bezogen; p als oberer Index: Primärstandard; s als oberer Index: Sekundärstandard).

Sei $B_s = \int\limits_0^\infty B_s(\lambda)d\lambda$ die mit anderen Verfahren wie B_o gemessene Intensität des Spektrums des Sonnensimulators. Dann liefert der Primärstandard unter dem Sonnensimulator den Strom

$$I_s^p = \int\limits_0^\infty S^{p^*}(\lambda)\cdot B_s(\lambda)d\lambda \tag{3.7}$$

Nun läßt sich aber die Simulatorintensität so einstellen, daß derselbe Strom am Primärstandard gemessen wird wie im Weltraum. Dazu ist dessen Intensität in $B_s{}^* = m\cdot B_s$ zu verändern, so daß gilt:

$$I_o^p = I_s^{p^*} = \int\limits_0^\infty S^{p^*}(\lambda)\cdot B_s^*(\lambda)d\lambda \tag{3.8}$$

Zellen, deren nach demselben Verfahren gemessene spektrale Empfindlichkeit $S(\lambda) = S^p(\lambda)$ ist, lassen sich dann direkt gegen den Primärstandard vermessen.

Für Zellen mit einer von $S^p(\lambda)$ abweichenden, aber identisch gemessenen spektralen Empfindlichkeit $S^s(\lambda)$ gilt für den Kurzschlußstrom im Weltraum:

$$I_o^{s^*} = \int\limits_0^\infty k\cdot S^s(\lambda)\cdot B_o(\lambda)d\lambda = \int\limits_0^\infty S^{s^*}(\lambda)\cdot B_o(\lambda)d\lambda \tag{3.9}$$

und für den Kurzschlußstrom unter dem auf $I_o{}^p$ abgeglichenen Sonnensimulator :

$$I_s^{s^*} = \int\limits_0^\infty k\cdot S^s(\lambda)\cdot B_s^*(\lambda)d\lambda = \int\limits_0^\infty S^{s^*}(\lambda)\cdot B_s^*(\lambda)d\lambda \tag{3.10}$$

Mit der solchermaßen rechnerisch ermittelten relativen Abweichung der Kurzschlußströme aufgrund des unterschiedlichen Spektrums des Sonnensimulators und des AM0-Spektrums, läßt sich ein Korrekturfaktor $\delta I_s{}^*$ ermitteln gemäß:

$$\delta I_s^* = \frac{I_o^{s^*}}{I_s^{s^*}} \tag{3.11}$$

Mißt man nun eine Zelle des Sekundärstandard-Typs unter dem auf $I_o{}^p$ eingestellten Sonnensimulator, so läßt sich der gemessene Kurzschlußstrom $I_s{}^s$ auf AM0-Bedingungen korrigieren gemäß

$$I_o^s = I_s^s \cdot \delta I_s^* \tag{3.12}$$

Zur Ableitung von Sekundärstandards aus einem Primärstandard sind also nur folgende Schritte notwendig:

   a.) Ermittlung der spektralen Empfindlichkeit $S(\lambda)$ des Primär- und Sekundärstandards nach demselben Verfahren.

b.) Normierung von $S^p(\lambda)$ in $S^{p*}(\lambda)$ gemäß Gleichung (3.6).

c.) Ermittlung der spektralen Verteilung des Sonnensimulators und Normierung auf $B_s^*(\lambda)$ gemäß Gleichung (3.8).

d.) Bildung der Produkte $S^s(\lambda) \cdot B_s^*(\lambda) d\lambda$ und Integration (oder Summierung) über den Spektralbereich der Lampe.

e.) Bildung der Produkte $S^s(\lambda) \cdot B_0(\lambda) d\lambda$ und Integration (oder Summierung) über den AM0-Spektralbereich.

f.) Ermittlung von δI_s nach (3.11).

g.) Ermittlung des Kurzschlußstroms I_s^s des Sekundärstandards bei der Intensität B_s^* des Simulators.

h.) Korrektur von I_s^s gemäß (3.12).

Mit derartig abgeleiteten Sekundärstandards können also spektrale Unterschiede zum Primärstandard kompensiert werden. Dies gilt natürlich nicht für die Schwankungen der spektralen Empfindlichkeiten von Zelle zu Zelle eines Zelltyps, die sich z.B. in der unterschiedlichen Leistung zeigen. Dies würde für jede elektrische Leistungsklasse einen eigenen Sekundärstandard erfordern, was in der Praxis zu umständlich wäre. Man sollte deshalb versuchen durch Wahl von Sekundärstandards mittlerer elektrischer Leistungsklassen den Fehler so gering wie möglich zu halten.

3.3 Beschreibung der Solarzelleneigenschaften

3.3.1 Darstellung der IV-Charakteristik

Die Kennlinie einer Solarzelle ist nach Gleichung (2.147) wie folgt darstellbar:

$$I = I_G - I_0 \cdot \left(e^{V/V_T} - 1 \right)$$

Für $V = 0$ erhält man den gesamten erzeugten Strom I_G, der nach Kapitel 3.2.2 mit dem Kurzschlußstrom I_{sc} identisch ist. Damit wird (2.147):

$$I = I_{sc} - I_0 \cdot \left(e^{V/V_T} - 1 \right) \tag{3.13}$$

Die IV-Charakteristik einer Solarzelle erhält man danach einfach so, daß man von ihrem Kurzschlußstrom den Diodenstrom subtrahiert (Abbildung 3-7). Das einfachste Ersatzschaltbild einer Solarzelle ist somit ein Gleichstromgenerator mit parallel geschalteter Diode (Abbildung 3-8a). Dieses Bild wird jedoch einer realen Solarzelle nur unzureichend gerecht. Eingebaute Widerstände wie die der Zellkontakte, die Kontaktwiderstände zwischen dem Halbleitermaterial und den metallischen Kontakten, die Widerstände der Oberflächenschichten etc. (Abbildung 3-8c) müssen wenigstens pauschal durch einen Serienwiderstand R_s berücksichtigt werden, was zu dem verbesserten Ersatzschaltbild der

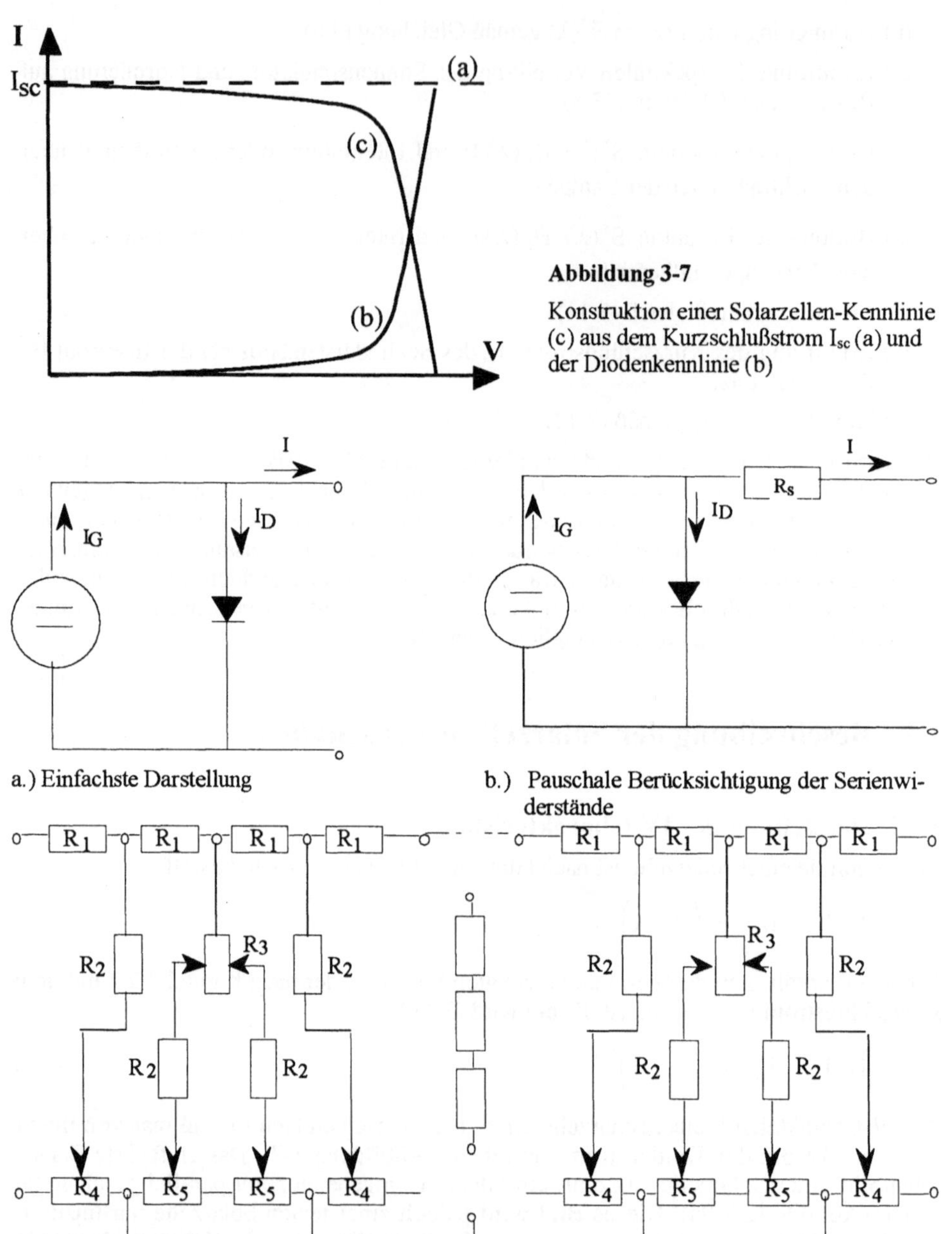

Abbildung 3-7

Konstruktion einer Solarzellen-Kennlinie (c) aus dem Kurzschlußstrom I_{sc} (a) und der Diodenkennlinie (b)

a.) Einfachste Darstellung

b.) Pauschale Berücksichtigung der Serienwiderstände

c.) Detaildarstellung des Serienwiderstands R_s nach Lit. 3.8

Abbildung 3-8 Ersatzschaltbilder einer Solarzelle

Abbildung 3-8b führt. Ebenso muß die Güte des pn-Übergangs durch einen Faktor A berücksichtigt werden, der i.A. zwischen 1 und 2 liegt (A=1 kennzeichnet den Diffusionsstrom, A=2 den Rekombinationsstrom in der Raumladungszone). Beides führt zu einer für reale Zellen besser angepaßten Formel für die IV-Charakteristik gemäß:

$$I = I_{sc} - I_0 \cdot \left(e^{\left(V + I \cdot R_s \right) / V_T^*} - 1 \right) \tag{3.14}$$

mit $V_T^* = A \cdot V_T$.

Mit Gleichung (3.14) läßt sich mit im allgemeinen ausreichender Genauigkeit arbeiten. Eine detailliertere Darstellung der Verhältnisse in einer Solarzelle betrachtet den Diffusionsstrom und den Rekombinationsstrom in der Raumladungszone getrennt (Lit. 3.31). Außerdem wird noch ein Shunt-Widerstand R_{sh} zwischen der n- und p-Region berücksichtigt. Dies führt zu einer Darstellung der IV-Charakteristik in der Form:

$$I = I_{sc} - I_{d0} \cdot \left(e^{\left(V + I \cdot R_s \right) / V_T} - 1 \right) - I_{r0} \cdot \left(e^{\left(V + I \cdot R_s \right) / 2 V_T} - 1 \right) - \frac{\left(V + I \cdot R_s \right)}{R_{sh}} \tag{3.14a}$$

Diese Gleichung wird jedoch primär für die Charakterisierung von Solarzellen verwendet. Für die Anwendung der Solarzellen in der Generatortechnik reicht Gleichung (3.14) voll aus, zumal R_{sh} i.a. groß ist.

3.3.2 Die zellspezifischen Faktoren I_0, V_T^*, R_s

In Gleichung (3.14) sind mit I_0, V_T^*, R_s noch 3 Zelleigenschaften unbestimmt. Sie sollen im folgenden auf leicht meßbare Solarzellengrößen zurückgeführt werden, nämlich auf die charakteristischen Zellparameter I_{sc}, I_{mp}, V_{mp}, und V_{oc}. I_{sc} kommt explizit bereits in Gleichung (3.14) vor. V_{oc} berechnet sich mit $I = 0$ aus Gleichung (3.14) zu:

$$V_{oc} = V_T^* \cdot \ln\left(\frac{I_{sc}}{I_0} + 1 \right) \tag{3.15}$$

Die Parameter im maximalen Leistungspunkt erhält man mit $dP/dV = 0$, wobei:

$$P = V \cdot I = V \cdot \left[I_{sc} - I_0 \cdot \left(e^{\left(V + I \cdot R_s \right) / V_T^*} - 1 \right) \right] \tag{3.16}$$

$$\frac{dP}{dV} = \left[I_{sc} - I_0 \cdot \left(e^{\left(V_{mp} + I \cdot mp R_s \right) / V_T^*} - 1 \right) \right] - V_{mp} \cdot \frac{I_0}{V_T^*} \cdot e^{\left(V_{mp} + I \cdot mp R_s \right) / V_T^*} = 0 \tag{3.17}$$

Daraus folgt:

$$\frac{I_{sc}}{I_0} + 1 = \left(1 + \frac{V_{mp}}{V_T^*} \right) \cdot e^{\left(V_{mp} + I \cdot mp R_s \right) / V_T^*} \tag{3.18}$$

Andererseits folgt aus Gleichung (3.14) für I_{mp} :

$$\frac{I_{mp}}{I_{sc}} = 1 - \left(\frac{I_0}{I_{sc}} \right) \cdot e^{\left(V_{mp} + I \cdot mp R_s \right) / V_T^*} + \left(\frac{I_0}{I_{sc}} \right) \tag{3.19}$$

Mit $I_{sc} \gg I_0$ lassen sich (3.18) und (3.19) vereinfachen:

$$\frac{I_{sc}}{I_0} = \left(1 + \frac{V_{mp}}{V_T^*}\right) \cdot e^{\left(V_{mp} + I \cdot {}_{mp} R_s\right)/V_T^*} \tag{3.20}$$

und

$$\frac{I_{mp}}{I_{sc}} = 1 - \left(\frac{I_0}{I_{sc}}\right) \cdot e^{\left(V_{mp} + I \cdot {}_{mp} R_s\right)/V_T^*} \tag{3.21}$$

(3.20) in (3.21) ergibt:

$$V_T^* = \frac{V_{mp} \cdot \left(I_{sc} - I_{mp}\right)}{I_{mp}} \tag{3.22}$$

für I_0 folgt aus (3.15):

$$I_0 = \frac{I_{sc}}{\left(e^{V_{oc}/V_T^*} - 1\right)} \tag{3.23}$$

Weiter folgt bei Kenntnis von (3.22) und (3.23) aus (3.21)

$$R_s = \frac{V_T^*}{I_{mp}} \cdot \ln\left(\frac{\left(I_{sc} - I_{mp}\right)}{I_0}\right) - \frac{V_{mp}}{I_{mp}} \tag{3.24}$$

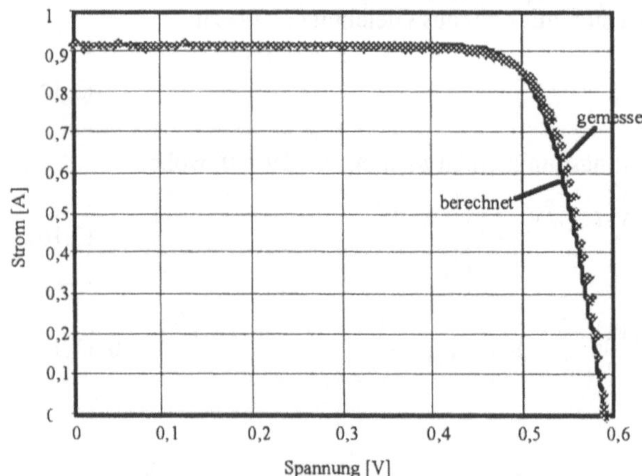

Abbildung 3-9
Vergleich gemessene zu berechnete Kennlinie bei 28°C, AM0   (Si   8.02//R; 37,8x63,5mm)

Mit den nach (3.22) bis (3.24) berechneten zellspezifischen Faktoren lassen sich IV-Charakteristiken hinreichend gut erfassen. Gemessene Kennlinien lassen sich sehr gut reproduzieren (vgl. Abbildung 3-9). Die Abweichungen liegen im wichtigen Bereich links von Pmp unter 1%. Die größeren Abweichungen rechts von Pmp sind induktiven Einflüssen des Meßaufbaus zuzuschreiben. Die Meßdauer betrug unter 3ms (Flashermessung!).

3.3.3 Die Dunkelstrom-Kennlinie

Man kann eine IV-Charakteristik auch ermitteln, indem man die Diodenkennlinie der Solarzelle im Dunkeln mißt, d.h. ihre Dunkelstrom-Kennlinie aufnimmt (Lit. 3.9).

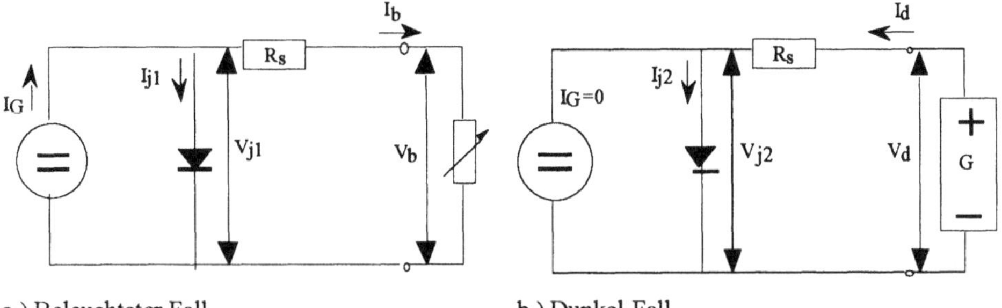

a.) Beleuchteter Fall   b.) Dunkel-Fall

Abbildung 3-10 Vergleich der Aufnahmeverfahren für beleuchtete und Dunkel-Kennlinie

Im Gegensatz zum beleuchteten Fall (Abbildung 3-10a) entsprechen die Verhältnisse für den Dunkelfall der Abbildung 3-10b. Die Dunkelstrom-Kennlinie wird entsprechend beschrieben durch die Gleichung:

$$I = I_0 \cdot \left(e^{(V-I \cdot R_s)/V_T^*} - 1 \right) \tag{3.25}$$

Sie verläuft im IV. Quadranten (siehe dazu auch Kapitel 5.1.1). Um sie mit der beleuchteten Charakteristik in Relation zu bringen wird sie einfach um I_{sc} nach oben (in den I. Quadranten) verschoben. Im Vergleich zur beleuchteten Charakteristik sieht dann die Dunkelstrom-Charakteristik entsprechend Abbildung 3-11 aus. Zwischen der beleuchteten und der um I_{sc} verschobenen Dunkelstrom-Kennlinie besteht eine Spannungsdifferenz ΔV. Um ΔV zu berechnen werden die Abbildungen 3-10a und 3-10b betrachtet (Lit. 3.10).

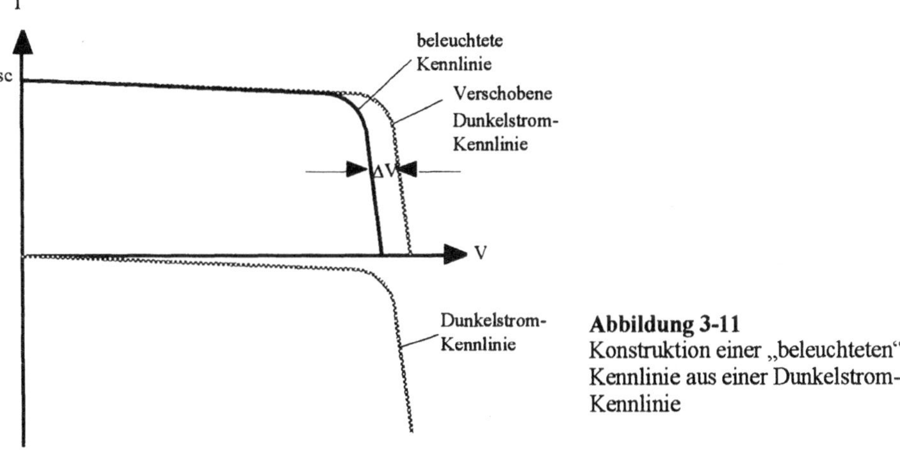

Abbildung 3-11
Konstruktion einer „beleuchteten"
Kennlinie aus einer Dunkelstrom-
Kennlinie

Bei Dunkelstrom (Abbildung 3-10b) fließt durch den Widerstand R_s der gleiche Strom wie über den pn-Übergang. Es ist $I_d = I_{j2}$ und

$$V_d = V_{j2} + I_d \cdot R_s = V_{j2} + I_{j2} \cdot R_s \tag{3.26}$$

Für den beleuchteten Fall gilt (Abbildung 3-10a):

$$I_b = I_G - I_{j1} \approx I_{sc} - I_{j1} \tag{3.27}$$

und

$$V_b = V_{j1} - I_b \cdot R_s = V_{j1} - I_{sc} \cdot R_s + I_{j1} \cdot R_s \tag{3.28}$$

Damit:

$$\Delta V = V_d - V_b = V_{j2} + I_{j2} \cdot R_s - V_{j1} + I_{sc} \cdot R_s - I_{j1} \cdot R_s \tag{3.29}$$

Betrachtet man den Fall gleicher Ströme über den pn-Übergang d.h. $I_{j1} = I_{j2}$, dann ist auch $V_{j1} = V_{j2}$ und es folgt:

$$\Delta V = I_{sc} \cdot R_s \tag{3.30}$$

d.h. die um I_{sc} verschobene Dunkelstrom-Kennlinie erreicht die Stromwerte der beleuchteten Charakteristik bei um $\Delta V = I_{sc} \cdot R_s$ höheren Spannungswerten.

Um aus der Dunkelstrom-Kennlinie die zellspezifischen Faktoren I_0, V_T^*, und R_s zu bestimmen, muß I_{sc} als bekannt vorausgesetzt werden. Dann gilt, wenn die Kennung (d) die aus der transformierten Dunkelstrom-Kennlinie und die Kennung (b) die aus der beleuchteten Kennlinie ermittelten Größen bedeuten, mit $I_{mp}(d) \approx I_{mp}(b)$:

$$R_s = \frac{V_T^*}{I_{mp}(d)} \cdot \ln\left(\frac{(I_{sc} - I_{mp}(d))}{I_0}\right) - \frac{\left(V_{mp}(d) - R_s \cdot I_{sc}(b)\right)}{I_{mp}(d)} \tag{3.31}$$

$$V_T^* = \frac{\left(V_{mp}(d) - R_s \cdot I_{sc}(b)\right) \cdot \left(I_{sc}(b) - I_{mp}(d)\right)}{I_{mp}(d)} \tag{3.32}$$

und:

$$I_0 = \frac{I_{sc}(b)}{\left(e^{(V_{oc}(d) - R_s \cdot I_{sc}(b))/V_T^*} - 1\right)} \tag{3.33}$$

d.h. um aus einer Dunkelstrom-Kennlinie die zellspezifischen Faktoren zu ermitteln wird die aufgenommene Dunkelstrom-Kennlinie erst auf I_{sc} angehoben und dann die zellspezifischen Faktoren R_s, V_T^*, und I_0 nach den Gleichungen (3.31) - (3.33) iterativ bestimmt. Die beleuchtete Charakteristik erhält man dann aus Gleichung (3.14).

3.3.4 Temperaturkoeffizienten

Im allgemeinen sind die charakteristischen Zellparameter I_{sc}, I_{mp}, V_{mp} und V_{oc} für eine bestimmte Normtemperatur T_0 bekannt. Für eine willkürliche Temperatur T müssen zuerst die dafür zutreffenden charakteristischen Zellparameter $I_{sc}(T)$, $I_{mp}(T)$, $V_{mp}(T)$ und $V_{oc}(T)$ ermittelt werden, bevor man die zellspezifischen Faktoren I_0, V_T^* und R_s bestimmt. Dies geschieht mit Hilfe der Temperaturkoeffizienten dI_{sc}/dT, dI_{mp}/dT, dV_{mp}/dT und dV_{oc}/dT gemäß:

$$I_{sc}(T) = I_{sc}(T_0) + \frac{dI_{sc}}{dT}\left(T - T_0\right) \tag{3.34}$$

$$I_{mp}(T) = I_{mp}(T_0) + \frac{dI_{mp}}{dT}\left(T - T_0\right) \tag{3.35}$$

$$V_{mp}(T) = V_{mp}(T_0) + \frac{dV_{mp}}{dT}\left(T - T_0\right) \tag{3.36}$$

$$V_{oc}(T) = V_{oc}(T_0) + \frac{dV_{oc}}{dT}\left(T - T_0\right) \tag{3.37}$$

Für die Größe der Temperaturkoeffizienten ergibt sich durch Differentiation von Gleichung (2-147):

$$\frac{dI}{dT} = \frac{dI_G}{dT} - \frac{\left(I_G - I\right)}{I_0} \cdot \frac{dI_0}{dT} - \frac{\left(I_G - I + I_0\right)}{V_T} \cdot \frac{dV}{dT} + \frac{\left(I_G - I + I_0\right)}{V_T \cdot T} \cdot V \tag{3.38}$$

Für I = const. und mit $I + I_0 \approx I$:

$$\left.\frac{dV}{dT}\right|_{I=const} = \frac{V}{T} + \frac{V_T}{I_G - I} \cdot \frac{dI_G}{dT} - \frac{V_T}{I_0} \cdot \frac{dI_0}{dT} \tag{3.39}$$

und für V = const. und wieder mit $I + Io \approx I$:

$$\left.\frac{dI}{dT}\right|_{V=const} = \frac{dI_G}{dT} - \frac{I_G - I}{I_0} \cdot \frac{dI_0}{dT} + \frac{I_G - I}{V_T} \cdot \frac{V}{T} \tag{3.40}$$

Der Sättigungsstrom I_0 ist nach Gleichung (2.135b):

$$I_0 = qAn_i^2 \cdot \left(\frac{D_p}{L_p \cdot N_d} + \frac{D_n}{L_n \cdot N_a}\right)$$

Die Parameter in der Klammer sind im Temperaturbereich, in dem Solarzellen i.A. arbeiten nur wenig temperaturabhängig (Lit. 3.11), so daß der Temperatureinfluß von I_0 im wesentlichen von der Proportionalität zum Quadrat der intrinsischen Ladungsträgerkonzentration herrührt:

$$I_0 \sim n_i^2 \overset{(2.16)}{\sim} T^3 \cdot e^{-E_g/kT} \tag{3.41}$$

Damit und mit $E_g/q = E_g$ in eV:

$$\frac{V_T}{I_0} \cdot \frac{dI_0}{dT} = \frac{3k}{q} + \frac{E_g(T)}{T} - \frac{dE_g}{dT} \tag{3.42}$$

und mit Gleichung (2.13):

$$\frac{V_T}{I_0} \cdot \frac{dI_0}{dT} = \frac{3k}{q} + \frac{E_g(0)}{T} + \frac{\alpha T}{\left(T + \beta\right)} - \frac{\alpha T^2}{\left(T + \beta\right)^2} \tag{3.42a}$$

wobei E_g in eV und α in eV/°K anzugeben sind.

Der erzeugte Photostrom I_G ist nahezu identisch mit I_{sc}. Wie weiter unten gezeigt ist I_{sc} nur wenig temperaturabhängig, so daß man für den Fall geringer Ströme (I -> 0) das 2. Glied in Gleichung (3.39) vernachlässigen kann.

Damit ergibt sich für dV/dT:

$$\left.\frac{dV}{dT}\right|_{I=const} = \frac{V - E_g(0)}{T} - \frac{3k}{q} - \frac{\alpha T}{(T+\beta)} - \frac{\alpha T^2}{(T+\beta)^2} \tag{3.43}$$

mit $3k/q = 2{,}59 \cdot 10^{-4}$ V/°K, E_g in eV und α in eV/°K

Für Silizium ist $E_g(0) = 1{,}153$eV, $\alpha = 2{,}30 \cdot 10^{-4}$ eV/°K und $\beta = 136$°K. Damit ergibt sich für eine 10Ωcm-Zelle mit $V_{oc} = 540$mV bei 28°C ein Temperaturkoeffizient für die Leerlaufspannung $dV_{oc}/dT = -2{,}34$mV/°C und für eine 2Ωcm-Zelle oder eine Zelle mit BSF (siehe Kapitel 3.4.4.1) mit $V_{oc} = 600$mV bei 28°C ein Temperaturkoeffizient für die Leerlaufspannung $dV_{oc}/dT = -2{,}14$mV/°C. Zum Vergleich ergibt sich für GaAs mit $E_g(0) = 1{,}53$eV, $\alpha = 5{,}4 \cdot 10^{-4}$ eV/°K und $\beta = 204$°K bei einer Leerlaufspannung $V_{oc} = 1.000$mV $dV_{oc}/dT = -2{,}15$mV/°C. Diese Ergebnisse stimmen mit den an Solarzellen gemessenen recht gut überein.

Die Temperaturabhängigkeit des Stromes sei am Beispiel des Kurzschlußstromes I_{sc} untersucht. Dann folgt aus Glg. (3.40) mit $I = I_G = I_{sc}$:

$$\left.\frac{dI_{sc}}{dT}\right|_{V=0} = \frac{dI_G}{dT} \tag{3.44}$$

I_G ist der im Halbleiter durch die einfallenden Photonen erzeugte Strom. Die einfallende Strahlungsleistung B_{AM0} läßt sich auffassen als ein Photonenstrom mit N_{ph} Photonen der Energie $E = h\nu = h \cdot c/\lambda$. Von diesem Photonenstrom erzeugen jedoch nur solche Photonen ein Elektron-Loch-Paar, deren Energie größer ist, als dem Bandabstand E_g des Halbleitermaterials entspricht, d.h. nur $n_{ph}(E_g)$ Photonen erzeugen einen maximalen Photostrom

$$I_G(max) = q \cdot n_{ph}(E_g) \tag{3.45}$$

$n_{ph}(E_g)$ läßt sich aus Tabelle 3-1 für beliebiges E_g berechnen gemäß

$$n_{ph}(E_g) = \sum_{E=E_g}^{\infty} \frac{B_\lambda \cdot \Delta\lambda}{E} \tag{3.46}$$

mit $E = h \cdot c/\lambda = 1{,}9862 \cdot 10^{-25}$[Wm]/$\lambda$. Multiplikation mit q ergibt den maximal erzeugbaren Strom $I_G(max)$. Für den Bereich 0,7eV bis 1,5eV läßt sich $I_G(max)$ mit guter Näherung berechnen gemäß (I_G in A, E_g in eV):

$$I_G(max) = 0{,}13313 - 0{,}0914\, E_g + 0{,}01664\, E_g^2 + 0{,}0004954\, E_g^3 \tag{3.47}$$

Damit wird (3.44):

$$\left.\frac{dI_{sc}}{dT}\right|_{V=0} = \frac{dI_G}{dE_g} \cdot \frac{dE_g}{dT} \tag{3.48}$$

$$= \left(-0{,}0914 + 0{,}03328 \cdot E_g(T) + 0{,}00149 \cdot E_g(T)^2\right) \cdot \left(\frac{-2\alpha T}{(T+\beta)} + \frac{\alpha T^2}{(T+\beta)^2}\right) \tag{3.49}$$

Für Silizium mit $E_g(301°K)=1,107eV$, $\alpha = 2,3 \cdot 10^{-4} eV/°K$ und $\beta=136°K$ wird $dI_{sc}/dT = 0,011 mA/cm^2$; für GaAs mit $E_g(301°K)=1,35eV$, $\alpha=5,40 \cdot 10^{-4} eV/°K$ und $\beta=204°K$ wird $dI_{sc}/dT=0,020$ mA/ cm^2.

3.3.5 Wirkungsgrad

Der Wirkungsgrad einer Solarzelle ist definiert als das Verhältnis des größtmöglichen Produkts $V \cdot I = V_{mp} \cdot I_{mp}$ und der gesamten eingestrahlten Leistung B, also für AM0-Bedingungen:

$$\eta = \frac{V_{mp} \cdot I_{mp}}{B_{AM0}} \tag{3.50}$$

Mit dem Füllfaktor

$$FF = \frac{V_{mp} \cdot I_{mp}}{V_{oc} \cdot I_{sc}} \tag{3.51}$$

wird

$$\eta = \frac{FF \cdot V_{oc} \cdot I_{sc}}{B_{AM0}} \tag{3.52}$$

Aus (3.20) und (3.21) folgt mit $V_T^* = V_T$:

$$\frac{I_{mp}}{I_{sc}} = \frac{V_{mp}}{(V_T + V_{mp})} \tag{3.53}$$

und damit:

$$FF = \frac{V_{mp}^2}{(V_T + V_{mp}) \cdot V_{oc}} \tag{3.54}$$

(3.54) in (3.52) ergibt:

$$\eta = \frac{V_{mp}^2}{(V_T + V_{mp})} \cdot \frac{I_{sc}}{B_{AM0}} \tag{3.55}$$

Der maximal mögliche Wirkungsgrad η_{max} wird erhalten mit $I_{sc} = I_G(max)$ aus Gleichung (3.45) und mit einem V_{mp}, das sich aus der maximal möglichen Spannung $V_{oc} = E_g/q$ bei $T=0$ ableitet. Aus Gleichung (3.13) erhält man mit (3.23) und $e^{V_{oc}/V_T} \gg 1$ bzw. $e^{V_{mp}/V_T} \gg 1$:

$$1 - \frac{I_{mp}}{I_{sc}} = e^{(V_{mp} - V_{oc})/V_T} \tag{3.56}$$

und mit (3.53)

$$e^{V_{oc}/V_T} = \left(1 + \frac{V_{mp}}{V_T}\right) \cdot e^{V_{mp}/V_T} \tag{3.57}$$

Mit dieser Gleichung läßt sich V_{mp} aus V_{oc} für beliebige Temperaturen berechnen. Ausgehend von $V_{oc}(0) = E_g(0)/q$ (folgt aus Gleichung (3.43) für $T \rightarrow 0$) wurden in Abbildung 3-12 unter Anwendung von Gleichung (3.43) und (3.57) V_{mp} und V_{oc} für Si und GaAs ermittelt. Danach ergibt sich für 28°C ein maximales V_{oc} von 694mV für Si und 1023mV für GaAs und ein maximales V_{mp} von 612mV für Si und 930mV für GaAs. Für den maximalen Wirkungsgrad η_{max} bei 28°C erhält man aus Gleichung (3.55) für AM0- Bedingungen 23,1% für Si und 25,3% für GaAs. Für AM1.5- Bedingungen werden die Wirkungsgrade η_{max} wegen der relativ günstigeren Strahlungsausbeute etwas höher: Mit Si könnten 25,3% erreicht werden, mit GaAs 28,6%.

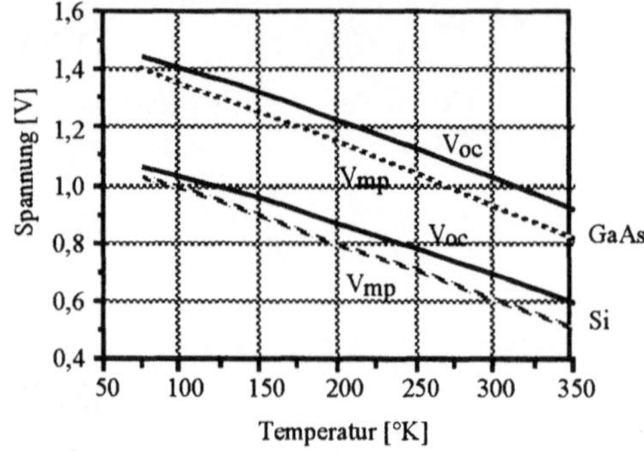

Abbildung 3-12
Maximale V_{mp} und V_{oc} für Si und GaAs

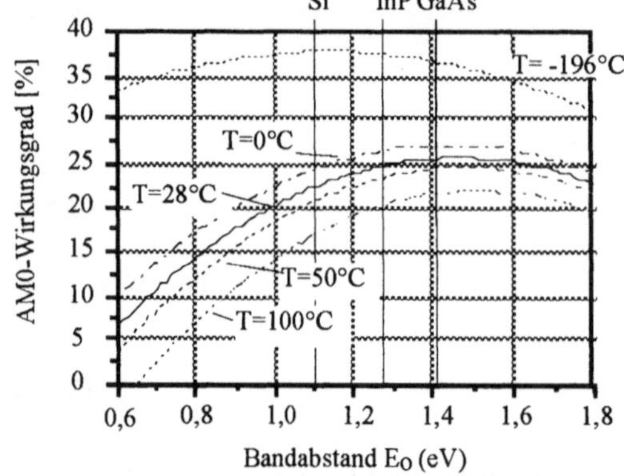

Abbildung 3-13
Maximal erreichbare Wirkungsgrade bei verschiedenen Temperaturen in Abhängigkeit vom Bandabstand

Bandabstand und Temperatur sind die maßgebenden Parameter für den Wirkungsgrad einer Solarzelle. In Abbildung 3-13 ist der AM0-Wirkungsgrad über dem Bandabstand $E_g(300K)$ aufgetragen und zwar für verschiedene Temperaturen. Die Temperaturen sollen dabei repräsentativ sein für folgende Fälle:

+100°C: Typische Operationstemperatur für Solarzellen in niederen Umlaufbahnen,

+50°C: Typische Operationstemperatur für Solarzellen in geostationärer Umlaufbahn,

+28°C: Normtemperatur für Meß- und Testzwecke,

0°C: Typische Operationstemperatur für spinstabilisierte Solargeneratoren,

-196°C: Mit flüssig Stickstoff gekühlter Solargenerator.

Man erkennt aus Abbildung 3-13, daß für jede Temperatur eine andere Zelle optimal wäre. Während Si gerade bei -196°C die günstigste Zelle darstellt, eignet sich GaAs optimal für 0°C. Für die häufigsten Einsatzbedingungen im Weltraum wären Zellen mit Bandabständen um die 1,5eV besser geeignet.

3.3.6 Intensität

Variation der Intensität bei gleichbleibendem Spektrum verändert den maximalen Photostrom gemäß

$$I_G(c) = c \cdot I_G(1) \tag{3.58}$$

bzw. da $I_G \approx I_{sc}$:

$$I_{sc}(c) = c \cdot I_{sc}(1) \tag{3.59}$$

(c = Konzentrationsfaktor) d.h. der Kurzschlußstrom einer Solarzelle wächst proportional zur Intensität.

Für die Leerlaufspannung folgt aus (3.15) mit (3.59) und für $c \cdot I_{sc} \gg I_0$:

$$V_{oc}(c) = V_T^* \cdot \ln(c) + V_{oc}(1) \tag{3.60}$$

d.h. die Leerlaufspannung erhöht sich logarithmisch mit dem Konzentrationsfaktor.

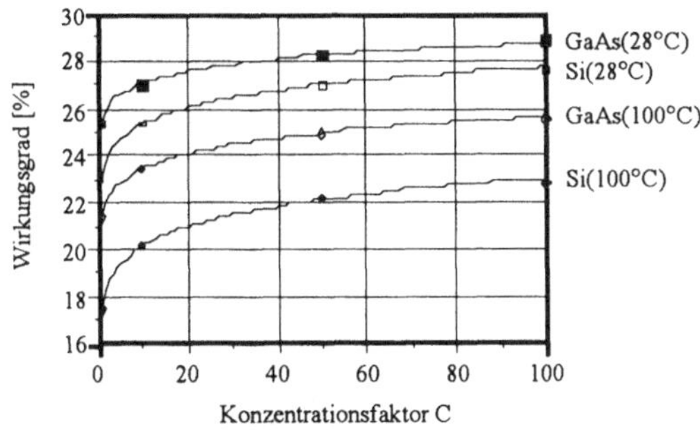

Abbildung 3-14 Maximal erreichbare AM0-Wirkungsgrade für Si und GaAs in Abhängigkeit von der Lichtkonzentration

Anhand des Zusammenhangs (3.57) zwischen Leerlaufspannung und Spannung im Leistungsmaximum läßt sich auch $V_{mp}(c)$ und damit gemäß (3.55) η für jeden beliebigen Konzentrationsfaktor ermitteln. Dies wurde in Abbildung 3-14 für Si und GaAs bei 28°C und 100°C durchgeführt. Aufgetragen wurde der maximal mögliche Wirkungsgrad über dem Konzentrationsfaktor c. Man erkennt, daß bei gleichbleibender Temperatur der Wirkungsgrad mit wachsender Konzentration des einfallenden Lichts zunimmt. Man kann daher mit konzentrierenden Systemen den Wirkungsgrad einer Zelle besser ausnützen. Gut zu erkennen ist auch der Vorteil von GaAs gegenüber Si, insbesondere bei höheren Temperaturen.

3.4 Grenzen der photovoltaischen Energieerzeugung

Gebräuchliche Zellen besitzen Wirkungsgrade, die noch weit von den theoretisch möglichen entfernt sind. Verantwortlich dafür sind folgende Effekte:

- Unvollständige Absorption;
- Unvollständige Nutzung der Photonenenergie;
- Spannungsverluste durch
  - Innere Serienwiderstände;

- Nicht-optimale Höhe des Potentialwalls am pn-Übergang;

- Unvollständige Kollektion der Elektron-Loch-Paare durch innere und Oberflächen-Rekombination;

- Stromverluste am pn-Übergang;

- Photonenverluste durch

  - Reflexion an der Zelloberfläche;

  - Verminderte Flächennutzung durch Kontaktierung;

  - Rekombination von Ladungsträgern (Sammelwirkungsgrad).

M. Wolf (Lit. 3.13) hat den Einfluß dieser Effekte auf den Wirkungsgrad von Si-Solarzellen untersucht. Abbildung 3-15 zeigt die Verlustmechanismen einer 10Ωcm-Zelle aus dem Jahre 1970. Anhand dieser Zuordnung konnten insbesondere Si-Solarzellen sukzessive verbessert werden ohne jedoch bis heute die theoretisch möglichen Wirkungsgrade zu erreichen.

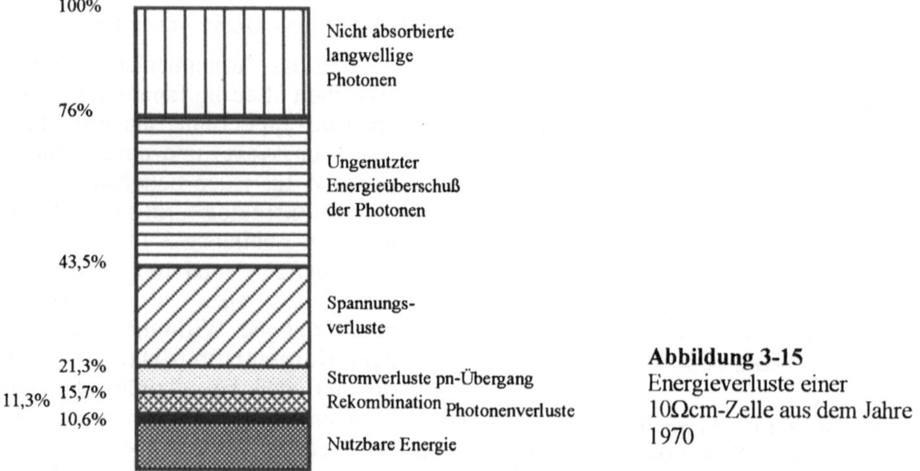

Abbildung 3-15
Energieverluste einer 10Ωcm-Zelle aus dem Jahre 1970

Die Faktoren „unvollständige Absorption" und „unvollständige Nutzung der Photonenenergie" wurden bereits bei den theoretisch möglichen Wirkungsgraden berücksichtigt. Im folgenden werden weitere, im Laufe der Zeit eingeführte Verbesserungen beschrieben, die die Solarzellen den theoretisch möglichen Wirkungsgraden ein gutes Stück näher gebracht haben.

3.4.1 Absorption und Flächennutzung

3.4.1.1 Absorption

Abbildung 3-16 zeigt die Absorptionskurven für gebräuchliche Solarzellenmaterialien. Nach dem Absorptionsgesetz

$$F_x(\lambda) = F_0(\lambda) \cdot e^{-\alpha(\lambda) \cdot x} \qquad (3.61)$$

bedeutet ein geringer Absorptionskoeffizient, daß entsprechende Photonen tief in den Kristall eindringen bevor sie Elektron-Loch-Paare erzeugen. Da Ladungsträger, die in größerem Abstand als der Diffusionslänge vom pn-Übergang entfernt erzeugt werden, rekombinieren und nicht zur Stromerzeugung beitragen, sollten die Zelldicken klein gehalten werden können. Dies erreicht man entweder durch Wahl von Materialien mit hohen Absorptionskoeffizienten oder durch Verlängerung der Absorptionsstrecken durch Rückseitenreflexion (BSR) oder durch Strahlbrechung an der Zelloberseite aufgrund von Oberflächenkerbung bzw. -Texturierung.

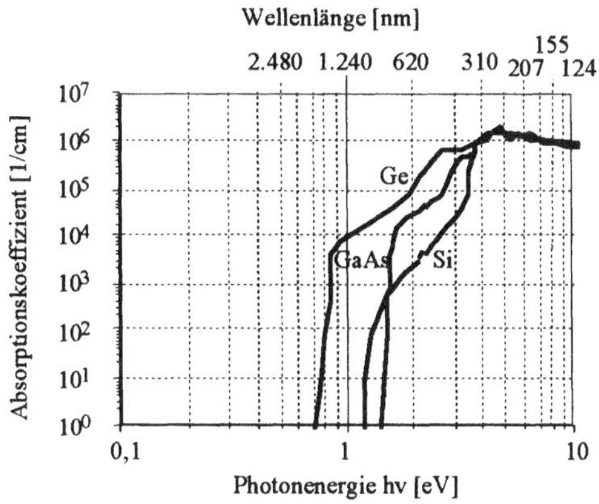

Abbildung 3-16 Absorptionskoeffizienten einiger Solarzellenmaterialien

Ein weiteres Kriterium für die optimale Nutzung des einfallenden Lichts ist, daß ein möglichst großer Bereich des Sonnenspektrums zur Elektron-Loch-Paar Erzeugung genutzt werden kann, d.h. daß der Absorptionskoeffizient über einen möglichst breiten Spektralbereich hohe Werte besitzt.

Die Absorptionskurven von Solarzellen sind in Größe und Form weitestgehend bestimmt durch die Beschaffenheit der Energiebänder. Für viele Halbleiter ist die Struktur der Energiebänder so kompliziert, daß die Strahlungsabsorption teils über indirekte, teils über direkte Übergänge erfolgt. Bei niederen Photonenenergien beginnt die Absorption über indirekte Übergänge und geht mit zunehmenden Photonenenergien immer mehr zu direkten Übergängen über. Dies äußert sich in einem flachen Anstieg des Absorptionskoeffizienten an der Absorptionskante.

Wichtig für das Absorptionsverhalten von Halbleitern ist auch die Tatsache, daß die Übergangsenergie abhängt von der Ladungsträgerdichte im Halbleiter, der Temperatur und von Störzuständen in der verbotenen Zone. Sind Zustände im unteren Bereich des Leitungsbandes und im oberen Bereich des Valenzbandes mit Ladungsträgern gefüllt, wirkt dies wie eine Vergrößerung des Bandabstands. Wenn die Energiebänder von Dotierungsatomen das nächstgelegene Kristallband überlappen, was bei hochdotierten Halbleitern der Fall sein kann, so wirkt dies wie eine Reduktion des Bandabstands im Sinne einer Verschiebung der Absorptionskante zu längeren Wellenlängen hin.

3.4.1.2 Reflexionsverluste

An allen optischen Übergängen unterschiedlicher Brechzahlen n bekommt man Reflexionsverluste. Diese lassen sich für eine Wellenlänge λ_0 minimieren, wenn man zwischen die Materialien der Brechzahlen n_1 und n_2 eine $\lambda_0/4n$ - Schicht eines Materials der Brechzahl

$$n_{opt} = (n_1 \cdot n_2)^{1/2} \qquad (3.62)$$

bringt. Die Reflexionsverluste sind dann nur noch (Lit. 3.14):

$$R(\lambda) = \frac{r_1^2 + r_2^2 + 2r_1r_2\cos\Delta}{1 + r_1^2 \cdot r_2^2 + 2r_1r_2\cos\Delta} \tag{3.63}$$

mit

$$r_1(\lambda) = \frac{n_1(\lambda) - n_{opt}(\lambda)}{n_1(\lambda) + n_{opt}(\lambda)} \tag{3.64}$$

$$r_2(\lambda) = \frac{n_{opt}(\lambda) - n_2(\lambda)}{n_{opt}(\lambda) + n_2(\lambda)} \tag{3.65}$$

$$\Delta = \frac{4\pi}{\lambda} n_{opt}(\lambda) \cdot d \tag{3.66}$$

$$d = \frac{\lambda_0}{4n_{opt}(\lambda_0)} \tag{3.67}$$

Würde man eine nackte Solarzelle mit $n_{Sz} = 3{,}5$ der Sonnenstrahlung aussetzen, hätte man bei senkrechtem Einfall Reflexionsverluste von über 30% (Abbildung 3-17). Eine 75nm dicke Antireflexionsschicht mit $n = 2{,}0$ reduziert die Reflexionsverluste bereits auf Werte zwischen 0,4% und 18%. Eine weitere Verbesserung der Reflexionsverluste erhält man durch Aufdampfung von Mehrfachschichten z.B. Al_2O_3/TiO_2 oder ZnS/MgF_2 (Abbildung 3-17). Und schließlich kann eine zusätzliche Texturierung der Zelloberfläche zu fast vernachlässigbaren Reflexionsverlusten heutiger Solarzellen führen, allerdings auch auf Kosten eines höheren thermischen Absorptionskoeffizienten.

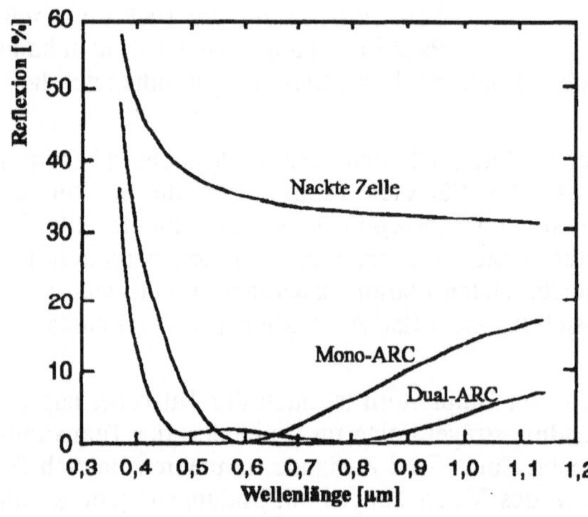

Abbildung 3-17 Reflexionsverhalten von Si-Zellen ohne, mit Mono- und mit Doppel-Reflexionsschicht (nach Lit. 3.15)

3.4.1.3 Oberflächentexturierung (schwarze Zellen)

Schwarze Zellen sind Zellen mit texturierter Oberfläche. Eine solche Texturierung wird bei Si-Zellen am einfachsten erreicht durch chemisches Ätzen einer (100)-orientierten Oberfläche mit Natron- oder Kalilauge. Dadurch werden die (111)-Ebenen des Kristalls freigelegt und formen tetraedrische Pyramiden zwischen 1µm und 20µm Höhe (Abbildung 3-18). Der Scheitelwinkel einer solchen Pyramide ist 70,5°. Dies hat zur

Folge, daß einfallendes Licht zweimal reflektiert wird, bevor es wieder in den Raum zurückgeworfen wird (Abbildung 3-19). Dadurch werden Reflexionsverluste auf das Quadrat der bei normaler Reflexion bestehenden Verluste reduziert, z.B. von 18% auf 3%.

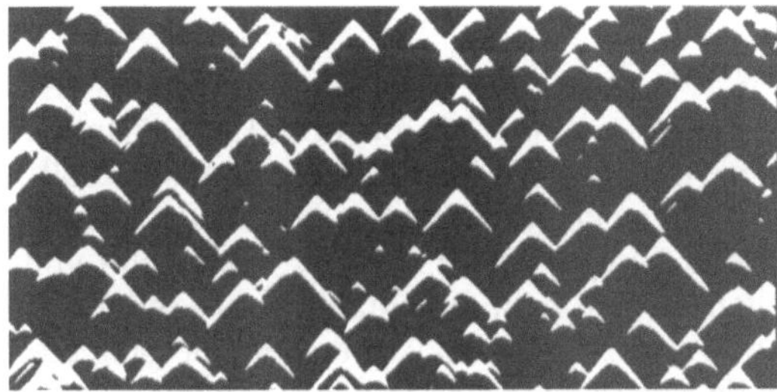

Abbildung 3-18 Texturierte (100)-Oberfläche einer Si-Zelle

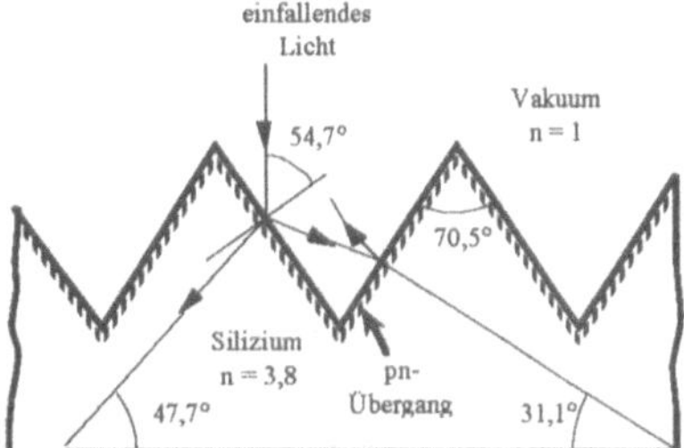

Abbildung 3-19 Zur Wirkungsweise einer schwarzen Zelle

Texturierte Zellen erscheinen von oben gesehen matt schwarz. Deshalb heißen sie „schwarze Zellen" oder auch nach ihren Erfindern „Comsat Non-Reflecting" bzw. abgekürzt CNR-Zellen (Lit. 3.16). Durch Anwendung photolithographischer Techniken vor dem Ätzen lassen sich auch invertierte Pyramiden erzeugen.

Eine texturierte Oberfläche bringt ca. 8% Gewinn in Strom und Leistung, während die Spannung in etwa gleich bleibt. Die höhere Leistung rührt nicht allein von den geringeren Reflexionsverlusten her, sondern auch davon, daß das Licht unter 42° bzw. 59°, also nicht senkrecht, in die Oberfläche eindringt. Dadurch werden mehr Elektron/Loch-Paare innerhalb einer Diffusionslänge vom pn-Übergang entfernt erzeugt, was zu einem höheren Sammelwirkungsgrad im Rotbereich führt. Auch ist eine texturierte Zelle etwas widerstandsfähiger gegen Teilchenstrahlung. Hauptnachteil ist die höhere Operationstemperatur aufgrund der höheren Lichtabsorption.

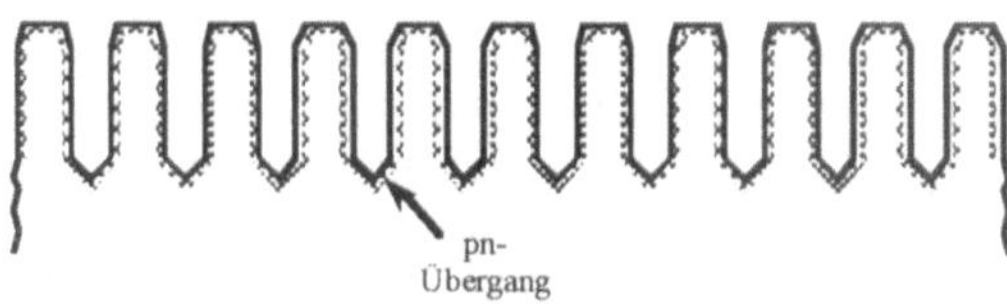

Abbildung 3-20 Zur Wirkungsweise einer Vertikal-Übergangszelle

Ein weiterer Zelltyp, der eine texturierte Oberfläche ausnutzt, ist die Vertikal-Übergangs-Zelle. Anders wie bei der schwarzen Zelle ist hier die Siliziumoberfläche (110) orientiert. Ätzt man diese Oberfläche mit Kalilauge, so bleiben im wesentlichen die senkrecht zur Oberfläche liegenden (111)-Ebenen stehen (Lit. 3.17). Geeignete Maskierung der Oberfläche beim Ätzen erlaubt daher, sehr schmale, steilwandige Täler zu ätzen mit einer Tiefe von um die 75µm. Eine nachfolgende n-Schicht-Diffusion ergibt einen pn-Übergang, der der Kontur der gefurchten Oberfläche folgt (Abbildung 3-20). Licht, das fast senkrecht zur Zelloberfläche einfällt, trifft die steilen Talwände streifend und erzeugt Elektron/Loch-Paare nahe dem pn-Übergang. Da die Täler verglichen mit der Wandstärke zwischen zwei Tälern i.a. sehr eng beieinander liegen, trifft nur ein geringer Anteil des einfallenden Lichts auf den Talgrund, wo es wie in gewöhnlichen Zellen in verschiedenen Tiefen absorbiert wird. Die verbesserte Rotempfindlichkeit und Strahlungsresistenz der Vertikal-Übergangs-Zelle rührt daher, daß die meisten der Elektron/Loch-Paare nur 5-10μm entfernt vom pn-Übergang erzeugt werden. Die optimale Struktur einer Vertikal-Übergangs-Zelle hat 2,5μm breite Täler mit 25μm Tiefe und in 15μm Abstand (Lit.3-18). Bei ähnlich hohen Wirkungsgraden wie für schwarze Zellen zeichnet die Vertikal-Übergangs-Zelle eine hohe Resistenz gegen Teilchenbelastung aus.

3.4.1.4 Rückseitenreflektor (BSR-Zellen)

Langwellige Strahlung, die nicht genügend Energie besitzt um Elektron/Loch-Paare zu erzeugen, wird als Phonon im Kristall aber vor allem am Rückseitenkontakt ebenfalls absorbiert was eine erhöhte Erwärmung der Solarzelle zur Folge hat. Der Wirkungsgrad einer Solarzelle nimmt jedoch mit wachsender Temperatur ab. Um die Temperatur von Solarzellen so gering wie möglich zu halten möchte man nur Strahlung absorbiert bekommen, die auch zur Paarbildung beiträgt. Zu diesem Zweck wurde der Rückseitenreflektor entwickelt, der die dort ankommende Strahlung wieder in den Kristall zurückreflektiert. Die langwelligen, photo-ineffektiven Strahlen können dadurch wieder den Kristall verlassen und verringern die Gesamtabsorption der Zelle ohne die Absorption der wirksamen Strahlung zu vermindern. Mit polierter Rückseite und Aluminium als rückseitigem Reflektor konnte das Absorptionsvermögen gewöhnlicher Zellen von 0,78 auf 0,72 reduziert werden, was im Anwendungsfall einer Temperaturerniedrigung von bis zu 10°C entspricht.

Ein solcher reflektierender Rückseitenkontakt, den man Back-Surface-Reflector (BSR) nennt, ist ebenfalls für Licht im photoeffektiven Bereich wirksam. Photonen dieses Spektralbereichs werden, sofern sie nicht bereits vorher absorbiert wurden, ebenfalls von der rückseitigen Al-Schicht reflektiert und haben eine zweite Gelegenheit vom Kristall absorbiert zu werden. Dadurch werden Strom und Leistung einer Solarzelle bis zu 3% erhöht.

BSR ist heute für alle Raumfahrt-Zellen Standard.

3.4.1.5 Verminderte Flächennutzung und Serienwiderstände

Während der metallische Kontakt des Basismaterials (Zellrückseite!) kompakt sein kann, muß der dem einfallenden Licht zugewandte Kontakt lichtdurchlässig sein. Dies erreicht man durch Kamm-Struktur. In Abbildung 3-21a sind 2 Zähne (Gridfinger) eines solchen Kamms dargestellt. Der elektrische Widerstand für die von der sog. aktiven Seite abfließenden Ladungsträger setzt sich dann zusammen aus dem Widerstand der Emitterschicht zwischen den Gridfingern und dem Widerstand der Gridfinger selbst. Der Sammelbalken wird als widerstandsfrei betrachtet. Für den Widerstand zwischen der „Null-Linie" und einem Gridfinger gilt dann (Lit. 3.19):

$$r_s = \frac{\rho_s}{w_n L} \cdot \frac{d}{4} = R_s^{\,o} \cdot \frac{d}{4L} \tag{3.68}$$

($R_s^{\,o}$: Oberflächenwiderstand des Emitters; w_n: Dicke der Emitterschicht)

Für den gesamten Halbleiterwiderstand einer Zelle mit m Gridfingern gilt dann nach Abbildung 3-21b:

$$R_s = R_s^{\,o} \cdot \frac{d}{4L} \cdot \frac{1}{2m} \tag{3.69}$$

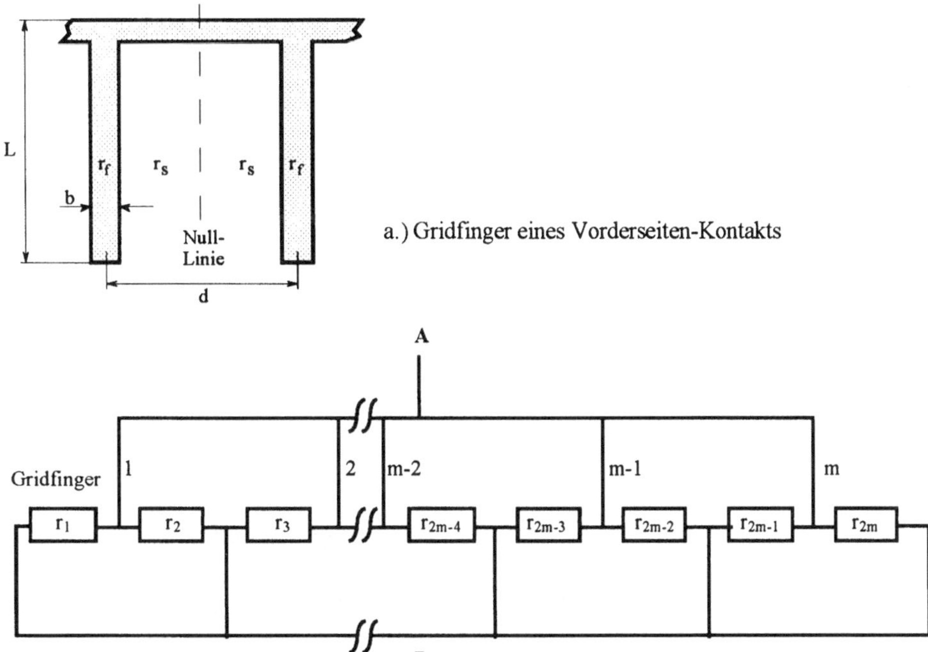

b.) Schema des gesamten Vorderseiten-Widerstands

Abbildung 3-21 Widerstände am Vorderseiten-Kontakt einer Solarzelle

Ohne Beschränkung der Allgemeinheit kann man quadratische Zellen betrachten. Dann ist für gleiche Gridfingerabstände L/d = m. Damit wird der gesamte oberseitige Zellwiderstand:

$$R_s = \frac{R_s^o}{8} \cdot \frac{1}{m^2} \tag{3.70}$$

Für den Eigenwiderstand eines Gridfingers gilt:

$$r_f = \rho_m \cdot \frac{L}{2bw_m} = R_m^o \cdot \frac{L}{2b} \tag{3.71}$$

(w_m: Dicke des Gridfingers, R_m^o : Oberflächenwiderstand der Metallschicht).

Der Gesamtwiderstand der Gridfinger wird damit:

$$R_f = R_s^o \cdot \frac{L}{2bm} \tag{3.72}$$

Definiert man den Flächenfaktor A_a einer Zelle als das Verhältnis aktive Fläche zu gesamte Vorderseitenfläche

$$A_a = \frac{L^2 - L \cdot b \cdot m}{L^2} = 1 - \frac{b \cdot m}{L} \tag{3.73}$$

so wird der Gesamtwiderstand der Zellvorderseite:

$$R = R_s + R_f = \frac{R_s^o}{2} \cdot \left(\frac{1}{4m^2} + \frac{1}{(1-A_a)} \right) \tag{3.74}$$

Der Widerstand der Zellfrontseite wird also um so kleiner, je kleiner der Flächenfaktor, d.h. die aktive Fläche der Zelle und je größer die Anzahl der Gridfinger ist. Da die Anzahl der erzeugten Ladungsträgerpaare wiederum proportional zur aktiven Fläche ist, setzt man die Gridfinger so schmal und so dicht wie möglich (z.B. b = 0,1mm; d = 1,0mm) und versucht ihre Dichte w_m groß zu machen. Dies erreicht man z.B. durch Aufdampfen und nachträgliche galvanische Aufdickung, am effektivsten jedoch mit photolithographischen Verfahren. Damit werden aktive Flächen von über 99% bei Serienwiderständen um die 5mΩ erzielt.

3.4.2 Verbesserung des Sammelwirkungsgrads (violette Zelle)

Der Absorptionskoeffizient der Solarzellen ist im kurzwelligen Bereich am höchsten, d.h. kurzwelliges Licht wird nahe der Solarzellenoberfläche absorbiert (vgl. Abbildung 3-16). Diese Schicht ist meist hoch dotiert und besitzt daher viele Rekombinationszentren, so daß die freien Weglängen der Minoritätsträger in dieser Schicht sehr klein sind. Um nahe der Solarzellenoberfläche erzeugte Ladungsträger optimal nutzbar zu machen, muß der pn-Übergang so nahe wie möglich an der Oberfläche liegen und so wenig Störstellen (Fremdatome) wie möglich besitzen. Dies hat natürlich zur Folge, daß der elektrische Widerstand in dieser Diffusionsschicht erheblich anwächst, was durch geeignete Konfiguration der Kontakte optimiert werden muß.

Lindmayer und Mitarbeiter (Lit. 3.19) entwickelten eine verbesserte Diffusionstechnik, die flache Übergänge in einer Tiefe von nur 0,2μm gestattete gegenüber 0,3-0,5μm bei konventionellen Zellen. Sie nannten diese Zelle „violette Zelle", weil sie aufgrund des verringerten Abstands zum pn-Übergang auch im violetten Bereich empfindlich war. Außerdem konnte die Anzahl der Kontaktfinger (Gridfinger) bei Erhaltung der aktiven Fläche erheblich vergrößert werden (bis zu 30 „schmale" Finger/cm gegenüber 3-4 Fingern/cm bei älteren Zelltypen (siehe Paragraph 3.4.1.5). Dadurch konnte der Serienwiderstand von ca. 0,2Ω auf 0,05Ω verringert werden. Auch die älteren Antireflexschichten wurden bzgl. Blau-Absorption verbessert: Ti_2Ox wurde durch Ta_2Ox (n=2,15-2,26) ersetzt.

Die Technik der flachen Diffusion ist heute üblicher Standard. Typische Verbesserungen des Wirkungsgrades lagen bei 5-10%.

3.4.3 Nicht-optimale Höhe des Potentialwalls am pn-Übergang (niederohmige Zelle)

In einer idealen Zelle ist die Höhe des Potentialwalls des pn-Übergangs gleich dem Bandabstand des Halbleitermaterials. In der Praxis ist sie geringer, nämlich um den Betrag, um den das Ferminiveau von den Kanten des Leitungs- bzw. Valenzbandes abweicht. Dieser Effekt kann minimiert werden, indem man beide Regionen höher dotiert.

Nach Gleichung (3.15) und Gleichung (2.135b) läßt sich die Leerlaufspannung einer Solarzelle mit unterschiedlichen Dotierungsgraden berechnen. Werde eine n^+p-Si-Zelle mit verschiedenem Dotierungsgrad des Grundmaterials betrachtet. Sei $L_n = 100\mu m$, $D_n = 36$ cm^2/s und $J = 35mA/cm^2$, und seien diese Werte unabhängig vom Dotierungsgrad. Da in einem n^+p-Übergang $N_d \gg N_a$, folgt für I_0 nach (2.135b):

$$\frac{I_0}{A} = \frac{q \cdot n_i^2 \cdot D_n}{L_n \cdot N_a} = \frac{1,3 \cdot 10^5}{N_a} \qquad [A/cm^2] \tag{3.75}$$

Daraus folgt aus (3.15) für V_{oc}:

$$V_{oc} = 26 \cdot \ln\left(1 + \frac{35 \cdot 10^{-3} N_a}{1,3 \cdot 10^5}\right) \tag{3.76}$$

Für verschiedene Dotierungsgrade N_a ergeben sich die theoretischen Leerlaufspannungen der Tabelle 3-3. Die angegebenen Basiswiderstände sind Abbildung 2-7 entnommen.

Tabelle 3-3 Dotierungsgrad und Leerlaufspannung

N_a[cm^{-3}]	10^{15}	10^{16}	10^{17}	10^{18}
ρ [Ωcm]	20	10	0,2	0,08
V_{oc}[mV]	504	565	625	684

Danach steigt die Spannung mit steigendem Dotierungsgrad. Da der Erzeugungsstrom fast unabhängig vom Dotierungsgrad ist bedeutet dies, daß die Leistung einer Solarzelle mit wachsendem Dotierungsgrad des Basismaterials steigt.

In der Praxis ist dies jedoch nur bedingt der Fall. Man findet ein Maximum bei ca. 10^{17} cm^{-3} oder ca 1Ωcm Basiswiderstand. Darüber nimmt die Raumladungs-Rekombination in verstärktem Maße zu, so daß man wieder einen Abfall von V_{oc} mit weiter steigendem Dotierungsgrad beobachtet.

Ein Nachteil von niederohmigen Solarzellen ist ihre höhere Empfindlichkeit gegen die Partikelstrahlung des Weltraums im Vergleich mit höherohmigen Zellen. Eine 10Ωcm-Zelle in geostationärer Bahn hat z.B. die anfänglichen Leistungsvorteile einer 1Ωcm-Zelle bereits nach weniger als 10 Jahren eingeholt.

3.4.4 Rekombinationen

Werden Rekombinationen im gesamten Zellbereich minimiert wird der Sättigungsstrom I_0 klein und damit die Leerlaufspannung nach (3.15) hoch. Die Kristallqualitäten sind mittlerweile so gut geworden, daß man Rekombinationen im Basismaterial vernachlässigen kann. Verbleiben die Zelloberflächen und die Emitter Region als spannungslimitierende Zonen.

3.4.4.1 BSF- oder (p$^+$)-Zellen

Back Surface Field (BSF)-Zellen sind Zellen mit eingebautem elektrischem Feld direkt vor dem rückseitigen Kontakt. Die Feldrichtung ist so, daß Minoritätsträger, die bei ungehinderter Diffusion auch zum Rückseitenkontakt gelangen und dort rekombinieren könnten, die Richtung umkehren und zum pn-Übergang diffundieren. Die Physik des eingebauten elektrischen Feldes durch inhomogene Verteilung der Zusätze wurde in Kapitel 2.6 erklärt.

BSF-Zellen verbessern insbesondere die Anfangsleistung von fast allen Solarzellentypen und besonders von sehr dünnen Zellen. Im folgenden einige typische Eigenschaften:

(+) Hochohmige Zellen bringen durch ein rückseitig eingebautes elektrisches Feld eine höhere Leerlaufspannung (z.B. 600mV statt 550mV bei 10Ωcm-Zellen unabhängig von der Zelldicke). Grund dafür ist wieder Gleichung (3.15) mit kleinerem I_0 aufgrund geringerer Rückseitenrekombination.

(+) Erhöhung des Kurzschlußstroms um 10-15% und der Leistung um 13-26% insbesondere bei dünnen Zellen.

(-) Bei Teilchenbestrahlung, wie sie im Weltraum auftritt, degradieren BSF-Zellen wesentlich stärker wie Nicht-BSF-Zellen (V stärker wie I). Dadurch ist, wie bei niederohmigen Zellen, der anfängliche Vorteil von BSF-Zellen bereits bei mittleren Strahlungsdosen verschwunden. Dies gilt für dickere Zellen mehr wie für dünnere.

3.4.4.2 Rekombinationen im Emitter

Rekombinationen im Emitter können stark reduziert werden, indem man die Emitterschicht sehr dünn ausführt. Dann finden die Rekombinationen im wesentlichen nur noch an der Oberfläche statt. Die Rekombinationen an der nichtkontaktierten Oberfläche können erheblich reduziert werden durch geeignete Passivierung etwa durch Aufwachsen einer thermischen Oxydschicht vor Aufbringung der AR-Schicht (Abbildung 3-22a).

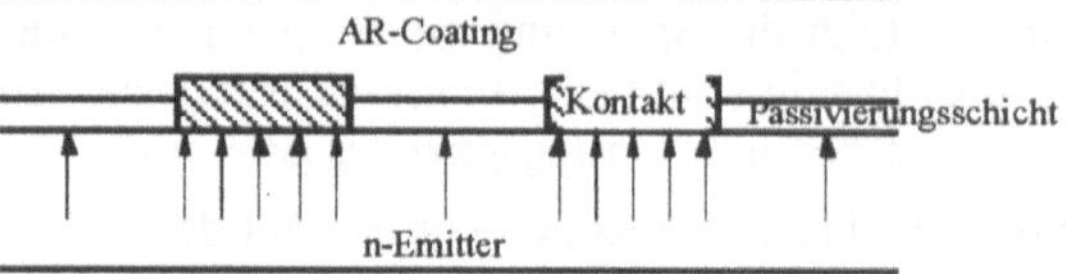

a.) Passivierung der nichtkontaktierten Oberfläche

Zur Reduktion der Rekombinationen am Ohmschen Kontakt gibt es nach Lit. 3.15 zwei Möglichkeiten:

a.) *Eine Struktur Metall-Isolator-Halbleiter* (MIS-Struktur). Die Passivierungsschicht aus SiO$_2$ wird auch unter den Kontakten angewandt (Abbildung 3-22b). Der Stromtransport zu den Elektroden erfolgt dann durch Tunneleffekt. Deshalb ist es günstig, die Passivierungsschicht unter den Kontakten dünn zu machen (z.B. 2Å gegenüber 20-30Å an den kontaktfreien Oberflächen).

Die Metallschicht muß eine ge-

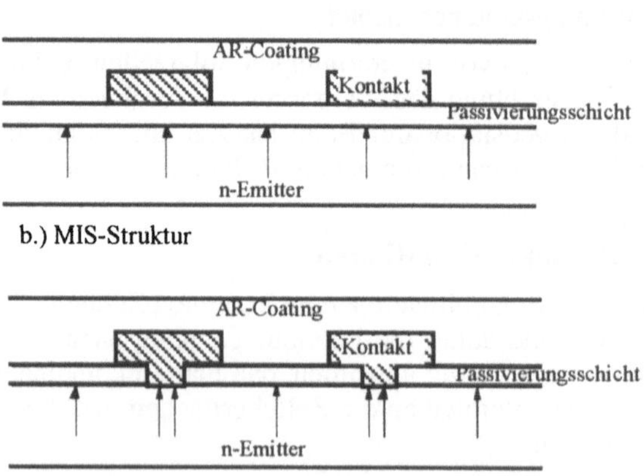

b.) MIS-Struktur

c.) PESC-Struktur

Abbildung 3-22 Methoden zur Reduzierung der Rekombinationen

ringere Austrittsarbeit besitzen wie das n-Si. Es eignen sich z.B. Ti, Al, Mg.

b.) *Minimierung der Metall-Halbleiter-Kontaktfläche* (Passivated Emitter Solar Cell PESC). Man wendet die Passivierungsschicht nicht vollständig unter der Metallkontakt-Fläche an, sondern läßt noch einen feinen Spalt frei (Abbildung 3-22c). Das läßt sich mit photolithographischen Methoden sehr genau erreichen. Mit danach gefertigten Zellen wurden bei AM0, 25°C, schon 687mV Leerlaufspannung erreicht.

Die höchsten Spannungen wurden mit $0,1\Omega$cm zonenschmelz-gezogenem Material erreicht. Die höchsten Wirkungsgrade lagen bei knapp 20% und wurden mit $0,2\Omega$cm- Zellen erreicht. Typische Minoritätsträger-Diffusionslängen lagen bei 200µm für $0,2\Omega$cm-Zellen bzw. bei 150µm für $0,1\Omega$cm-Zellen d.h. die $0,2\Omega$cm-Zellen besaßen etwas höheren Kurzschlußstrom.

3.4.4.3 Rekombinationen im rückseitigen Kontakt

Mit den oben beschriebenen Lösungen wurden die Vorderseitenrekombinationen erheblich verringert, nicht jedoch die rückseitigen Rekombinationen. Auf Überlegungen, wie man die Rekombinationen an beiden Kontakten minimieren kann, beruhen neben der bereits oben beschriebenen BSF-Zelle die Punkt-Kontakt- (PC-) (Lit. 3.20) und die Doppelkamm-Rückseiten-Kontakt- (Interdigitated Back Contact IBC) Zelle (Abbildung 3-23). Wichtig für diesen Zelltyp ist, daß die p- bzw. n-Bereiche auf der Zellrückseite klein gehalten werden um Rekombinationen am Kontakt gering zu halten. Die n^+-Zonen unter den Kontakten wirken bei n-Basismaterial als eingebautes Feld, bei p-Basismaterial als Emitter. Entsprechendes gilt für die p^+-Zonen.

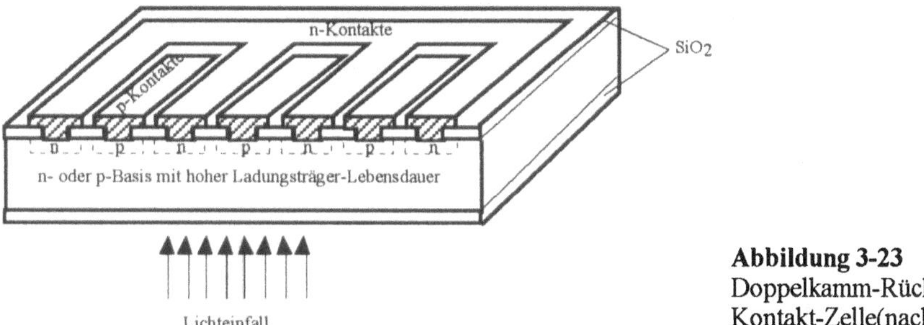

Abbildung 3-23
Doppelkamm-Rückseiten-
Kontakt-Zelle(nach Lit. 3.13)

3.4.5 GaAs-Zellen

Da bei GaAs der Ladungsträger-Übergang direkt ist, werden auftreffende Photonen nahe der Oberfläche absorbiert. Dadurch können GaAs-Zellen wesentlich dünner ausgeführt werden als Si-Zellen, zeigen jedoch auch eine hohe Oberflächenrekombination S, die zu einer schlechten photovoltaischen Ausbeute einer Si-analogen GaAs-Zelle führen würde. Ein sog. Fenster aus $Al_xGa_{1-x}As$ verhindert diese Oberflächenrekombination (Lit. 3.22). Folgende Effekte spielen dabei eine Rolle: Das $Al_xGa_{1-x}As$-Kristallgitter ist dem von GaAs sehr ähnlich und fast unabhängig von x (<0,2% Abweichung in der Gitterkonstanten!) und besitzt für große x einen großen Bandabstand (ca. 2eV gegenüber 1,43eV für GaAs), so daß ein internes elektrisches Feld erzeugt wird, das die Minoritätsträger daran hindert, an die rekombinationsträchtige Oberfläche zu diffundieren. Meist wird p-

AlGaAs auf p-GaAs benutzt. Wegen des geringen Sprungs der Löcher ins Valenzband wirkt p-AlGaAs außerdem als transparenter Ohmscher Kontakt. Der Aufbau einer typischen GaAs-Zelle ist in Abbildung 3-24 dargestellt.

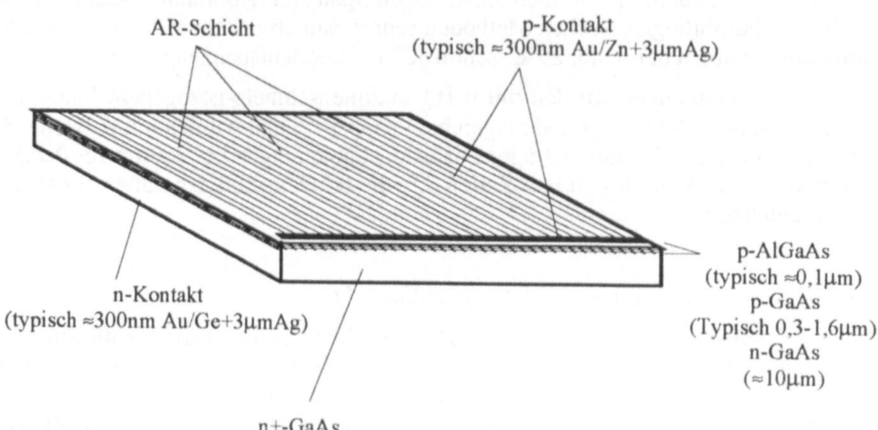

a.) Schichtaufbau

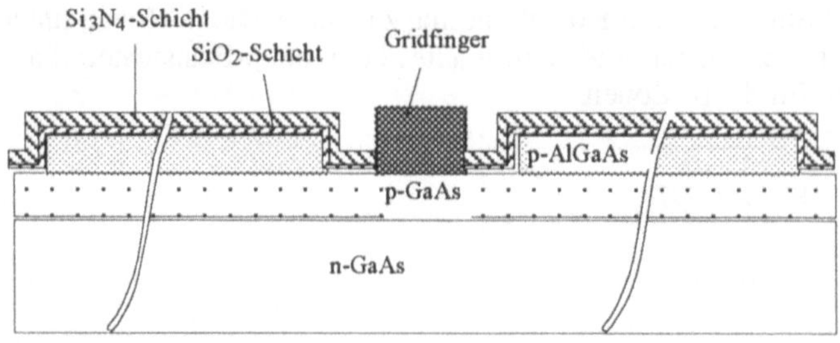

b.) Detailansicht der Vorderseiten-Kontaktierung

Abbildung 3-24 Prinzipieller Aufbau einer GaAs-Zelle

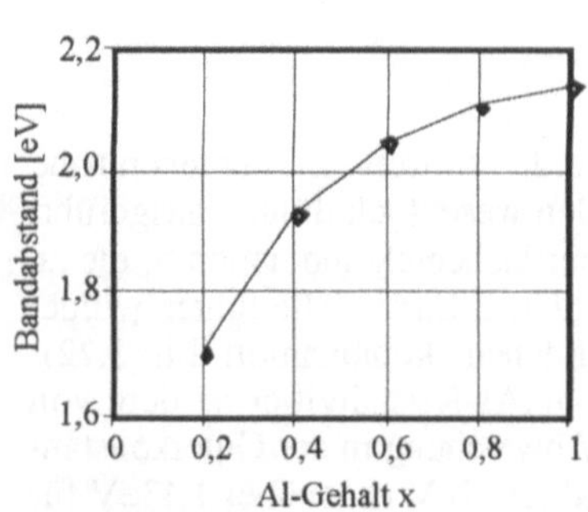

Abbildung 3-25 Bandabstand von $Al_xGa_{1-x}As$ als Funktion des Al-Gehalts

Die Absorptionseigenschaften von $Al_xGa_{1-x}As$ hängen vom Al-Gehalt der Schicht ab. Abbildung 3-25 zeigt den Bandabstand von $Al_xGa_{1-x}As$ als Funktion von x. Für $x \leq 0,45$ ist die Rekombination direkt, für $x > 0,45$ indirekt. Der Absorptionskoeffizient verringert sich daher für intrinsische Ladungsträgeranregung mit größer werdendem x. Um die in die GaAs-Zelle eindringende Lichtmenge zu optimieren, wählt man daher möglichst hohes x, i.a. 0,8 - 0,9.

AlGaAs-Schichten mit derartig hohem Al-Gehalt sind jedoch sehr empfindlich gegen chemische Reaktionen insbesondere in Verbindung mit Feuchte. Deshalb muß die p-Schicht noch hermetisch versiegelt werden. Dies erreicht man durch eine duale Antireflex-Schicht, die z.B. aus Si_3N_4 und SiO_2 besteht. Außerdem werden die p-Kontakte direkt auf das p-GaAs aufgebracht (Abbildung 3-24b). Dies erreicht man durch photolitographische Ätzung der AlGaAs-Schicht und anschließende Kontaktierung. Durch Einführung der MOCVD-Technik (vgl. Kapitel 4) konnten GaAs-Zellen vielschichtig und wesentlich effektiver hergestellt werden. Eine typische Standard Ausführung einer p/n-Struktur ist in Abbildung 3-26 gezeigt. Die Zelle besteht aus einem Substrat mit 6 darüberliegenden Schichten unterschiedlicher Dotierung mit folgender Bedeutung:

Das *GaAs-Substrat* ist lediglich der Träger der Solarzelle und sorgt für epitaxiales Aufwachsen der darüberliegenden Schichten und mechanische Stabilität. Es ist n-dotiert und stellt keine hohen Anforderungen an die Kristallqualität (Störstellen mit einer Dichte um die $10^5/cm^3$ sind tolerabel).

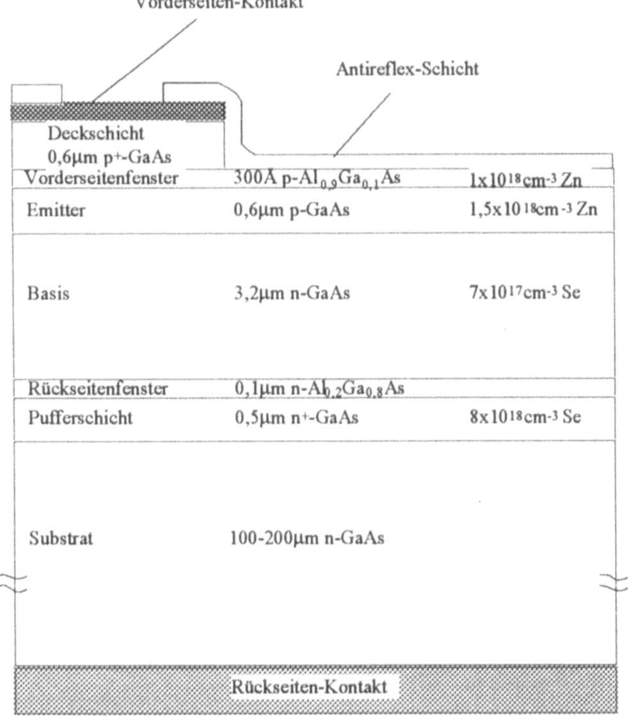

Abbildung 3-26
Schichtaufbau einer fortschrittlichen GaAs-Solarzelle (Lit. 3.23)

Die *hochdotierte n^+-Pufferschicht* vermittelt eine glatte Oberfläche zur nächsten Schicht und vermindert den Einfluß variabler Substrateigenschaften. Außerdem wirkt sie als „Back-Surface-Field" für die darüber liegende n-dotierte Basisschicht.

Das *Rückseitenfenster* wurde eingeführt, um Interface-Rekombinationseffekte zwischen Basis und Substrat zu vermindern.

Die mittelmäßig dotierte *n-Basis-Schicht* (R $\approx$ 0,03Ωcm) und die hoch dotierte *p-Emitter-Schicht* (R $\approx$ 0,05Ωcm) sind die eigentliche Solarzelle mit Homo-Übergang.

Die Funktion des *AlGaAs-Fensters* wurde bereits oben beschrieben.

Die *hochdotierte p^+-Kappe* unter den Vorderseiten-Kontakten dient einerseits als Reflektor für Minoritätsträger (BSF) und verhindert Rekombinationen am Kontakt. Zum anderen verhindert sie Diffusionseffekte beim Schweißen der Solarzellenverbinder.

Die Kontakte sind i.a. aufgedampft und bestehen aus Au/Ge/Ni/Au (bzw. Au/Ge) für die n-Seite und Pd (oder Zn, Cr)/Au bzw. Ti/Pd/Ag für die p-Seite.

Da das Substrat lediglich als Träger für die darauf abgeschiedene eigentliche Solarzelle dient, hat man sich überlegt, ob das teuere GaAs nicht auch durch einen anderen, billigeren Halbleiter gleicher oder ähnlicher Kristall-Struktur ersetzt werden könnte. Voraussetzung für die Kombination zweier unterschiedlicher Materialien zu einem Monolithen ist, daß die Gitterkonstante der Partner gut zusammenpaßt. Abbildung 3-27 zeigt die Gitterkonstante und den Bandabstand verschiedener Halbleiter. Darin sind die Übergänge fließend d.h. durch teilweisen Ersatz des einen Elements eines III-V-Halbleiters durch ein anderes gleichwertiges gelangt man sukzessive zu den Eigenschaften des anderen III-V-Halbleiters also z.B. von GaAs mit E_g= 1,43eV durch Ersatz des Ga durch In gemäß $In_xGa_{1-x}As$ mit wachsendem x zu InAs mit E_g= 0,35eV. Ähnliches gilt für den Übergang GaP -> InP.

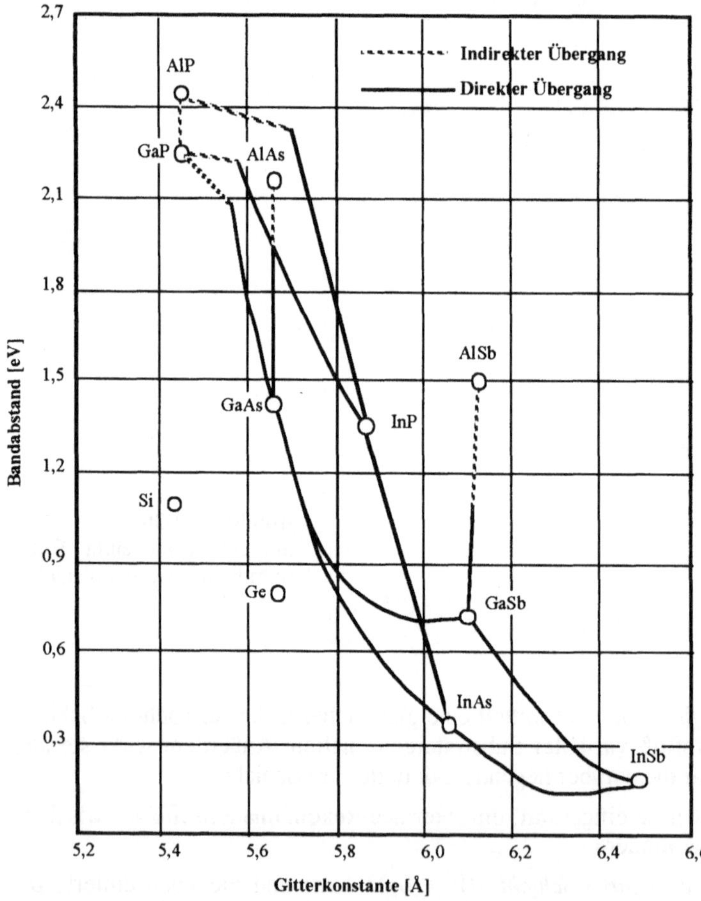

Abbildung 3-27 Bandabstand und Gitterkonstante für verschiedene Halbleiter-Materialien

Die Gitterkonstante von Ge hat dieselbe Größenordnung wie die von GaAs ($\Delta g/g$ = 7×10^{-4}). Ebenso sind die thermischen Ausdehnungskoeffizienten beider Materialien sehr ähnlich. Daher ist es kristallographisch möglich, GaAs einkristallin auf Ge aufzuwachsen. Wenn der Hetero-Übergang zwischen GaAs und Ge so hergestellt worden ist, daß keine Photospannung zwischen beiden Materialien erzeugt wird, spricht man von einem passiven Substrat. Die elektrischen Eigenschaften der Zelle entsprechen dann der von GaAs alleine. Zur Erzielung eines konsistenten inaktiven GaAs/Ge-Übergangs spielen folgende Faktoren eine große Rolle:

(1) Das Ge-Substrat muß 4°-9° gegen die <100>-Richtung geneigt sein,

(2) extrem saubere Reinigung und Ätzung der Ge-Oberfläche,

(3) geringe Aufwachsgeschwindigkeit (<3µm/h) bei niederer Temperatur (680°C) (Lit. 3.38). Damit werden störende Energiezustände im Übergangsbereich vermieden. Der Aufbau einer GaAs-Zelle auf passivem Ge-Substrat ist in Abbildung 3-28 dargestellt.

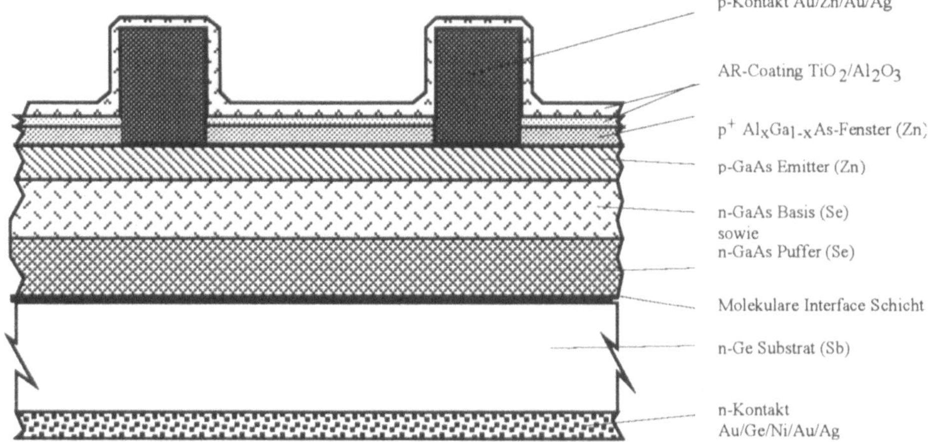

Abbildung 3-28 Schichtaufbau einer TECSTAR GaAs/Ge-Solarzelle

3.4.6 Mehrschicht-Zellen, Multiübergangszellen

Der begrenzte Wirkungsgrad von einfachen pn-Übergangszellen mit konstantem Bandabstand rührt nach Kapitel 3.3.4 von der durch den Bandabstand begrenzten Leerlaufspannung und der unvollständigen Ladungsträgerausbeute aufgrund von überschüssiger Photonenenergie und unterer Energiegrenze der wirksamen Photonen entsprechend dem Bandabstand E_g. Auf letzterem Grund beruht die Idee von Mehrschicht- und Multiübergangszellen.

Solarzellen unterschiedlichen Bandabstands besitzen maximale Empfindlichkeit in unterschiedlichen Spektralbereichen (vgl. Abbildung 3-6) und sind für größere Wellenlängen, als ihrer Absorptionskante entspricht, unempfindlich. Deshalb läßt sich das Sonnenlicht besser nutzen, wenn man das Spektrum über halbdurchlässige Spiegel aufspaltet und die Teilspektren mit Solarzellen des jeweils optimalen Bandabstands in elektrische Energie umwandelt (Abbildung 3-29a).

Für Halbleitermaterialien entspricht nun jeder Photonenenergie ein Absorptionskoeffizient bestimmter Größe, der unterhalb der Absorptionskante gleich Null ist. Geringer Absorptionskoeffizient bedeutet aber, daß das entsprechende Photon tief in den Kristall eindringen kann bevor es ein Elektron-Loch-Paar erzeugt. So wirken Halbleitermaterialien begrenzter Dicke wie Filter, die einen Teil des Lichts absorbieren, einen anderen Teil hindurchlassen. Dementsprechend kann man die Filter in Abbildung 3-29a direkt durch Solarzellen unterschiedlichen Bandabstands ersetzen und gelangt so zu einer Mehrschicht Solarzelle (Abbildung 3-29b).

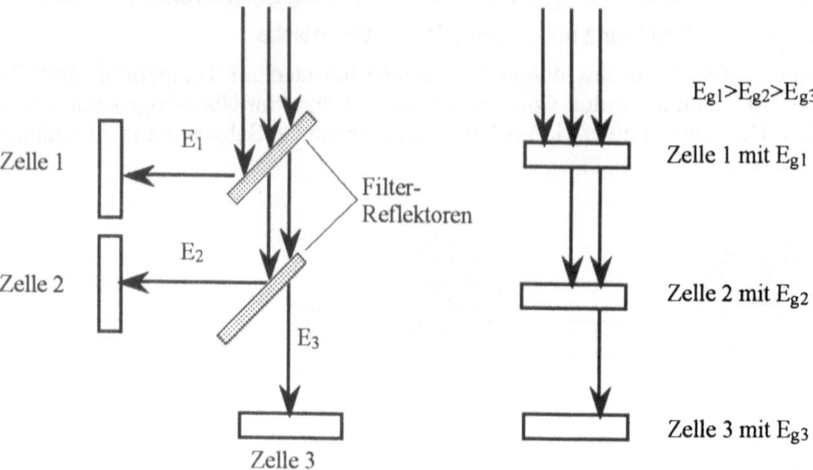

a.) Filter-Reflektoren   b.) Mehrschicht-Zelle

Abbildung 3-29 Schema zur Erzielung höherer Absorption durch spektrale Selektion

Für Mehrschicht-Zellen gibt es mehrere Kombinationsmöglichkeiten (Abbildung 3-30, Lit. 3.12)):

a.) p-n-p-n: Die freie Diffusion der Minoritätsträger wird durch einen pn-Übergang, der der Stromrichtung entgegenwirkt, behindert.

b.) p-n-n-p: Hier gibt es nur noch 2 pn-Übergänge, die aber gegensätzliche Polarität haben und dadurch die erzeugten Photoströme sich gegenseitig teilweise kompensieren.

c.) p-n-Metall-p-n: Diese Kombination funktioniert gut, da die erzeugten Ströme sich nicht gegenseitig behindern (vgl. Para. 2.11!).

Um die Zwischenschicht optisch transparent zu machen benutzt man in der Praxis keine Metallschicht, sondern einen Tunnelübergang, bei dem die Ladungsträger auf gleichem Energieniveau die Potentialschwelle überwinden (im Gegensatz zur thermischen Anhebung der

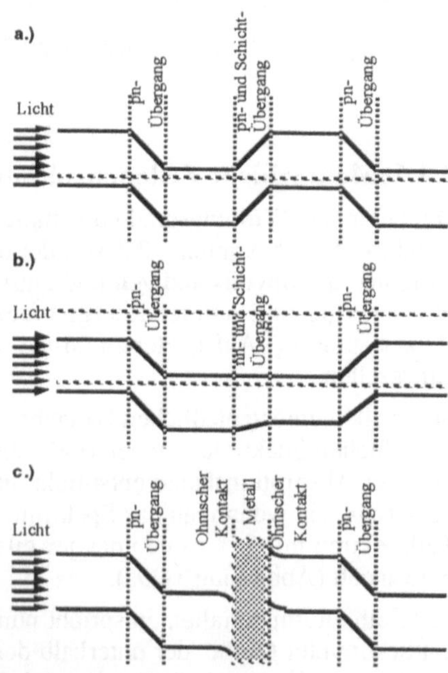

Abbildung 3-30 Energiebändermodelle für 3 mögliche Zweischicht-Anordnungen

Ladungsträger bei mittel-dotierten Übergängen). Voraussetzung für einen Tunnelübergang ist, daß

- sich das Fermi-Niveau innerhalb des Leitungs- bzw. Valenzbands befindet,

- die Breite der Raumladungszone so gering ist (ca. 50Å), daß eine hohe Tunnelwahrscheinlichkeit existiert,

- im Leitungsband auf der n-Seite Elektronen derselben Energie zur Verfügung stehen wie Leerstellen im Valenzband der p-Seite.

Diese Bedingungen sind erfüllt, wenn beide Seiten des pn-Übergangs stark dotiert sind, so daß sie entarten (Dotierung in der Größenordnung $5x10^{19}cm^{-3}$). Die Kennlinie eines Tunnelübergangs hat die Form der Abbildung 3-31. Er ist sowohl in Vorwärts- wie in Rückwärts-Richtung durchlässig und behindert daher den Stromfluß in Mehrschichtzellen nicht.

Theoretisch kann man mit dieser Technik den Wirkungsgrad merklich erhöhen. Mit einer Tandemzelle GaAs/Ge mit aktivem Ge könnte man bei AM0-Bedingungen 31% erreichen, mit GaAs/Si 29,3%. Grundsätzlich können beliebig

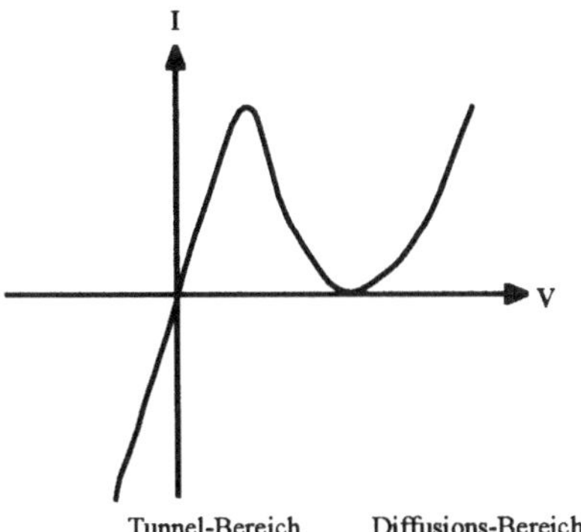

Abbildung 3-31 Strom-Spannungs-Charakteristik einer Tunneldiode

viele Schichten betrachtet werden. Da aber mit dem pro Schicht erzeugten Teilstrom i_G auch die Spannung sinkt gibt es ein Optimum. Ein 3-Schicht Modell mit Bandabständen von 1,82eV, 1,24eV und 0,68eV ergab bei AM1-Bedingungen einen theoretischen Wirkungsgrad von 36,4% bei 2,25V und 17,4mA (Lit. 3.12).

In der Praxis hat sich $GaInP_2$/GaAs/Ge mit passivem Ge als machbar erwiesen (Lit. 3.36). Eine derartige Kaskadenzelle mit Zweifach-Übergang ist in Abbildung 3-32 dargestellt. Bei einer Zellgröße von 0,5cm x 0,5cm konnten bereits AM0-Wirkungsgrade von 24,2% erzielt werden ($I_{sc}=4,0\,mA$; $I_{m\,p}=3,86mA$; $V_{mp}=2,144V$; $V_{oc}=2,389V$).

Metallkontakt

ARC	n^+-GaAs	ARC	
	n-AlInP		
	n-GaInP		Obere Zelle
	p-GaInP		
	p-AlGaInP		
	p^++-GaAs		Tunnel-Übergang
	n^++-GaAs		
	n-GaInP		
	n-GaAs		Untere Zelle
	p-GaAs		
	p-GaInP		
	p-Ge- oder p-GaAs-Substrat		

Metallkontakt

Abbildung 3-32 Aufbau einer Zweifach-Übergangs-Kaskadenzelle (Lit. 3.36)

Eine andere Idee, die Paarerzeugungsrate zu verbessern ist eine Zelle mit variablem Bandabstand. Ausgangspunkt sei eine Zelle mit Einfach-Übergang. Die Veränderung des Bandabstands könnte dann mit variabler Dotierung wie bei der Drift-Feld Zelle (Back Surface Field) erreicht werden. Wünschenswert wäre die Konfiguration der Abbildung 3-33. Nachteil ist, daß nur der geringe Schwellwert V_p für den Löcherstrom maßgebend ist auch wenn der Schwellwert V_n für Elektronen größer ist. Ist $V_p \ll V_n$, dann ist der Strom über den pn-Übergang im wesentlichen ein Löcherstrom und sein Anteil am Gesamtstrom rund 50%. Damit wird die IV-Charakteristik eines unsymmetrischen Übergangs auch nicht besser als die einer Mono-Übergangszelle mit dem niedrigeren der 2 Bandabstände.

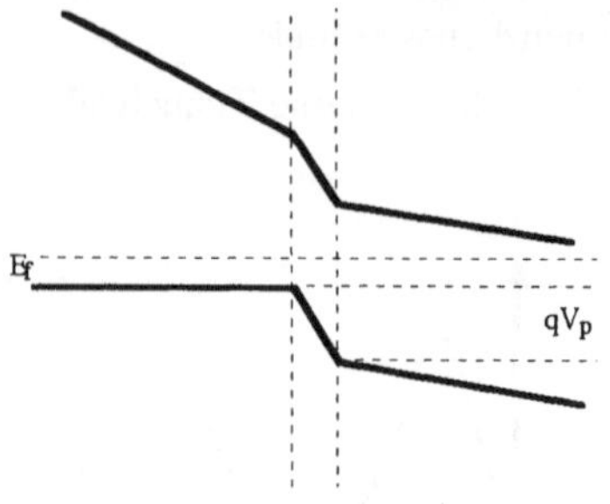

Abbildung 3-33 Variabler Bandabstand

Erstreckt sich der variable Bandabstand nur über die p-Seite (erreichbar durch starke Akzeptor Dotierung!), so wird hauptsächlich der untere Bereich des Leitungsbandes beeinflußt, was in einem Drift-Feld für die Elektronen im p-Bereich resultiert. Die Schwellspannung entspricht aber wiederum der Seite mit dem niedrigsten Bandabstand.

Eine andere Methode, Photonenenergien effektiver zu nutzen ist eine Multiübergangszelle (Lit. 3.12). Eine solche Zelle nutzt Energieniveaus innerhalb der verbotenen Zone. Um dies genauer zu erläutern sei ein Halbleiter mit einem Bandabstand von 1,88eV angenommen. Außerdem soll dieser Halbleiter Elektronen-Fallen bei 1,20eV über dem Valenzband besitzen, die durch entsprechende Photonen mit $E=h\nu \geq 1,2eV$ besetzt werden können. Seien solchermaßen besetzte Fallen auch noch langlebig. Dann können, sofern die entsprechenden Absorptionswerte hinreichend hoch sind, niederenergetische Photonen mit Energien $E= h\nu \geq 0,68eV$ diese Elektronen vollends ins Leitungsband befördern. Das AM0-Sonnenspektrum hat $1,4 \cdot 10^{17}$ Photonen/cm²s, die den direkten Übergang Valenzband-Leitungsband bewerkstelligen können, weitere $1,6 \cdot 10^{17}$ Photonen/cm²s die die Fallen besetzen können und weitere $1,9 \cdot 10^{17}$ Photonen/cm²s die die auf das Fallenniveau gehobenen Elektronen vollends ins Leitungsband befördern können. Damit können insgesamt $3,0 \cdot 10^{17}$ Photonen/cm²s des Sonnenspektrums genutzt werden um Ladungsträger zu erzeugen was einem Photostrom vom 48,0mA/cm² entspricht. Bei einem $V_{mp} = 1,366V$ ergibt sich ein theoretisch maximaler Wirkungsgrad von 47,6% gegenüber 22,3% für den Monoübergang. Ähnliches läßt sich für 2 Fallenniveaus in der verbotenen Zone spinnen. Dann bekommt man schon 6 unterschiedliche Übergangsenergien und gelangt zu theoretischen Wirkungsgraden von über 60% (Lit. 3.12).

3.5   Elektrische Eigenschaften realer Solarzellen

Reale Solarzellen kommen aus den in Kapitel 3.4 genannten Gründen nicht oder nur teilweise an die theoretisch möglichen Solarzellendaten heran. Zusätzlich spielt bei Massenproduktionen die Reproduzierbarkeit des Produkts eine große Rolle. So zeigt sich bei einem Fertigungslos immer wieder, daß die Stückzahlen über dem Wirkungsgrad aufgetragen eine Gauß-Verteilung ergeben. Dabei können einzelne Zellen durchaus den theoretischen Wirkungsgraden sehr nahe kommen, der Fertigungsdurchschnitt liegt stets erheblich darunter. Deshalb muß bei der Beurteilung der elektrischen Solarzellendaten unbedingt zwischen Serienprodukten und Labormustern unterschieden werden. Bei Serienprodukten werden stets die Mittelwerte der jeweiligen Gauß-Verteilungen angegeben, während man bei Labormustern häufig nur die Bestwerte veröffentlicht findet. Im Anhang A2 bis A5 auf den Seiten 243 bis 246 sind die Katalogdaten der bekanntesten Hersteller von Raumfahrt-Solarzellen wiedergegeben. Die Tabellen 3-4 und 3-5 reflektieren die von Universitäten, Instituten und Labors veröffentlichten Testergebnisse unterschiedlichster Versuche. Die oft gravierenden Diskrepanzen müssen im Zusammenhang mit den Testbedingungen (Air mass, Konzentration, ...), der Zellgröße, und der Anzahl untersuchter Zellen gesehen werden. Außerdem sind viele labormäßig entwickelten Solarzellen den Weltraumbedingungen nicht gewachsen und würden trotz hoher Anfangsleistung bei Weltraumanwendung leistungsmäßig sehr schnell degradieren. Solche Zelltypen sind in der Tabelle „Zelldaten von Raumfahrtzellen" natürlich nicht berücksichtigt.

Tabelle 3-4 Charakteristische Zelldaten für entwicklungsmäßig hergestellte Si-Zellen

Zelltyp	Hersteller	Ref.	Basiswiderstand [Ωcm]	Konzentration	Temp [°C]	Air Mass	Isc [mA/cm^2]	Imp [mA/cm^2]	Vmp [mV]	Voc [mV]	FF	η	Größe [mm^2]
Back Point Contact, FZ,Texture, hi. res. n-type bulk, lightly doped p+	Stanford Univ. USA	3.24	100	1	25	1,5	40,62	37,5	593	703	1	22,3	852,5
Back Point Contact, FZ, Texture, n-type Bulk	Stanford Univ. USA		100	140	28	1,5	5750	5435,6	716	819	1	27,8	3x5
Interdigitated Back Contact, n- or p-bulk	Univ. Cath. de Louvain, Belg.	3.13	10	100		1,5	4428	4182,3	612	756	1	25,6	5,6
Intrinsically passivated Laser annealed Si	Oak Ridge Nat. Labs	3.14	0	1	25	1,5	36,1	33,7	553	634	1	18,6	20x20
Intrinsically passivated thermally annealed	Oak Ridge Nat. Labs	3.14	0	1	25	1,5	35,8	33,5	572	658	1	19,2	20x20
Laser annealed, thermally passivated	Oak Ridge Nat. Labs	3.14	0	1	25	1,5	36,2	34	576	663	1	19,6	20x20
V-grooved, passivated, n+pp+ Dual AR, FZ.	Hitachi, Japan	3.26	2	1	28	1,5	39,5	36,8	551	639	1	20,3	20x20
Polycrystalline Cells with passivated Emitter and P treatment	University New South Wales,	3.51	1	1	25	1,5	37	33,5	531	623	1	17,8	
Microgrooved, passivated Emitter (PESC)		3.52	0	1	25	1,5	38,6	36,1	592	669	1	21,4	400
Passivated Emitter and Rear Contact (PERC)		3.51	0	1	25	1,5	40	37,6	616	705	1	23,1	400
Laser-grooved, passivated, buried contacts, FZ		3.18	0	1	25	1,5	36,5	34,1	569	655	1	19,4	1 200
Laser-grooved, passivated, buried contacts, CZ		3.20	1	1	25	1,5	38,7	36	525	621	1	18,9	4 690
Laser-grooved, passivated, buried contacts, FZ		3.20	0	1	25	1,5	40,4	37,8	580	654	1	21,9	4 690
Thin Front Contact n+/p, Texture, O₂-passivated, CZ.	Jet Propulsion Lab., USA	3.29	0	1	25	1,5	36,8	35,1	568	660,4	1	20,1	20x20
Bifacial MIS inversion Si3N4-Passivation	Univ. Erlangen	3.30	2	1	25	1	34,5	32,1	471	590	1	14	20x20
Sb-doped bifacial dendritic Web	Westinghouse	3.27	3	1	25	1,5	32,4	30	510	590	1	15,3	2 450
Thick emitter (0,8μm-2,4μm), textured surf., Ta₂O₂-AR, n+pp+	Univ. Politecnica Madrid	3.32	0	1	25	1,5	36,6	34,1	560	645	1	19,1	20x20
Polycrystalline	Solarex	3.33		1	25	1,5						15,3	100

Tabelle 3-5 Charakteristische Zelldaten für entwicklungsmäßig hergestellte GaAs-Solarzellen

Zelltyp	Hersteller	Ref.	Konzentration	Temperatur [°C]	Air Mass	I_{sc} [mA/cm²]	I_{mp} [mA/cm²]	V_{mp} [mV]	V_{oc} [mV]	FF	η [%]	Größe [mm²]
GaAs p/n Heteroface	Spire, USA	3.34	1	25	1,5	27,7	26,5		1021	0,837	23,7	24,8
MOCVD			1	25	0	32,4	30,6	897,6	1023	0,84	20,3	
GaAs	Spire, USA		1	25	1,5	27,9	26,7	927,4	1029	0,864	24,8	25
GaAs	Varian, USA	3.46	600	28	1,5	15500	14910	1046,3	1165	0,865	26	20,3
Al.35Ga.65As/GaAs	Varian, USA	3.36	1	28	1,5						23,9	
			1	25	0	14,86	14,6	2063,6	2410	0,84	22,3	50
InGaAs(1,15eV)	Varian, USA	3.46	415	28	1,5	12800	12212	825,8957		0,823	24,3	31,7
GaAs/Ge (MSMJ),	Varian/Chevron	3.37	285	28	1,5	7070	7197,9	1033,4	1165	0,854	26,1	20,3
MOCVD	USA					2250			285	0,622	4,7/1,4	
			159	28	0						23,4	20,3
											22,2/1,2	
AlGaAs/GaAs/p+n-Ge	Spire/Spectrola	3.38	1	25	1,5						24,3	400
Tandem, MOCVD	USA		1	25	0	31,39	29,7	950,9	1215	0,751	20,9	400
GaAs/Si, MSMJ	Varian/ASEC	3.46	300	28	1,5	7440	7682,4	1038,7	1159	0,863	26,6	20,3
	USA					92,1			699	0,831	24,8/1,8	
GaAs/Si stacked	CISE, Italy	3.39	1	25	0	29	22,7	827,4	999	0,79	18,8	20x20
						23			585	0,751	6,9/1,9	
GaAs/p-AlGaAs	Kopin Corp.	3.40	1	28	0	22,5	21,4	1079,2	1210	0,86	17,1	20x20
double hetrostructure												
10µm CLEFT												
GaAs/Si with InGaAs/GaAs	NTT, Japan	3.41	1	28	0	33,6	32	800,1	949	0,803	18,9	5x5
SLS and n+AlGaAs-BSF												
GaAs/Si with InGaAs/GaAs			1	28	0	33,2	31,7	781,6	940	0,791	18,3	10x10
SLS and n+AlGaAs-BSF												
Al.38Ga.62As	Varian, USA	3.46	1	25	0	16,65	15,9	1291,6	1440	0,87	15,2	400
Al.38Ga.62As/GaAs		3.46	1	25	0	14,86	14,6	2063,6	2410	0,84	22,3	50

4 Herstellungs- und Verarbeitungsverfahren

4.1 Zelltypen und Prozeßfolgen

Bei der Auswahl des Solarzellentyps wie auch bei seiner Herstellung spielen mehrere raumfahrtspezifischen Faktoren eine Rolle wie etwa

- die Mission, bei der die Zelle eingesetzt werden soll,

- die Flächenleistung (W/m^2) der Zelle bzw. des Solargenerators im Laufe der betrachteten Mission,

- das Leistungsgewicht (W/kg) der Zelle bzw. des Solargenerators am Anfang und Ende der betrachteten Mission,

- das Preis-Leistungs-Verhältnis (DM/W) des Solargenerators eventuell unter Berücksichtigung abhängiger Kosten wie Startkosten (DM/kg) oder Lageregelung (Reduktion der Störmomente).

Dementsprechend läßt sich ein optimaler Solarzellentyp für die Raumfahrt nicht definieren, die Wahl richtet sich stets nach den speziellen Anforderungen der Mission. So kommen in der Raumfahrt die unterschiedlichsten Solarzellentypen zum Einsatz. Entsprechend unterscheiden sich auch die Prozeßfolgen zur ihrer Herstellung je nachdem, ob es sich um einfache oder kompliziertere Zelltypen handelt.

Raumfahrt-Si-Solarzellen bestehen fast ausschließlich aus p-dotiertem Basismaterial und n-dotierter Emitterschicht, da sie im Vergleich zu (p/n)-Zelltypen höhere Resistenz gegen die Korpuskularstrahlung des Weltraums aufweisen. Die Kristallzüchtung berücksichtigt bereits die Grunddotierung (z.B. 10^{16}Boratome/cm^3), so daß vom Kristall geschnittene Plättchen (Wafer) als Basismaterial für die Zellherstellung dienen. Typische Prozeßfolgen für einige Si-Zelltypen sind in Tabelle 4-1 dargestellt. Leider drücken die Herstellerbezeichnungen der Solarzellen nicht den Aufbau dieser Zelltypen aus. Deshalb hat DSS eine eigene Nomenklatur für die verschiedenen Si-Solarzellentypen eingeführt welche den Aufbau der betreffenden Si-Zellen hinreichend charakterisiert (Abbildung 4-1). Danach bedeutet z.B. 8.02/T(p).L.P/R.F(t).P eine 200 µm dicke Si-Zelle mit 2 Ωcm Basiswiderstand, pyramidenförmiger Texturierung, Oberflächenpassivierung und photolithographischen Kontakten auf der Vorderseite, sowie Rückseitenreflektor, ganzflächigem Feld und passivierter Oberfläche auf der Rückseite. In Tabelle 4-1 wurden einige Merkmale weggelassen, da sie für die Prozeßfolgen unerheblich sind. Dennoch sagt Tabelle 4-1 ganz klar aus, daß der Fertigungsaufwand um so höher ist, je höher die Güteklasse der Solarzelle ist. Ein typischer Schrittfolge-Plan für eine Hi-η-Zelle ist in Abbildung 4-2 dargestellt.

Bei GaAs gibt es zwar auch verschiedene Zelltypen, die sich in Aufbau, Schichtdicken, Dotierung, Kontaktmaterial und AR-Coating unterscheiden, ihre elektrischen Eigenschaften und ihre Strahlungsresistenz unterscheiden sich jedoch nicht sehr voneinander, da diese im wesentlichen von den drei, zusammen ca. 10µm dicken Schichten Basis-Emitter-Fenster abhängen. Deshalb hat es sich bisher bei DSS als nicht notwendig erwiesen GaAs-Zellen mehr zu charakterisieren als durch ihre Dicke, das Substrat, und den AM0-Wirkungsgrad. Dementsprechend bedeutet z.B. ein Zelle des Typs GaAs/Ge

Tabelle 4-1 Typische Fertigungsschritte zur Herstellung von Si-Solarzellen

Fertigungsschritt	Charakterisierung	typische Daten	R	R.F	R.F.P	R.F.P.T
				Anwendung bei		
Kristallzüchtung mit definierter Kristallorientierung	Czochralsky-, Zonenschmelz-, Bridgman-Verfahren	Einkristallstäbe mit bis zu 15cm Durchmesser; beliebige Orientierung, bevorzugt (100), (110) und (111);$0,1\Omega$cm bis 30Ωcm Basiswiderstand,	+	+	+	+
Schneiden von Si-Scheibchen	Sägen, Schneiden mit Endlosdraht	Scheiben 150µm- 300µm dick; bevorzugte Oberflächenorientierung (100), (110), (111)	+	+	+	+
Abätzen der zerstörten Oberflächen	Chemische Politur	40% NaOH+H_2O (110°C)-H_2SO_4 (heiß)-H_2O-HF(40%)-H_2O-HNO_3-H_2O	+	+	+	+
Schutz der Emitterseite	Oxydation	$Si+O_2=SiO_2$ oder mit spin-on nach $Si+2H_2O=SiO_2+2H_2$		+	+	+
p^+-Diffusion	Diffusion, Ionenimplantation	Spin-on Technologie mit $B_2(SiO_3)_3$ bei 1000°C. BN (970°C/50′). $4BBr_3+3O_2=2B_2O_3+6Br_2$		+	+	+
Entfernung Diffusionsglas und Oxydschicht	Ätzen und Reinigen	HF und RCA-Reinigung (H_2SO_4-H_2O-NH_3-H_2O-HF-H_2O-HCl-H_2O)		+	+	+
Vorderseitentexturierung	Chemische Ätzung oder LASER-Riefung	NaOH, KOH + Isopropanol oder H_2O, KOH, IPA				+
Schutz der Rückseite	Oxydation	Spin-on nach $Si+2H_2O=SiO_2+2H_2$	+	+	+	+
n^+-Diffusion	2-stufige Diffusion,	PH_3 (+Ar+O_2) (790°C/24′), $POCl_3$ (870°C/15′; 800°C/120′), PBr_3 (800°C/20′)	+	+	+	+
Entfernung von Diffusionsglas und Oxydschicht	Ätzen und Reinigen	HF und RCA-Reinigung	+	+	+	+
Passivierung der Oberflächen	Thermische Oxydation	800°C/2h (20nm SiO_2)			+	+
Freimachen Kontaktierungsflächen	Maskierung und Abätzung	Photolithographie, HF				+
Kontaktierung •Vorderseite •Rückseite	Aufdampfen von •Ti/Pd/Ag •Al/Ti/Pd/Ag (Ag oft auch galvanisch aufgedickt)	Schichtdicken: Al-Reflektor: ca 1000Å, Ti: ca. 3000Å, Pd: >200Å, Ag: 3µm - 10µm	+	+	+	+
Sinterung	Verfestigung der Metallschichten	600°C, 30′	+	+	+	+
Anti-Reflex-Schicht	Minimierung Reflexionsverluste (d=λ/4n)	Monoschichten aus SiO_2, TiO_x, Ta_2O_5. Dualschichten aus SiO_2+TiO_x oder $Al_2O_3+TiO_x$	+	+	+	+
Auf Endgröße schneiden	Diamantscheibe, LASER	alle Größen, die Wafer erlaubt.	+	+	+	+

6/18.5% eine GaAs-Zelle auf Germanium Substrat mit einer Dicke von 150μm und einem AM0-Wirkungsgrad von 18,5% bei 28°C. Entsprechendes gilt für Kaskadenzellen (vgl. Tabellen A2 bis A5 des Anhangs).

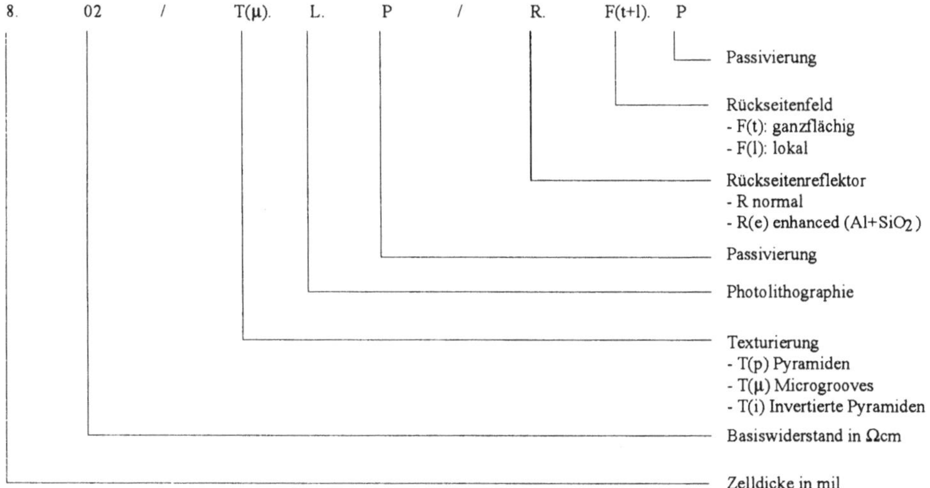

Abbildung 4-1 Charakterisierung unterschiedlicher Si-Solarzellentypen

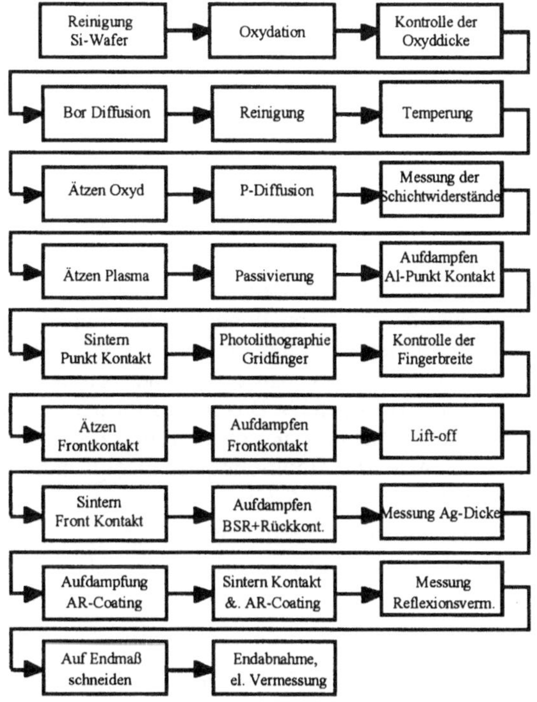

Abbildung 4-2 Typische Fertigungsschritt-Folge für die Herstellung einer Si-Hi-eta-Solarzelle (mit freundlicher Genehmigung ASE)

4.2 Herstellung von Solarzellen

Im folgenden sollen die wichtigsten Prozesse zur Herstellung von Raumfahrt-Solarzellen beschrieben werden. Für den Solarzellen-Anwender ist die Kenntnis dieser Prozesse insofern von Bedeutung, als Variationen in den Zelleigenschaften richtig eingeschätzt und entsprechende Toleranzen berücksichtigt werden können.

4.2.1 Das Grundmaterial

Ausgangsmaterial für Si-Solarzellen ist hochreines Silizium. Elementares Silizium wird gewonnen durch chemische Reduktion von $SiCl_4$, $SiHCl_3$ oder SiO_2 (Quarzsand). Vom häufigsten Grundstoff, Quarzsand, ausgehend sind dazu folgende Fertigungsschritte notwendig:

a.) Reduktion von SiO_2 mit Kohle C im Lichtbogenofen. Das so erhaltene Si ist polykristallin und von geringer Reinheit.

b.) Umwandlung des Siliziums in eine Silizium-Zwischenverbindung, die einfach von Fremdstoffen zu reinigen ist. Solche Zwischenverbindungen sind $SiCl_4$ (Siliziumtetrachlorid) oder $SiHCl_3$ (Trichlorsilan), das durch Überleiten von HCl über Si entsteht.

c.) Reinigung der Si-Zwischenverbindung z.B. durch Destillation ($SiHCl_3$ siedet bei 31,5°C).

d.) Reduktion der Si-Zwischenverbindung unter höchsten Reinheitsbedingungen z.B. durch Pyrolyse nach

$$SiCl_4 \longrightarrow Si + 2Cl_2$$

oder

$$3\ SiCl_4 + 6Zn \longrightarrow 3Si + 6ZnCl_2$$

$$3\ SiCl_4 + 8Al \longrightarrow 3Si + 4Al_2Cl_3$$

$$3\ SiCl_4 + 6H_2 \longrightarrow 3Si + 12HCl$$

oder

$$SiHCl_3 + H_2 \longrightarrow Si + 3HCl$$

GaAs wird aus den hochreinen Einzelkomponenten hergestellt (Reinheit >99,9999%). Gallium ist ein Nebenprodukt bei der Herstellung von Aluminiumoxyd aus Bauxit nach dem Bayer-Verfahren. Dort reichert es sich in den umlaufenden Natriumaluminatlaugen bis auf $200g/m^3$ an. Aus ihnen scheidet man es an einer rotierenden, mit Quecksilber überzogenen Eisenkathode als Amalgam ab. Das Amalgam wird mit heißer Natronlauge zersetzt und aus der Natriumgallatlösung in einer zweiten Elektrolyse bis zu 99,995% reines Galliummetall gewonnen. Die Hochreinigung erfolgt dann durch fraktionierte Kristallisation oder Zonenschmelzen (vgl. 4.2.2).

Arsen wird aus Arsenkies (FeAsS) oder Arsenikalkies ($FeAs_2$) durch Erhitzen gewonnen. Der entwickelte Arsendampf wird in eisernen Vorlagen verdichtet.

4.2.2 Kristallzüchtung

Hochreines, wie auch bereits dotiertes, einkristallines Silizium wird bevorzugt nach dem sog. Czochralski-Verfahren gezüchtet (Abbildung 4-3). Das polykristalline Silizium wird in einen Quarztiegel geschichtet, der in einer Graphithülle eingebettet ist. Durch Induktionsheizung wird das Silizium geschmolzen. In die Schmelze ragt ein Impfkristall vorgegebener Orientierung. Dann wird der Tiegel mit der Schmelze oder der Impfkristall samt Ziehstab in gleichmäßige Rotation versetzt und der Impfkristall langsam mit einer Geschwindigkeit von 0,1mm/s bis 0,001mm/s aus der Schmelzzone herausgezogen. Da der Impfkristall bei einer Temperatur unter dem Schmelzpunkt des Siliziums gehalten wird, erstarrt das geschmolzene Silizium sobald es in Berührung mit dem Impfkristall kommt. Es entsteht ein einkristalliner Silizium Stab vorgegebener Orientierung, typisch 100mm oder 125mm im Durchmesser und 300-500mm lang. Typische Verunreinigungen in tiegelgezogenem Material sind Sauerstoff und Kohlenstoff. Beste Kristallqualität erzielt man durch Reduktion des Tiegelkontakts durch starke Magnetfelder (MCZ-Wachstum).

Ein anderes Kristallzüchtungsverfahren ist das Zonenschmelzverfahren. Bei ihm wird eine schmale Zone eines polykristallinen Si-Stabes durch eine Heizspule oder auch induktiv aufgeschmolzen und die

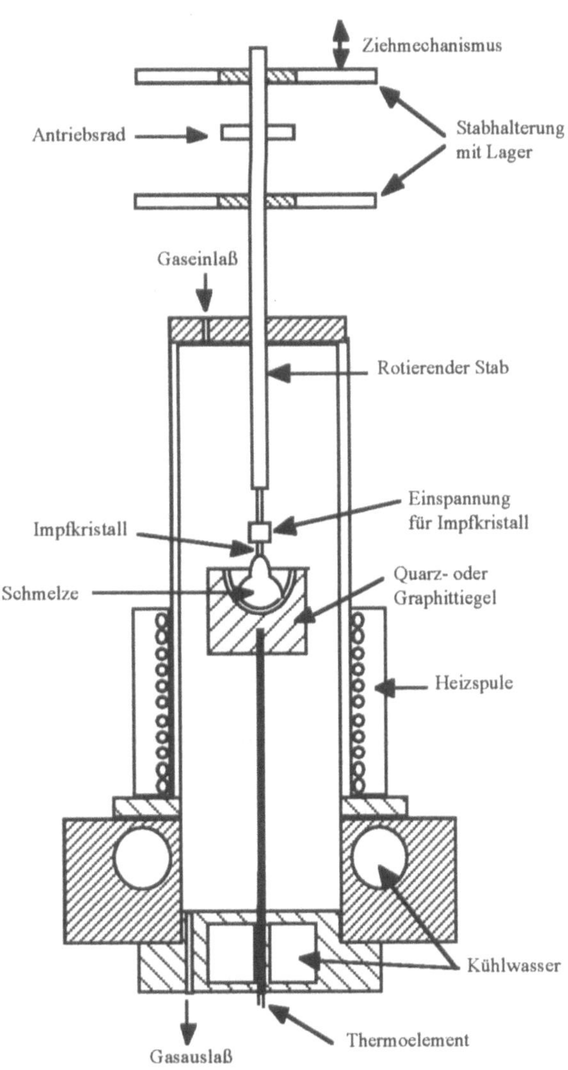

Abbildung 4-3 Prinzip einer Czochralski-Kristallziehapparatur

Schmelzzone langsam durch den Stab gezogen. Das feste Ausgangsmaterial schmilzt dann an der Frontseite der Schmelzzone dauernd auf und kristallisiert auf der Rückseite wieder aus. Bei wiederholtem Zonenschmelzen nähert sich das Material dem Einkristallzustand und wird gleichzeitig gereinigt. Obwohl zonengeschmolzene Kristalle oft reiner sind als tiegelgezogene, haben vermehrte Kristallfehler Einfluß auf die Strahlungsresistenz der Zellen, weshalb zonengeschmolzene Kristalle heute in der Raumfahrt ohne Bedeutung sind (im Gegensatz zur Terrestrik).

Sowohl beim Czochralski- wie beim Zonenschmelzverfahren erhält man Kristallstäbe, die anschließend noch auf gleichmäßigen Durchmesser abgeschliffen und anschließend

mit Innenloch-Sägeblättern oder Endlos-Drahtsägen mit Diamantbeschichtung in Plättchen geschnitten werden müssen. Die Plättchen (Wafer) haben eine Dicke von ca.
250μm.

Für die Billigherstellung von Kristallplättchen wurde das "Edge-defined, Film-fed
Growth-Verfahren (EFG) entwickelt (Lit. 4.9). Bei diesem Verfahren wird ein Kohle-
oder Quarzstempel mit einem Schlitz teilweise in geschmolzenes Silizium getaucht. Das
flüssige Silizium benetzt den Stempel und wird durch Kapillarität in den Schlitz gezogen,
ein kristallines Band des Schlitzquerschnitts bildend. Zuggeschwindigkeiten von bis zu
5cm/min für 0,5mm dicke und 50mm breite Bänder wurden erreicht. Die Bänder sind so
flexibel, daß sie aufgerollt werden können. Die Qualität ist allerdings für Raumfahrtanwendungen noch nicht ausreichend.

Für GaAs/GaAs- wie auch für GaAs/Ge-Zellen ist eine bessere Homogenität des dotierten Substrats, wie sie mit den Czochralski- oder Zonenschmelz-Kristallzucht-Verfahren

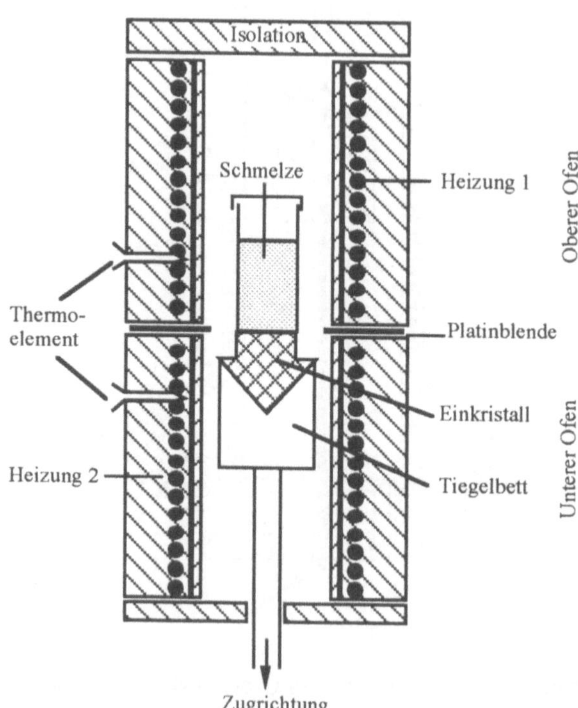

Abbildung 4-4 Einkristall-Herstellung nach dem Bridgman-
Stockbarger-Verfahren (nach Lit. 4.11)

erreichbar ist, erwünscht. Außerdem müssen giftige Materialien wie As kontrolliert
verarbeitbar sein. Beides erreicht man mit dem Bridgman-
Stockbarger-Verfahren (Lit.
4.11, 4.12).

Sein Prinzip besteht darin, daß
die Substanz in einem ge-
schlossenen Tiegel aufge-
schmolzen und durch Überfüh-
ren des Tiegels aus einem
Ofenbereich hoher Temperatur
in einen solchen niedrigerer
Temperatur auskristallisiert
wird. Man benutzt dazu eintei-
lige (Bridgman) oder zweiteili-
ge (Stockbarger, Abbildung 4-
4) Öfen. Damit ein Einkristall
mit gewünschter Orientierung
entsteht, muß der Tiegel zur
Keimauslese eine besondere
Form haben. Im allgemeinen
ist er zylindrisch, wobei der
Boden sich konisch verengt
und in eine Kapillare ausläuft.
Als Tiegelmaterial eignet sich
z.B. BN.

4.2.3 Dotierungsverfahren

Sowohl die Erzeugung einer rückseitigen Anreicherungsschicht (BSF) wie auch die Bildung des eigentlichen pn-Übergangs erfordert entweder eine Zudotierung oder eine Umdotierung des vordotierten Basismaterials. Die häufigste dafür angewandte Technik ist

die Fremdstoff Diffusion am festen Kristall. Dazu wird der Kristall-Wafer in einem Hochtemperaturofen einer Gasatmosphäre ausgesetzt, die die entsprechenden Fremdatome enthält. Eine chemische Reaktion des Gases mit der Kristalloberfläche sorgt dann dafür, daß die Fremdatome auf die Kristalloberfläche (meist unter Bildung von SiO_2) abgeschieden werden. Für die Diffusion des Fremdstoffs in den Kristall gilt dann grundsätzlich dasselbe wie für die Diffusion von Ladungsträgern im Kristall (siehe Kapitel 2.4), die durch das 1. Ficksche Gesetz (2.38) beschrieben wird:

$$\frac{F_t}{A} = -D\frac{dN_v}{dx} \qquad (4.1)$$

mit $F_t = dN/dt =$ Teilchenfluß, A: Querschnitt, N_v: Teilchendichte, D: Diffusionskonstante.

Allerdings sind die Diffusionskonstanten für Fremdatome bei Raumtemperatur wesentlich geringer als die für Ladungsträger. Daher sind eindiffundierte Fremdatome bei Raumtemperatur ortsfest.

Beim Erhitzen eines Kristalls treten im allgemeinen Störstellen auf und zwar entweder nur Gitterlücken (Schottky-Fehlordnung) oder Gitterlücken und Zwischengitteratome (Frenkel-Fehlordnung). Die Gitterlücken können wandern (wie bei der p-Leitung die Löcher) oder aber durch ein Fremdatom besetzt werden, wodurch bei Temperaturen zwischen 800°C und 1000°C Fremdstoff Diffusion im festen Si-Kristall möglich ist.

Die Änderung des Fremdstoff-Flusses im Volumenelement x ist nach Abbildung 4-5:

$$\frac{F_t(x + \Delta x)}{A} - \frac{F_t(x)}{A} = \frac{1}{A} \cdot \frac{\partial F_t}{\partial x} \cdot \Delta x \qquad (4.2)$$

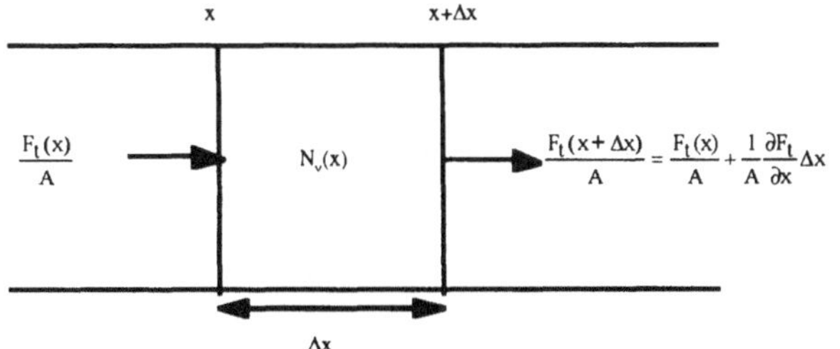

Abbildung 4-5
Kontinuität des Teilchenflusses
bei der Diffusion

Diese wird verursacht durch die im Element Δx "versiegenden" Fremdatome, d.h.

$$\frac{F_t(x + \Delta x)}{A} - \frac{F_t(x)}{A} = -\frac{\partial N_v}{\partial t} \cdot \Delta x \qquad (4.3)$$

und mit (4.1):

$$\frac{\partial N_v}{\partial t} = D\frac{\partial^2 N_v}{dx^2} \qquad (4.4)$$

Die Lösung dieser Diffusionsgleichung mit den entsprechenden Randbedingungen ergibt die Verteilung der Fremdatome im Oberflächenbereich des Kristalls.

Sei $N_v = N_o$ die Teilchendichte an der Kristalloberfläche (x=0). N_o darf dabei einen bestimmten, temperaturabhängigen Maximalwert, die Festkörperlöslichkeit, nicht überschreiten. Typische Festkörperlöslichkeiten gehen aus Abbildung 4-6 für Si hervor.

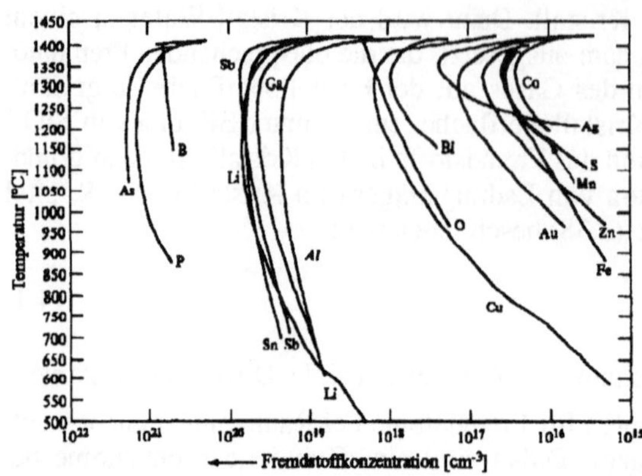

Abbildung 4-6
Festkörperlöslichkeiten in Silizium
(aus Lit. 1.1)

Eine weitere Randbedingung ist $N_v = 0$ bei $x = \infty$, d.h. die Fremdstoffatome sollen nicht durch den Kristall hindurch diffundieren. Unter diesen Bedingungen ergibt sich für das Konzentrationsprofil

$$N_v(x,t) = N_o \cdot \left[1 - \mathrm{erf}\!\left(\frac{x}{2 \cdot \sqrt{D \cdot t}} \right) \right] \qquad (4.5)$$

wobei erf das Gaußsche Fehlerintegral darstellt (siehe Fußnote [1]). $(D{\cdot}t)^{1/2}$ ist entsprechend Glg. (2.133) die Diffusionslänge des Fremdstoffs.

Ist der Kristall p-dotiert, so ergibt sich für ein p^+-BSF:

$$N_v(x,t) = N_o \cdot \left[1 - \mathrm{erf}\!\left(\frac{x}{2 \cdot \sqrt{D \cdot t}} \right) \right] + N_{GD} \qquad (4.6)$$

wobei N_{GD} die Grunddotierung des Kristalls ist.

Entsprechend ergibt sich für die Fremdstoff-Verteilung in einer aufdiffundierten n-Schicht:

$$N_v(x,t) = N_o \cdot \left[1 - \mathrm{erf}\!\left(\frac{x}{2 \cdot \sqrt{D \cdot t}} \right) \right] - N_{GD} \qquad (4.7)$$

Für die Tiefe des pn-Übergangs von der Oberfläche folgt mit $N_v = 0$:

$$x_j = \frac{2 \cdot \sqrt{D \cdot t}}{\left(1 - \mathrm{erf}(N_{GD}/N_o) \right)} \qquad (4.8)$$

Für die Zu- oder Umdotierung von Silizium können verschiedene Diffusionsverfahren angewandt werden:

a.) Aus der Gasphase (z.B. P_2O_5 in trockenem Gas),

$$[1]\;\; \mathrm{erf}(x) = \frac{2}{\sqrt{\pi}} \cdot \int_{-\infty}^{x} e^{-t^2} dt = \frac{2}{\sqrt{\pi}} \cdot \left(\frac{x}{1} - \frac{x^3}{1! \cdot 3} + \frac{x^5}{2! \cdot 7} - \frac{x^7}{3! \cdot 7} + - \ldots \right)$$

b.) Aus einer aufgedampften oder galvanisierten dünnen Schicht des Fremdstoffs,

c.) Aus einer dotierten Quarzpulver-Schicht, die auf die Kristalloberfläche aufgepinselt, gesprüht, gedruckt oder zentrifugiert wurde.

Gleichgültig welches Verfahren angewandt wird, durch die limitierte Festkörper-Löslichkeit der Fremdstoffe ist die Schicht nahe der Kristalloberfläche maximal dotiert (vgl. Abbildung 4-7), was bei der Abkühlung des Kristalls zu Gitterfehlern führt, die in dieser Schicht die Lebensdauer der durch Photoeffekt erzeugten Ladungsträger stark reduziert. Diese sog. "Totschicht" war die Ursache für die schlechte Blauausbeute früherer Zellen.

Die Totschicht wird vermieden durch einen zwei-stufigen Diffusionsprozeß, der Prädeposition, und dem Drive-in. Bei der Prädeposition wird der Fremdstoff nach einem der oben beschriebenen Verfahren eindiffundiert. Beim Drive-in wird dann die Fremdstoffquelle entfernt, die Oberfläche mit einer Oxydschicht geschützt, und der Diffusions-

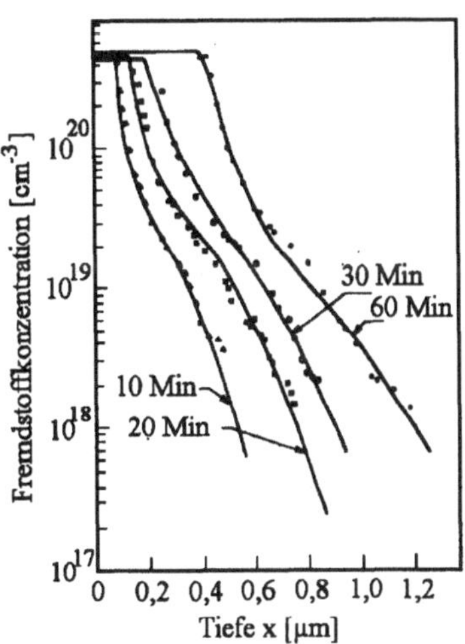

Abbildung 4-7 Typische Diffusions-profile von P in Si aus POCL$_3$ bei 950°C (aus Lit. 4.7)

prozeß mit der in der Totschicht angereicherten, begrenzten Fremdstoffmenge fortgesetzt.

Eine andere insbesondere für BSF-Zudotierung geeignete Dotierungsmethode ist die Ionenimplantation (Lit. 4.9). Bei diesem Verfahren werden Ionen des Dotierungsmaterials in einem elektrischen Feld beschleunigt (Abbildung 4-8). Verunreinigungen werden nach Art eines Massenspektrometers durch ein Magnetfeld entfernt. Eine Reihe weiterer elektrischer Felder fokussiert den gereinigten Strahl und beschleunigt ihn auf seine Endenergie. In der Implantationskammer beträgt sein Durchmesser nur noch wenige Zentimeter. Damit das Target gleichmäßig bestrahlt wird, muß man den Strahl über die Oberfläche "wedeln". Dies erreicht man mit Wechselfeldern, die durch Ablenkkondensatoren erzeugt werden. Beim Auftreffen auf den Kristall verlieren die Ionen durch Zusammenstöße mit den Kristallatomkernen ihre Energie, bis sie innerhalb eines bestimmten Bereichs zur Ruhe kommen. Dieser Bereich ist eine Funktion der Ionenenergie und der Kristallproportionen wie Gitterkonstante und Atommasse. Um "Kanaleffekte" zu vermeiden, muß die Strahlachse leicht gegen die Kristallachsen des Targetmaterials geneigt sein.

Ein typisches Implantationsprofil bei konstanter Ionenenergie folgt einer Gauß-Verteilung (Abbildung 4-9):

$$N(x) = N_{max} \cdot e^{-(x-x_p)^2 / 2\sigma_R^2} - N_{GD} \tag{4.9}$$

mit der empirischen Formel für Si

$$N_{max} = 3 \cdot 10^{14} \cdot \frac{I \cdot t}{A_s \cdot \sigma_R^2} \tag{4.10}$$

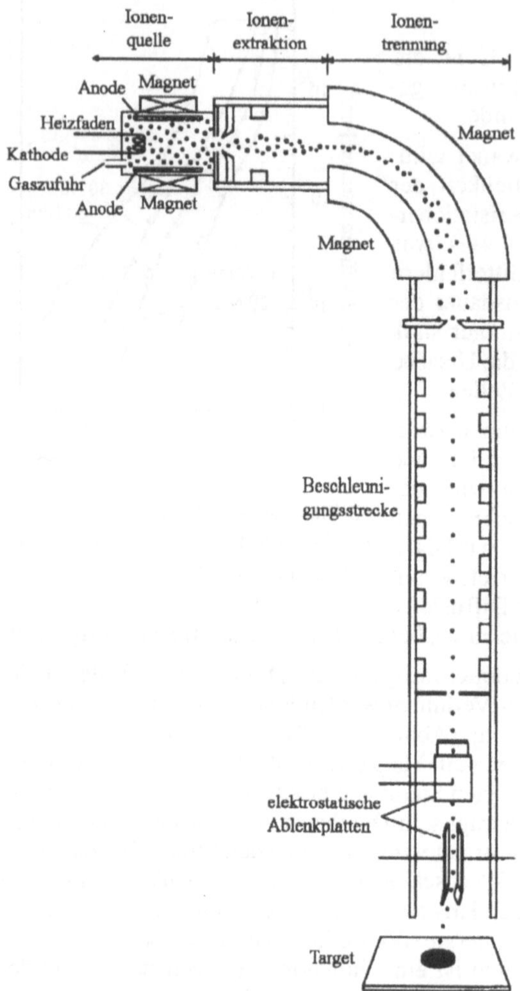

Abbildung 4-8 Prinzip einer Ionenimplantationsanlage (aus Lit. 4.9)

mit x_p: projizierte Reichweite, σ_R: Reichweitenverteilung (Standardabweichung der Tiefenverteilung), N_{max}: maximale Fremdstoff-Konzentration, N_{GD}: Grunddotierung, I: Ionenstrom, t: Implantationsdauer, A_s: Strahlquerschnitt.

Für x_p und N_{max} gibt es für verschiedene Ionenenergien, Implantations- und Wirtsmaterialien Tabellen, so daß das Implantationsprofil nach Wunsch eingestellt werden kann. Durch Veränderung der Strahlenergie und der jeweiligen Anzahl implantierter Ionen läßt sich sogar eine homogene Ionenkonzentration in einer Oberflächenschicht erreichen.

Durch die Kollisionen mit den Kristallgitteratomen entstehen bei der Ionenimplantation zahlreiche Kristallfehler. Die linke Kurve in Abbildung 4-9 zeigt eine solche Schadenverteilung. Ihr Maximum liegt in geringerer Tiefe wie die projizierte Reichweite der implantierten Ionen. Um diese Kristallfehler wieder zurückzubilden ist eine Temperung

des Kristalls nach dem Implantationsvorgang erforderlich. Diese liegt mit maximal
800°C jedoch unter der Temperatur der Festkörperdiffusion.

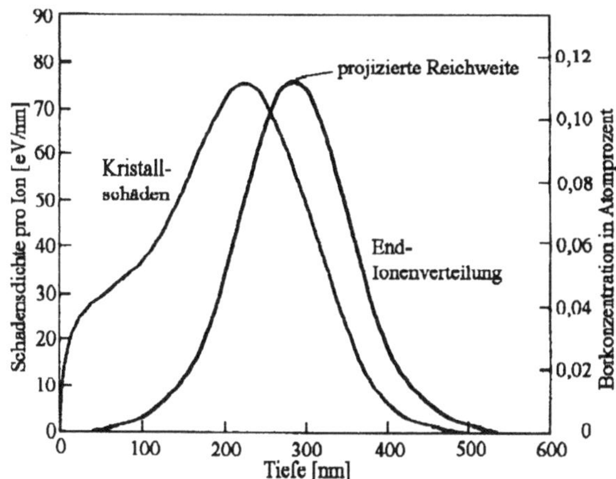

Abbildung 4-9
Tiefenverteilung implantierter Bor-
Ionen in Silizium und der verursach-
ten Kristallschäden (E_{ion}=100keV;
Dosis: 10^{13}/cm^3) (aus Lit. 4.9)

Bei GaAs-Zellen haben sich Diffusionsverfahren zur Herstellung unterschiedlich dotierter Schichten nicht bewährt. Dagegen haben sich epitaxiale Techniken als günstig erwiesen.

Bei den Epitaxial Techniken läßt man Schichten aus der Flüssig- oder Dampfphase auf
einkristallines Substratmaterial aufwachsen, so daß sich die Gitterstruktur des Substrats
dupliziert. Mehrere Techniken wurden dazu entwickelt: Epitaxie aus der Flüssigphase
(liquid-phase epitaxy, LPE), aus der Gasphase (vapor-phase epitaxy, VPE), Molekular-
strahl Epitaxie (molecular-beam epitaxy, MBE) und die organo-metallische Dampfphasen Epitaxie (organometallic vapor-phase epitaxy, OMVPE, die häufig auch mit metal-
organic chemical-vapor deposition, MOCVD bezeichnet wird). Jede dieser Techniken
hat Stärken und Schwächen. In der Raumfahrt werden speziell LPE und OMVPE für die
Herstellung von GaAs- und InP-Solarzellen angewandt. Auf diese beiden Techniken soll
im folgenden kurz eingegangen werden.

Epitaxie aus der Flüssigphase: LPE spielte lange Zeit eine große Rolle bei der Züchtung
von Halbleitern des III/V- und II/VI-Typs. Die benötigte Apparatur für die Herstellung
unterschiedlich dotierter Schichten ist äußerst einfach. Abbildung 4-10 beschreibt eine
LPE-Apparatur für 3 verschiedene Schichten z.B. n-GaAs, p-GaAs und AlGaAs (Lit.
4.9). Sobald Schmelze 1 die richtige Temperatur erreicht hat wird der Schmelzhalter so
bewegt, daß Schmelze 1 über das einkristalline Substrat zu liegen kommt. Nach genau
spezifizierter Wachstumsdauer wird der Keimling mit seiner ersten epitaxialen Schicht
zwischen Schmelze 1 und 2 gehalten, bis Schmelze 2 die erforderliche Temperatur hat.
Dann wird auf dieselbe Weise die zweite epitaxiale Schicht gezüchtet u.s.f. bis die letzte
Schicht aufgewachsen ist.

Ausgangsmaterial für die Herstellung von LPE-GaAs Solarzellen sind GaAs-Einkristalle,
die in rechteckige Plättchen geschnitten wurden. Sie sind mit ca. $1 \cdot 10^{18}$ Te-Atomen pro
cm^3 dotiert und bilden die n$^+$GaAs-Basis. Darüber wird die ca. 10µm dicke, mit ca. $1 \cdot 10^{12}$

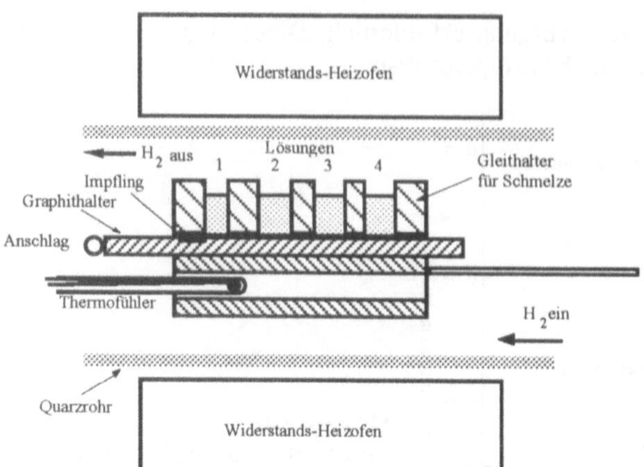

Abbildung 4-10
LPE-Prinzip (Lit. 1.1)

Sn-Atomen pro cm^3 dotierte GaAs-p-Schicht epitaxial aufgewachsen und schließlich das (AlGa)As- Fenster. Diese Schicht ist bei mit LPE-Technik hergestellten GaAs-Zellen besonders gut, weil an der Oberfläche der Schmelze die stabile Verbindung Al_2O_3 gebildet wird, die ein Eindringen von Sauerstoff in die Schmelze verhindert und sie so rein erhält. Die Schmelze für das (AlGa)As-Fenster stellt oft gleichzeitig die Diffusionsquelle (Zn) für die Bildung des pn-Übergangs dar (Lit. 4.8).

Der Vorteil der LPE-Technik ist ihre Einfachheit. Nachteil ist, daß man die aufgewachsenen Schichten in sich nicht mehr strukturieren kann (Multi-Schicht-Strukturen) und daß die Dicken der aufgewachsenen Schichten nicht besonders homogen ausfallen.

Organo-metallische Dampfphasen Epitaxie OMVPE (Lit. 4.10): Bei dieser Technik beschreibt die Bezeichnung "organo-metallisch" die Träger-Moleküle, während der Wachstumsprozess durch die Bezeichnung "Dampfphasen Epitaxie" beschrieben wird. Die Attraktivität der OMVPE -Technik liegt in ihrer Vielseitigkeit und Eignung für Massenproduktion. Nachteilig sind die oft teueren Betriebsstoffe sowie gefährliche Materialien wie die Hydride aus Elementen der 5. Gruppe.

Die Ausgangsmoleküle für den OMVPE -Prozeß sind meist Komplexverbindungen vom Typ MR_n, wobei M ein Element aus der II., III., V. oder VI. Gruppe des periodischen Systems der Elemente bedeutet und R_n Methyl (M)- bzw. Äthyl (E)-Radikale darstellen soll. Die Anzahl n der Liganden (Radikale) wird üblicherweise mit M (für Mono), D (für Di) bzw. T (für Tri) gekennzeichnet. Entsprechend bedeutet z.B. TMGa Tri-Methyl-Gallium. Bei einer bestimmten Temperatur des Substrats zersetzt sich der Komplex in einen organischen Rest R und ein Atom, das sich an das Substrat anlagert und Keime für das Schichtwachstum bildet.

Zur Herstellung von GaAs-Schichten benutzt man i.a. Tri-Methyl-Gallium (TMGa) und Arsenhydrid (AsH_3), (AlGa)As-Schichten werden mit Tri-Methyl-Gallium (TMGa), Trimethyl-Aluminium (TMAl) und Arsenhydrid (AsH_3) hergestellt. Die Abscheidetemperatur liegt bei 500°C - 800°C, der Druck bei 100-800hPa. Die Dotierstoffe Zink und Selen liegen als DMZn und als SeH_2 vor.

Die Reaktanden werden im Gasmischsystem dem Träger Wasserstoff beigemischt und in den Reaktor geleitet. In dem Reaktor befindet sich ein Suszeptor, auf dem die Einkristall-Substrate aufliegen und der mittels Infrarotlampen beheizt wird.

Wesentliche Parameter für die Abscheidung der Metalle im Reaktor sind Temperatur und Druck. Die Abscheidung des Metalls erfolgt pyrolytisch, d.h. die Liganden werden durch Energiezufuhr abgetrennt. Bei M- bzw. E-Liganden ist das i.a. die Energie um die Metall-Kohlenstoff-Bindung aufzubrechen. Die Wachstumsrate wird bei niederen Temperaturen i.a. durch die Reaktionskinetik, bei höheren Temperaturen durch den Masse-Transport gesteuert. Bei niederen Temperaturen und atmosphärischem Druck werden die Komplexe TMGa und AsH_3 an der Substratoberfläche adsorbiert. An der Oberfläche adsorbiertes atomares As fördert wiederum die Adsorption und Pyrolyse von TMGa aufgrund der niedrigeren Aktivierungsenergie von 22kcal/mol gegenüber 60kcal/mol bei homogener Pyrolyse. Ga und As reagieren also direkt miteinander, wobei 3 Methan-Moleküle abgegeben werden (heterogene Reaktion). Die Grundreaktion im Reaktor ist

$$TMG + AsH_3 \rightarrow GaAs + 3CH_4$$

Bei reduziertem Druck finden ebenfalls überwiegend heterogene Reaktionen statt. Jedoch nimmt die Pyrolyse der Hydride aus der V. Gruppe stark ab. Dadurch ist ein V/III-Verhältnis von typisch 100 erforderlich (dieses Verhältnis ist wegen der geringen Flüchtigkeit der Gruppe V-Elemente immer >1. Bei VI-II-Elementen umgekehrt).

Scheidet man bei höheren Temperaturen ab (~600°C) treffen nur noch MMGa (CH_3Ga) und AsH, die durch Pyrolyse in der Gasphase entstanden sind, auf das Substrat (homogene Reaktion). Solch eine Abscheidung bei höherer Temperatur ist z.B. wichtig bei Al-haltigen Substanzen wie AlGaAs.

Durch Temperatur und Druck lassen sich also die Oberflächenreaktionen und der Masse-transport steuern. Entsprechende Einrichtungen sind bei heutigen OMVPE - Reaktoren Standard, wobei die Dosierung der Nährgase durch Computer gesteuert wird. Meist kommen Horizontal-Reaktoren zur Anwendung, bei denen der Gasfluß parallel zur Substratoberfläche erfolgt. In Trommelreaktoren können 20 - 30 Wafer pro Lauf gleichzeitig bearbeitet werden. Dabei hilft niedere Substrat-Temperatur, daß die Nährgase aufgrund reduzierter Oberflächenreaktionsgeschwindigkeit gleichmäßig zwischen die geschichteten Wafer diffundieren können und homogene Abscheidedicken erzeugen.

Da eine vollständige Umsetzung der Reaktanden im Reaktor nicht erreichbar ist, müssen die Prozeßabgase aufbereitet werden. Dies erfolgt mit einem Verbrennersystem, welches die Prozeßabgase an großen Luftmengen verbrennt und die Verbrennungsprodukte wie As_xO_y mittels eines zweistufigen Feinfilters herausfiltert.

4.2.4 Kontaktierung

Ist bei einem Metall-n-Halbleiter-Übergang $\Phi_m < \Phi_s$ (Kap. 2.11 und Abbildung 4-11a), so bildet sich am Übergang keine Potentialschwelle aus (Abbildung 4-11b), die Ladungsträger können ungehindert in beiden Richtungen fließen (Abbildung 4-11c und -11d). Dieser Übergang ist nicht gleichrichtend sondern ohmisch. Entsprechendes gilt für einen Metall-p-Halbleiter-Übergang mit $\Phi_m > \Phi_s$.

Der spezifische Kontaktwiderstand bei V=0 ist:

$$R_{Ko} = \left[\frac{dV}{dJ} \right]_{V=0} \tag{4.11}$$

und mit Gleichung (2.174):

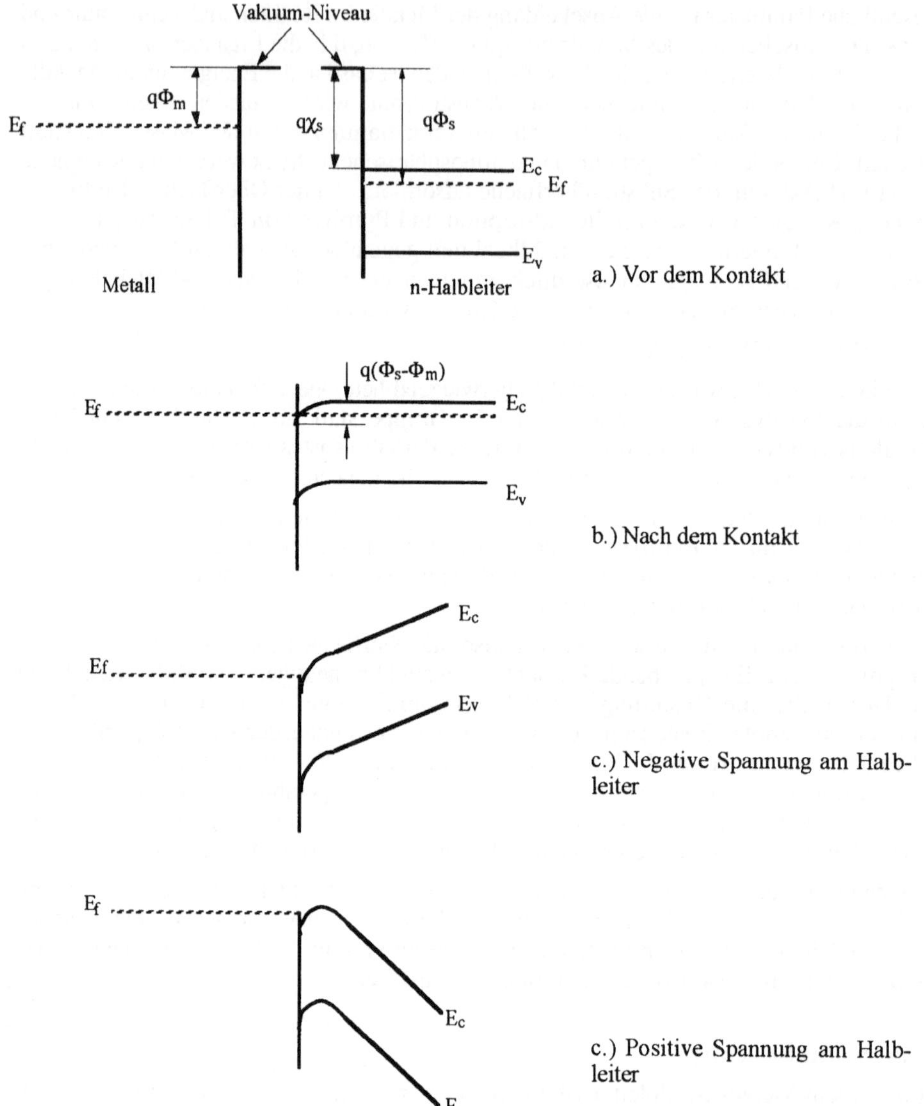

Abbildung 4-11 Energiebandschema am MS-Kontakt mit $\Phi_m<\Phi_s$

$$R_{Ko} = \frac{V_T}{P\cdot T^2}\cdot e^{\Phi_b/V_T} \qquad\qquad (4.12)$$

Um typische Kontaktwiderstände $R_{Ko} < 0,1\Omega\text{cm}$ für Si zu erhalten reicht ein Schwellenwert von $\Phi_b \le 0,45$ eV für Elektronen und von $\Phi_b \le 0,42$ eV für Löcher aus (Lit. 1.5).
Dies kann leicht mit Edelmetallen erreicht werden z.B. Pt auf p-Silizium ($\Phi_b = 0,25$ eV)
aber auch Ag auf p-Silizium mit $\Phi_b = 0,43$ eV ist noch günstig.

In der Praxis liegen die Verhältnisse wegen der Störzustände am MS-Übergang wesentlich komplizierter, insbesondere bei gering dotierten Materialien. Bei hoch dotierten Materialien (Größenordnung $10^{19}/cm^3$) ist nach Gleichung (2.115) die Breite der Raumladungszone so gering, daß Ladungsträger die Potentialschwelle untertunneln können, was wiederum zu einer symmetrischen IV-Charakteristik mit niederem Widerstand in beiden Richtungen führt (quasi-Ohmscher Kontakt). Bei den auf Tunneleffekt beruhenden Kontakten sind überdies 2 Typen zu unterscheiden:

- passive Metallisierung, bei der der Kontakt auf eine bereits existierende n^+- oder p^+-Schicht aufgebracht wird,

- aktive Metallisierung, bei der der Kontakt selbst die n^+- oder p^+-Schicht im Halbleiter erzeugt (z.B. durch Diffusion).

Tabelle 4-2 gibt charakteristische Daten einiger typischer Kontaktmaterialien wieder (nach Lit. 1.5, S. 198).

Tabelle 4-2 Einige Ohmsche und Quasi-Ohmsche Solarzellenkontakte (nach Lit. 1.5)

Halbleiter	spezifischer Widerstand [Ωcm]	Dotierungs-grad [cm^{-3}]	Kontakt	Kontakt Typ	Kontakt Widerstand [Ωcm^2]
p-Silizium		10^{19}	Al	aktiv	10^{-6}
p-Silizium		10^{15}	Al	aktiv	$5 \cdot 10^{-4}$
p-Silizium	0,5		Al	aktiv	10^{-3}
p-Silizium	10^{-3}		Al	aktiv	10^{-6}
p-Silizium	≈ 2		Al	passiv	klein
n-Silizium	$5 \cdot 10^{-3}$		Al	passiv	$4 \cdot 10^{-3}$
n-Silizium		10^{19}	Ti/Pd/Ag	passiv	-
p-GaAs	0,1		Zn/In/Ag	aktiv	10^{-4}
n-GaAs		$2 \cdot 10^{16}$	Ni/AuGe/Ni	aktiv	$8 \cdot 10^{-5}$
n-GaAs		$2 \cdot 10^{18}$	Ni/AuGe/Ni	aktiv	10^{-6}
n-GaAs	2,6		Ge/In/Ag	aktiv	$<10^{-3}$
p-InP	1-10		Au/Zn/Au	aktiv	10^{-3}
n-InP		10^{15}	In/Sn/Ag	aktiv	$<10^{-4}$

Für Raumfahrt-Solarzellen, insbesondere bei Anwendung einer geschweißten Verbindertechnik, haben sich Ag-Kontakte bestens bewährt. Obwohl Silber günstige Schwellenwerte Φ_b in Verbindung mit Silizium besitzt, ist seine mechanische Haftung ungenügend. Die Einführung einer dünnen Zwischenschicht aus Titan (>400Å) ergibt gute Haftung ohne die elektrischen Eigenschaften zu verändern. Allerdings verliert sich diese gute Haftung wieder bei der Bildung von TiH_2 und TiO_x, die bei der Aufdampfung bzw. später in feuchter Umgebung durch Wasserdiffusion entstehen (Lit. 4.5). Diese Reaktion kann durch eine weitere Zwischenschicht von ≥ 200Å Palladium Pd verhindert werden (Lit. 4.3).

Fast alle Kontakte von raumfahrt-tauglichen Si-Solarzellen bestehen heute aus Ti/Pd/Ag. Auf der p-Seite wird meist noch eine Al-Schicht dazwischengeschaltet ($\Phi_b{\sim}0{,}6eV$) die die auf der Rückseite ankommende IR-Strahlung wieder nach vorne aus der Zelle heraus reflektiert. Sie kann darüber hinaus auch zur Bildung einer p^+-Schicht aktiviert werden (vgl. BSF-Zelle).

Transparente Kontaktmaterialien (z.B. zinnhaltiges Indiumoxyd, sog. ITO) können wegen ihres hohen Ohmschen Widerstands metallische Kontakte nicht ersetzen sondern höchstens unterstützen, sofern die Ausbildung eines entgegengesetzt gepolten Übergangs nicht grundsätzlich dagegen spricht (wie das bei ITO auf n-Si der Fall wäre!).

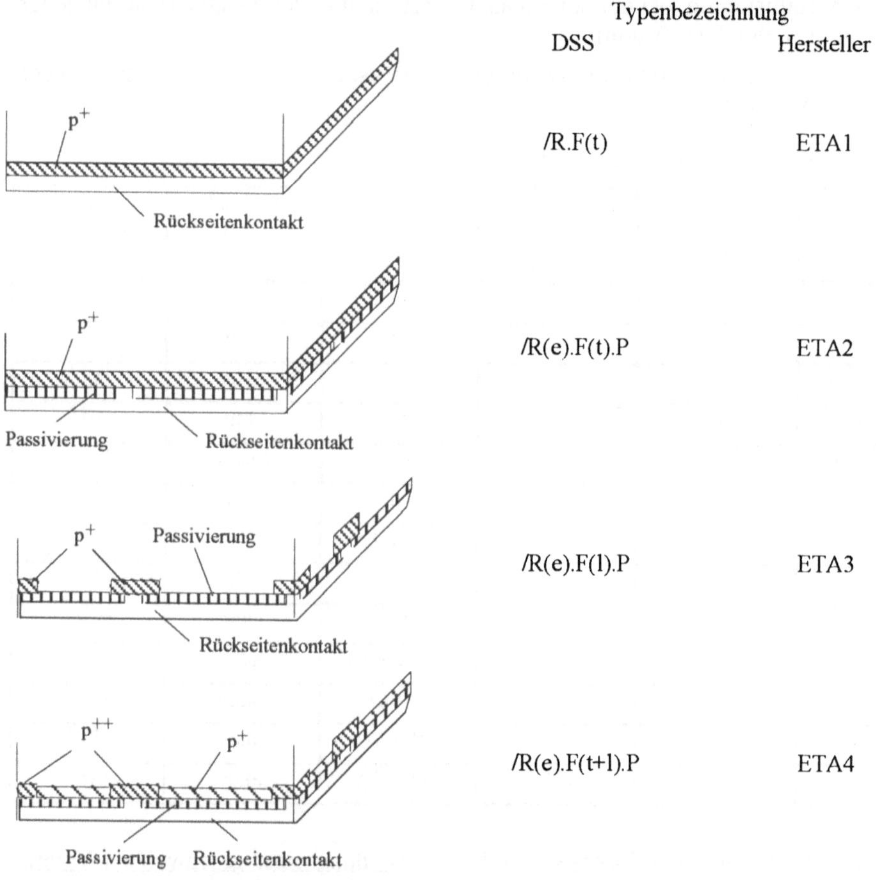

Abbildung 4-12 Möglichkeiten der Rückseitenpassivierung von Si-Zellen (Information ASE)

4.2.5 Passivierung

Oberflächenpassivierend wirken alle Maßnahmen, die zu einer geringeren Oberflächen-Rekombination S führen. Auf der Zell-Rückseite wirkt ein Back-Surface-Field wie eine Passivierung, bei GaAs ist es das AlGaAs-Fenster und bei Silizium kann auch ein speziell aufgebrachtes Siliziumoxyd passivierend wirken.

Für die Passivierung der Oberflächen von Si-Solarzellen wird SiO_2 benötigt, das Mikroelektronik-Qualität besitzt. Höchste Träger-Lebensdauern werden erzielt, je reiner das Oxyd ist. Dazu müssen die Vorrichtungen vor und während des Oxyd-Wachstums mit Chlor gereinigt werden.

Am größten sind die Oberflächenrekombinationen unter den Solarzellenkontakten, besonders natürlich, entsprechend der größeren Kontaktfläche, auf der Zellrückseite. Deshalb werden hier häufig Kombinationen der unterschiedlichen Passivierungsmaßnahmen angewendet. Abbildung 4-12 zeigt einige Kombinationen von SiO_2-Passivierung und BSF auf der Rückseite von Si-Solarzellen wie sie für die sog. Hi-eta-Zellen angewandt werden.

Auf der Solarzellen-Rückseite verbessert eine SiO_2-Passivierungsschicht auch das Reflexionsvermögen, was zu günstigeren Absorptionswerten der Zelle führt.

4.3 Verschaltungstechniken

Solarzellen stehen nicht für sich allein. Sie müssen untereinander verschaltbar sein. Dazu dienen die Kontakte auf der Vorder- und Rückseite der Zellen. Während die Rückseite großflächig kontaktiert ist möchte man auf der Vorderseite ein Maximum an aktiver Fläche erhalten. Deshalb sind die Vorderseitenkontakte, die der Zellverschaltung dienen, auf kleine Inseln entlang einer Zellkante beschränkt. Einen typischen "Tab" zeigt Abbildung 4-13.

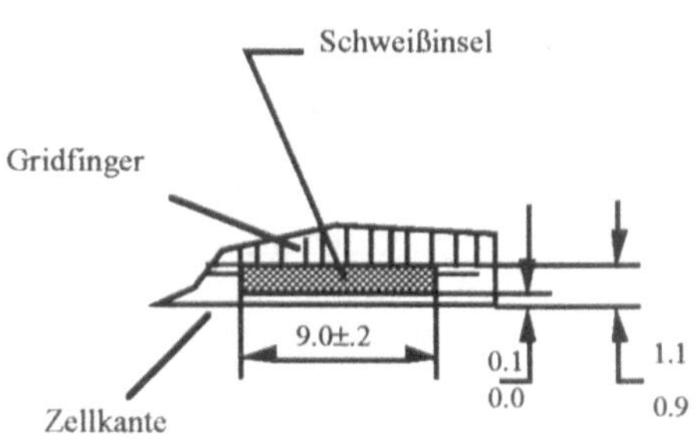

Abbildung 4-13 Typische Schweißinsel auf der Zellvorderseite

Für die Verschaltung von Solarzellen muß nun die Vorderseite einer Zelle mit der Rückseite der benachbarten Zelle oder die Rückseiten zweier benachbarter Zellen miteinander leitend verbunden werden. Da diese Verbindungen hohen mechanischen und thermischen Beanspruchungen ausgesetzt sind, hat sich eine Schweißtechnik bestens bewährt. In Europa wird praktisch nurmehr geschweißt, allerdings mit einer ganz speziellen Schweißtechnik und mit besonderen Verbindermaterialien.

Die Schweißtechnik, die bei Solarzellen angewandt wird, ist ein elektrisches Widerstandsschweißen bei dem beide Schweißelektroden von oben auf das Verbindermaterial aufgebracht werden (Abbildung 4-14). Eine Schweißverbindung kommt dadurch zustande, daß man die zu verbindenden Materialien so eng

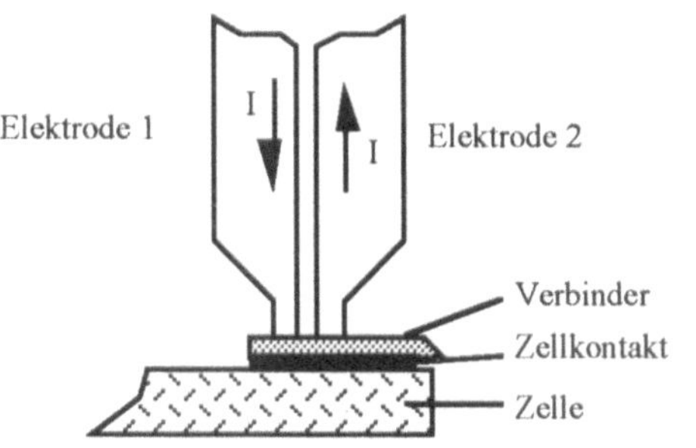

Abbildung 4-14 Widerstandsschweißen mit Spaltelektroden

zusammenbringt, daß sich die für die metallische Bindung verantwortlichen Valenzbänder überlappen. Dies kann entweder durch Verschmieden oder Verschmelzen der Komponenten erfolgen. Bei beiden Methoden spielen Temperatur und Anpreßdruck die entscheidende Rolle.

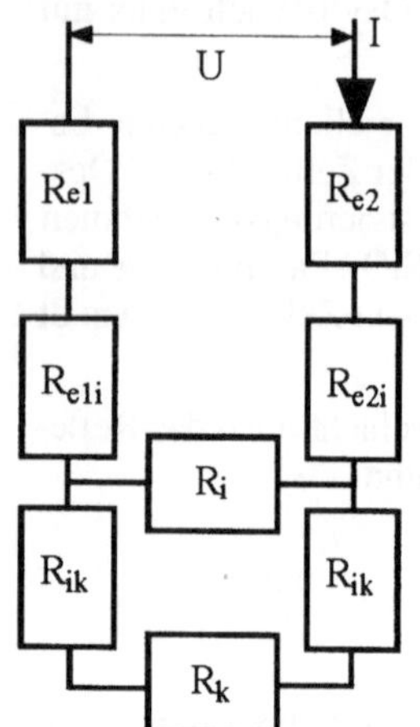

R_{e1}: Widerstand von Schweißelektrode #1

R_{e2}: Widerstand von Schweißelektrode #2

R_{e1i}: Kontaktwiderstand Schweißelektrode #1 zum Zellverbinder

R_{e2i}: Kontaktwiderstand Schweißelektrode #2 zum Zellverbinder

R_i: Widerstand des Zellverbinders zwischen den Elektroden

R_{ik}:   Kontaktwiderstand Zellverbinder/Zellkontakt

R_k: Widerstand des Zellkontakts zwischen den Elektroden

$$\frac{U}{I} = R_{e1} + R_{e2} + R_{e1i} + R_{e2i} + \frac{R_i \cdot (2R_{ik} + R_k)}{2R_{ik} + R_k + R_i}$$

Abbildung 4-15 Widerstände beim Widerstandsschweißen

Die Erzeugung der erforderlichen Wärme erfolgt beim Widerstandsschweißen nach dem Jouleschen Gesetz durch entsprechende Wahl der Widerstände. Abbildung 4-15 zeigt das Blockschaltbild mit den für den Schweißvorgang relevanten Widerständen. Um einen Verbinder auf eine Schweißinsel zu schweißen reichen im allgemeinen die Widerstände R_i und R_k nicht aus, um die erforderliche Energie zu erzeugen. Deshalb versieht man die Elektroden mit einem Schaft um deren Widerstand zu erhöhen und dadurch über $R_{e1}+R_s$ $+R_{e2}$ (vgl. Abb. 4-15 und Glg. 4.16) die erforderliche Energie zu erzeugen. Diese ist, wenn die Kontaktwiderstände R_{ei} und R_{ik} wie auch die Temperaturabhängigkeit der Widerstände vernachlässigt werden:

$$dE_s = I^2 \cdot \left(R_{e1} + R_s + R_{e2}\right) \cdot dt = I^2 \cdot R \cdot dt \tag{4.13}$$

mit (Bedeutung der Symbole siehe Tabelle 4-3):

$$R_{e1} = r_{e1} \cdot \frac{h_e}{l_e \cdot d_e} \tag{4.14}$$

$$R_{e2} = r_{e2} \cdot \frac{h_e}{l_e \cdot d_e} \tag{4.15}$$

$$R_s = \frac{R_i \cdot R_k}{(R_i + R_k)} = \frac{r_i \cdot r_k \cdot (s + d_e)}{(r_i \cdot d_k + r_k \cdot d_i) \cdot l_e} \tag{4.16}$$

(h_e, l_e, d_e für beide Elektroden identisch angenommen!). Wärmeableitung erfolgt zu den Elektroden und durch die Zelle hindurch zur Schweißunterlage u und zwar die Energien

$$dE_{el} = \frac{\lambda_{el} \cdot l_e \cdot d_e}{h_e} \cdot (T - T_0)dt \tag{4.17}$$

$$dE_{e2} = \frac{\lambda_{e2} \cdot l_e \cdot d_e}{h_e} \cdot (T - T_0)dt \tag{4.18}$$

$$dE_u = \frac{\lambda_z \cdot l_e \cdot (s + 2d_e)}{d_z} \cdot (T - T_0)dt \tag{4.19}$$

Nur die Differenz von erzeugter und abgeführter Wärme ist Nutzenergie, die letztendlich zu einer Verschweißung führt:

$$dE_n = dE_s - dE_{e1} - dE_{e2} - dE_u \tag{4.20}$$

Diese Nutzenergie erwärmt den Verbinder und den Zellkontakt zwischen den Elektroden sowie die Elektrodenschäfte um die Temperatur dT gemäß

$$dE_n = \sum m_n \cdot c_n dT$$

$$dE_n = \left\{ (s + d_e) \cdot l_e \cdot (d_i \cdot \rho_i \cdot c_i + d_k \cdot \rho_k \cdot c_k) + d_e \cdot l_e \cdot h_e \cdot (\rho_{el} \cdot c_{el} + \rho_{e2} \cdot c_{e2}) \right\} dT \tag{4.21}$$

Damit wird aus Gleichung (4.20) mit $T_0 = 0$:

$$\sum m_n \cdot c_n \cdot \frac{dT}{dt} = I^2 \cdot R \cdot \left\{ \frac{l_e \cdot d_e}{h_e} (\lambda_{el} + \lambda_{e2}) + \frac{l_e \cdot (s + 2d_e)}{d_z} \lambda_z \right\} \cdot T \tag{4.22}$$

Diese Differentialgleichung hat die Lösung:

$$T = \frac{I^2 \cdot \left\{ \dfrac{h_e \cdot (r_{el} + r_{e2})}{l_e \cdot d_e} + \dfrac{r_i \cdot r_k \cdot (s + d_e)}{(r_i \cdot d_k + r_k \cdot d_i) \cdot l_e} \right\}}{\dfrac{l_e \cdot d_e \cdot (\lambda_{el} + \lambda_{e2})}{h_e} + \dfrac{l_e \cdot (s + 2d_e) \cdot \lambda_z}{d_z}} \bullet$$

$$\bullet \left\{ 1 - \exp\left(\frac{\left[\dfrac{l_e \cdot d_e \cdot (\lambda_{el} + \lambda_{e2})}{h_e} + \dfrac{l_e \cdot (s + 2d_e) \cdot \lambda_z}{d_z} \right] \cdot t}{[(s + d_e) \cdot l_e \cdot (d_i \rho_i c_i + d_k \rho_k c_k) + d_e l_e h_e \cdot (\rho_{el} c_{el} + \rho_{e2} c_{e2})]} \right) \right\} \tag{4.23}$$

Mit Gleichung (4.23) lassen sich die Verhältnisse beim Widerstandsschweißen hinreichend gut beschreiben. Um die erforderliche Schweißtemperatur (bei Silber i.a. zwischen 750°C und 950°C) zu erreichen, kann man neben dem Schweißstrom u.a. das Elektrodenmaterial, die Elektrodenform, das Verbindermaterial und die Verbinderdicke variieren. Im allgemeinen werden die Elektroden dem Verbinder angepaßt. Ursprünglich war man wegen der extremen thermischen Bedingungen im Weltraum mit Temperaturen zwischen -170°C und +100°C und den relativ hohen Verbinderdicken von bis zu 75μm bestrebt ein Verbindermaterial zu benutzen, das dem thermischen Ausdehnungskoeffizienten des Solarzellenmaterials angepaßt war um durch thermische Fehlanpassung keine Ablösung der Kontakte bzw. keinen Bruch der Lötstellen zu riskieren. So kam man auf Molybdän bzw. Kovar, eine Fe-Ni-Co-Legierung, als Verbindermaterial. Beide Materialien sind mit den Silberkontakten der Solarzellen nicht direkt verschweißbar, sondern müssen noch mit Silber beschichtet werden um eine Schweißung zu ermöglichen. Bevor man auf extrem dünne Verbinder aus Silber oder Gold überging umgingen einige Firmen diesen Kunstgriff, indem sie Silber-Verbinder in Maschenform (Silbermesh) benutzten. Heute werden, in ständig weiterentwickelter Form, noch alle Typen angewandt.

Die Elektroden für die Widerstandsschweißung bestanden bevorzugt aus einer Molybdän-Legierung. Wendet man Gleichung (4.23) auf den Standard-Fall Mo-Elektrode 1/Mo-Verbinder/Mo-Elektrode 2, abgekürzt Mo/Mo/Mo, an mit den Maßen bzw. Werten der entsprechenden Spalte der Tabelle 4-3, so ist ein Strom von 175A erforderlich, um das Schweißgut auf ca. 900°C zu erwärmen. Diese Schweißtemperatur wird gemäß Abbildung 4-16 nach ca. 40msec erreicht, eine Erhöhung der Schweißdauer bringt keine weitere Temperaturerhöhung (in Wirklichkeit arbeitet man nicht mit konstantem Strom, sondern mit konstanter Spannung. Der sich einstellende Strom ist entsprechend der sich mit der Temperatur ändernden Widerstände temperaturabhängig, so daß Temperaturkonstanz nach deutlich längerer Schweißdauer (typisch 100ms) erreicht wird).

Tabelle 4-3 Variation der Schweißparameter (zu Abbildung 4-16)

| Parameter | Symbol | Mo/Mo/Mo | Unterschied zu Mo/Mo/Mo | | | Einheit |
			Mo/Ag/Mo	W/Ag/Cu	W/Ag/Cu-kurz	
Strom	I	175		190	300	A
Elektroden-Geometrie:						
Dicke	d_e	0,015				cm
Länge	l_e	0,05				cm
Schafthöhe	h_e	0,3				cm
Spaltweite	s	0,01				cm
Elektrode 1:						
spez. Widerstand	r_{e1}	$5{,}17 \cdot 10^{-6}$		$5{,}65 \cdot 10^{-6}$		Ωcm
Dichte	ρ_{e1}	10,2		19		$g \cdot cm^{-3}$
spez. Wärme	c_{e1}	0,251		0,134		$Wsg^{-1}K^{-1}$
Wärmeleitfähigkeit	λ_{e1}	1,4		1,78		$Wcm^{-1}K^{-1}$
Elektrode 2:						
spez. Widerstand	r_{e2}	$5{,}17 \cdot 10^{-6}$		$1{,}68 \cdot 10^{-6}$		Ωcm
Dichte	ρ_{e2}	10,2		8,89		$g \cdot cm^{-3}$
spez. Wärme	c_{e2}	0,251		0,385		$Wsg^{-1}K^{-1}$
Wärmeleitfähigkeit	λ_{e2}	1,4		3,98		$Wcm^{-1}K^{-1}$
Zellverbinder:						
spez. Widerstand	r_i	$5{,}17 \cdot 10^{-6}$	$1{,}59 \cdot 10^{-6}$			Ωcm
Verbinderdicke	d_i	0,0025		0,00125		cm
Wärmeleitfähigkeit	λ_i	1,4	4,19			$Wcm^{-1}K^{-1}$
spez. Wärme	c_i	0,251	0,237			$Wsg^{-1}K^{-1}$
Dichte	ρ_i	10,2	10,5			gcm^{-3}
Zellkontakt:						
spez. Widerstand	r_k	$1{,}59 \cdot 10^{-6}$				Ωcm
Zellkontaktdicke	d_k	0,0007				cm
spez. Wärme	c_k	0,237				$Wsg^{-1}K^{-1}$
Dichte	ρ_k	10,5				gcm^{-3}
Zelle:						
Wärmeleitfähigkeit	λ_z	1,56				$Wcm^{-1}K^{-1}$
Dicke	d_z	0,02				cm

Benutzt man statt des Mo-Verbinders einen Ag-Verbinder gleicher Abmessungen (Fall Mo/Ag/Mo), so werden bei gleichem Strom nurmehr 850°C erreicht. Der Strom muß also für dieselbe Schweißtemperatur erhöht werden.

Die Verschweißung des Verbinders mit dem Zellkontakt ist natürlich unter den Elektroden am intensivsten, weil hier zur Temperatur als weiterer, hier nicht betrachteter
Schweißparameter, der Andruck der Elektroden kommt. Bei Schweißungen mit zwei
identischen Elektroden bekommt man daher zwei Schweißpunkte im Abstand s, auf die
durch unvollständige Rückbildung des Verbinders bei der Abkühlung mehr oder weniger
große Kräfte wirken, die sich den durch Thermalzyklen induzierten Kräften addieren.
Dies läßt sich durch unterschiedliche Elektroden, von denen nur eine die Schweißung
ausführt, vermeiden. Eine solche Kombination ist in Abbildung 4-16 als Fall W/Ag/Cu
simuliert. Hier ist die W-Elektrode die Schweißelektrode während die Cu-Elektrode
aufgrund ihres geringen spezifischen Widerstands nicht sonderlich erwärmt wird sondern
überwiegend kühlt. Dementsprechend muß für diesen Fall der Schweißstrom wesentlich
erhöht werden (im Beispiel erreicht man mit 190A lediglich 750°C).

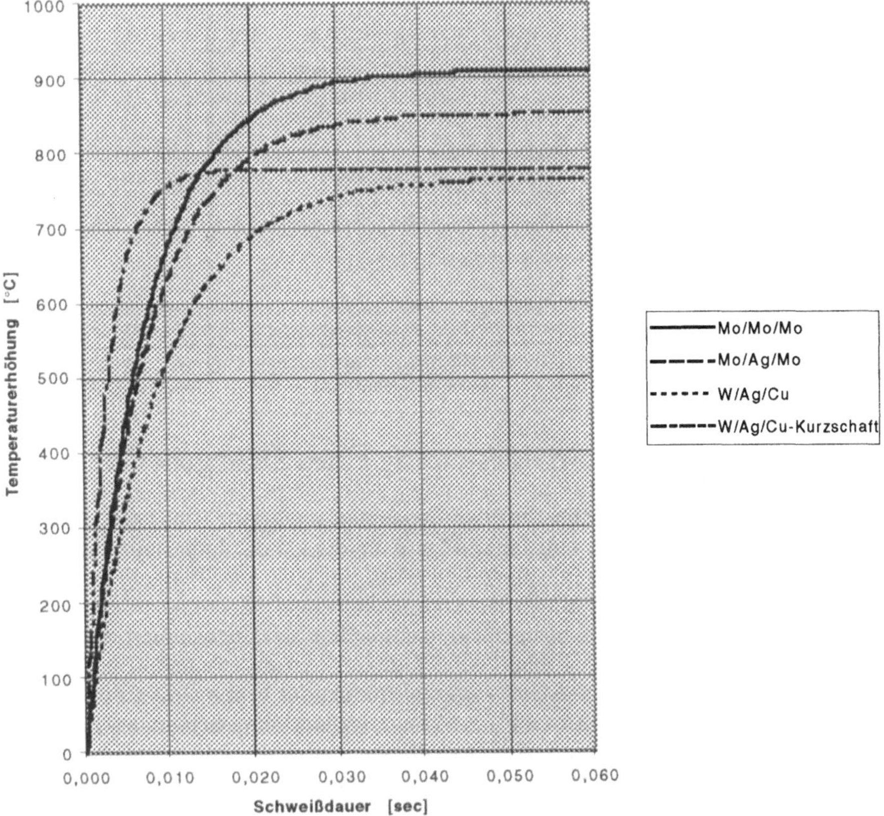

Abbildung 4-16 Erreichen der Schweißtemperatur mit verschiedenen Elektroden-Verbinder-
Kombinationen

Bei Elektroden mit langem Schaft ist die Schweißdauer relativ lang. Dies kann in dem
hochdotierten Emitter Diffusionsvorgänge auslösen, die zu einer Zerstörung des nahe der
Zelloberfläche liegenden pn-Übergangs führen können. Beobachtet wurde dies insbeson-

dere bei GaAs-Zellen, aber auch bei niederohmigen Si-Zellen. Um diese Zellen ebenfalls problemlos verschalten zu können wurden Kurzschaft-Elektroden entwickelt, die bei höherem Schweißstrom die Schweißdauer wesentlich verkürzen. Im Beispiel der Abbildung 4-16 wird mit Kurzschaft-Elektroden die Schweißtemperatur bereits nach 15ms erreicht. In der Praxis arbeitet man mit einer Schweißdauer von ca. 30ms.

Tabelle 4-4 zeigt einige für die Dimensionierung einer Widerstandsschweißung wichtige Materialdaten für die Verbinder und die Elektroden.

Tabelle 4-4 Physikalische Eigenschaften von Verbinder- und Zellmaterialien

		Verbinder		Elektroden					
	Einheit	Ag	Au	Mo	Cu	W	Si	GaAs	Ge
Spez. Widerstand	$\mu\Omega$cm	1,59	2,24	5,17	1,68	5,65			
Temperaturkoeff. von r	$10^3/°C$	6,1	8,3	4	6,8	4,5			
Schmelztemperatur	°C	961	1063	2617	1083	3400	1410	1238	937
Therm. Leitfähigkeit	W/cmK	4,19	3,12	1,4	3,98	1,78	1,56	0,46	0,59
Ausdehnungskoeffizient	$10^6/°C$	20,5	15,3	5	16,6	4,5	2,62	6	4
spezifische Wärme	Ws/gK	0,237	0,129	0,251	0,385	0,134	0,7	0,33	0,32
Dichte	g/cm^3	10,5	19,3	10,2	8,89	19	2,33	5,307	5,32
Zugfestigkeit	N/mm^2	>336	>383	>718					
Elastizitätsmodul	kN/mm^2	80	78	250					
Resistenz gegen atomaren Sauerstoff	Atome pro cm^2		$> 7 \cdot 10^{19}$	$>10^{20}$					

4.4   Fertigungsablauf zur Herstellung eines Solargenerators

Solargeneratoren werden aus ihren Einzelkomponenten integriert. Ein typischer Fertigungsablauf für einen Solargeneratorflügel ist in Abbildung 4-17 dargestellt. Auf die in elektrischen Klassen angelieferten Solarzellen wird zunächst ein Solarzellenverbinder aufgeschweißt. Das so entstandene Zwischenprodukt heißt CIC (connector integrated cell). Auf das CIC wird ein Deckglas geklebt, das maßlich so dimensioniert ist, daß die Zelle zu 100% bedeckt wird. Der Kleber auf Silikonbasis ist im gesamten Empfindlichkeitsbereich der Zelle transparent. Meist wird ein Produkt der Firma Dow Corning (Typ 93500) oder der Firma Wacker (Typ RTV-S 695) verwendet. Zum Schutz des Deckglasklebers gegen UV-Strahlung sind die Deckgläser entweder mit Ceroxyd dotiert (Borsilikat-Glas) oder besitzen auf der Innenseite eine UV-Reflexionsschicht (Quarzglas). Der Kleber wird entweder als Tropfen mittels eines Dosiergeräts oder mit Siebtechnik aufgebracht. Die Kleberdicke ist zwischen 20µm und 50µm. Das mit Deckglas versehene CIC heißt SCA (Solar Cell Assembly). Zuweilen wird auch ein SCA als CIC (Cover integrated Cell) bezeichnet. Dies führt aber leicht zu Verwechslungen mit der verbinder-integrierten Zelle!

Die SCA´s werden elektrisch vermessen und in Stromklassen eingeteilt. SCA´s gleicher Stromklasse werden dann zu Modulen verschaltet, indem der Solarzellenverbinder jeweils auf die Rückseite der Nachbarzelle geschweißt wird (np-Verbinder). Begrenzt wird

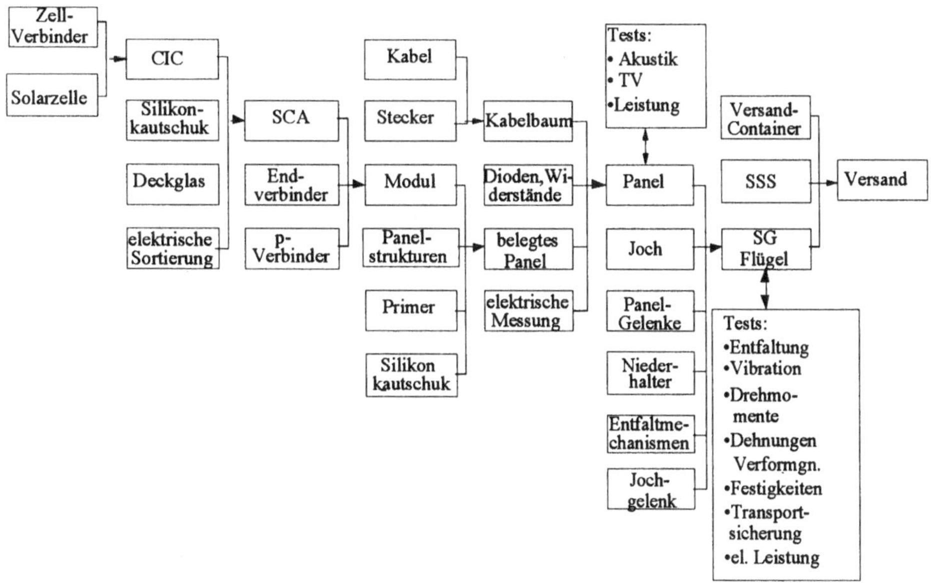

Abbildung 4-17 Typischer Fertigungsablauf für einen Solargeneratorflügel

der Modul durch sogenannte Endverbinder (bus-bars), die häufig aus Silberblech bestehen und mit thermischen Ausgleichsschleifen versehen sind. Diese Endverbinder dienen
als Interface für den Kabelbaum bzw. für die Weiterverschaltung mit anderen Modulen.
Für die Anbindung der Zellrückseiten an einen Endverbinder benötigt man noch spezielle
pp-Verbinder.

Mehrere Module werden auf Transferplatten zu Matrizen, die eine Klebeeinheit darstellen, zusammengestellt. Die Matrizen kommen auf die Transferplatten mit der Zellrückseite nach oben, um notwendige Reinigungs- und Primerschritte ausführen zu können.
Ähnlichen Reinigungs- und Primerprozeduren unterliegt die meist mit einer Polyimidfo-
lie isolierte Vorderseite der Panelstrukturen (Substrate), bevor der Kleber mittels Siebtechnik entweder auf die Panelstrukturen oder auf die Zellrückseiten der Matrizen aufgetragen wird. Panelstrukturen und Matrizen werden nun zusammengefügt, entweder im
Vakuum mit anschließender mechanischer Pressung, oder unter Atmosphäre mit anschließender Pressung mittels eines Vakuumsacks, der gleichzeitig für die Absaugung
von Luftblasen im Kleber sorgt. Die Aushärtung unter Druck erfolgt typisch 12 Stunden
lang bei Raumtemperatur. Für die Verkabelung des nunmehr mit Modulen belegten Panels sind die Kabelbäume häufig auf Nagelbrettern vorgefertigt und brauchen nur noch
auf die Rückseite des Panels übertragen zu werden, wo sie entweder durch Klebung,
Verschnüren mit aufgeklebten Ösen (Ty-Raps) oder mit Niederhaltern fixiert werden.
Jeder Panelkabelbaum endet in einem Stecker, der an den Transferkabelbaum des nächsten Panels angesteckt wird. Die modulseitigen Enden des Kabelbaums werden durch
Bohrungen auf die Zellrückseite des Panels geführt, wo sie an die Endverbinder der Module angeschweißt oder angelötet werden. Auf der Zellseite werden außerdem Verbin-
dungskabel zwischen den Modulen oder zur Überbrückung von Modulunterbrechungen
z.B. für Niederhalterbuchsen gelegt und verschweißt. Die Fixierung der Kabel auf der
Zellseite erfolgt überwiegend mit Silikonkleberpunkten, die mit einer Kleberpistole ma-

nuell aufgebracht werden. Soweit zutreffend (nur bei Solargenerator Flügeln) werden noch die Buchsen für die Durchführung der Niederhalterstäbe in die vorbereiteten Paßlöcher der Niederhaltepunkte geklebt bevor das Panel durch die Messung der elektrischen Leistung abgenommen wird. Als Sonnensimulator wird meist ein Xenon-Blitzgerät benutzt. Häufig werden die Panels noch einem Thermal-Vakuum-Test (typisch 5-10 Zyklen zwischen +80°C und -160°C) und einer Beschallung (typisch 10 Minuten bei 146dB über einen Frequenzbereich von 15 bis 20000Hz) unterzogen, um zufällig eingebaute und zuvor nicht erkannte Defekte (z.B. gebrochene Zellen) aufzudecken und durch Reparatur zu eliminieren. Freigabe der Panels für die Integration, wenn die ursprünglich gemessenen elektrischen Leistungsdaten bestätigt werden.

Die Integration zum Solargeneratorflügel wird meist in hängendem Zustand durchgeführt, d.h. die Panels werden an leichtgängigen Lagern eines sog. Entfaltgestells aufgehängt und an ihre Position im Solargeneratorflügel gebracht. Dazu kommt noch ein Joch, das die Panels vom Schattenwurf des Satelliten fernhalten soll. Das Joch wird wie ein Panel behandelt. Nun werden die Panelgelenke und das spezielle Jochgelenk montiert und über einen Seilring synchronisiert. Für die Simulation der Entfaltung wird der Solargeneratorflügel an eine simulierte Satellitenwand angeflanscht und gefaltet. In die simulierte Satellitenwand sind die Freigabemechanismen (Pyro´s) für den gefalteten Solargeneratorflügel integriert, so daß auch die Startkonfiguration mit eingebauten Niederhaltestäben simuliert werden kann. Entfaltungstests werden sowohl mit Zündung der pyrotechnischen Guillotinen wie mit manueller Freigabe durchgeführt. Mit Hilfe von Sensoren und Schaltern lassen sich die Entfaltkräfte und das Einrasten in die Entfaltposition messen.

Am gefalteten Flügel werden Vibrationstests durchgeführt um die Verträglichkeit mit den Startbelastungen nachzuweisen und die Eigenfrequenzen im verstauten Zustand zu bestätigen. Der entfaltete Flügel wird Festigkeits- und Verformungstests unterzogen und abschließend noch einmal elektrisch vermessen.

Verschickt wird der Flügel in Startkonfiguration, d.h. er ist an den Satellitenwand-Simulator angeschraubt und mit einem Deckel hermetisch verschlossen. Feuchtigkeitsabsorber und Filter gewährleisten Laborbedingungen während des Transports und über Schockmelder werden unerlaubte Stoßbelastungen indiziert. Haben diese angesprochen, werden häufig die Transportversicherungen in Anspruch genommen.

5   Module

Ein Modul ist eine verschaltete Einheit von n Solarzellen in Serie und m Solarzellen parallel. Die Größe eines Moduls bzw. der Zahlen n und m richtet sich nach regelungs- bzw. fertigungstechnischen Gesichtspunkten. Im allgemeinen wird man versuchen, den Modul entsprechend den Möglichkeiten des Reglers zu dimensionieren etwa bezüglich Spannung und maximal zulässigem Strom. Damit legt man die Anzahl Solarzellen in Serie und parallel fest. Dies könnte zu sehr großen Modulen führen (z.B. 126 Zellen in Serie und 4 parallel beim Intelsat V Solargenerator), die fertigungstechnisch nicht gut handhabbar sind. Deshalb baut man häufig eine Regeleinheit aus mehreren Modulen auf z.B. bei Intelsat V aus 3 Modulen à 42 x 3 bzw. 42x4 Zellen. Die Regeleinheit selbst heißt dann Sektion und bestand beim Intelsat V Solargenerator aus 126x3 bzw. 126x4 Zellen. Ein Solargenerator besteht dementsprechend dann aus x Sektionen.

Ohne Beschränkung der Allgemeingültigkeit werden die Verschaltungsprobleme im folgenden anhand von Modulen beschrieben.

5.1   Die Gesamt-Kennlinie einer Solarzelle und der Lawinen-Durchbruch

5.1.1 Die Gesamt-Kennlinie

Die Kennlinie einer Solarzelle in den 4 Quadranten eines VI - Koordinatensystems ist in Abbildung 5-1 dargestellt. Sie ergibt sich aus dem Ersatzschaltbild einer Solarzelle gemäß Abbildung 3-8b.

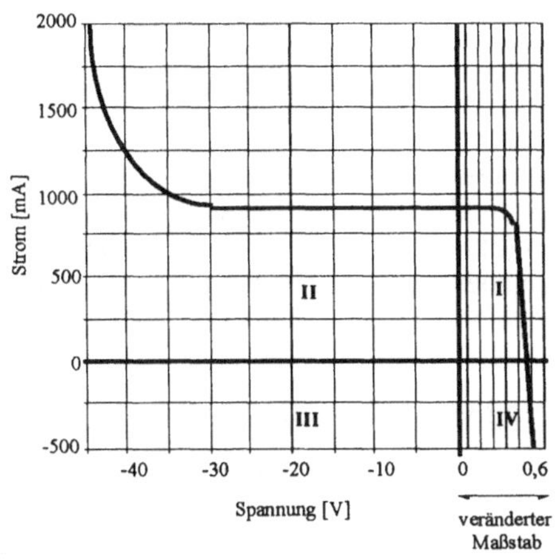

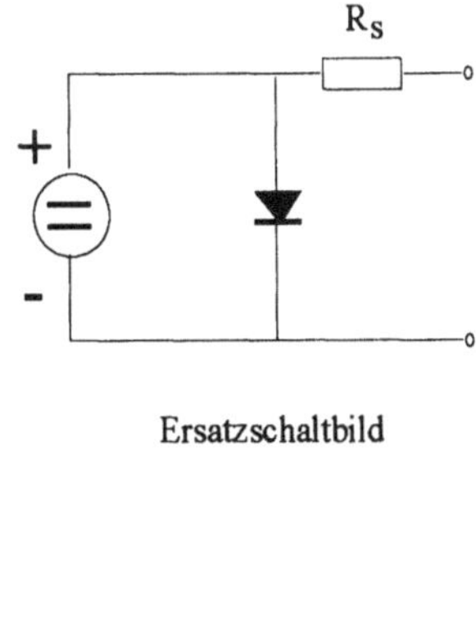

Abbildung 5-1 Gesamtdarstellung einer Solarzellenkennlinie (schematisch)

Danach lassen sich die einzelnen Kurvenzweige wie folgt darstellen:

I. Quadrant: Photovoltaische Generatorcharakteristik beschrieben durch die Gleichung (3.14):

$$I = I_{sc} - I_0 \cdot \left(e^{(V+R_s I)\big/ V_T^*} - 1 \right)$$

(3.14)

Dieser Teil der Kennlinie ist für die photovoltaische Energieausbeute verantwortlich.

IV. Quadrant: Die Solarzelle arbeitet als Diode in Durchlaßrichtung. Gleichung (3.14) bleibt auch für diesen Kurventeil gültig.

II. Quadrant: Die Solarzelle arbeitet als Diode in Sperr-Richtung. Gleichung (3.14) gilt nur mehr bedingt, denn bei höheren negativen Spannungen und entsprechend hohem elektrischem Feld in der Raumladungszone kommt es im pn-Übergang zu einem lawinenartigen Durchbruch, der den Strom steil ansteigen läßt. Dieser Lawinen-Durchbruch läßt sich wie folgt veranschaulichen:

Bei in Sperr-Richtung angelegter äußerer Spannung möge sich ein Loch der n-Region in die Raumladungszone verirren. Durch das eingebaute elektrische Feld E verstärkt durch das äußere elektrische Feld nimmt es kinetische Energie auf und bekommt eine Vorzugsrichtung. Stößt solch ein "hochenergetisches" Loch auf ein Kristallgitteratom, so wird dieses ionisiert und ein Elektron-Loch-Paar erzeugt. Dieses Loch wie auch das Elektron werden wieder beschleunigt und können weitere Elektron-Loch-Paare erzeugen die wieder beschleunigt werden u.s.w. Das Resultat ist eine lawinenartige Vervielfachung der Ladungsträger oder ein Lawinen-Durchbruch (Abbildung 5-2). Die Anzahl der erzeugten Elektron-Loch-Paare pro cm Wegstrecke heißt der Elektron-(Loch-) Ionisationskoeffizient $\kappa_e(x)$ (bzw. $\kappa_l(x)$). $\kappa_e(x)$ und $\kappa_l(x)$ sind normalerweise unterschiedlich, werden aber zur Vereinfachung im folgenden als gleich betrachtet.

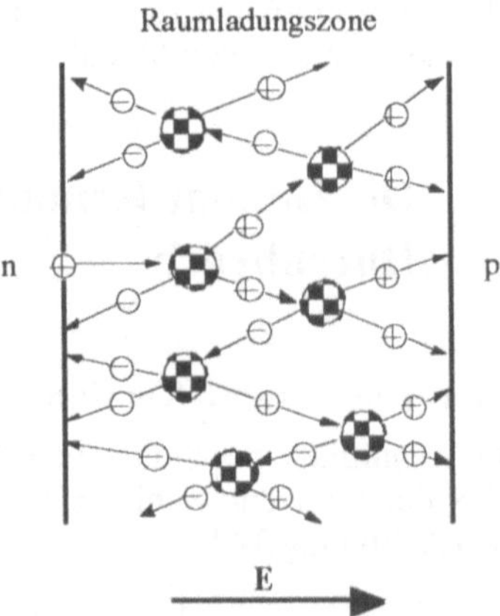

Abbildung 5-2 Zur Entstehung eines Lawinendurchbruchs

5.1.2 Berechnung der Durchbruchsspannung von Solarzellen

In Abbildung 5-3 kommen Minoritätsträger in die Raumladungszone. Ihre Anzahl sei gekennzeichnet durch $I_p(0)$, $I_n(w)$ und durch die Erzeugungsrate G in der Raumladungszone. Durch Stoßionisation vermehren sich die Löcher nun nach rechts, die Elektronen nach links. Für die Löcher gilt aus Kontinuitätsgründen im Raumelement $A \cdot \Delta x$ mit $\kappa_e(x) = \kappa_l(x) = \kappa(x)$:

$$I_p(x+\Delta x) - I_p(x) = \kappa(x) \cdot [I_n(x) + I_p(x)]\, \Delta x + q \cdot A \cdot G\, \Delta x$$

(5.1)

oder

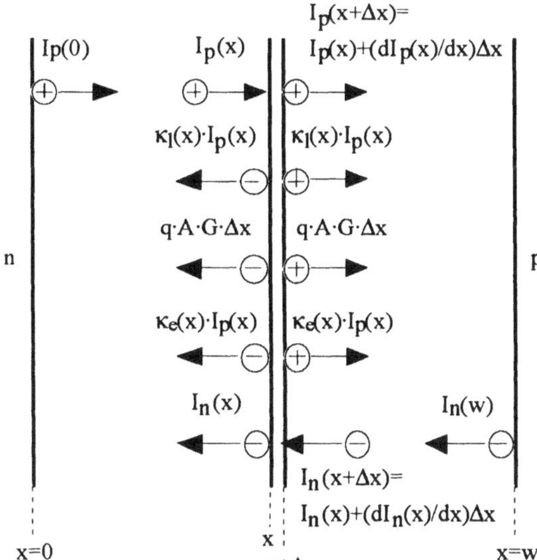

Abbildung 5-3 Kontinuitätsbedingungen

$$\frac{dI_p(x)}{dx} = \kappa(x)\ I + q\cdot A\cdot G \tag{5.2}$$

mit

$$I = I_n(x) + I_p(x) = \text{const.} \tag{5.3}$$

und entsprechend für den Elektronenstrom

$$-\frac{dI_n(x)}{dx} = \kappa(x)\cdot I + q\cdot A\cdot G \tag{5.4}$$

(das Minuszeichen folgt aus dem wachsenden Strom von $(x + \Delta x)$ nach x, d.h. umgekehrt wie beim Löcherstrom!).

Integration von Gleichung (5.2) von 0 bis x und von Gleichung (5.4) von x bis w ergibt:

$$I_p(x) - I_p(0) = I\cdot\int_0^x \kappa(x)dx + \int_0^x q\cdot A\cdot Gdx \tag{5.5}$$

und

$$I_n(x) - I_n(w) = I\cdot\int_x^w \kappa(x)dx + \int_x^w q\cdot A\cdot Gdx \tag{5.6}$$

Addition von (5.5) und (5.6) ergibt mit (5.3) und $I_n(w) = 0$:

$$I = \frac{I_p(0) + q \cdot A \cdot \int_0^w |U| dx}{1 - \int_0^w \kappa(x) dx} = \frac{I_0 + I_G}{1 - \int_0^w \kappa(x) dx} \tag{5.7}$$

mit (2.135a)

$$I_0 = q \cdot A \cdot \left(\frac{D_p \cdot p_{no}}{L_p} + \frac{D_n \cdot n_{po}}{L_n} \right).$$

bzw.

$$I_G = q \cdot A \cdot |U| \cdot w = \frac{q \cdot n_i \cdot A}{2\tau_0} \cdot w \tag{5.8}$$

mit $U = -n_i/2\tau_0$ (Rekombinationsrate in der Raumladungszone nach Glgn. (2.61) und (2.64) mit $n = p$ und $E_t = E_{fi}$).

In anderer Schreibweise folgt aus (5.7):

$$I = M \cdot (I_0 + I_G) \tag{5.9}$$

mit

$$M = \frac{1}{1 - \int_0^w \kappa(x) dx} \tag{5.10}$$

Theoretisch ist ein Lawinen-Durchbruch erreicht, wenn $M \to \infty$. Daher ist das Durchbruchskriterium:

$$\int_0^w \kappa(x) dx = 1 \tag{5.11}$$

Wie aber läßt sich die Durchbruchspannung ermitteln? Für $\kappa(x)$ gibt es folgende empirische Formel :

$$\kappa = a \cdot e^{-b/E} \tag{5.12}$$

mit A und B als Materialkonstanten. Für Silizium ist $a = 9 \cdot 10^5$ cm^{-1} und $b = 1,8 \cdot 10^6$ V/cm, für GaAs ist $a = 8,81 \cdot 10^5$ cm^{-1} und $b = 1,88 \cdot 10^6$ V/cm. Für einen einseitigen Stufenübergang ist gemäß Gleichung (2.111) das elektrische Feld in der Raumladungszone

$$E = E_m \cdot \left(1 + \frac{x}{x_p} \right)$$

Mit $-x_p = w$ ergibt sich für (5.12):

$$\kappa = a \cdot e^{-b/\left(|E_m| \cdot (1 - (x/w)) \right)} \tag{5.13}$$

(das maximale elektrische Feld ist bei x = 0 d.h. da, wo der Lawineneffekt am größten ist!). Durch Reihenentwicklung erhält man für kleine x:

$$\frac{1}{1-x/w} = 1 + \frac{x}{w} + \left(\frac{x}{w}\right)^2 + \cdots \approx 1 + \frac{x}{w} \qquad \text{für } x \text{->} 0 \qquad (5.14)$$

Mit (5.13) und (5.14) erhält man aus (5.11):

$$1 = \frac{a \cdot w \cdot E_m}{b} \cdot e^{-b/|E_m|} \cdot \left[1 - e^{-b/|E_m|}\right] \qquad (5.15)$$

mit E_m und w aus Gleichung (2.112) bzw. (2.115)

$$E_m = -\frac{q \cdot N_a \cdot x_p}{\varepsilon \cdot \varepsilon_o} = \frac{q \cdot N_a \cdot w}{\varepsilon \cdot \varepsilon_o}$$

$$w = \sqrt{\frac{2 \cdot \varepsilon \cdot \varepsilon_o \cdot (\psi_0 - V_D)}{q \cdot N_a}} \approx \sqrt{\frac{-2 \cdot \varepsilon \cdot \varepsilon_o \cdot V_D}{q \cdot N_a}} \qquad (V_D{<}0)$$

Damit bekommt man durch Iteration (z.B. mit "Zielwertsuche" in MS-Excel) die Durchbruchspannung als Funktion der Dotierungskonzentration in der schwach dotierten Region (Abbildung 5-4). Für bestimmte Basiswiderstände wird N_a der Abbildung 2-7 entnommen (z.B. Na(10Ωcm) =2·10^{15} cm^{-3}; Na(2Ωcm) =1·10^{16} cm^{-3}).

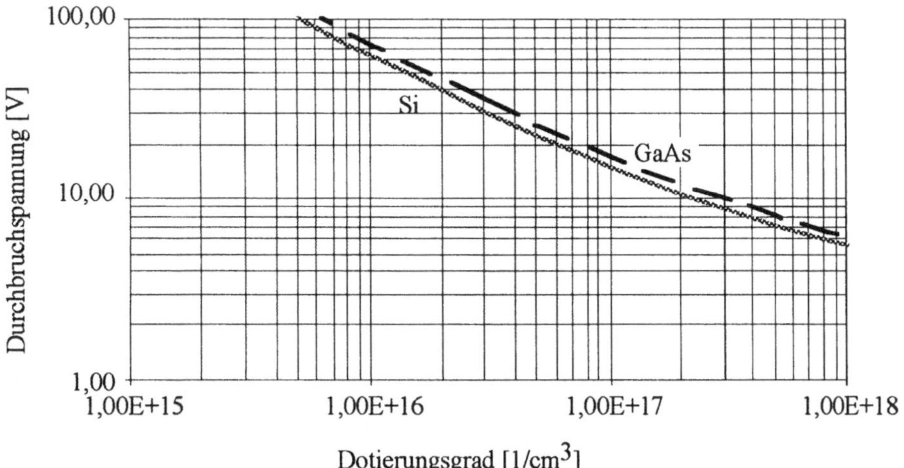

Abbildung 5-4 Lawinen-Durchbruchsspannung einseitiger Stufenübergänge bei Raumtemperatur als Funktion des Dotierungsgrads der leicht dotierten Seite (nach Gleichung (5.15))

Der Verlauf der rückwärtigen Kennlinie (Sperrkennlinie) bis zum Durchbruch wird durch Gleichung (5.9) beschrieben. In der Praxis ist die Handhabung dieser Formel jedoch zu kompliziert um den Verlauf der Sperrkennlinie bis zum Durchbruch insbesondere bei verschiedenen Temperaturen zu beschreiben. Hier hilft man sich durch elektrische Vermessung und Reproduktion der Meßkurven mit Näherungsformeln. Für eine 2Ωcm Si-Zelle etwa läßt sich die Sperrkennlinie mit folgender Näherungsformel beschreiben:

$$J_{rev} = \frac{I_{rev}}{A} = 5,9292 \cdot e^{\left[\left(-6,519\cdot10^{-7}\cdot T_c^2 + 4,009\cdot10^{-4}\cdot T_c - 0,13585\right)\cdot V + 0,01683\cdot T_c - 11,513\right]} \qquad (5.16)$$

(T_c: Temperatur in °C; V ≤ 0: Spannung in Sperr-Richtung in Volt)

Abbildung 5-5 zeigt die mit Gleichung (5.16) angenäherten Sperrkennlinien einer Si-2Ωcm-Zelle für verschiedene Temperaturen. Für Si-Zellen mit anderen Basiswiderständen wird V in Gleichung (5.16) noch mit dem Verhältnis der nach Gleichung (5.15) berechneten Durchbruchspannungen multipliziert.

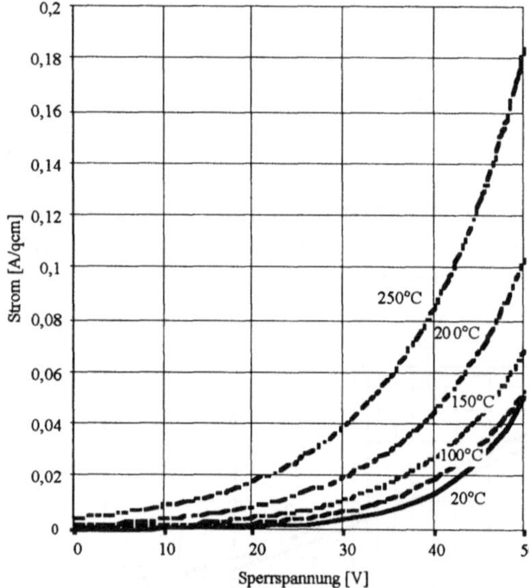

Abbildung 5-5

Temperaturabhängigkeit der Sperrkennlinie gemessen an einer ASE-2Ωcm-Zelle

5.2   Verschaltung von Solarzellen

Bei der Verschaltung von Solarzellen gelten die Kirchhoffschen Regeln d.h. bei der Parallelverschaltung zweier Zellen A und B addieren sich die Ströme gemäß Abbildung 5-6a, bei der in Serie-Verschaltung zweier Zellen A und B die Spannungen gemäß Abbildung 5-6b. Dabei bedeutet Verschaltung die Herstellung einer leitenden Verbindung zwischen entsprechenden Zellkontakten z.B. durch Metallverbinder. Bedeutung erlangen diese Regeln aufgrund der Tatsache, daß Solarzellen wegen endlicher Fertigungstoleranzen unterschiedliche IV-Charakteristiken aufweisen. Es gilt dann aus der Zusammenschaltung derart unterschiedlicher Solarzellen nicht nur die resultierende IV-Charakteristik zu bestimmen, sondern außerdem die aus einer Fehlanpassung resultierenden Verluste (Matchingverluste) so gering wie möglich zu halten.

5.2.1 Die modulspezifischen Parameter

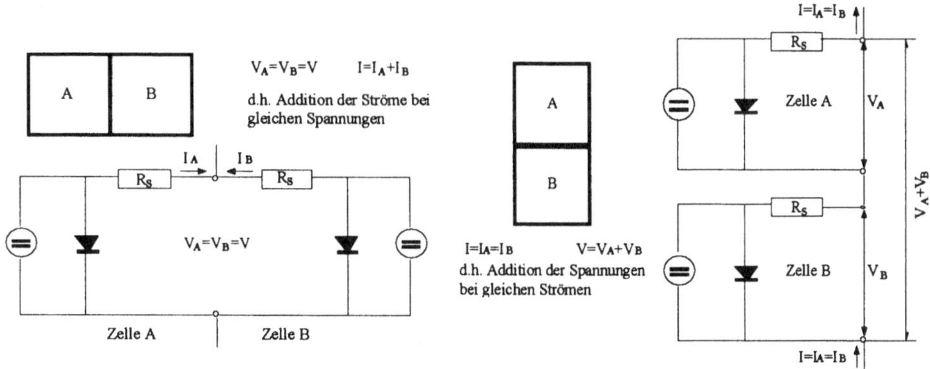

a.) Parallelschaltung von Solarzellen   b.) In-Serie Schaltung von Solarzellen

Abbildung 5-6 Kirchhoffsche Regeln bei der Verschaltung von Solarzellen

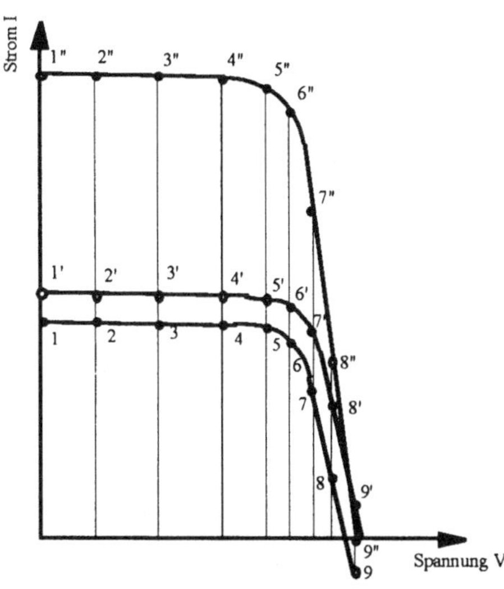

Abbildung 5-7

Konstruktion der resultierenden Kennlinie bei Parallelschaltung zweier Solarzellen

In Abbildung 5-7 sei die Solarzelle A durch die Kennlinie 1, ... ,9 dargestellt, die Solarzelle B durch die Kennlinie 1', ... ,9' d.h. es wird $V_B > V_A$ und $I_B > I_A$ angenommen. Bei Parallelverschaltung beider Zellen addieren sich die zu gleichen Spannungen gehörenden Ströme und erzeugen die Kennlinie 1'', ... ,9''. Dabei ist zu beachten, daß sich die Leerlaufspannung der resultierenden Kennlinie aus der in den IV. Quadranten verlängerten Kennlinie der Zelle A ergibt. Die resultierende Kennlinie 1'', ... ,9'' läßt sich wiederum durch zell- bzw. jetzt modulspezifische Parameter I_{sc}, I_{mp}, V_{mp} und V_{oc} beschreiben. Für den Kurzschlußstrom gilt:

$$I_{sc}(A // B) = I_{sc}(A) + I_{sc}(B) \qquad (5.17)$$

Die Leerlaufspannung $V_{oc}(A//B)$ ist größer als die kleinere und kleiner als die größere der Einzel-Leerlaufspannungen also etwa

$$V_{oc}(A//B) = V_{oc}(A) + \Delta V \tag{5.18}$$

Andererseits folgt aus (3.14) mit $I(A) = -I(B)$ für die Leerlaufspannung

$$V_{oc}(A//B) = V_{oc}(A) + R_s(A) \cdot I(A) = V_{oc}(B) - R_s(B) \cdot I(A) \tag{5.19}$$

und mit $R_s(A) + R_s(B) = 2R_s$ für Solarzellen gleichen Typs:

$$\Delta V = R_s \cdot I(A) = \frac{V_{oc}(B) - V_{oc}(A)}{2} \tag{5.20}$$

(5.20) in (5.18) ergibt

$$V_{oc}(A//B) = \frac{V_{oc}(A) + V_{oc}(B)}{2} \tag{5.21}$$

Aus Gleichung (3.55) folgt für Pmp:

$$P_{mp} = \eta \cdot B_{AM0} = \frac{V_{mp}^2}{\left(V_T + V_{mp}\right)} \cdot I_{sc} \tag{5.22}$$

d.h. Solarzellen unterschiedlichen Wirkungsgrads haben auch unterschiedliches V_{mp}. Daher kann man bei Parallelschaltung von Solarzellen unterschiedlicher IV-Charakteristik nicht einfach die Ströme bei maximaler Leistung I_{mp} addieren. Vielmehr bestimmt man eine mittlere Spannung für den maximalen Leistungspunkt gemäß

$$V_{mp*} = \frac{\sum\limits_{v=1}^{n} V_{mp}(v)}{n} \tag{5.23}$$

Bei der Parallelschaltung von Solarzellen lassen sich nun die Ströme der Einzelzellen bei der Spannung V_{mp*} addieren. Ohne Beschränkung der Allgemeinheit folgt für 2 Zellen A//B:

$$I_{mp*}(A//B) = I_{mp*}(A) + I_{mp*}(B) = D(I,M) \cdot \left\{ I_{mp}(A) + I_{mp}(B) \right\} \tag{5.24}$$

d.h. bei der Addition der Ströme am maximalen Leistungspunkt muß noch ein Faktor $D(I,M)$ berücksichtigt werden, der aufgrund der Schwankungen der Spannungen am maximalen Leistungspunkt zustande kommt. $D(I,M)$ heißt Strom-Mismatch-Faktor. Er läßt sich exakt berechnen gemäß

$$D(I,M) = \frac{\sum\limits_{v=1}^{n} I_{mp*}(v)}{\sum\limits_{v=1}^{n} I_{mp}(v)} \tag{5.25}$$

Er liegt in meist um den Wert 0,99 herum. Für n Zellen parallel gelten die Gleichungen (5.17), (5.21) und (5.24) analog.

In Abbildung 5-8 wird das entsprechende Verfahren für die In-Serie-Verschaltung angewandt wobei wiederum $V_B > V_A$ und $I_B > I_A$ angenommen wurde. Bei In-Serie-Verschaltung beider Zellen addieren sich die zu gleichen Strömen gehörenden Spannungen und erzeugen die Kennlinie 1'', ... ,8''. Dabei ist zu beachten, daß sich der Kurzschlußstrom der resultierenden Kennlinie aus der in den II. Quadranten verlängerten Kennlinie der Zelle A ergibt. Da hier die Kennlinie i.a. sehr flach ist reicht meist die Spannung der Zelle B nicht aus um noch einen merklich höheren Kurzschlußstrom als $I_{sc}(A)$ für die resultierende Kennlinie zu erhalten. Dementsprechend begrenzt meist der Kurzschlußstrom der schlechtesten Zelle den Kurzschlußstrom des seriellen Moduls. Die

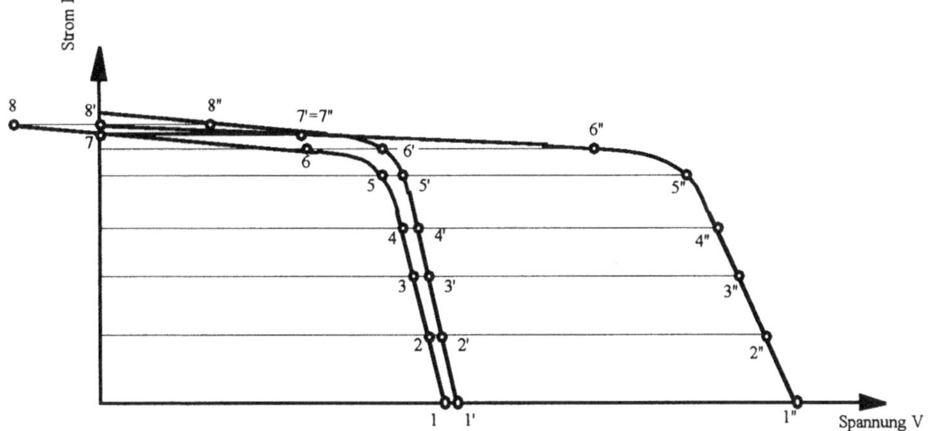

Abbildung 5-8 Konstruktion der resultierenden Kennlinie bei In-Serie Verschaltung zweier Solarzellen

resultierende Kennlinie 1'', ... ,8'' läßt sich danach wiederum durch modulspezifische Parameter I_{sc}, I_{mp}, V_{mp} und V_{oc} wie folgt beschreiben:

$$I_{sc}(A+B) = MIN\left(I_{sc}(A), I_{sc}(B)\right) \qquad (5.26a)$$

bzw. wenn $I_{sc}(A) - I_{mp}(B) > 0$:

$$I_{sc}(A+B) = \frac{\left(I_{sc}(A) + I_{sc}(B)\right)}{2} \qquad (5.26b)$$

und

$$V_{oc}(A+B) = V_{oc}(A) + V_{oc}(B) \qquad (5.27)$$

Für die Spannung am maximalen Leistungspunkt bestimmt man einen mittleren Strom gemäß

$$I_{mp*} = \frac{\sum\limits_{v=1}^{m} I_{mp}(v)}{m} \qquad (5.28)$$

Dann lassen sich bei der In-Serie-Verschaltung von Solarzellen die Spannungen der Einzelzellen beim Strom I_{mp*} addieren. Ohne Beschränkung der Allgemeinheit folgt für 2 Zellen A+B:

$$V_{mp*}(A+B) = V_{mp*}(A) + V_{mp*}(B) = D(V,M) \cdot \{V_{mp}(A) + V_{mp}(B)\} \tag{5.29}$$

d.h. bei der Addition der Spannungen am maximalen Leistungspunkt muß noch ein Faktor $D(V,M)$ berücksichtigt werden. $D(V,M)$ heißt Spannungs-Mismatch-Faktor. Er läßt sich exakt berechnen gemäß

$$D(V,M) = \frac{\displaystyle\sum_{v=1}^{m} V_{mp*}(v)}{\displaystyle\sum_{v=1}^{m} V_{mp}(v)} \tag{5.30}$$

Er liegt in meist um den Wert 0,995 herum. Für m Zellen in Serie gelten die Gleichungen (5.26b), (5.27) und (5.29) analog. Die Formel (5.26a) gilt jedoch nur solange, wie die schlechteste Zelle im II. Quadranten noch nicht im Durchbruchsbereich arbeitet, was bei vielen Zellen in Serie bei Kurzschluß leicht der Fall sein kann.

Auch der maximale Leistungspunkt von parallel und in Serie verschalteten Zellen entspricht nicht der Summe der Einzelleistungen $\sum P_{mp}$. Vielmehr ist

$$\sum P_{mp*} = \sum_{v=1}^{n+m} V_{mp*}(v) \cdot I_{mp*}(v) = D(I,M) \cdot D(V,M) \cdot \sum_{v=1}^{n+m} V_{mp}(v) \cdot I_{mp}(v)$$

$$= D(P,M) \cdot \sum_{v=1}^{n+m} P_{mp}(v) \tag{5.31}$$

5.2.2 Matching Kriterien

Modulkennlinien sollten den aus den modulspezifischen Parametern errechneten Kennlinien möglichst nahe kommen d.h. Matching-Verluste sollten tunlichst vermieden werden. Dazu sind jedoch gewisse Voraussetzungen notwendig.

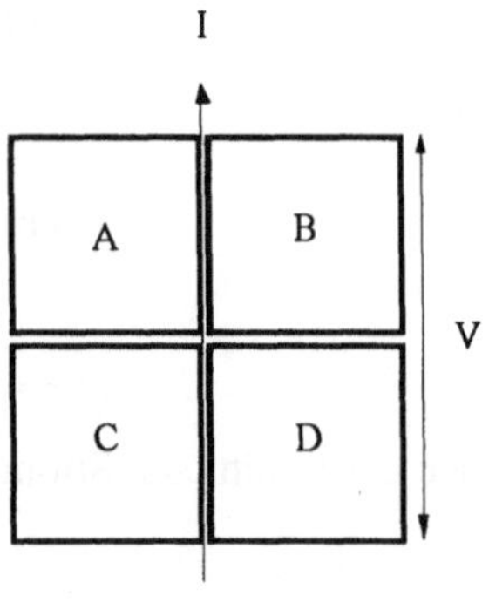

Ohne Beschränkung der Allgemeinheit werde ein Modul betrachtet, der gemäß Abbildung 5-9 aus 4 Zellen A, B, C, D bestehen möge, wovon je 2 parallel und 2 in Serie verschaltet seien. Der Einfachheit halber wird von Gleichung (3.13) ausgegangen.

$$I = I_{sc} - I_0 \cdot \left(e^{V/V_T} - 1\right)$$

Als weitere Vereinfachung sei die IV-Charakteristik durch eine Parabel angenähert. Dazu wird die Exponentialfunktion in (3.13) in eine Reihe entwickelt und beim 3. Glied abgebrochen:

Abbildung 5-9 Modul zur Herleitung der Matchingkriterien

$$I = I_{sc} - I_0 \cdot \left(1 + \frac{V}{V_T} + \frac{V^2}{2V_T^2} - 1\right) \tag{5.32}$$

Dies ergibt:

$$\frac{2I}{I_0} = \frac{2I_{sc}}{I_0} - \left(1 + \frac{V}{V_T}\right)^2 + 1 \tag{5.33}$$

Zählt man I als Vielfache von I_0 und V als Vielfache von V_T so läßt sich (5.33) für jede Zelle $n=A, B, C, D$ vereinfacht schreiben zu:

$$i_n = k_n - \left(1 + v_n\right)^2 \tag{5.34}$$

wobei i_n den Strom, k_n den Kurzschlußstrom und v_n die Spannung der Zelle n bedeuten soll.

Nach Abbildung 5-9 gilt:

$$v_A = v_B \tag{5.35a}$$

$$v_C = v_D \tag{5.35b}$$

$$v_A + v_B = v \tag{5.35c}$$

$$i_A + i_B = i_C + i_D = i \tag{5.35d}$$

Damit ergibt sich für die Einzelzellen:

$$i_A = k_A - (1 + v_A)^2$$

$$i_B = k_B - (1 + v_B)^2$$

$$\tag{5.36a}$$

$$i_C = k_C - (1 + v_C)^2$$

$$i_D = k_D - (1 + v_D)^2$$

sowie

$$v_A = \sqrt{k_A - i_A} - 1 = \sqrt{k_B - i_B} - 1 \tag{5.36b}$$

und

$$v_C = \sqrt{k_C - i_C} - 1 = \sqrt{k_D - i_D} - 1 \tag{5.36c}$$

Für den Gesamtstrom gilt:

$$i = i_A + i_B = \left(k_A + k_B\right) - 2 \cdot \left(1 + v_A\right)^2 \tag{5.37}$$

und für die Gesamtspannung:

$$v = v_A + v_C \tag{5.38}$$

Andererseits folgt aus (5.36c) mit $i_D = i - i_C$:

$$i_C = \frac{i}{2} + \frac{k_C - k_D}{2}$$

(5.39)

Damit wird (5.36c):

$$v_C = \sqrt{\frac{\left(k_C + k_D\right)}{2} - \frac{i}{2} - 1}$$

(5.40)

Eingesetzt in (5.38) ergibt:

$$v_A = v + 1 - \sqrt{\frac{\left(k_C + k_D\right)}{2} - \frac{i}{2} - 1}$$

(5.41)

Eingesetzt in (5.37) ergibt:

$$i = \left(k_A + k_B\right) - 2 \cdot \left[\left(v + 2\right) - \sqrt{\frac{\left(k_C + k_D\right)}{2} - \frac{i}{2}}\right]$$

(5.42)

Hieraus isoliert sich i zu:

$$\frac{i}{2} = \frac{k_A + k_B + k_C + k_D}{4} - \left[\frac{k_C + k_D - \left(k_A + k_B\right)}{8 \cdot \left(1 + \frac{v}{2}\right)}\right]^2 - \left(1 + \frac{v}{2}\right)^2$$

(5.43)

i wird also dann am größten, wenn

$$k_A + k_B = k_C + k_D$$

(5.44)

d.h. die Summe der Ströme der einen Modul aufbauenden Parallelreihen muß konstant sein. Für den allgemeinen Fall eines Moduls mit m Zellen in Serie und n Zellen parallel ist dies in Abbildung 5-10 dargestellt. In der Praxis "matched" man Module meist derart, daß man Ketten gleicher Stromklassen parallel anordnet. Dabei wählt man i.a. als Stromklasse den Strom bei der durchschnittlichen Spannung am maximalen Leistungspunkt I_{mp}. Die Quersumme dividiert durch die Anzahl der parallel geschalteten Ketten muß dann den mittleren spezifizierten Strom ergeben.

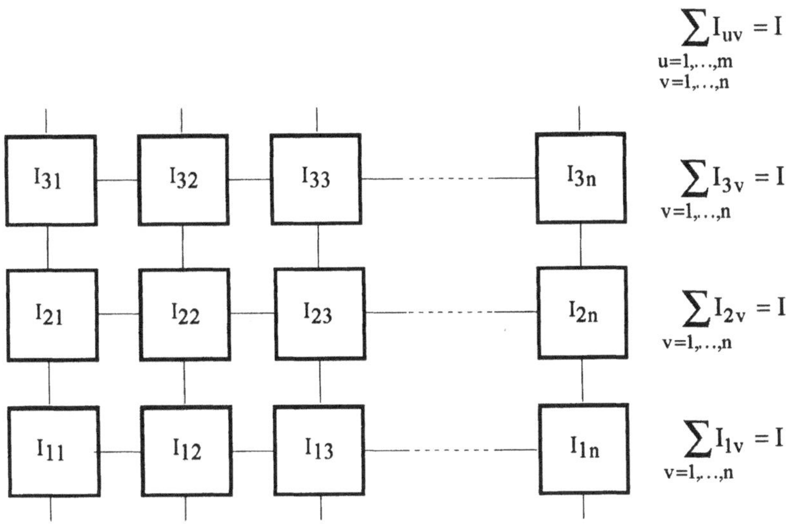

$$\sum_{\substack{u=1,\dots,m \\ v=1,\dots,n}} I_{uv} = I$$

$$\sum_{v=1,\dots,n} I_{3v} = I$$

$$\sum_{v=1,\dots,n} I_{2v} = I$$

$$\sum_{v=1,\dots,n} I_{1v} = I$$

Abbildung 5-10 Matching Kriterium für die Verschaltung von Solarzellen

5.2.3 Solarzellenverbinder

Die elektrische Verschaltung von Solarzellen zu Modulen erfolgt durch Solarzellenverbinder. An einen derartigen Verbinder sind folgende Anforderungen zu stellen:

- Potentialfreie Kontaktierung der p- und n-Zellkontakte,
- geringer elektrischer Widerstand,
- Widerstandsfähigkeit gegen Startbeschleunigungen und -vibrationen,
- Widerstandsfähigkeit gegen die orbitalen Weltraumbedingungen.

Eine potentialfreie Kontaktierung erhält man am besten durch Verwendung identischen Materials für Zellverbinder und Zellkontakte, z.B. Silber, und Anwendung von Schweißverfahren.

Der elektrische Widerstand des Zellverbinders richtet sich nach dem verwendeten Material, dessen Querschnitt und Länge. D.h., man hat hier unter Berücksichtigung der anderen Anforderungen beliebige Einstellmöglichkeiten.

Kritischer ist die Widerstandsfähigkeit gegen die Start- und Missionsbedingungen, weil hier gegenläufige Parameter günstig sind. Das wird im folgenden untersucht.

Raumfahrtsolargeneratoren bestehen aus den verschalteten Solarzellenmodulen, die auf tragende Strukturen, sog. Substrate, aufgeklebt wurden. Derartige Substrate sind i.a. Sandwichstrukturen aus Al-Honigwaben und Geweben aus Kohlefaser verstärkten Kunstharzen (Carbon Fibre Composite CFC) auf der Vorder- und Rückseite (starre Strukturen) oder aus faserverstärkten Folien die wie Markisen durch Ausleger gestrafft werden (flexible Strukturen). Ein Querschnitt durch einen typischen Solargenerator ist in Abbildung 5-11 dargestellt.

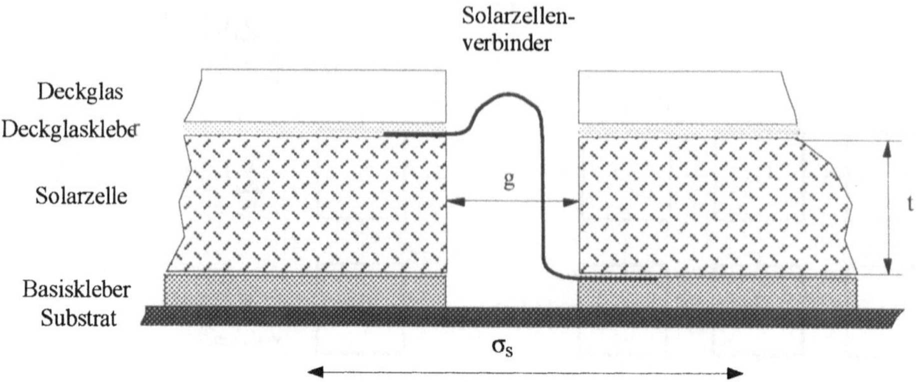

Abbildung 5-11   Querschnitt durch einen typischen Solargenerator

Durch die beim Start auftretenden linearen Beschleunigungen sowie die mechanischen und akustischen Schwingungen werden im Substrat Spannungen erzeugt, die Abstandsänderungen der Solarzellen verursachen. Die Größe dieser Abstandsänderungen hängt von der Auslegung des Solargenerators ab. Wird die Deckschicht des Substrats mit einer mechanischen Spannung σ_s beaufschlagt, so verursacht diese Spannung eine Längenänderung Δl_s des Substrats von

$$\frac{\Delta l_s}{l} = \frac{\sigma_s}{E_s} \tag{5.45}$$

(σ_s: mechanische Spannung des Substrats z.B. in N/mm^2, E_s: Elastizitätsmodul des Substrats z.B. in N/mm^2, l: z.B. Zell-Länge).

Mit den typischen Solargeneratordaten σ_s(max)=880 N/mm^2, E_s= 70 000 N/mm^2, Zellabstand g = 0,6mm ergibt sich als Variation des Zellabstands:

$$\Delta g = 0,008 \text{ mm}$$

d.h. durch mechanische Vibrationen variiert die Spaltbreite pro Schwingung um maximal ±8μm. Nimmt man die Eigenfrequenz eines Solargenerator Substrats bei 40Hz an und die Brenndauer der Rakete mit 10 Minuten, so muß der Solarzellen-Verbinder beim Start 24.000 Schwingungen der Amplitude ±8μm ohne Schädigung überstehen können.

Auf seiner Umlaufbahn angelangt wird der Solargenerator in Operationsstellung gebracht, d.h. auf die Sonne ausgerichtet. Damit nimmt er eine bestimmte Gleichgewichtstemperatur an, die für sonnenorientierte Flügel typisch zwischen 30°C und 60°C liegt. Tritt jedoch der Satellit in den Erdschatten ein, kühlt der Solargenerator ab, auf geostationärer Bahn z.B. auf Temperaturen von -160°C. Diese Temperaturunterschiede verursachen Längenänderungen in allen betroffenen Materialien, insbesondere aber in der Solarzelle und im Substrat. Diese Längenänderungen bewirken aufgrund unterschiedlicher Ausdehnungskoeffizienten α wiederum eine Änderung des Zellabstands und damit eine Dehnung und Stauchung des Zellverbinders. Sind die Schubkräfte des Basisklebers vernachlässigbar gegen die thermischen Ausdehnungskräfte von Solarzelle und Substrat, was in dem Temperaturbereich, in dem der Basiskleber noch elastisch ist, angenommen werden kann, dann gilt für die Spaltänderung zwischen den Solarzellen:

$$\Delta g = g \cdot \alpha_s \cdot \Delta T + \left(\alpha_s - \alpha_z\right) \cdot l_z \cdot \Delta T \qquad (5.46)$$

wo der Index s für Substrat, der Index z für Zelle steht und l_z die Zell-Länge bedeutet. Für den Fall, daß die Schubkräfte des Klebers größer sind als die thermischen Ausdehnungskräfte von Substrat und Zelle, was im Temperaturbereich unter dem Versprödungspunkt T_V des Klebers (typisch -120°C für Silikon-Kautschuk) der Fall ist, haben Substrat und Zelle dieselbe thermische Ausdehnung. Dann gilt für die Spaltänderung zwischen den Solarzellen:

$$\Delta g = g \cdot \alpha_s \cdot \Delta T \qquad (5.47)$$

Ein Satellit auf einer geostationären Bahn kommt pro Jahr rund 90 mal in den Erdschatten. Sei ein Solargenerator mit CFC-Substrat und 4x6cm2-Silizium-Zellen betrachtet. Dann liegt der Temperaturbereich typisch bei +50°C bis -160°C und es ist lz=40mm; g=0,6mm; as=-0,9·10-6 /°C; az=2,5·10-6 /°C; TV=-120°C. Außerdem sei der Solargenerator bei Raumtemperatur gefertigt worden. Dann wird:

$$\Delta g = +2 \ \mu m / \ -19 \ \mu m \qquad (5.48)$$

d.h. bei einer 10-jährigen Missionsdauer muß der Solarzellenverbinder 900 Spaltänderungen von +2μm und -19μm tolerieren. Andere Substratmaterialien oder andere Zell-Längen können noch größere Spaltänderungen bewirken und andere Umlaufbahnen haben oft wesentlich häufigere Schattenphasen.

Um die mechanischen und thermischen Spaltänderungen aufnehmen zu können, muß der Solarzellenverbinder ermüdungstolerant sein. Dies erreicht man i.a. durch Ausbildung einer Ausgleichsschleife innerhalb der Zell-Zwischenräume. In Abbildung 5-12 ist eine derartige Ausgleichsschleife skizziert. r sei ihr Krümmungsradius und Δr sei dessen Änderung bei Änderung des Zellabstands (Drehachse Scheitel der Ausgleichsschleife!). Sei weiter y der horizontale Abstand Zelle-Lot des Scheitels der Ausgleichsschleife, der sich um Δy ändern möge. Dann gilt nach Abbildung 5-12:

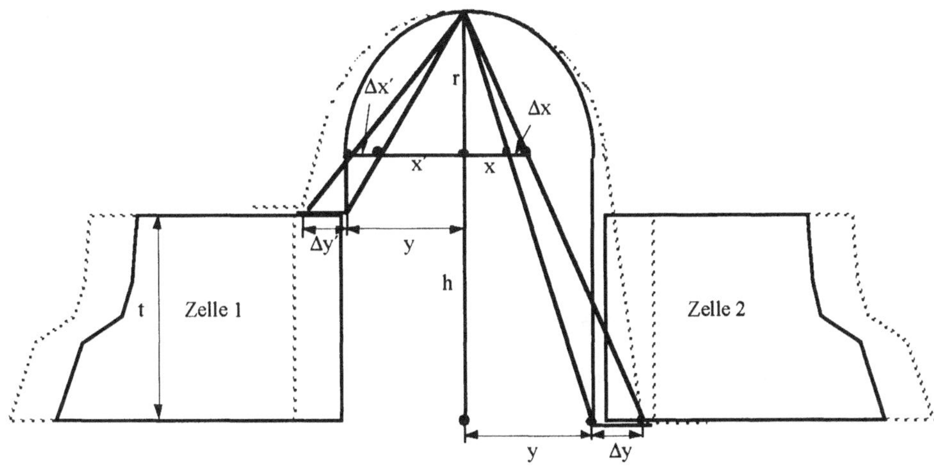

Abbildung 5-12 Verbinder mit Ausgleichsschleife

$$\frac{x + \Delta x}{r} = \frac{y + \Delta y}{h + r} \tag{5.49}$$

und

$$\frac{x}{r} = \frac{y}{h + r} \tag{5.50}$$

und daraus

$$h + r = r \cdot \frac{\Delta y}{\Delta x} \tag{5.51}$$

Ebenso gilt für die andere Verbinderseite mit $\Delta y' = \Delta y$:

$$h + r - t = r \cdot \frac{\Delta y}{\Delta x'} \tag{5.52}$$

Aus (5.51) und (5.52) folgt mit $2\Delta y = \Delta g$ und $\Delta x + \Delta x' = 2\Delta r$:

$$\Delta r = \frac{\Delta g \cdot r \cdot \left[2 \cdot (h + r) - t\right]}{4 \cdot \left[(h + r)^2 - t \cdot (h + r)\right]} \tag{5.53}$$

Biegt man andererseits einen Verbinder der Dicke d zu einer Schleife mit dem Biegeradius r, so wird die maximale Spannung in der Oberfläche

$$\sigma = E \cdot \frac{d/2}{r} \tag{5.54}$$

Wird der Verbinder zuvor spannungsfrei zu einer Schleife mit Biegeradius r geformt ($\sigma(r) = 0$), so erzeugt eine Veränderung des Biegeradius r in r* eine maximale Spannung

$$\sigma = \frac{E \cdot d}{2} \cdot \left| \frac{1}{r} - \frac{1}{r^*} \right| \tag{5.55}$$

und damit

$$r^* = \frac{r}{1 - (2\sigma r/Ed)} \tag{5.56}$$

Weiter wird die Änderung des Biegeradius:

$$\Delta x = \left| r - r^* \right| = r \cdot \left| 1 - \frac{1}{1 - (2\sigma r/Ed)} \right| \tag{5.57}$$

und mit Glg. (5.53) folgt für die maximale Spannung in der Ausgleichsschleife:

$$\sigma = \frac{E \cdot d \cdot \Delta g}{\left| 2r \cdot \left\{ \Delta g - \frac{4(h + r) \cdot [(h + r) - t]}{2(h + r) - t} \right\} \right|} \tag{5.58}$$

d.h. σ ist für jede Zelldicke t und beliebige Spaltvariationen Δg über die Wahl des Verbindermaterials (Elastizitätsmodul E, Materialdicke d) und die Form der Ausgleichsschleife (Biegeradius r, Höhe h der Schleife) weitgehend einstellbar.

Den Zusammenhang zwischen Ermüdungsfestigkeit und mechanischer Spannung spiegelt die Wöhlerkurve wieder (Abbildung 5-13).

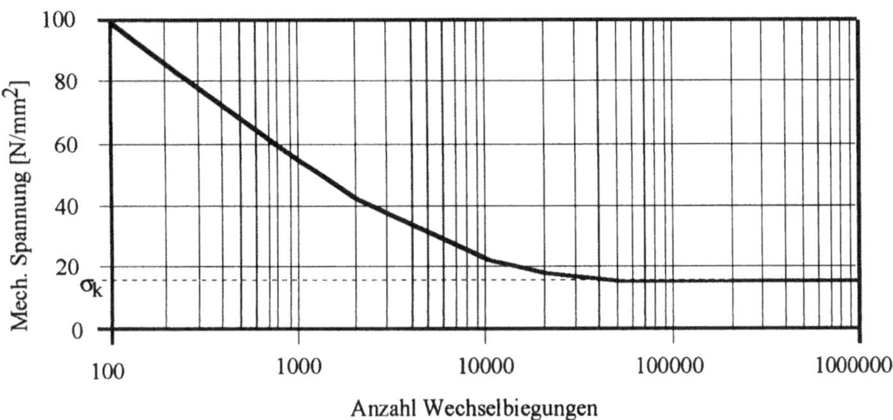

Abbildung 5-13 Typische Wöhlerkurve

In ihr sind die mechanischen Spannungen im Material über der Zyklenanzahl (Anzahl der Wechselbiegungen) aufgetragen. Je höher die auftretenden Spannungen im Material, desto geringer ist die Zyklenanzahl. Andererseits gibt es eine kritische Spannung σ_k, unterhalb der beliebige Zyklenzahlen erreicht werden können, also keine Materialermüdung stattfindet. Auf den Solarzellenverbinder angewandt heißt dies, wenn die Spannungen in der Ausgleichsschleife zu hoch werden (d, Δg groß, h,r klein), hält der Verbinder nur wenigen Thermalzyklen stand. Dimensioniert man jedoch den Solarzellenverbinder so, daß unter allen möglichen Missionsbedingungen die mechanischen Spannungen im Verbinder unter der kritischen Spannung σ_k bleiben, so widersteht der Verbinder allen auftretenden Variationen des Zellabstands. Das ist aus geometrischen Gründen meistens nicht möglich. Deshalb dimensioniert man den Solarzellenverbinder gemäß der Miner's Regel die besagt, daß die Gesamt-Ermüdungsschädigung durch unterschiedliche Lasten linear ist. Sei $N(A_1)$ die maximale Zyklenzahl bei der Amplitude A_1 die der Verbinder aushält und sei $n(A_1)$ die zu erwartende Zyklenzahl bei der Amplitude A_1 , dann definiert

$$\Delta n(A_1) = \frac{n(A_1)}{N(A_1)} \tag{5.59}$$

die Schädigung, die durch die Last mit der Amplitude A_1 entstanden ist. Andere Lasten mit der Amplitude A_j verursachen entsprechende Schädigungen, so daß sich nach der Miner's Regel für die Gesamtschädigung von m unterschiedlichen Lasten ergibt:

$$\sum_{j=1}^{m} \Delta n\left(A_j\right) = \sum_{j=1}^{m} \frac{n\left(A_j\right)}{N\left(A_j\right)} \tag{5.60}$$

Das Überlebenskriterium für den Verbinder ist dann:

$$\sum_{j=1}^{m} \Delta n\left(A_j\right) < 1 \tag{5.61}$$

5.3   Hot Spots

5.3.1   Entstehung von Hot Spots

Ein "Hot Spot" (Heißer Fleck) tritt auf, wenn eine Zelle zum Verbraucher wird. Dies tritt ein, wenn eine Zelle im II. oder IV. Quadranten arbeitet. Dabei sind die Verhältnisse im IV. Quadranten unkritisch, da V und I auf i.a. niedere Werte begrenzt sind. Im II. Quadranten kann jedoch eine geringe Abweichung vom Kurzschlußstrom bereits zu hohen negativen Spannungen führen (z.B. -50V!), so daß die in der Zelle umgesetzte Leistung diese aufheizt und zu einem "Hot Spot" entarten läßt.

Wann aber sind solche "Hot Spot"-Bedingungen gegeben? Die Spannung eines Solargenerators wird durch die serielle Zusammenschaltung der Solarzellen als Summe der Einzelspannungen erzeugt. Durch eine Shunt-Regelung wird i.a. dafür gesorgt, daß eine bestimmte Bus-Spannung für die Verbraucher zur Verfügung steht d.h. jedem Modul wird eine bestimmte Spannung aufgezwungen. Ohne Beschränkung der Allgemeinheit seien im folgenden nur Einzelzellketten (Strings) betrachtet (mehrere parallel verschaltete Zellen können ja auch als eine große Zelle betrachtet werden!). Dann fließt durch jede Zelle eines Strings immer derselbe Strom, so daß eine "gute" Zelle einen höheren Spannungsbeitrag zur Gesamtspannung leistet wie eine "schlechte" Zelle.

Eine Stringkennlinie $K_n \equiv V_n = f(I)$ kann man sich zusammengesetzt denken aus der Kennlinie einer Zelle K_1 plus der Kennlinie von (n-1) in Serie geschalteten Zellen K_{n-1}. In Abbildung 5-14a seien zunächst die Kennlinien aller Einzelzellen identisch. Dann arbeiten alle Zellen bei gleicher Spannung, unabhängig von der äußeren Last. K_n ergibt sich aus K_1, indem die Kennlinie der Einzelzelle lediglich auf der Spannungskoordinate um den Faktor n gestreckt wird:

$$K_n = n \cdot K_1 \tag{5.62}$$

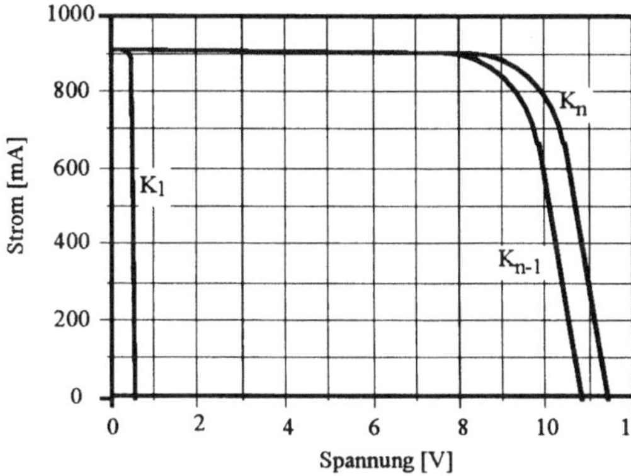

a.) Addition der Zell-Charakteristiken bei gleichen Zellen: $I_{sc}(K_1)=I_{sc}(K_{n-1})$

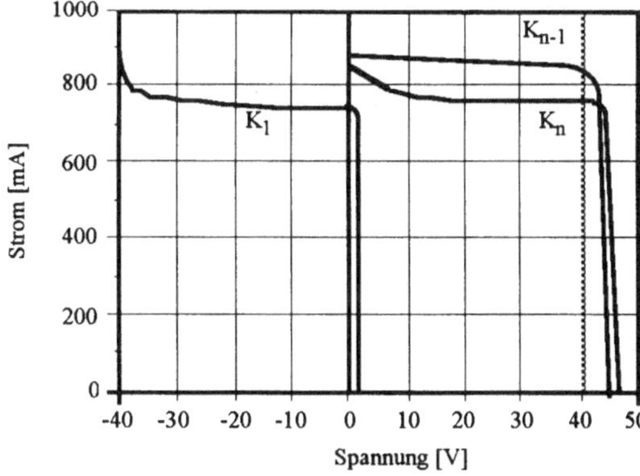

b.) Addition der Zell-Charakteristiken bei voneinander abweichenden Zell-kennlinien: $I_{sc}(K_1)<I_{sc}(K_{n-1})$

Abbildung 5-14 Zur Erzeugung von Hot-Spots

Erzeugt K_1 gegenüber K_{n-1} einen geringeren Kurzschlußstrom $I_{sc}(K_1)$ etwa durch Mismatch, Bruch oder Abschattung (Abbildung 5-14b), so arbeitet K_1 für Ströme $I>I_{sc}(K_1)$ immer bei negativen Spannungen und stellt damit einen Verbraucher dar:

$$V_n(I) = V_1(I) + V_{n-1}(I) \tag{5.63}$$

Je kleiner $V_n(I)$, desto mehr ist $V_1(I)$ negativ. Insbesondere wird mit $V_n(I_{sc}) = 0$

$$V_1(I_{sc}) = - V_{n-1}(I_{sc}) \tag{5.64}$$

Ist $I_{sc}(K_1) \ll I_{sc}(K_{n-1})$ und n groß, so kann für einen bestimmten Spannungsbereich K_1 durchaus bei der Durchbruchspannung V_D arbeiten und 1-2 W/cm^2 Leistung "verbraten". Dies führt nicht nur zu einer Leistungsminderung des Strings, sondern auch zu einer Aufheizung der betroffenen Solarzelle (Hot Spot).

Nun ist die Sperrkennlinie einer Solarzelle temperaturabhängig (Gleichung (5.16) und Abbildung 5-5). Je höher die Temperatur der Zelle, desto höher der Kurzschlußstrom und desto kleiner der Betrag der Durchbruchspannung $|V_D|$, d.h. eine "Hot Spot"-Zelle reguliert sich selbst zu geringerem Leistungsverbrauch. Nach Gleichung (5.16) läßt sich für eine beleuchtete 2Ωcm Si-Zelle die Sperrkennlinie wie folgt beschreiben:

$$J_{rev}(T_c) = J_{sc}(28°C)\cdot\left[1+\beta\cdot(T_c-28)\right]+ \tag{5.65}$$

$$+5,9292\cdot e^{(-6,52\cdot10^{-7}\cdot T_c^2+4,01\cdot10^{-4}\cdot T_c-0,13585)\cdot V+0,01683\cdot T_c-11,513}$$

(T_c: Temperatur in °C; $\beta = \Delta J_{sc}/\Delta T$; $V \leq 0$: Spannung in Sperr-Richtung in Volt)

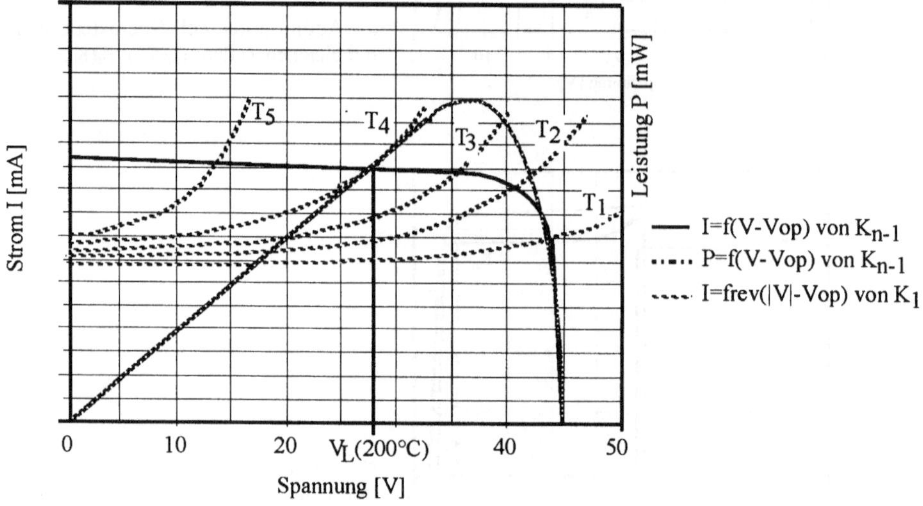

Abbildung 5-15 Bestimmung der Leistungsaufnahme einer Hot-Spot Zelle

Wie aber läßt sich ein "Hot Spot" berechnen? Wie weit V_1 negativ wird ist nach Gleichung (5.63) von der Operationsspannung abhängig. Wird der String K_n bei einer Operationsspannung V_{op} betrieben, so kann die Zelle mit der Kennlinie K_1 maximal auf eine Spannung $-(V_{oc}-V_{op})_{n-1}$ umpolen. Neben dem Kurzschlußstrom der Zelle mit der Kennlinie K_1 ist also die Operationsspannung des Strings für die Bildung eines Hot Spots maßgebend. In Abbildung 5-15 ist die $I(V-V_{op})$-Kennlinie sowie die dazugehörige $P(V-V_{op})$-Kennlinie von K_{n-1} dargestellt. Darüber abgebildet sind die an der Ordinate gespiegelten $I(-V+V_{op})$-Sperrkennlinien von K_1 bei verschiedenen Temperaturen analog Gleichung (5.65). Zu jedem Schnittpunkt mit der $I(V-V_{op})$-Kennlinie von K_{n-1} gehört eine bestimmte Spannung V_L bei der K_1 als Verbraucher arbeitet und eine bestimmte elektrische Leistung $P_L=P_{n-1}(V_L)$ die in K_1 verbraucht wird und ihre Temperatur verändert. Die sich einstellende "Hot Spot"-Temperatur T_{HS} ergibt sich damit aus dem Gleichgewicht der Leistungsaufnahme der Zelle bei der Temperatur T_{HS} und ihrer Leistungsabgabe durch Leitung und Abstrahlung . Trägt man in Abbildung 5-16 die Temperatur T_v der Zelle K_1 als Funktion des sie durchfließenden Stromes auf (Schnittpunkt $f_{rev}(V-V_{op})$ von K_1 mit $f(V-V_{op})$ von K_{n-1} aus Abbildung 5-15!) und ebenso die durch die zusätzliche Leistungszufuhr $P_L=P_{n-1}(V_L)$ errechnete Gleichgewichtstemperatur $T_{eq}(P_v)$, so schneiden sich beide Kurven bei der sich einstellenden "Hot Spot"- Temperatur T_{HS}. Für die Berechnung der "Hot Spot"-Temperatur T_{HS} werden die in Kapitel 7.3 beschriebenen Temperaturberechnungs-Formeln angewandt.

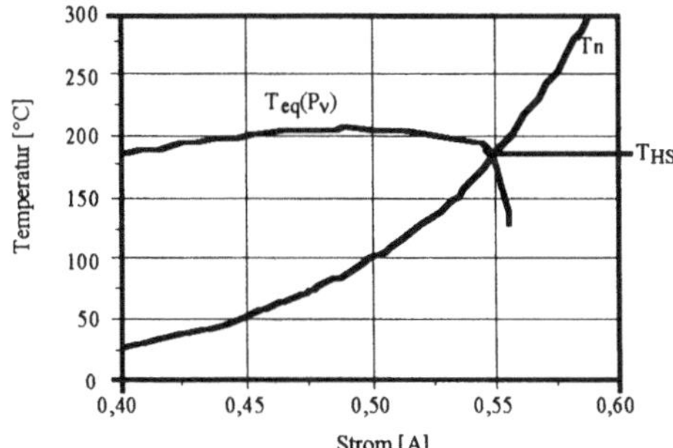

Abbildung 5-16 Bestimmung der Gleichge-wichtstemperatur einer Hot-Spot Zelle

5.3.2 Verhinderung von Hot Spots

Bei Hot Spots können Temperaturen um die 300°C und höher auftreten die zu Fehlern im Modul führen können etwa durch Schmelzen des Lots bei gelöteten Verbindern, durch Aufweichen des Klebers oder der Struktur bei Substraten auf Kunststoffbasis, oder durch Zerstörung der Zelle durch den sog. 2. Durchbruch (Lit. 5.2). Daher wird man durch geeignete Auslegung versuchen Hot Spots von vornherein zu vermeiden. Maßgebend dafür, daß eine Zelle zum Hot Spot wird ist, daß der Modul genügend Spannung hergibt um die betroffene Zelle in die Nähe der Durchbruchspannung zu bringen und daß diese hoch genug ist um genügend Wärme in der Zelle zu erzeugen. Deshalb sind i.a. nur Solargeneratoren mit Operationsspannungen über 40V Hot Spot gefährdet und auch nur für den Fall, daß die Spannungsregelung den Kurzschlußfall einschließt.

Hot Spots können erzeugt werden durch Zellbruch (brechen z.B. 20% der Zellfläche ab, erzeugt die Zelle nur noch 80% des Kurzschlußstroms und polt bei Strömen >0,8 I_{sc} um) oder Abschattung. Eine teilweise oder ganz abgeschattete Zelle wirkt wie eine abgebrochene Zelle. Der Kurzschlußstrom I_{sc} reduziert sich entsprechend dem Abschattungsgrad, jedoch ist die vollflächige Sperrkennlinie wirksam im Gegensatz zu abgebrochenen Zellen, bei denen nur die Sperrkennlinie der verbleibenden Fläche wirksam ist. Bei Modulen mit Parallelverschaltung entspricht der Ausfall einer Zelle dem Bruchfall bei einer Einzelzellkette. Deshalb ist ein aus einzelnen Ketten gleicher Zellklassen aufgebauter Solargenerator nicht unbedingt Hot Spot-sicher.

Um Solarzellen wirksam gegen Hot Spots zu schützen macht man sich die Tatsache zunutze, daß die Hot Spot-Zelle in Sperr-Richtung arbeitet und daher entgegengesetzte Polarität aufweist wie normal arbeitende Zellen. Dies ermöglicht die Verwendung von By-Pass Dioden gemäß Abbildung 5-17. Diese treten dann in Aktion, sobald eine Zelle oder Zellreihe umpolt, so daß dann lediglich der Leistungsverlust der entsprechenden Zelle, Zellreihe oder des Submoduls in Kauf genommen zu werden muß.

Neueste Si-Zell-Entwicklungen besitzen bereits integrierte Bypass-Dioden (Zener-Dioden über den pn-Übergang!) die schon bei -7V ansprechen. Derartige IZD-Zellen (IZD: integrated Zener diode) finden vor allem dort Verwendung, wo Aufbauten des Satelliten Schatten auf Teilflächen des Solargenerators werfen können.

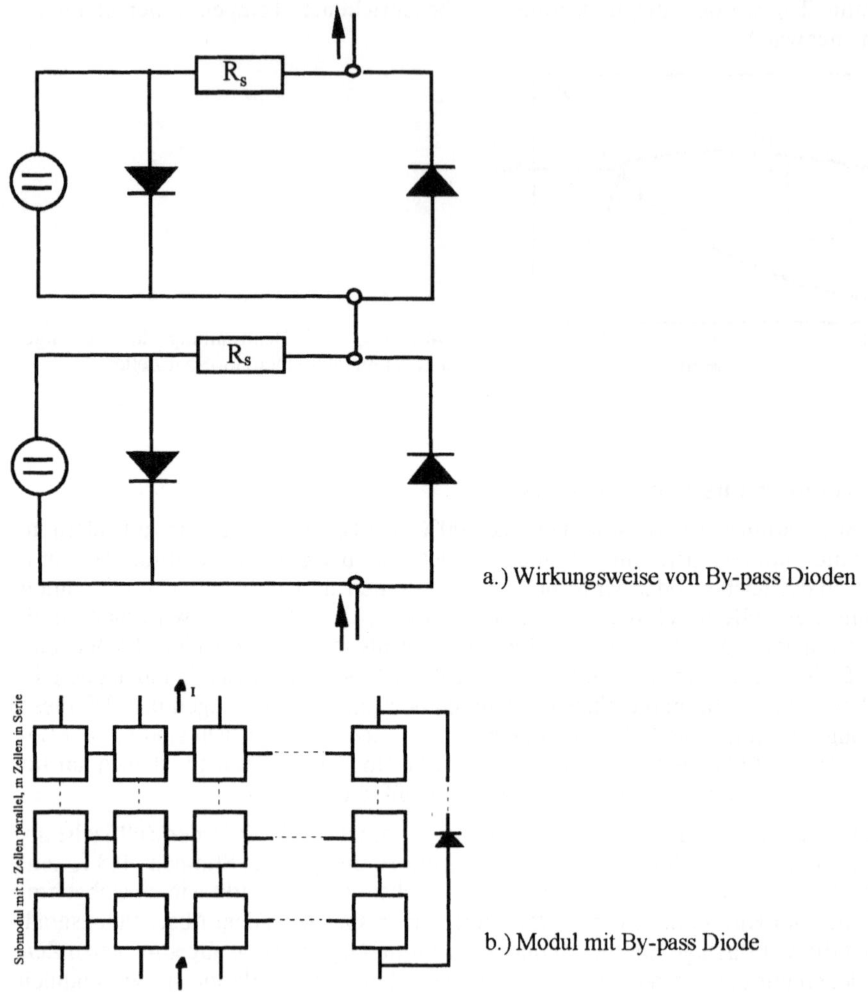

a.) Wirkungsweise von By-pass Dioden

b.) Modul mit By-pass Diode

Abbildung 5-17 Maßnahmen zur Vermeidung von Hot-Spots

6 Solarzellen und Korpuskularstrahlung

Der Weltraum ist erfüllt von atomaren Teilchen verschiedener Art und Herkunft. Die Erdoberfläche ist gegen diese Korpuskularstrahlung weitgehend geschützt durch die Atmosphäre und durch das Magnetfeld der Erde. Raumfahrzeuge aber, die die Atmosphäre verlassen und sich auf Umlaufbahnen um die Erde noch im Bereich des Erdmagnetfeldes bewegen, sind ihr voll ausgesetzt. Deshalb sollen in diesem Kapitel die wichtigsten Komponenten der Weltraum-Korpuskularstrahlung quantifiziert und ihre Wechselwirkung mit Solarzellen dargestellt werden. Eine detaillierte Darstellung der Wechselwirkung zwischen Korpuskularstrahlung und Solarzellen findet sich in Lit. 6.1 und Lit. 6.19.

6.1 Teilchenstrahlung und ihre Modellierung

6.1.1 Die Teilchenstrahlung im erdnahen Raum

Teilchenstrahlung existiert außerhalb der Erdatmosphäre als

- Strahlung von im Magnetfeld der Erde (oder eines anderen Himmelskörpers) gefangener, geladener Teilchen (Strahlungsgürtel der Erde),
- von Flare-Ereignissen auf der Sonne ausgesandte Strahlung,
- galaktische kosmische Strahlung.

Abbildung 6-1 zeigt schematisch ihre Verteilung in der Magnetosphäre.

Der Strahlungsgürtel der Erde (J.A. van Allen, 1958) umgibt die Erde in der Äquatorialebene wie ein Wulstring in etwa symmetrisch zur magnetischen Achse in einem Abstand von 700km bis 60.000km. Die Teilchen (Protonen, Elektronen und ca. 0,02% α-Teilchen) führen unter der Wirkung des magnetischen Dipolfeldes der Erde komplizierte Bewegungen aus, die man sich aus drei Einzelbewegungen zusammengesetzt denken kann (Lit. 6.2):

1. Sie kreiseln je nach Energie 10^3 bis 10^6 mal pro Sekunde um die magnetischen Feldlinien (Zyklotron-Bewegung).

2. Der Mittelpunkt der Kreisbewegung, das Führungszentrum, bewegt sich längs der Kraftlinien bis zu einem Umkehrpunkt (Spiegelungspunkt), der der erdnächste Punkt der Bahn ist, kehrt dann um, überquert den Äquator und wiederholt den gleichen Vorgang in der anderen Hemisphäre. Eine volle Oszillation dauert einige Zehntelsekunden.

Die Überlagerung der Bewegungen 1. und 2. ergibt eine Spirale, deren Windungsabstand am Äquator am weitesten, an den Umkehrpunkten am engsten ist. Für den geomagnetischen Äquator gilt weiter:

3. Innerhalb einer Entfernung von 7-8 Erdradien R_e driften die Spiralbahnen je nach Energie der Teilchen in 1 bis 24 Stunden einmal um die Erde herum, und zwar Protonen westwärts, Elektronen ostwärts. Die Bereiche, die von den einzelnen Teilchen durchlaufen werden, ähneln den Schalen einer Zwiebel (konstante **B**-Schalen).

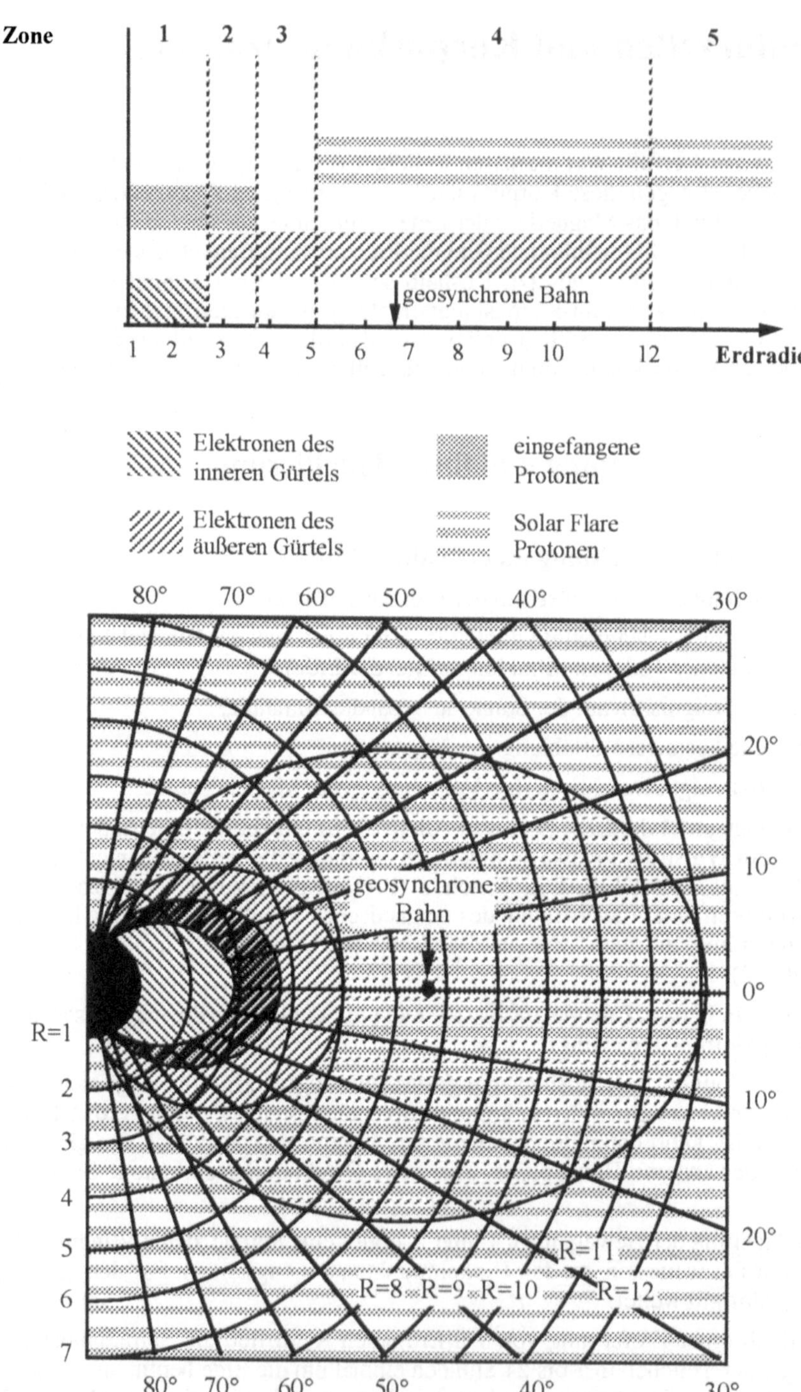

Abbildung 6-1 Verteilung geladener Teilchen in der Magnetosphäre (nach Lit. 6.1)

4. Die "Zwiebelschalen" werden mit wachsender Entfernung immer asymmetrischer derart, daß ihr erdnächster Punkt um Mitternacht ist. Die Schalen konstanten magnetischen Feldes **B** sind ab einem Abstand $r>7R_e$ zur Sonne hin offen (pseudo-gefangene Teilchen).

5. Ein Satellit auf geostationärer Bahn schneidet mehrere **B**-Schalen entsprechend der lokalen zeitlichen Änderung (um Mitternacht auf äußerster **B**-Schale, mittags auf innerster).

Die gesamte Magnetosphäre ist mit Teilchen erfüllt. Elektronen sind auf zwei Zonen verteilt, einer inneren ($<2,8$ Erdradien R_e) und einer äußeren. Elektronen der inneren Zone sind schwächer und energieärmer ($<5MeV$) als die der äußeren Zone (ca. $7MeV$). Für Protonen lassen sich keine Zonen definieren. Ihre Population hängt von ihrer Energie ab. Je höher die Energie, desto erdnaher ist ihre Bahn.

Obwohl die räumliche Dichte der im Magnetfeld der Erde gefangenen Teilchen nur 1 bis 2 pro cm^3 beträgt, ist wegen der hohen Geschwindigkeit ihre Flußdichte sehr hoch.

Die Lebensdauer der Teilchen beträgt je nach Höhe und Energie einige Monate bis viele Jahre. Sie fallen schließlich durch Wechselwirkung mit Luftmolekülen der oberen Atmosphäre bevorzugt an den Spiegelungspunkten aus.

Die Sonne strahlt einen ständigen, radial nach außen gehenden Plasmastrom, den Sonnenwind, aus. Dieser enthält vor allem Protonen mit Energien um 1 keV und einer Dichte von 10 Teilchen/cm^3 sowie Elektronen. Der Sonnenwind verformt das Magnetfeld der Erde zu einem langen, zylinderförmigen Schlauch, der wie ein Windsack mehrere Millionen Kilometer in den interplanetaren Raum hinausreicht (Abbildung 6-2). Dieses zylinderförmige Gebiet ist der Schweif der Erdmagnetosphäre.

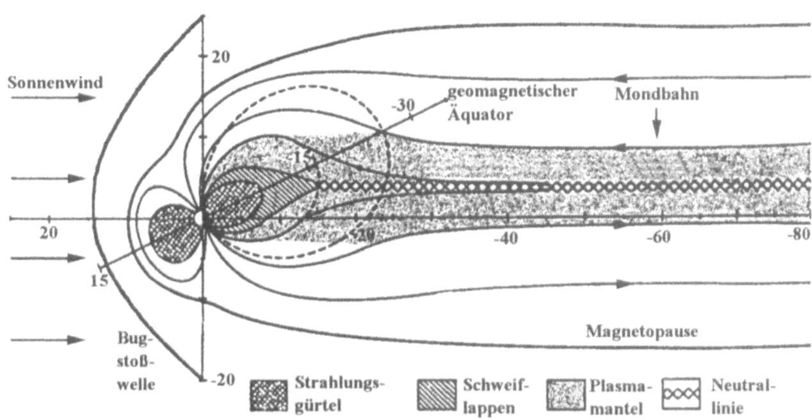

Abbildung 6-2 Querschnitt durch die Erdmagnetosphäre (nach Lit. 6.3)

Die Wechselwirkung des Sonnenwindes mit der Magnetosphäre beginnt an deren Oberfläche, die man als Magnetopause bezeichnet. Sie ist in Sonnenrichtung, wo der Sonnenwind vom Erdmagnetfeld gestoppt wird, etwa 10 Erdradien von der Erde entfernt. Hier komprimiert der anströmende Sonnenwind die Magnetosphäre. Auf der Nachtseite der Erde bildet sich jedoch der Schweif aus, der einen Durchmesser von 40 bis 60 Erdradien und eine Länge von über 1.000 Erdradien aufweist.

Die elektrische Leistung, die durch magneto-hydrodynamische Prozesse vom Sonnenwind an die Magnetosphäre geliefert wird, liegt in der Größenordnung 106 MW (Lit.
6.3). Ein Teil dieser Energie gelangt in die innere Magnetosphäre, wo sie Polarlichter-
scheinungen auslöst. Außerdem werden energiereiche Elektronen und Protonen in die
innere Zone, den inneren Van-Allen-Strahlungsgürtel, eingespeist. Die niederenergeti-
schen Protonen und Elektronen dringen vermutlich aus dem interplanetaren Raum durch
örtlich-zeitliche Inhomogenitäten des Magnetfeldes in die Magnetosphäre ein. Die untere
Grenze für Protonen liegt bei etwa 150km Höhe. Je höher die Energie, desto näher das
Maximum (500MeV bei 1, 4R$_e$, 40MeV bei 1,5R$_e$,5MeV bei 1,8R$_e$). Dasselbe gilt für die
äußere Grenze: 400MeV bei 2,1R$_e$, 50MeV bei 2,9R$_e$,5MeV bei 4,7R$_e$.

Ein anderer großer Teil der im Magnetosphärenschweif gespeicherten Energie wird in
Form von Plasmoiden wieder an den Sonnenwind abgegeben (Lit. 6.3).

Von den physikalischen Erscheinungen auf der Sonne sind es neben dem Sonnenwind
insbesondere die Flares (Fackeln), die bedeutende Flüsse von Korpuskularstrahlung zur
Erde emittieren. Flares erscheinen in der Nachbarschaft von Sonnenflecken und verursachen ein plötzliches Anwachsen der H$_\alpha$-Linie (656nm). Ein Flare wächst, kaum daß er
gebildet wurde, sehr schnell bis zu einigen 109km^2 an, erreicht seine maximale Intensität,
und verschwindet dann schnell wieder. Die Dauer eines Ereignisses beträgt einige Minuten bis zu einigen Stunden. Ca. eine halbe Stunde nach der optischen Erscheinung beobachtet man auf der Erde Korpuskularstrahlung, die innerhalb von 1-3 Tagen wieder verschwindet.

Die Korpuskularstrahlung von Flares besteht überwiegend aus Protonen, Elektronen, α-
Teilchen und wenigen Kernen mittlerer Masse (C, N, O). Flares können wie folgt charakterisiert werden:

a) Ihre Häufigkeit ist dem 11-jährigen Sonnenzyklus unterworfen (Abbildung 6-3).

b) Es überlagert sich ein halbjährlicher Zyklus mit Maxima im März und September na-
    he der Äquinoxien. Flares sind am häufigsten im September, das Minimum liegt im
    Dezember/Januar.

c) Flares, die einen hohen Protonenfluß erzeugen, finden bei wachsender oder abneh-
    mender Sonnenfleckenaktivität statt (nicht bei maximaler!).

d) Die Teilchenflüsse, die bei Flares auf der Erde ankommen, sind bzgl. Intensität,
    Spektrum und Isotropie stark zeitabhängig. Maximale Intensität wird bei höheren
    Energien beobachtet, danach fällt der Fluß mit ca. t^{-3} wieder ab. Normalerweise ist der
    Teilchenfluß auch isotrop. Nur bei kurzzeitigen Flares gibt es eine Richtungsabhän-
    gigkeit des Teilchenflusses (30° bis 60° westlich der Erde-Sonne Verbindungslinie).

Während man für die Häufigkeit von Sonnenflecken und Flares eine Poisson-Verteilung
annehmen kann, gilt dies nicht für den Protonenfluß. Denn nur eine spezielle Gruppe von
Flares ist auch protonenintensiv:

•   Flare-Ereignisse während der Wachstumsphase der jährlichen Sonnenfleckenhäufig-
    keit. Die Strahlung besitzt relativ konstante, mäßige Härte während der Sonnenflek-
    kenmaxima und unvorhersehbare Intensität und Härte während starker Änderungs-
    phasen (die Härte der Strahlung ist ein Maß dafür, wie tief geladene Teilchen in ein
    Magnetfeld eindringen können. Näheres in Lit. 6.1).

Ereignisse mit Energien >30MeV sind zufällig über den 11-Jahreszyklus verteilt aber
nicht proportional der Sonnenfleckenanzahl.

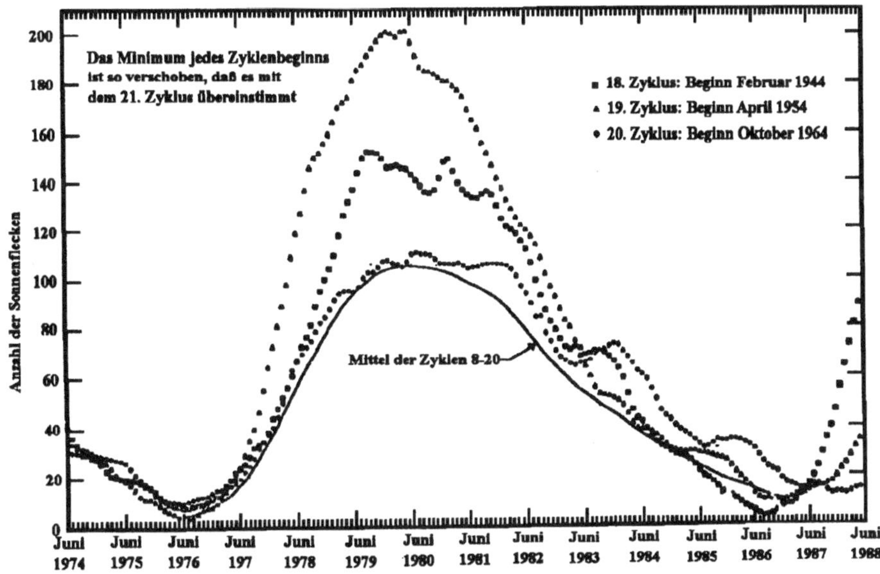

Abbildung 6-3 Sonnenfleckenhäufigkeit seit 1944 (nach Lit. 6.1)

Die Protonen kommen je nach Energie zwischen Bruchteilen einer Minute und einigen
Stunden nach Beobachtung des Ereignisses auf der Erde an, die energiereichsten Protonen nach 10-30 Minuten. Man unterscheidet gewöhnliche Ereignisse (ordinary events:
OR) und außergewöhnlich große Ereignisse (anomously large events: AL). AL's sind
sehr selten: Im 19. Zyklus waren es 3, im 20. Zyklus 1 und im 21. Zyklus 0.

Die kosmische Strahlung ist eine sehr energiereiche Strahlung, die aus dem Kosmos auf
die Erdatmosphäre trifft und dort Sekundärstrahlung (Pionen, Myonen, Elektronen, α-
Strahlung, Baryonen, ...) erzeugt. Von Interesse für die Raumfahrt ist jedoch höchstens
die primäre kosmische Strahlung, die ihren Ursprung in der Sonne, im Milchstraßensy-
stem und möglicherweise auch außerhalb unserer Milchstraße hat. Sie enthält eine isotrope Nukleonen-, eine Leptonen- (Elektronen, Positronen, Myonen und Neutrinos) und eine
Röntgen- und γ-Strahl-Komponente. Das Nukleonenspektrum kann wie in Tabelle 6-1
angenommen werden. Die Strahlungsdichte der kosmischen Strahlung entspricht danach
ca. 4 Teilchen pro cm^2sec und besteht überwiegend aus Protonen.

Tabelle 6-1 Repräsentative Teilchenflußdichte der galaktischen
kosmischen Strahlung (Lit. 6.10)

Element	Ladung	Teilchen/cm^2sec
H	1	4,00
He	2	0,50
O	8	0,03
Si	14	0,007
Fe	26	0,003

Die Energie der Primärstrahlung läßt sich als Potenzgesetz darstellen. Die Anzahl N mit
einer Energie $\geq E$ ist:

$$N(\geq E) = A \cdot E^{-n} \tag{6.1}$$

worin A und n in bestimmten Energiebereichen feste Werte annehmen, z.B. n = 2,1 im Energiebereich $10^{15} - 10^{17}$ eV.

Neben der natürlichen Teilchenstrahlung spielte auch lange Zeit die von Atombombentests erzeugte Strahlung eine Rolle. Zwischen 1958 und 1962 führten die USA und die UDSSR mindestens 7 Atombombentests in Höhen von 200km und darüber durch, die kurzlebige, künstliche Strahlungsgürtel erzeugten. Das dramatischste Experiment war die "Starfish"-Detonation am 9. Juli 1962. Diese 1,4 Mt-Bombe detonierte in 400km Höhe über dem Pazifischen Ozean und erzeugte als Spaltprodukt Elektronen mit Energien bis zu 7MeV, die die Flüsse des inneren Strahlungsgürtels bis zu einem Faktor 100 vergrößerten. Diese "Starfish"-Elektronen klangen erst nach 8 Jahren wieder ab, nicht ohne mehrere Satelliten außer Funktion gesetzt zu haben (Ariel I, TRAAC, Telstar 1,...).

Neben der primär einfallenden Strahlung spielt die durch sie erzeugte Sekundärstrahlung eine untergeordnete Rolle. Sie entsteht als Bremsstrahlung und durch Kernreaktionen. Bei Elektronenenergien von über 0,1MeV ist die Bremsstrahlung über dreimal schwächer als der einfallende Elektronenfluß.

6.1.2 Das Magnetfeld/elektrische Feld der Erde

Da sich die Flüsse von im Magnetfeld der Erde eingefangenen Teilchen häufig auf Flächen konstanter magnetischer Feldstärke beziehen, wird im folgenden das Magnetfeld der Erde kurz beschrieben und in Zusammenhang mit der geographischen Position des Satelliten gebracht (genaueres in Lit. 6.2).

Das magnetische Dipolmoment $\mathbf{k_0}$ der Erde wird im Erdmittelpunkt angenommen und zeigt nach Süden. Seine Größe ist:

$$k_0 = 8{,}02 \cdot 10^{15} \text{ Wbm} \tag{6.2a}$$

$$= 0{,}311 \cdot R_e^3 \text{ G} \tag{6.2b}$$

$(1\text{Wb} = 1\text{Vs}; \ 1\text{G(auss)} = 10^{-4} \text{ Vs/m}^2 = 10^5 \gamma; \ R_e = 6.371.000\text{m})$.

Die magnetische Flußdichte eines Dipols ist in Vektorform:

$$\vec{B} = \frac{\left\{ 3 \cdot \left(\vec{k}_0 \bullet \vec{e} \right) \vec{e} - \vec{k}_0 \right\}}{r^3} \tag{6.3}$$

wobei $\vec{e} = (e_r, e_\lambda, e_\varphi)$ Einheitsvektor bzgl. der Polarkoordinaten r (Abstand), λ (geographische Breite) und φ (geographische Länge) ist. In Polarkoordinaten:

$$B_r = -\frac{2k_0 \sin\lambda}{r^3} \tag{6.4a}$$

$$B_\lambda = \frac{k_0 \cos\lambda}{r^3} \tag{6.4b}$$

$$B_\varphi = 0 \tag{6.4c}$$

Die Differentialgleichungen einer magnetischen Feldlinie sind:

Die Differentialgleichungen einer magnetischen Feldlinie sind:

$$\frac{r\,d\lambda}{B_\lambda} = \frac{dr}{B_r} \quad ; \quad d\varphi = 0 \tag{6.5}$$

Dies ergibt für eine magnetische Feldlinie der Erde (Abbildung 6-4):

$$r = r_o \cdot \cos^2 \lambda \tag{6.6a}$$

$$\varphi = \varphi_0 = const \tag{6.6b}$$

Für ein Feldlinienelement ds gilt:

$$ds = \sqrt{\left(dr^2 + r^2 d\lambda^2\right)} \tag{6.7a}$$

und mit (6.6a):

$$ds = r_o \cos\lambda \cdot \sqrt{\left(4 - 3\cos^2\lambda\right)} \cdot d\lambda \tag{6.7b}$$

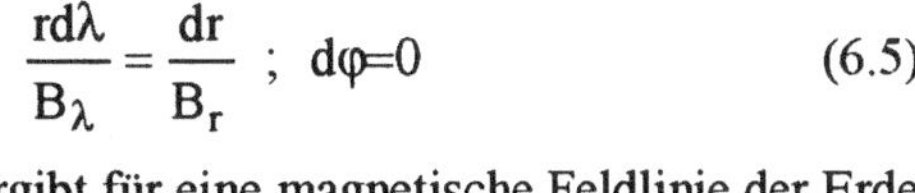

Abbildung 6-4 Verlauf der magnetischen Feldlinien

Die magnetische Flußdichte entlang einer Feldlinie ist dann als Funktion der geographischen Breite:

$$B(\lambda) = \frac{k_o}{r_o^3} \frac{\sqrt{\left(4 - 3\cos^2\lambda\right)}}{\cos^6\lambda} = B_o \frac{\sqrt{\left(4 - 3\cos^2\lambda\right)}}{\cos^6\lambda} \tag{6.8}$$

wobei $k_o/r_o^3 = 0{,}311/L^3$ [G] die magnetische Flußdichte am Äquator ist.

$L = r_o/R_e$ heißt **Mc Ilwain Parameter**. Damit ergibt sich aus (6.6a) für den Schnitt der Feldlinie mit der Erdoberfläche:

$$\cos^2\lambda_m = \frac{1}{L} \tag{6.9}$$

Das Erdmagnetfeld ist durch den solaren Wind verzerrt. Es läßt sich in der Äquatorebene für den Bereich $1{,}5 R_e \leq r \leq 7 R_e$ beschreiben durch

$$B = \frac{k_o}{r^3} + k_1 - k_2 \cdot r \cdot \cos\varphi \tag{6.10}$$

mit

$$k_0 = 0{,}311 \cdot R_e^3 \,[G] = 31.100 \cdot R_e^3 \,[\gamma]$$

$$k_1 = \frac{a_1}{R_s^3} = \frac{0{,}12}{R_s^3}[G] = 12 \cdot \left(\frac{10}{R_s}\right)^3 [\gamma]$$

$$k_2 = \frac{a_2}{R_s^4} = \frac{0{,}227}{R_s^4}\left[Gm^{-1}\right] = 2{,}27 \cdot \left(\frac{10}{R_s}\right)^4 \left[\gamma \cdot m^{-1}\right]$$

φ : östliche Länge um Mitternacht

R_s : Abstand Erdmittelpunkt - sonnennächster Punkt der Magnetopause

Das *elektrische Feld* in einer äquatorialen Ebene läßt sich durch das elektrostatische Potential wie folgt beschreiben (+ für Protonen, - für Elektronen):

$$U(r,\varphi) = q \cdot \Phi(r,\varphi) = \pm\left(-\frac{c_1}{r} + c_2 \cdot r \cdot \cos\varphi\right) \tag{6.11}$$

mit $c_1 = 91{,}5 \cdot R_e$ [kV]

$c_2 = 0{,}5 - 1{,}0 \cdot R_e^{-1}$ [kV] bei ruhiger Sonne

$ = 1{,}5 - 2{,}0 \cdot R_e^{-1}$ [kV] während geomagnetischen Substürmen.

Elektrisches und magnetisches Feld haben unterschiedliche Wirkungen auf geladene Teilchen. Während die Drift im elektrischen Feld unabhängig ist von Energie und Ladung, ist sie im **B**-Gradienten davon abhängig.

6.1.3 Teilchenfluß Modelle

Die im Magnetfeld der Erde gefangenen Elektronen und Protonen wurden seit dem 4. Oktober 1957, dem Start der ersten künstlichen US-Satelliten, von der NASA gemessen (Lit. 6.16, 6.17). Die Meßdaten wurden von im wesentlichen 9 Experimentatoren ermittelt und ab Dezember 1963 im "Trapped Radiation Environment Modelling Program (TREMP)" unter Führung von James I. Vette konzentriert und ausgewertet (Lit. 6.17). Im Zuge dieser 27-jährigen Arbeit wurden 8 Elektronen- und 8 Protonen-Modelle entwikkelt. Diese hießen AE-1 bis AE-6, AE-5P und AE-8 für gefangene Elektronen bzw. AP-1 bis AP-8 für gefangene Protonen. Ein zwischenzeitliches, vorschnell erstelltes Elektronen-Modell AEI-7 wurde wieder zurückgezogen. Tabelle 6-2 gibt einen Überblick über die erstellten Modelle und ihre Grundlagen.

Tabelle 6-2 Teilchenmodelle und ihre Grundlagen (Lit. 6.16 und 6.17)

Modell	Anzahl Satelliten	Zeitraum	Höhenbereich [R_e]	Energiebereich [MeV]
AE-1	8	1962-1963	1,17-3,0	0,325-7,0
AE-2	8	1962-1968	1,17-6,3	0,036-7,0
AE-3	6	1959-1967	2,0-12,0	0,036-7,0
AE-4	11	1959-1968	1,3-12,0	0,036-4,85
AE-5	5	1963-1967	1,2-7,0	0,036-∞
AE-5P	11	1964-1969	1,2-7,0	0,036-∞
AE-6	11	1961-1969	1,2-12,0	0,036-∞
AE-8	24	1959-1978	1,2-12,0	0,036-∞
AP-1	5	1958-1964	1,15-3,0	34-50
AP-2	1	1962-1963	1,4-2,5	18,2-35
AP-3	4	1962-1963	1,2-2,3	50-120
AP-4	4	1962-1963	1,2-3,0	4-20
AP-5	6	1961-1965	1,2-6,6	0,134-15
AP-6	7	1962-1965	1,2-3,0	4-40
AP-7	12	1961-1966	1,15-3,0	50-170
AP-8	24	1958-1970	1,15-6,6	0,098-400

AE-1, AE-2 und AE-3 waren die ersten Versuche, die eingefangenen Elektronen zu modellieren. AE-1 war ein Modell des inneren Gürtels (1,2-3,0 Erdradien R_e) für Energien von 0,3MeV-7,0MeV. AE-2 erweiterte den inneren Gürtel und modellierte erstmals die

AE-1, AE-2 und AE-3 waren die ersten Versuche, die eingefangenen Elektronen zu modellieren. AE-1 war ein Modell des inneren Gürtels (1,2-3,0 Erdradien R_e) für Energien von 0,3MeV-7,0MeV. AE-2 erweiterte den inneren Gürtel und modellierte erstmals die Elektronen des äußeren Gürtels (bis 6,3R_e) für Energien 0,04MeV-7,0MeV mit Durchschnittswerten über 6 Monate und mehr. AE-3 erweiterte AE-2 bis zur geostationären Bahn (6,6 Erdradien) für Energien 0,01MeV-6MeV. Das AE-4 Modell für den Energiebereich 0,04MeV-4,85MeV ($3R_e{\leq}L{\leq}11R_e$) basierte auf Daten von 23 Instrumenten auf 11 Satelliten über den Zeitraum 1959-1968. Zeitliche Variationen der Teilchenflüsse im Bereich $3R_e \leq L \leq 5R_e$, die mit magnetischen Stürmen gekoppelt sind, führten zur Unterscheidung maximaler und minimaler Sonnenaktivität (Solar Max = HI und Solar Min = LO) für diesen Bereich (nicht für GEO!).

Für Protonen wurden zunächst die Modelle AP-1 bis AP-4 entwickelt. Diese waren im wesentlichen ein Modell, das in 4 Energiebereiche unterteilt war. AP-5 wurde erstellt für Protonen des Energiebereichs 0,1 MeV-4,0MeV und für Höhen $1,2R_e{\leq}L{\leq}6,6R_e$. AP-6 brachte neue Daten für den Bereich 4MeV-30MeV und $1,2R_e{\leq}L{\leq}4,0Re$. AP-7 war ähnlich AP-6, hatte aber eine exponentielle Spektralfunktion und war in Höhen $1,15R_e{\leq}L{\leq}3,0R_e$ anwendbar (Daten von 1961-1966) (Lit. 6.16).

Gegenwärtig wird für Protonen das AP-8 Modell angewendet. Es umfaßt Daten von 34 Experimenten, die einen Zeitraum von 1958 bis 1970 erfassen. Hohe und niedere Sonnenaktivität wird unterschieden, obwohl der Unterschied nur gering ist.

In den verschiedenen Teilchenflußmodellen werden die Teilchenflüsse entweder als Funktion der Höhe L (Mc Ilwain Parameter) und der magnetischen Feldstärke B mit der Energie E als Parameter, als Funktion von L und E mit dem Fluß Φ als Parameter (siehe Abbildung 6-5), oder als Funktion von B und Φ mit E als Parameter dargestellt. Das National Space Science Data Center (NSSDC) der US-Raumfahrtbehörde NASA stellt diese Modelle in Diskettenform für MS-DOS-Anwender kostenlos zur Verfügung. Mit den Programmen lassen sich die isotropen Teilchenflüsse für beliebige Bahnen ermitteln.

Abbildung 6-6 zeigt Intensität und Energiespektren von Solar Flare Protonenflüssen seit 1966. Auf der Basis der anomal hohen Flüsse des Jahres 1972 entwickelte King (Lit. 6.8) ein Modell, das den schlechtesten Fall darstellt (Abbildung 6-6). Für durchschnittlich zu erwartende Ereignisse wurde das Computerprogramm SOLPRO entwickelt (Lit. 6.9). Danach werden folgende jährlichen integralen Protonenflüsse mit 90%-iger Wahrscheinlichkeit nicht überschritten (Tabelle 6-3):

Tabelle 6-3 Vorhersage der jährlichen maximalen integralen Solar Flare
Protonenflüsse (10% Irrtumswahrscheinlichkeit)

Integraler Fluß [p/cm^2]			
>10MeV	>30MeV	>60MeV	>100MeV
$1,7{\cdot}10^{10}$	$7,9{\cdot}10^{9}$	$2,5{\cdot}10^{9}$	$5,6{\cdot}10^{8}$

Dieser Fluß ist auf geostationärer Bahn (35.800km) annähernd omnidirektional und isotrop und es muß mit Protonenenergien von einigen 100keV aufwärts gerechnet werden. Auf tieferen Bahnen kommt ein Abschirmeffekt durch das Erdmagnetfeld zum Tragen ebenso wie eine Abhängigkeit von der Inklination der Bahn bzw. der geographischen Breite (vgl. Abbildung 6-1).

Der Einfluß der kosmischen Strahlung wird i.a. pauschal berücksichtigt: Man erhöht den errechneten Flare-Protonenfluß um 10%.

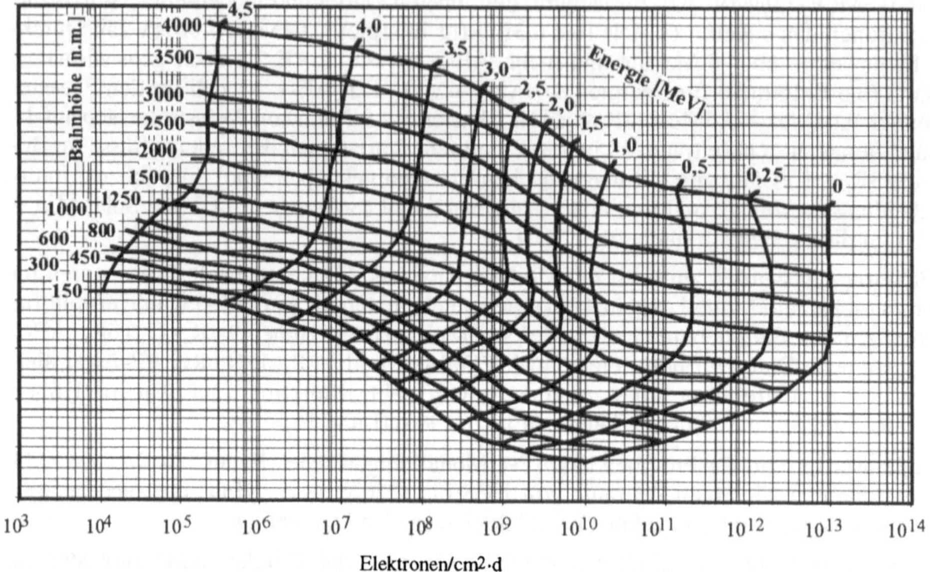

Abbildung 6-5 Typische Darstellung des Teilchenflusses $\Phi/cm^2 \cdot d$ als Funktion der Bahnhöhe R und der Teilchenenergie E (Zirkularer Orbit, Inklination 60°, Solar MAX nach AE4- und AE6-Modellen)

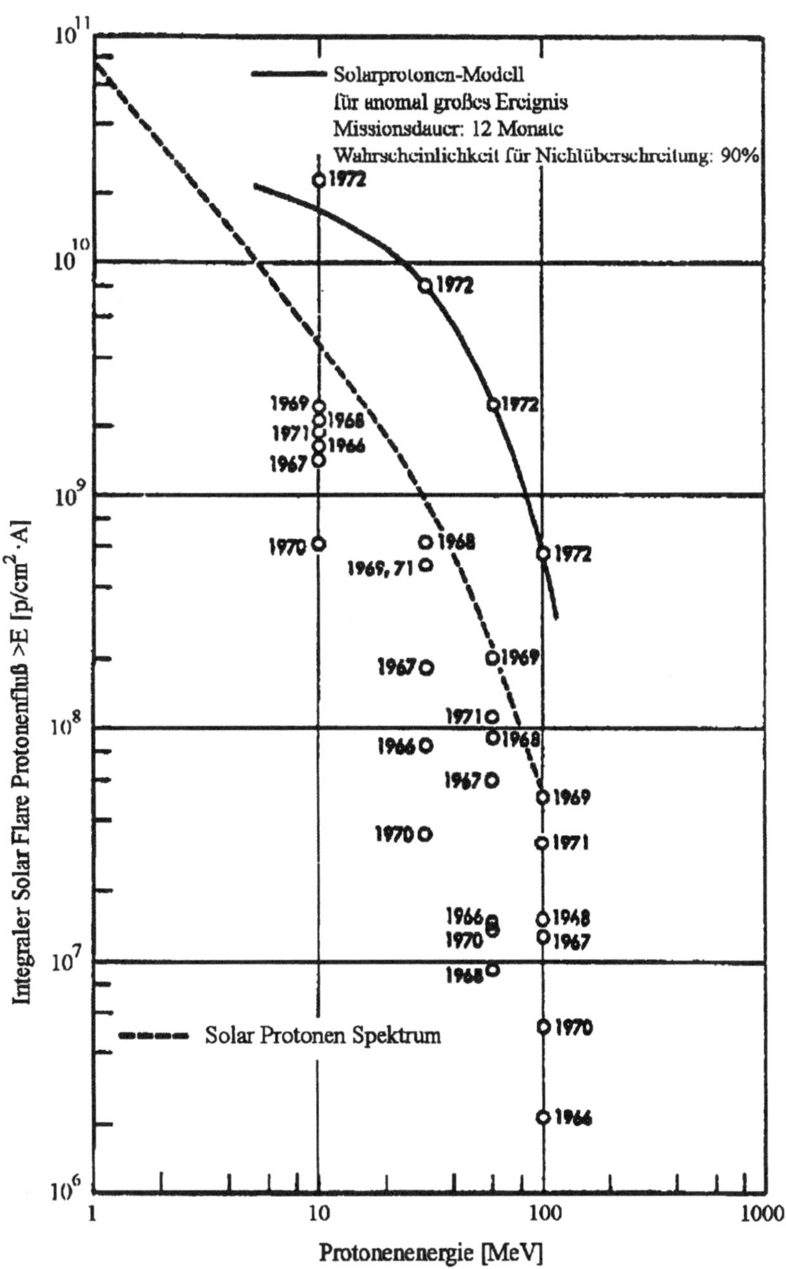

Abbildung 6-6 Energiespektren von Solar Flare Protonen (nach Lit. 6.1)

6.2   Mechanismus der Teilchenschädigung

Elementarteilchen können mit Solarzellen in verschiedener Weise reagieren:

a) Unelastische Zusammenstöße mit Elektronen der Atomhülle: Dies ist der häufigste
    Mechanismus, nach dem geladene Teilchen ihre kinetische Energie ganz oder teilwei-
    se in einem Absorber abgeben. Dabei werden Elektronen in einen höheren Energiezu-
    stand versetzt (Anregung) oder ganz abgelöst (Ionisierung).

b) Elastische Zusammenstöße mit einem Atomkern: Dies entspricht der Rutherfordschen
    Streuung im Coulomb-Feld des Atomkerns. In einigen Fällen kann der an den Atom-
    kern abgegebene Impuls das ganze Atom von seiner Position im Kristallgitter her-
    auslösen (Primär-Versetzung). Das herausgelöste Atom wiederum kann mit anderen
    Atomen kollidieren und auch diese versetzen (Sekundär-Versetzung). Dieser Effekt
    ist am größten bei zentralen Primärstößen. Diese sind jedoch seltener als die Ruther-
    fordsche Streuung.

c) Unelastische Zusammenstöße mit Atomkernen: Dieser Mechanismus hat bei hochen-
    ergetischen Protonen große Bedeutung. Der Kern wird dabei angeregt oder aktiviert.
    Der angeregte Kern emittiert dann Nukleonen und der Rückstoß kann ihn aus seiner
    Gitterposition entfernen, wobei er weitere elastische Zusammenstöße verursachen
    kann. Ähnlich wirken auch thermische Neutronen. Diese sind jedoch von geringerer
    Bedeutung wie Protonen.

Die wichtigsten Effekte beruhen also auf Ionisation und Atomversetzungen im Gitter.
Alle durch Korpuskularstrahlung verursachten Degradationen können einem dieser Defekte zugeordnet werden.

6.2.1   Ionisation

Ionisation findet statt, wenn Elektronen von der Atomhülle eines Atoms oder Moleküls
des Absorbermaterials entfernt werden. Ein Maß für ionisierende Strahlung ist das Rönt-
gen, definiert als die Strahlung, die in 1 kg Luft $2{,}58 \cdot 10^{-4}$ Cb Ladungen erzeugt. Für die
absorbierte Dosis in beliebigem Material verwendet man das rad (1 rad=0,01J/kg) oder
das Gray (1 Gy=1 J/kg). Mit diesen Einheiten lassen sich durch Strahlung hervorgerufene
Ionisationsgrade als absorbierte Dosis ausdrücken, etwa für Elektronen gemäß:

$$\text{Dosis}\left[\text{rad}\right] = 1{,}6 \cdot 10^{-8} \cdot \frac{dE}{dx} \cdot \frac{1}{\rho} \cdot \Phi \tag{6.12}$$

mit

$$\frac{dE}{dx} = \text{Bremsenergie}\left[\frac{MeV}{cm}\right]$$

ρ=Dichte des Absorbermaterials [g/cm^3]

Φ=einfallende Strahlung [e/cm^2]

Typische Bremsenergien liegen für Elektronen im Bereich 1-10MeV bei 3,5-4,6 MeV/cm
für Si und 0,7-1,5 MeV/cm für GaAs, für Protonen im selben Energiebereich bei 420-77
MeV/cm für Si und 584-138 MeV/cm für GaAs (vgl. Abb. 6-15 und 6-18).

Ionisierende Strahlung bewirkt auf Solargeneratoren folgende Effekte:

- Verfärben von Deckgläsern durch Bildung von Farbzentren,

- Verfärbung von transparenten organischen Klebern (z.B. zur Deckglasfixierung) durch Aufspaltung und Verfilzung von Kettenmolekülen.

- Degradation von Passivierungsschichten durch eingefangene Ladungen und damit verbundene höhere Rekombinationsgeschwindigkeiten.

- Degradation der mechanischen Eigenschaften von organischen Stoffen z.B. von Isolationsmaterialien.

6.2.2 Atomversetzungen

Ein großer Anteil der Energie schneller Teilchen wird durch Zusammenstöße mit Elektronen des Absorbermaterials verbraucht. Dieser Prozeß bestimmt überwiegend die Reichweite von Elektronen und Protonen im Energiebereich 0,1 MeV bis 10 MeV. Die stetige Degradation von Solarzellen im Weltraum kommt jedoch durch andere Prozesse zustande, nämlich durch Atomversetzungen im Kristallgitter aufgrund von Zusammenstößen mit schnellen Teilchen. Diese versetzen Atome und die zurückbleibenden Leerplätze sind Defekte, die das Ladungsträgergleichgewicht und die Lebensdauer der Minoritätsträger beeinflussen. Sind diese Defekte bei der Operationstemperatur der Solarzelle beweglich, können sie rekombinieren oder mit Kristallverunreinigungen Komplexe eingehen. Die Degradation hängt dann von der Temperatur ab wie auch von der Art und der Konzentration der Verunreinigungen.

Um ein Atom von seiner Position im Kristallgitter zu entfernen, ist eine bestimmte Mindestenergie erforderlich. Beispielsweise ist die Sublimationsenergie für ein Si-Atom 4,9eV. Die erforderliche Energie um eine Leerstelle im Si-Kristall zu erzeugen, ist 2,3eV. Um ein Atom im Kristall zu versetzen ist jedoch notwendig, eine Leerstelle zu bilden, einen Zwischengitterplatz zu besetzen, andere Elektronenbindungen einzugehen und Phononen abzugeben. Dadurch wird die Versetzungsenergie eines Atoms etwa 4-mal so groß wie die Sublimationsenergie. Elektronenenergien von 15 keV bis 145 keV wurden für die Erzeugung von Atomversetzungen in Si gemessen. Diese sog. Schwellenergie hängt für Elektronen mit der Versetzungsenergie eines Atoms wie folgt zusammen:

$$E_d = 2\frac{M_e \cdot E_t}{M \cdot \left(m_e c^2\right)} \cdot \left(E_t + 2m_e c^2\right) \tag{6.13}$$

mit

E_d: Versetzungsenergie in eV

E_t: Schwellenergie in MeV

M_e: relative Elektronenmasse (1/1836)

M: Atommasse (Si =28,1; Ga = 69,72; As = 74,92)

$m_e c^2$: Energieäquivalent der Elektronenmasse (0,511MeV)

Damit kommt man auf Versetzungsenergien für Si-Atome von 11eV bis 12,9eV und für GaAs von 7eV bis 11eV.

Für Protonen ist der Zusammenhang zwischen Versetzungsenergie und Schwellenergie gegeben durch:

$$E_d = \left(\frac{4MM_p}{\left(M_p + M\right)^2} \right) \cdot E_t \qquad (6.14)$$

mit

M_p: relative Protonenmasse (=1)

Mit den für Elektronen ermittelten Versetzungsenergien ergeben sich für Protonen Schwellwerte für Si zwischen 82,5eV und 97,5eV und für GaAs zwischen 130eV und 198eV. Teilchen, deren Energie unterhalb den jeweiligen Schwellwerten liegt, können keine Atomversetzungen verursachen. Sie können für alle Degradationseffekte vernachlässigt werden. Tabelle 6-4 gibt Werte für die wichtigsten Solarzellenmaterialien.

Für Teilchen mit Energien oberhalb den jeweiligen Schwellwerten läßt sich die Wahrscheinlichkeit einer Atomversetzung mit Hilfe des Wirkungsquerschnitts σ beschreiben. Dann wird die Anzahl N_d der Versetzungen pro cm^3:

Tabelle 6-4 Versetzungs- und Schwellenergien für verschiedene Materialien (Lit. 6.18)

Material	Versetzungs-energie E_d [eV]	Schwellenergie E_t	
		für Protonen [eV]	für Elektronen [eV]
Si	11-13	94	140
GaAs	7-11	180	260
InP	8 (P)	66	100
	3 (In)	88	140

$$N_d = n_a \cdot \sigma \cdot v \cdot \Phi \qquad (6.15)$$

mit

n_a : Anzahl der Atome pro cm^3 des Absorbermaterials (Si: $5 \cdot 10^{22}$/cm^3)

σ: Wirkungsquerschnitt [cm^2]

v: durchschnittliche Anzahl von Sekundärversetzungen pro Primärversetzung

ϕ: einfallender Teilchenfluß [Anzahl/cm^2]

σ läßt sich nach Lit. 6.19 für Protonen bestimmen gemäß

$$\sigma = \frac{\pi \cdot q^4 \cdot Z^2 \cdot E_R^2}{M \cdot E \cdot E_d} \qquad (6.16a)$$

und für Elektronen

$$\sigma = \frac{2,5 \cdot 10^{-25} \cdot \pi \cdot Z^2 \cdot (1-\beta^2)}{4\beta^4} \cdot \left\{ \left(\frac{T_m}{E_d} - 1 \right) - \beta^2 \cdot \ln\left(\frac{T_m}{E_d} \right) + \right.$$

$$\left. + \frac{\pi \cdot Z \cdot \beta}{137} \cdot \left[\left(\sqrt{\frac{4T_m}{E_d}} - 1 \right) - \ln\left(\frac{T_m}{E_d} \right) \right] \right\} \qquad (6.16b)$$

Für v gilt:

$$v = \frac{1}{2}\left(\frac{T_m}{T_m - E_d}\right) \cdot \left[1 + \ln\left(\frac{T_m}{2E_d}\right)\right] \tag{6.17}$$

mit

T_m: maximale Energieübertragung eines Teilchens (folgt aus (6.13) mit E_t=E!)

Z: Ordnungszahl des Halbleitermaterials (Si: 14; Ga: 31; As: 33)

β: v/c

Die Tabellen 6-5 und 6-6 geben die nach Gleichungen (6.15) bis (6.17) berechneten Atomversetzungen pro einfallendes Teilchen für Si und GaAs bei verschiedenen Teilchenenergien E wieder. Dabei sind als Versetzungsenergien E_d für Si 13eV und für GaAs 10eV angenommen worden. Die Erzeugungsrate von Atomversetzungen durch energiereiche Protonenstrahlung ist wesentlich größer als die durch Elektronen, da die Wirkungsquerschnitte für Protonen einige Größenordnungen größer sind als die für Elektronen und mit der Protonenenergie stark variieren. Während die Anzahl der Versetzungen bei Elektronen mit wachsender Energie leicht zunimmt, nimmt sie bei Protonen mit sinkender Energie stark zu. Daher werden bei Protonen die meisten Versetzungen am Ende ihrer Absorptionsstrecke erzeugt und das liegt für einen großen Energiebereich innerhalb der Solarzelle (Absorptionsstrecke für 1MeV-Elektronen in Si ist über 2mm gegenüber 15µm für 1MeV-Protonen!).

Die Verteilung der Störstellen (Gitterleerstellen plus Zwischengitteratome) ist i.a. nicht homogen, da die Sekundärversetzungen in unmittelbarer Nähe der Primärversetzungen liegen.

Tabelle 6-5 Atomversetzungsparameter für Silizium und GaAs bei verschiedenen Elektronen Energien

Protonen-energie [MeV]	Si			GaAs		
	σ $[10^{-24}\,cm^2]$	v	$n_a \cdot \sigma \cdot v$ $[cm^{-1}]$	σ $[10^{-24}\,cm^2]$	v	$n_a \cdot \sigma \cdot v$ $[cm^{-1}]$
0,5	57,8	1,16	3,4	92,7	1,00	4,1
1	68,0	1,53	5,2	153,4	1,30	8,8
2	73,0	2,00	7,3	188,0	1,70	14,1
5	76,0	2,76	10,5	202,0	2,44	21,8
10	76,0	3,39	12,9	201,2	3,10	27,6
20	75,8	4,09	15,5	198,5	3,74	32,8
40	75,5	4,74	17,9	196,2	4,42	38,3

Tabelle 6-6 Atomversetzungsparameter für Silizium und GaAs bei verschiedenen Protonen Energien

Protonen-energie [MeV]	Si			GaAs		
	σ $[10^{-20}\,cm^2]$	v	$n_a \cdot \sigma \cdot v$ $[cm^{-1}]$	σ $[10^{-20}\,cm^2]$	v	$n_a \cdot \sigma \cdot v$ $[cm^{-1}]$
0,5	7,00	4,40	15.501	18,00	4,10	32.788
1	3,50	4,80	8.357	9,00	4,50	17.770
2	1,80	5,10	4.482	4,50	4,80	9.573
5	0,70	5,60	1.953	1,80	5,30	4.194
10	0,35	5,90	1.037	0,90	5,60	2.235
20	0,18	6,30	549	0,45	6,00	1.186
40	0,09	6,61	290	0,23	6,30	628

Störstellen durch Neutronen sind gegenüber denen durch Protonen und Elektronen vernachlässigbar aufgrund zweier Tatsachen:

1. Der Wirkungsquerschnitt ist wesentlich kleiner als der für Protonen und Elektronen (für 1MeV-Neutronen $2,4 \cdot 10^{-24} cm^2$).

2. Die an das Atom übertragene Energie beträgt wegen des Nicht-Coulombschen Stoßes höchstens 70keV, wodurch maximal 1.500 Sekundäratome versetzt werden. Diese Sekundärversetzungen werden nahe der Primärversetzung gebündelt. Das Zentrum dieses Bündels verhält sich wie intrinsisches Silizium. Dieses entzieht vor allem Majoritätsträger.

6.2.3 Einfluß der Störstellen auf die Zellparameter

Die durch Teilchenstrahlung hervorgerufenen Atomversetzungen beeinflussen speziell die Lebensdauer der Minoritätsträger. Da die Atomversetzungen proportional zum Volumen sind, ist davon bei Si im wesentlichen das Basismaterial, bei n/p-Silizium also das p-Silizium, betroffen, bei GaAs beide Bereiche.

Nach den Gleichungen (2.67) und (2.68) sind die Lebensdauern der Minoritätsträger umgekehrt proportional zur Anzahl der Rekombinationszentren. Daher läßt sich der Kehrwert der tatsächlichen Lebensdauer der Minoritätsträger nach einer Teilchenbestrahlung darstellen als die Summe der reziproken Lebensdauern die den verschiedenen Rekombinationszentren zuzuordnen sind:

$$\frac{1}{\tau} = \frac{1}{\tau_o} + \frac{1}{\tau_{el}} + \frac{1}{\tau_{pr}} + \cdots \tag{6.18}$$

mit

τ : tatsächliche, meßbare Lebensdauer der Minoritätsträger,

τ_o: ursprüngliche Lebensdauer der Minoritätsträger vor der Teilchenbestrahlung,

τ_{el}: Lebensdauer der Minoritätsträger aufgrund von Elektronenbestrahlung,

τ_{pr}: Lebensdauer der Minoritätsträger aufgrund von Protonenbestrahlung.

Die Einflüsse auf die Lebensdauer, die ausschließlich durch Teilchenbestrahlung hervorgerufen werden, lassen sich zusammenfassen mit Hilfe eines Schädigungskoeffizienten
K, der für das Ausmaß der Defekte steht:

$$\frac{1}{\tau} = \frac{1}{\tau_0} + K_\tau \cdot \Phi \qquad (6.19)$$

Dabei ist

   K_τ: der auf die Lebensdauer bezogene Schädigungskoeffizient,

   Φ: der Teilchenfluß [Anzahl/cm^2]

Mit Gleichung (2.126) folgt für die Diffusionslänge L:

$$\frac{1}{L^2} = \frac{1}{L_0^2} + K_L \cdot \Phi \qquad (6.20)$$

Dabei ist

   K_L: der auf die Diffusionslänge bezogene Schädigungskoeffizient ($K_L = K_\tau/D$).

Für hinreichend großes Φ ist $L \ll L_0$. Dann gilt:

$$K_L = \frac{1}{\Phi \cdot L^2} \qquad (6.21)$$

Trägt man Meßwerte von L als log(L) über log(Φ) auf, so gibt es ein kritisches Φ_0, ab
dem die Kurve in eine Gerade mit der Steigung -1/2 übergeht. Daraus läßt sich K_L als
Funktion des Teilchentyps und der Teilchenenergie bestimmen.

Die Reduktion der Diffusionslänge L beschreibt den wesentlichsten Mechanismus der
Teilchenschädigung in Solarzellen, jedoch werden auch andere Parameter beeinflußt. So
erhöhen durch die Defekte verursachte Verlustströme zusätzlich zur Diffusionskompo-
nente nach (2.135) den Diodensättigungsstrom I_0 wie auch die Rekombinationsströme in
der Raumladungszone und den Oberflächen. Diese Effekte treten allerdings merklich erst
bei wesentlich höheren Teilchenflüssen auf als die, die für die Degradation von L verantwortlich sind.

Nach Kapitel 3.3.2 sind zur Bestimmung der IV-Charakteristik einer Solarzelle lediglich
die leicht meßbaren zellspezifischen Parameter I_{sc}, I_{mp}, V_{mp} und V_{oc} notwendig. Entsprechend reicht es aus, das Degradationsverhalten dieser Parameter unter dem Einfluß von
Teilchenstrahlung zu kennen, um das Degradationsverhalten der gesamten Kennlinie ermitteln zu können. Mit den Gleichungen (3.15), (2.135a) und (6.20) läßt sich nachweisen,
daß $V_{oc} \sim \log(\Phi)$ degradiert. Dies läßt sich auch für I_{sc} nachweisen, so daß sich ganz allgemein die Degradation der zellspezifischen Parameter aufgrund von Teilchenstrahlung
darstellen läßt in der Form:

$$z(\Phi) = z(0) - C(z) \cdot \log\left(1 + \frac{\Phi}{\Phi_0(z)}\right) \qquad (6.22)$$

   mit

   $z(\Phi)$, $z(0)$: I_{sc}, I_{mp}, V_{mp}, V_{oc} nach einem Teilchenfluß Φ bzw. $\Phi = 0$,

   $\Phi_0(z)$: kritischer Teilchenfluß, bei dem z in eine lineare Funktion von log(Φ) übergeht,

   C(z): Konstante.

6.2.4 Äquivalente Teilchenschädigungen

Der weite Bereich der Teilchentypen und Teilchenenergien der Weltraumstrahlung bewirkt ein unterschiedliches Maß an Schädigungen in Solarzellen. Da diese Schädigungen jedoch direkt die Diffusionslänge der Minoritätsträger beeinflussen ist es möglich, eine äquivalente Schädigungsdosis für beliebige Teilchen zu bestimmen. In Abbildung 6-7 ist die Änderung der Diffusionslänge in Si für verschiedene Strahlung dargestellt (Lit. 6.1). Die Kurven werden in logarithmischem Maßstab durch Gleichung (6.20) beschrieben. Da die Schädigungen gemäß Tab. 6-5 und Tab. 6-6 von Teilchentyp und Teilchenenergie abhängen, ist K_L für jeden Strahlungstyp verschieden. Die Steigungen des linearen Teils stimmen aber in guter Näherung überein, so daß man z.B. sagen kann: Ein 10MeV-Proton schädigt eine Si-Solarzelle ca. 200-mal stärker wie ein 10MeV-Elektron, oder ca. 3.000-mal stärker wie ein 1MeV-Elektron.

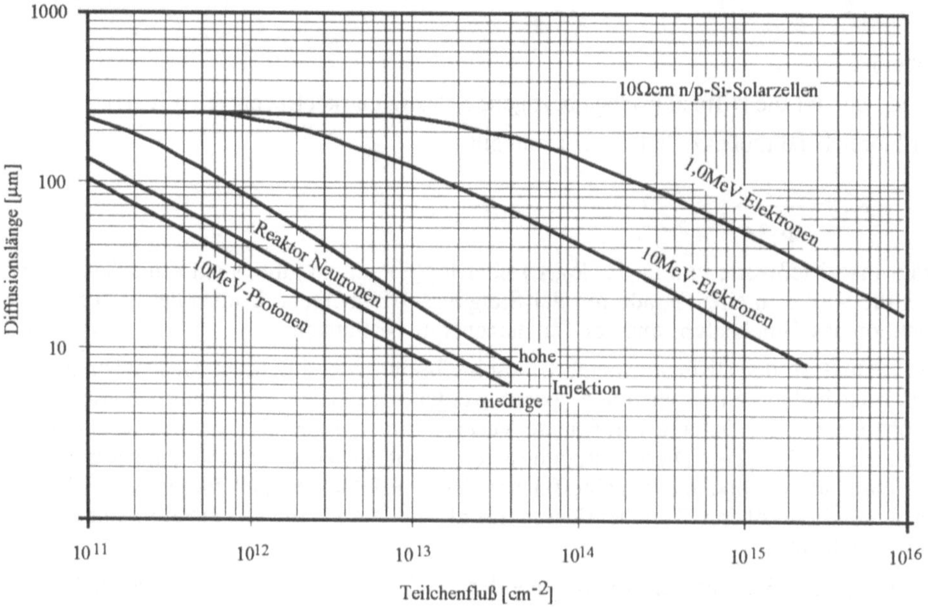

Abbildung 6-7 Diffusionslängen in Si bei verschiedenen Strahlungsflüssen (nach Lit. 6.1)

Entsprechend stellen sich die charakteristischen Zellparametern I_{sc}, I_{mp}, V_{mp} und V_{oc} dar. Abbildung 6-8 zeigt die Änderung des Kurzschlußstroms I_{sc} von Si und GaAs für verschiedene Strahlung. Die Kurven werden für jeden Strahlungstyp T_n durch Gleichung (6.22) beschrieben mit $z=I_{sc}$:

$$I_{sc}(\Phi, T_n) = I_{sc}(0) - C(I_{sc}, T_n) \cdot \log\left(1 + \frac{\Phi}{\Phi_o(I_{sc}, T_n)}\right) \tag{6.23}$$

Auch hier zeigt sich, daß $C(I_{sc}, T_n)$ für alle Strahlungsarten annähernd konstant $= C(I_{sc})$ ist, so daß ϕ_o ein Maß für die Empfindlichkeit einer Solarzelle gegenüber Schädigung durch einen Teilchentyp bestimmter Energie darstellt. ϕ_o läßt sich in halblogarithmischem Maßstab graphisch ermitteln als der Schnittpunkt der Geraden $I_{sc}=I_{sc}(0)$ mit der rückwärtigen

Verlängerung des linearen Kurventeils. Dann ergibt sich aus den Abbildungen 6-8a und 6-8b, daß z.B. 10MeV-Elektronen Si-Zellen 18-mal stärker schädigen als ein gleich großer Fluß 1MeV-Elektronen, und daß 1MeV-Protonen GaAs-Zellen 10-mal stärker schädigen als ein gleich großer Fluß 10MeV-Protonen.

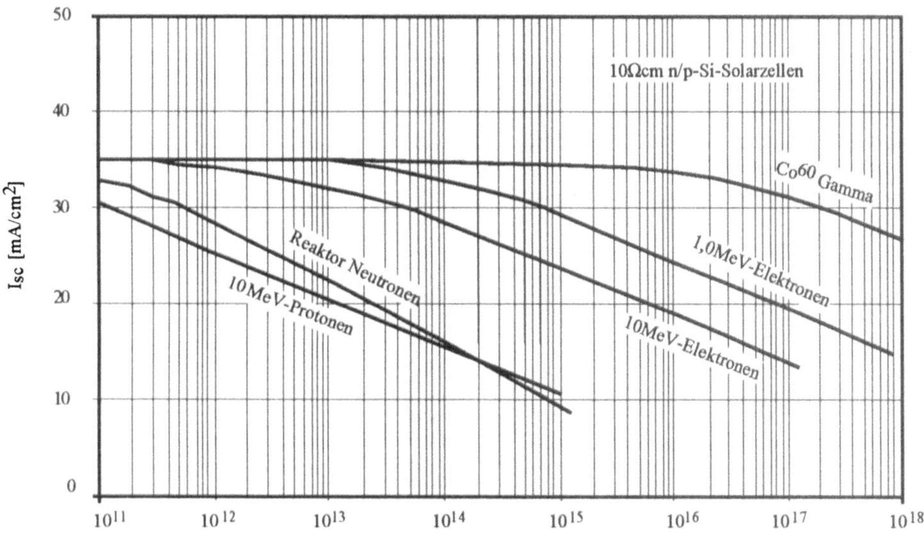

a.) Si-Zellen

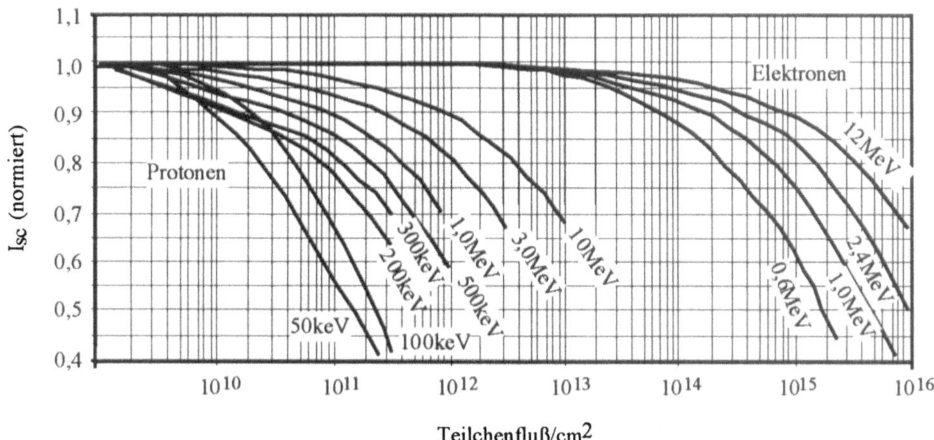

b.) GaAs-Zellen

Abbildung 6-8 Kurzschlußströme von Si- und GaAs-Zellen bei verschiedenen Strahlungsflüssen und Strahlungsenergien (nach Lit. 6.1 und Lit. 6.19)

Mit Hilfe von K_L oder ϕ_o ist es also möglich, ein aus verschiedenen Teilchen unterschiedlicher Energie zusammengesetztes Strahlungsspektrum auf eine schädigungsäquivalente Dosis monoenergetischer Teilchen zu reduzieren. Aus praktischen Erwägungen hat man dafür 1MeV-Elektronen gewählt. Ein gegebenes Teilchenspektrum muß also zur Bestimmung der Schädigung erst auf einen äquivalenten Fluß 1MeV-Elektronen/cm^2 umgerechnet werden.

6.2.5 Schädigungskoeffizienten für Elektronen

Experimentelle Schädigungsdaten für Silizium Zellen sind in Abbildung 6-9 für K_L und Abbildung 6-10 für ϕ_o für Elektronenenergien von 0,6MeV bis 40MeV wiedergegeben (aus Lit. 6.1 nach 6.11). Beide Abbildungen zeigen Werte für Zellen mit verschiedenen Basiswiderständen. Man erkennt, daß die relativen Änderungen sowohl von K_L wie von ϕ_o^{-1} mit wachsender Elektronenenergie identisch sind. Ebenso sind die relativen Änderungen beider Parameter mit dem Basiswiderstand der Zellen identisch.

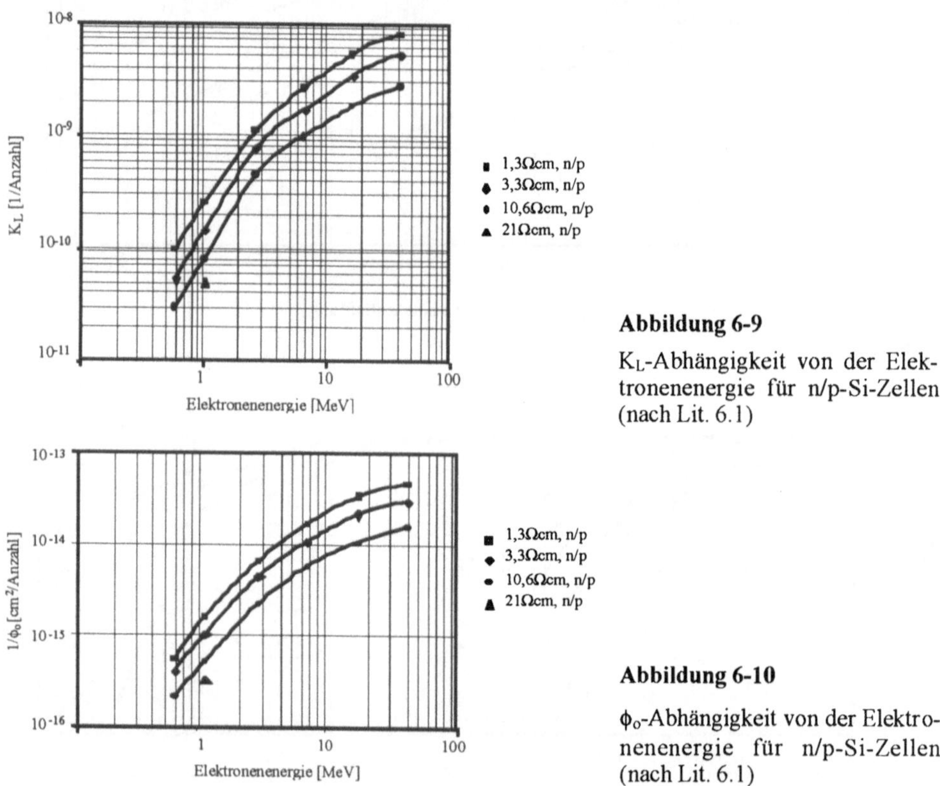

Abbildung 6-9

K_L-Abhängigkeit von der Elektronenenergie für n/p-Si-Zellen (nach Lit. 6.1)

Abbildung 6-10

ϕ_o-Abhängigkeit von der Elektronenenergie für n/p-Si-Zellen (nach Lit. 6.1)

Man kann deshalb für jede Elektronenenergie sowohl über K_L wie über ϕ_o^{-1} einen relativen Schädigungskoeffizienten D ermitteln, der ein Maß dafür ist, um wieviel mehr oder weniger eine Zelle bei senkrechter Bestrahlung mit x MeV-Elektronen degradiert wie bei Bestrahlung mit 1 MeV-Elektronen. Abbildung 6-11 gibt diese relativen Schädigungskoeffizienten für die Zellmaterialien Si und GaAs für verschiedene Elektronenenergien und bezogen auf 1 MeV-Elektronen (D(E_o,0)=1) wieder. 1 MeV-Elektronen sind die bevorzugte Referenz, da sie die gängigen Zellen unabhängig von Zell- und Deckglasdicke sowie von der Bestrahlungsrichtung gleichmäßig schädigen.

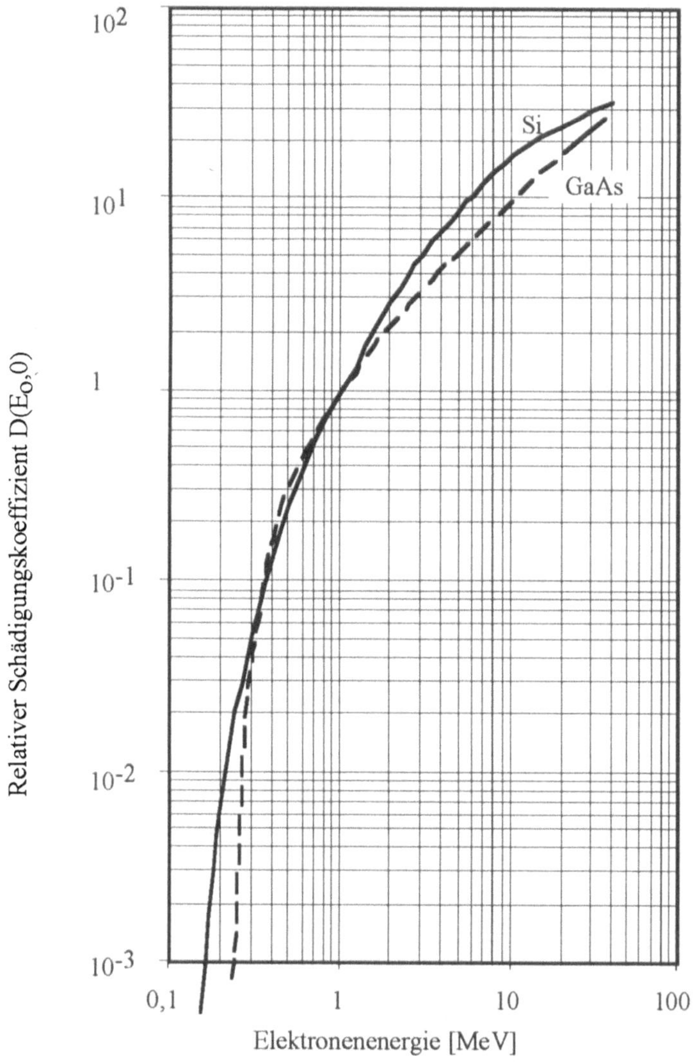

Abbildung 6-11 Relative Schädigungskoeffizienten für Elektronenstrahlung (nach Lit. 6.1 und Lit. 6.19)

6.2.6 Schädigungskoeffizienten für Protonen

Die Eindringtiefe von Protonen unter 5MeV in Silizium ist i.a. geringer wie die Solarzellendicke. Daher erzeugen niederenergetische Protonen eine ungleichmäßige Schädigung (das ist auch der Grund für die abweichende Steigung der Degradationskurven für niedere Protonenenergien in Abb. 6-8b!). Eine weitere Komplikation rührt von der Tatsache her, daß die Schädigung pro Weglänge größer wird für geringer werdende Protonenenergien, so daß sich der größte Teil der Schädigungen am Ende des Bremsweges des Protons konzentriert.

Die unterschiedliche Eindringtiefe der Protonen hat bei senkrechter Bestrahlung der Zellen zur Folge, daß durch niederenergetische Protonen größere Schädigungen in der Nähe des pn-Übergangs erzeugt werden wie in tieferen Schichten. Dies erklärt, warum bei Si die Spannung V bei niederen Protonenenergien stärker degradiert als der Strom I. Erst bei ca. 10MeV-Protonen zeigen V und I wieder gleiches Degradationsverhalten.

Der Umstand, daß V und I bei niederen Protonenenergien unterschiedlich degradieren hat dazu geführt, die relativen Schädigungskoeffizienten auf 10MeV-Protonen zu beziehen. Dies ergibt dann die Schädigungskurven der Abbildung 6-12 für GaAs und n/p-Silizium.

Die Umrechnung auf äquivalente 1MeV-Elektronen erfolgt für Si für Strom und Spannung gleichermaßen gemäß

$$\phi_{1MeV\text{-el.}}=3000\cdot\phi_{10MeV\text{-pr.}} \tag{6.24}$$

Für GaAs ist die Umrechnung von 10MeV-Protonen auf 1MeV-Elektronen für Strom und Spannung unterschiedlich:

$$\phi_{1MeV\text{-el.}}(I)=400\cdot\phi_{10MeV\text{-pr.}}(I) \tag{6.25}$$

$$\phi_{1MeV\text{-el.}}(V)=1400\cdot\phi_{10MeV\text{-pr.}}(V) \tag{6.26}$$

Daß die relativen Schädigungskoeffizienten von Protonen nicht direkt auf 1MeV-Elektronen bezogen werden liegt daran, daß die Konstanten C(z) in Gleichung (6.22) für Protonen etwas größer sind als für Elektronen (dies zeigt auch, daß Gleichung (6.22) doch nicht exakt für alle Teilchentypen anwendbar ist).

Die unterschiedliche Degradation von V und I gilt nur für frontseitige Bestrahlung. Bei rückseitiger Bestrahlung sind für Zelldicken bis herab zu 50μm für V die relativen Schädigungskoeffizienten von I zu benutzen.

Der Einfluß langsamer Protonen auf die Zell-Vorderseite hat dazu geführt, die Solarzellen mit einem lichtdurchlässigen Deckglas zu schützen. Dadurch werden langsame Protonen bereits im Deckglas absorbiert. Das Deckglas muß die Zelle hundertprozentig bedecken. Bereits Spalte breiter als 50μm können zu schweren Degradationen der Zell-Leistung durch Kurzschlüsse über den pn-Übergang hinweg führen. Dabei besteht der Einfluß langsamer Protonen in einer erhöhten Schädigung der Raumladungszone. Diese kann aus lauter parallelen Dioden bestehend dargestellt werden. Werden nur einige dieser Dioden kurzgeschlossen, bilden sich Leckströme über die Raumladungszone hinweg. Dies entspricht einer erhöhten Rekombinationsrate in der Raumladungszone d.h. einer Erhöhung des Diodensättigungsstromes I_o gemäß Gleichung (2.135a) (kleines L!) und einer Erniedrigung von V_{oc} nach Gleichung (3.15). Bei den Missionen ATS-1 und Intelsat II-F4, die bereits wenige Wochen nach dem Start Leistungseinbußen von bis zu 20% erlitten, spielte dieser Effekt eine große Rolle.

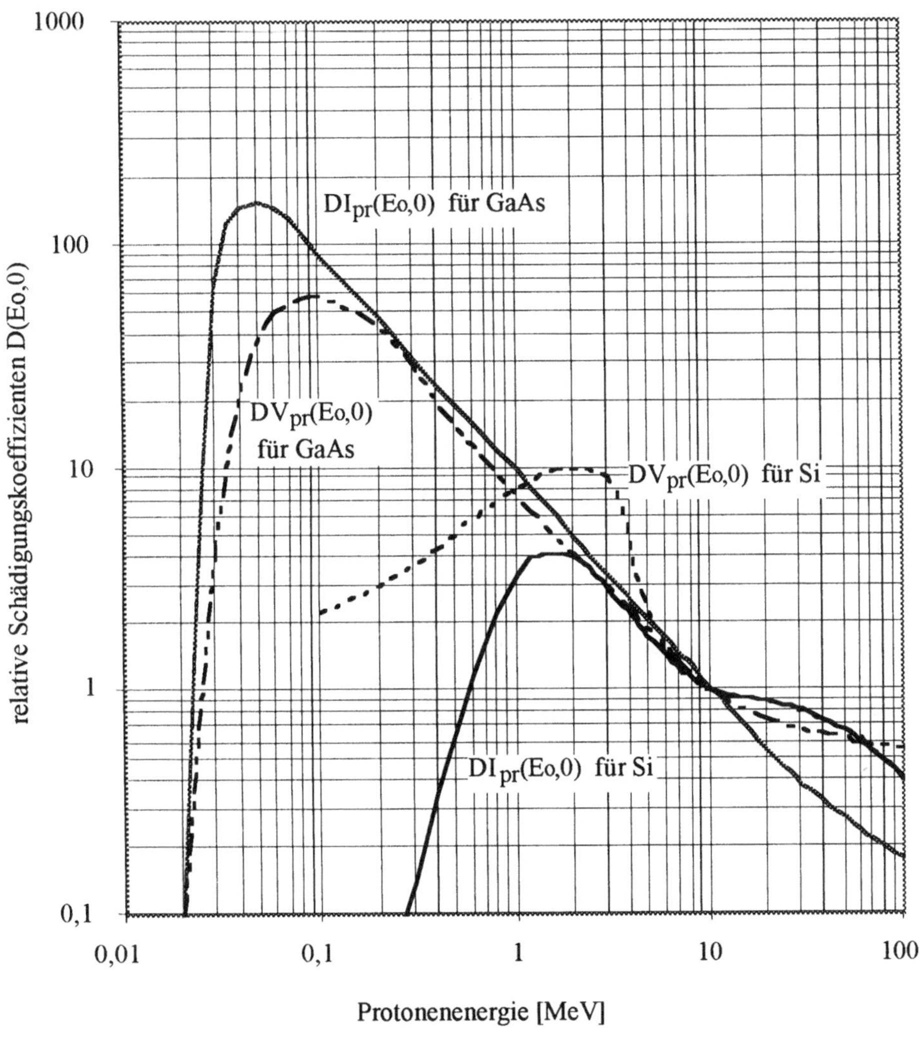

Abbildung 6-12 Relative Schädigungskoeffizienten normal bestrahlter, unbedeckter Si- und GaAs-Zellen (nach Lit. 6.1 und Lit. 6.19)

6.2.7 Schädigungskoeffizienten für Neutronen und α-Strahlung

Neutronen- und α-Strahlung spielt in der natürlichen Weltraumstrahlung nur eine untergeordnete Rolle. Sie kann aber wichtig werden bei künstlichen atomaren Ereignissen wie Atombombenexplosionen.

Auch Neutronenstrahlung verursacht im wesentlichen Atomversetzungen wie Protonen und Elektronen. Ein Großteil dieser primären Schädigungen heilt in kurzer Zeit wieder aus. Von Interesse ist lediglich der irreversible Anteil. Dieser ist im Großen und Ganzen unabhängig von der Neutronenenergie (kleiner Wirkungsquerschnitt!) und kann direkt umgerechnet werden in äquivalenten 1MeV-Elektronen-Fluß gemäß:

$$\phi_{1MeV\text{-el.}} = 2400 \cdot \phi_n \tag{6.27}$$

α-Strahlung erzeugt in Silizium im wesentlichen Compton-Elektronen. Diese Sekundärelektronen können jedoch so hohe Energien besitzen, daß sie Atomversetzungen verursachen und ähnlich wirken wie Elektronen-Primärstrahlung. Im Vergleich zu anderen Strahlungen ist dieser Anteil jedoch so gering, daß er entweder vernachlässigt werden kann oder pauschal berücksichtigt wird (z.B. 5% des Protonenflusses für Neutronen und α-Strahlung zusammen).

6.2.8 Ionisationseffekte

Die Wirkung der Weltraumstrahlung auf Deckgläser und die mit ihrer Anwendung verbundenen Materialien ist wesentlich geringer wie die auf Solarzellen. Die Schädigungen werden überwiegend durch Ionisation und weniger durch Versetzungen hervorgerufen. Im wesentlichen ist diese Art von Schädigung nur von der absorbierten Dosis abhängig, nicht so sehr von der Teilchenart und der -energie. Damit können Degradationsdaten z.B. von 1MeV-Elektronen-Bestrahlungsversuchen ohne Einschränkung verallgemeinert werden.

Der bedeutendste Strahlungseffekt in Abschirmmaterialien betrifft Transmissionsänderungen im sichtbaren und nahen infrarot. Sie reichen von nahe 0% für mit Ceroxyd dotiertes Borsilikatglas (z.B. CMX von Pilkington Space Technology, UK) bis zu 2% für Quarzglas mit UV-Filter (beide mit MgF_2-Antireflex-Coating).

Transmissionsverluste von Abschirmmaterialien werden i.a. pauschal in Form eines Degradationsfaktors berücksichtigt (typisch 0%-2% für die Mission).

Ein wesentlich kritischerer Effekt ist die elektrostatische Aufladung von isolierenden Abschirmmaterialien wie Deckgläsern und Isolationsfolien. Darauf wird in Kapitel 6.6 noch näher eingegangen.

6.2.9 Ausheilung von Zellschädigungen

Bei der Herstellung von Solarzellen (vgl. Kapitel 4) werden Temperungsprozesse angewandt um das Kristallgitter zu verbessern. Bei höheren Temperaturen ist es den Atomen auf Zwischengitterplätzen möglich, auf Leerstellen zu diffundieren und die Anzahl von Fallen für Minoritätsträger zu reduzieren. Ähnlich wirkt eine Temperung auf strahlungsdegradierte Zellen. Allerdings wird für Silizium eine deutliche Ausheilung erst bei Temperaturen zwischen 200°C und 400°C erreicht, die in Raumfahrtmissionen nur schwerlich erzeugt werden können. Hier könnten Zellen auf InP-Basis, die neben günstigerem Degradationsverhalten bereits bei Raumtemperatur deutliche Ausheileffekte zeigen, in strahlungsintensiven Missionen durchaus zur Disposition stehen.

Im Labor liegen die Bestrahlungstemperaturen meist tiefer als im Orbit. Um den Ausheileffekten bei erhöhten Temperaturen Rechnung zu tragen läßt man deshalb nach Bestrahlungstests eine mehrstündige Ausheil- und Stabilisierungsphase bei 60°C oder unter Sonnenbestrahlung folgen.

6.3 Degradationsverhalten von Solarzellen

6.3.1 Degradation verschiedener Zellen bei 1MeV-Elektronen-Bestrahlung

Die Degradationskurven von Solarzellen aufgrund von Teilchenstrahlung ermittelt man durch normal auf die Vorderseite gerichtete Bestrahlung mit 1MeV-Elektronen z.B. aus einem van de Graaf Generator. Um eine homogene Bestrahlung zu erzielen werden die Solarzellen durch den Elektronenstrahl bewegt. Ionisationseffekte in Deckglas und Kleber können vermieden werden durch Verwendung von nackten Zellen. Diese werden vor und nach der Bestrahlung mit simuliertem Sonnenlicht bei AM0 und Normtemperatur vermessen.

Abbildung 6-13 zeigt typische P_{mp}- Degradationskurven für verschiedene Solarzellentypen. Daraus lassen sich folgende Tatsachen ableiten:

a) Niederohmige Si-Zellen (1-3Ωcm) besitzen zwar höhere Ausgangswirkungsgrade wie höherohmige (7-13Ωcm), degradieren aber unter Teilchenstrahlung stärker. Ab einer Bestrahlungsdosis von ca. $3 \cdot 10^{15}$ äquivalenten 1MeV-Elektronen/cm^2 sind höherohmige Zellen leistungsstärker.

b) Ähnlich verhalten sich Si-BSFR-Zellen im Vergleich zu BSR-Zellen. Der Leistungsvorteil des rückseitig eingebauten elektrischen Feldes verschwindet bei spätestens $3 \cdot 10^{15}$ äquivalenten 1MeV-Elektronen/cm^2 und gegenüber 2Ωcm-Zellen bereits bei $1 \cdot 10^{14}$ äquivalenten 1MeV-Elektronen/cm^2. Durch ein höheres Absorptionsvermögen erreichen BSFR-Zellen i.a. auch höhere Temperaturen, wodurch ein weiterer Leistungsverlust entsteht. Bei Strahlungsdosen unter 10^{14} äquivalenten 1MeV-Elektronen/cm^2 (niedrige Erdumlaufbahnen) besitzen BSFR-Zellen jedoch deutliche Leistungsvorteile.

c) Die Zelldicke beeinflußt weder den kritischen Teilchenfluß ϕ_0 noch den Schädigungskoeffizienten K_L. Jedoch werden aufgrund des geringeren Volumens weniger Schädigungen im Kristall erzeugt als bei dickeren Zellen und außerdem ist die Reduktion der freien Weglänge L ebenfalls wegen der geringeren Zelldicke nicht mehr so relevant. 50μm dünne Si-Zellen sind daher strahlungsbeständiger als herkömmliche 200μm dicke Si-Zellen allerdings bei i.a. geringerer Ausgangsleistung.

d) Si-Hi-η-Zellen, die alle leistungsfördernden Maßnahmen in sich vereinen, degradieren zwar stärker als einfache 8.02(10)//R-Zellen, jedoch wird der ursprüngliche Leistungsvorteil durch die höhere Degradation nicht aufgezehrt. Si-Hi-η-Zellen sind bei höheren äquivalenten 1MeV-Elektronen-Flüssen sogar gleichwertig mit GaAs-Zellen (vgl. jedoch e.))

e) AlGaAs/GaAs- wie auch GaAs/Ge-Zellen degradieren unter 1MeV-Elektronen-Bestrahlung stärker als Si-Zellen. Ihr Vorteil unter Weltraumstrahlung liegt bei ihrer geringeren Empfindlichkeit gegenüber Protonenstrahlung, was häufig eine gegenüber Si wesentlich geringere äquivalente 1MeV-Elektronen-Dosis zur Folge hat. Außerdem wirkt das GaAs- bzw. Ge-Substrat als zusätzliches Schild, was zu einer weiteren Reduktion der äquivalenten 1MeV-Elektronen-Dosis führt.

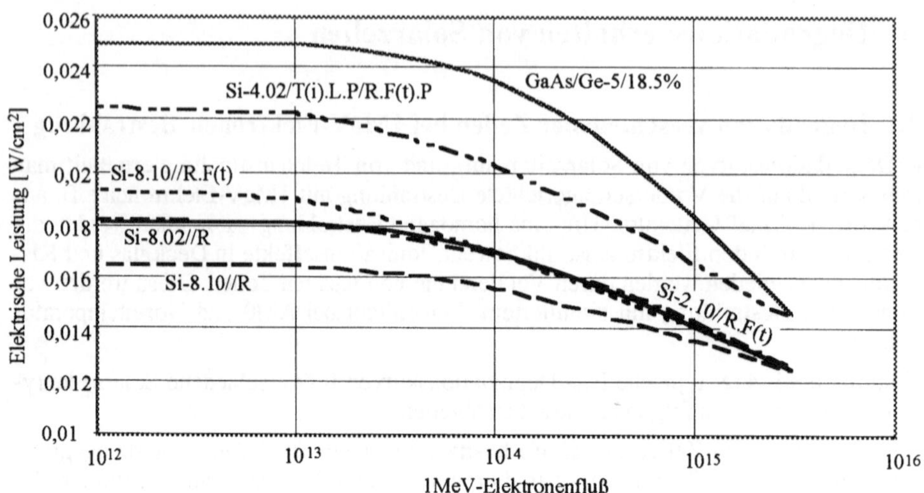

Abbildung 6-13 Degradation von P_{mp} bei verschiedenen 1MeV-Elektronen-Flüssen

6.3.2 Einfluß auf Temperaturkoeffizienten

In Kapitel 3.3.4 wurde die Temperaturabhängigkeit der charakteristischen Zellgrößen behandelt. Ihre Temperaturkoeffizienten stehen in funktionellem Zusammenhang mit einer ganzen Reihe von Materialgrößen.

Um den Einfluß von Teilchenstrahlung auf die Temperaturkoeffizienten der charakteristischen Zellgrößen zu ermitteln, müßte die Änderung dieser Materialdaten bei Bestrahlung mit allen vorkommenden Teilchenarten und -energien bestimmt werden. Dies würde eine Unzahl von Messungen erfordern, deren Menge, Qualität und Verfügbarkeit nicht den Erfolg garantieren würde. Deshalb verfährt man einfacher so, daß man den Schädigungskoeffizienten für eine bestimmte Strahlungsdosis auf eine Normtemperatur (z.B. 28°C) bezieht und den dazugehörigen Temperaturkoeffizienten angibt. Damit lassen sich die charakteristischen Zellgrößen darstellen in der Form

$$z(T,\Phi)=z(T_o,\Phi)+\gamma(\Phi) \cdot (T-T_o) \tag{6.28}$$

mit

$z(T,\Phi)$, $z(T_o,\Phi)$: I_{sc}, I_{mp}, V_{mp}, V_{oc}, P_{mp} bei der Temperatur T bzw. T_o und der Strahlungsdosis Φ,

$\gamma(\Phi)$: Temperaturkoeffizient von z bei Strahlungsdosis Φ.

$\gamma(\Phi)$ ist einfach zu messen.

Die Änderung der Temperaturkoeffizienten als Funktion der Strahlungsdosis für verschiedene Zelltypen sind in den Tabellen 6-7 bis 6-10 in Form von Multiplikatoren ($\Delta z/\Delta T$-Faktoren!) wiedergegeben.

Leider lassen sich die gemessenen Temperaturkoeffizienten nicht analytisch als Funktion des 1MeV-Elektronen-Flusses Φ ausdrücken obwohl ähnliche Ansätze wie Gleichung (6.22) für einige Zellen die Abhängigkeiten hinreichend genau beschreiben. Die genaueste Methode besteht darin, daß man für jeden Zelltyp Näherungsformeln $R(\gamma) = f(\phi)$ für die Multiplikatoren ermittelt um so die richtigen Temperaturkoeffizienten für jeden Fluß anwenden zu können. Dies lohnt sich in jedem Fall, weil die Temperaturkoeffizienten i.a. mit wachsendem ϕ günstiger werden und damit bei typischen Temperaturen >28°C Leistungsgewinne erzielt werden können.

Tabelle 6-7 Multiplikatoren für die Temperaturkoeffizienten einer typischen Si-10Ωcm-Zelle als Funktion des äquivalenten 1MeV-Elektronen-Flusses

Parameter	Äquivalenter 1MeV-Elektronenfluß [e/cm^2]					
	0	$3\cdot10^{13}$	$1\cdot10^{14}$	$3\cdot10^{14}$	$1\cdot10^{15}$	$3\cdot10^{15}$
$\Delta I_{sc}/\Delta T$	1,00	1,05	1,44	1,81	2,20	2,56
$\Delta I_{mp}/\Delta T$	1,00	1,10	2,48	3,74	5,12	6.37
$\Delta V_{mp}/\Delta T$	1,00	0,96	0,95	0,94	1,00	0,94
$\Delta V_{oc}/\Delta T$	1,00	1,00	0,97	0,95	0,95	0,95
$\Delta P_{mp}/\Delta T$	1,00	0,97	0,85	0,79		0,62

Tabelle 6-8 Multiplikatoren für die Temperaturkoeffizienten einer typischen Si-2Ωcm-Zelle als Funktion des äquivalenten 1MeV-Elektronen-Flusses

Parameter	Äquivalenter 1MeV-Elektronenfluß [e/cm^2]					
	0	$3\cdot10^{13}$	$1\cdot10^{14}$	$3\cdot10^{14}$	$1\cdot10^{15}$	$3\cdot10^{15}$
$\Delta I_{sc}/\Delta T$	1,00	1,32	1,63	1,92	2,23	2,51
$\Delta I_{mp}/\Delta T$	1,00	2,04	3,17	4,20	5,30	5,30
$\Delta V_{mp}/\Delta T$	1,00	1,02	0,98	0,97	1,04	0,99
$\Delta V_{oc}/\Delta T$	1,00	0,99	0,98	0,98	0,98	1,00
$\Delta P_{mp}/\Delta T$	1,00	1,00	0,73	0,70	0,67	0,57

Tabelle 6-9 Multiplikatoren für die Temperaturkoeffizienten einer typischen GaAs-Zelle als Funktion des äquivalenten 1MeV-Elektronen-Flusses

Parameter	Äquivalenter 1MeV-Elektronenfluß [e/cm^2]					
	0	$3\cdot10^{13}$	$1\cdot10^{14}$	$3\cdot10^{14}$	$1\cdot10^{15}$	$3\cdot10^{15}$
$\Delta I_{sc}/\Delta T$	1,00		0,76	0,76	0,64	0,79
$\Delta I_{mp}/\Delta T$	1,00		2,43		0,50	
$\Delta V_{mp}/\Delta T$	1,00		0,95		0,97	
$\Delta V_{oc}/\Delta T$	1,00		1,00	1,11	1,00	1,12
$\Delta P_{mp}/\Delta T$	1,00		1,03	1,13	0,96	0,77

Tabelle 6-10 Multiplikatoren für die Temperaturkoeffizienten einer typischen GaInP$_2$/GaAs/Ge-Kaskadenzelle als Funktion des äquivalenten 1MeV-Elektronen-Flusses

Parameter	Äquivalenter 1MeV-Elektronenfluß [e/cm^2]					
	0	$3\cdot10^{13}$	$1\cdot10^{14}$	$3\cdot10^{14}$	$1\cdot10^{15}$	$3\cdot10^{15}$
$\Delta I_{sc}/\Delta T$	1,00	0,97	0,92	0,85	0,76	0,68
$\Delta I_{mp}/\Delta T$	1,00	1,25	1,28	1,25	1,14	0,85
$\Delta V_{mp}/\Delta T$	1,00	1,00	1,00	1,00	1,00	1,00
$\Delta V_{oc}/\Delta T$	1,00	0,97	0,96	0,96	0,98	1,00
$\Delta P_{mp}/\Delta T$	1,00	0,34	0,35	0,44	0,67	1,82

6.4   Relative Schädigungskoeffizienten für Weltraumstrahlung

Die vorhergehenden Kapitel behandelten das Degradationsverhalten von Solarzellen bei
normal einfallender Teilchenstrahlung. Diese Daten sind jedoch nicht ohne weiteres für
die Vorhersage der Degradation von Solarzellen im Weltraum geeignet, da es sich im
Weltraum einerseits um omnidirektionale Strahlung handelt, andererseits Deckgläser und
Trägerstrukturen die Energie der auftreffenden Teilchen beeinflussen. Die Weltraumbedingungen müssen daher zunächst auf den Fall normaler, monoenergetischer Teilchenbestrahlung (1MeV-Elektronen bzw. 10MeV-Protonen) umgerechnet werden.

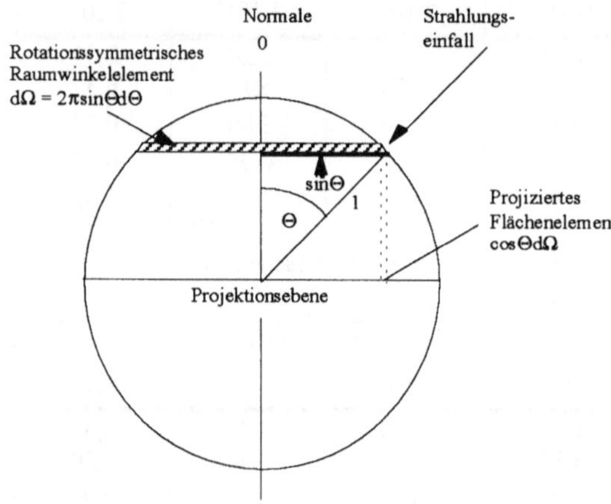

Abbildung 6-14 Zur Umrechnung von omnidirektionaler in unidirektionale Strahlung

Die Korpuskularstrahlung des Weltraums ist als omnidirektionaler Fluß Φ_o pro cm^2 und
Tag tabuliert (Lit. 6.4 bis 6.7). Die Umrechnung in unidirektionalen Fluß Φ_n erfolgt nach
Abbildung 6-14 wie folgt:

Sei θ der Einfallswinkel der Teilchenstrahlung zur Normalen. Dann wird ein rotations-
symmetrisches Raumelement auf der Einheitskugel ausgedrückt durch $d\Omega = 2\pi\sin\theta\, d\theta$.
Außerdem ist die Projektion eines Einheits-Flächenelements auf die Projektionsebene
$\cos\theta$. Damit gilt für den unidirektionalen Fluß:

$$\Phi_n = \frac{\Phi_o}{4\pi} \cdot \int_0^\pi \cos\theta\, d\Omega \tag{6.29a}$$

$$= \frac{\Phi_o}{4\pi} \cdot \int_0^\pi 2\pi\sin\theta\cos\theta\, d\theta \tag{6.29b}$$

$$= \frac{\Phi_o}{2} \tag{6.29c}$$

d.h. der unidirektionale Fluß ist äquivalent dem halben omnidirektionalen Fluß. Für un-
endliche rückseitige Abschirmung (satellitenmontierte Generatoren!) gilt (Integration von
0 bis $\pi/2$ in Gleichung 6.29b!):

$$\Phi_n\left(\frac{\pi}{2}\right) = \frac{\Phi_0}{4} \tag{6.30}$$

Gleichung (6.30) bezieht sich auf den isotropen Teilchenfluß, der auf das die Zelle bedeckende Deckglas auftrifft. Die Strahlung, die auf die Zelle auftrifft, wird noch durch die Dicke t des Deckglases gedämpft. Diese Dicke ist wiederum winkelabhängig. Damit wird auch der relative Schädigungskoeffizient winkelabhängig und man erhält entsprechend (6.29b) für einseitige Bestrahlung:

$$D(E,t) = \frac{1}{4\pi} \int\limits_0^{\pi/2} D(E_0,\theta) \cdot 2\pi \sin\theta \cos\theta \, d\theta \tag{6.31}$$

mit

    $D(E,t)$:   relativer Schädigungskoeffizient omnidirektionaler Teilchenstrahlung der Energie E bzgl. unidirektionaler 1 MeV-Elektronen bzw. 10 MeV-Protonen für eine Zelle, die von einem Deckglas der Dicke t bedeckt ist.

    $D(E_0,\theta)$:   relativer Schädigungskoeffizient unidirektionaler Teilchenstrahlung unter dem Einfallswinkel θ und der Energie E_0 bzgl. unidirektionaler 1 MeV-Elektronen bzw. 10 MeV-Protonen.

    t: Deckglasdicke. Bei $t = 0$ ist $E = E_0$.

    E: Energie des Teilchens beim Auftreffen auf das Deckglas.

    E_0:   Energie des Teilchens beim Eintritt in die Solarzelle.

Die relativen Schädigungskoeffizienten $D(E_0,\theta)$ von n/p Si- und GaAs-Zellen sind für normal einfallende Elektronen ($\theta=0$) in Abbildung 6-11 über der Elektronenenergie aufgetragen. Elektronen im MeV-Bereich besitzen ein gutes Durchdringungsvermögen von Materie, so daß die durch Elektronen verursachte Schädigung als gleichmäßig entlang ihres Weges betrachtet werden kann. Damit wird die Schädigung proportional der Weglänge. Diese ist wiederum proportional $1/\cos\theta$. Somit:

$$D(E_0,\theta) = \frac{D(E_0,\theta = 0)}{\cos\theta} \tag{6.32}$$

(6.32) in (6.31) ergibt:

$$D(E,t) = \frac{1}{4\pi} \int\limits_0^{\pi/2} D(E_0,\theta = 0) \cdot 2\pi \sin\theta \, d\theta \tag{6.33}$$

Für $t = 0$ wird:

$$D(E_0,t = 0) = \frac{D(E_0,\theta = 0)}{2} \tag{6.34}$$

d.h. die Schädigung einer unbedeckten Zelle ist unabhängig vom Einfallswinkel.

Die relativen Schädigungskurven für normal einfallende Elektronen gemäß Abbildung 6-11 lassen sich durch folgende Näherungsformeln darstellen (E in MeV):

$$D_{el}(E_o, \theta = 0) = \qquad\qquad\qquad\qquad\qquad (6.35a)$$

$$= \begin{cases} -0,5555E^4 - 0,0555E^3 + 2,1222E^2 - 0,5444E + 0,03333 \text{ für } E \leq 1\text{MeV} \\ \text{MAX}(-0,067E^3 + 0,498E^2 + 0,907E - 0,299; 24,515 \cdot \log(E) - 8,389) \text{ für } E > 1\text{MeV} \end{cases}$$

für Silizium bzw.

$$D_{el}(E_o, \theta = 0) = \qquad\qquad\qquad\qquad\qquad (6.35b)$$

$$= \begin{cases} 442747,52 \cdot E^{13,396} \text{ für } E < 0,3\text{MeV} \\ \text{MIN}(4,241E^4 - 11,154E^3 + 10,389E^2 + 2,6476E + 0,173; 1,1818 \cdot E^{0,90525}) \\ \qquad\qquad\qquad\qquad\qquad\qquad\qquad\qquad \text{für } E \geq 0,3\text{MeV} \end{cases}$$

für GaAs.

In einem Deckglas werden die einfallenden Elektronen abgebremst so daß sie lediglich mit der Energie E_o= E-ΔE auf die Zelle auftreffen. Zur Bestimmung von ΔE benutzt man die Bremsenergie oder besser die Reichweite der Teilchen in dem betreffenden Material. Beide sind in Abbildung 6-15 als Funktion der Elektronenenergie für Si und GaAs dargestellt. Sowohl die Bremsenergie wie die Reichweite hängen nicht sehr stark von der Ordnungszahl des Absorbermaterials ab. Daher können die Bremsenergie- und Reichweitenkurven für Si und GaAs auch für Materialien benutzt werden, deren Ordnungszahlen in der Größenordnung von Si (Z = 14) oder GaAs (Z = 31 bzw. = 33) liegen. Dies trifft insbesondere für Deckgläser zu, die entweder aus Quarz ($-SiO_2$) oder Borsilikaten ($-SiO_4$) hergestellt werden.

Um E_o zu bestimmen ermittelt man zunächst aus Abbildung 6-15 die Reichweite R(E) des einfallenden Elektrons im Deckglasmaterial, zieht davon die Wegstrecke t/cosθ des Elektrons im Deckglas ab und bestimmt mit der verbleibenden Reichweite R(E_o) wieder aus Abbildung 6-15 die Energie E_o (für t ist die scheinbare Dicke $=t_o \cdot \rho_{Gl}/\rho_{Si}$ einzusetzen). Reichweite R und Energie E lassen sich für Elektronen mit folgenden Näherungsfunktionen darstellen:

Die Reichweite als Funktion der Energie der einfallenden Elektronen:

Für Si (E in MeV):

$$R_{el}[\text{cm}] = \text{MIN}(0,2463 \cdot E^{1,462}; \, 0,252 \cdot E^{0,9705}) \qquad\qquad (6.36a)$$

und für GaAs (E in MeV):

$$R_{el}[\text{cm}] = \text{MIN}(0,1338 \cdot E^{1,4061}; 0,14 \cdot E^{0,9535}; 0,2342 \cdot E^{0,7095}; 0,4673 \cdot E^{0,5075}) \qquad (6.36b)$$

Die Energie des einfallenden Elektrons als Funktion der Reichweite:

Für Si (R_{el} in cm):

$$E[\text{MeV}] = \text{MAX}(2,7668 \cdot R_{el}^{0,6994}; \, 4,0706 \cdot R_{el}^{1,0528}) \qquad\qquad (6.37a)$$

und für GaAs (R_{el} in cm):

$$E[\text{MeV}] = \text{MAX}(4,1768 \cdot R_{el}^{0,711}; 7,7819 \cdot R_{el}^{1,0325}; 7,7415 \cdot R_{el}^{1,4075}; 4,4797 \cdot R_{el}^{1,9699})$$

$$\qquad\qquad\qquad\qquad\qquad\qquad\qquad\qquad\qquad\qquad\qquad (6.37b)$$

Damit erhält man für Si mit einem Deckglas der Dichte ρ_{Gl}=2,385g/cm^3 (CMZ) die relativen Schädigungskoeffizienten D(E, t$\neq$0) der Abbildung 6-16 und für GaAs mit einem Deckglas der Dichte ρ_{Gl}=2,554g/cm^3 (CMG) die der Abbildung 6-17. Schädigungskoeffi-

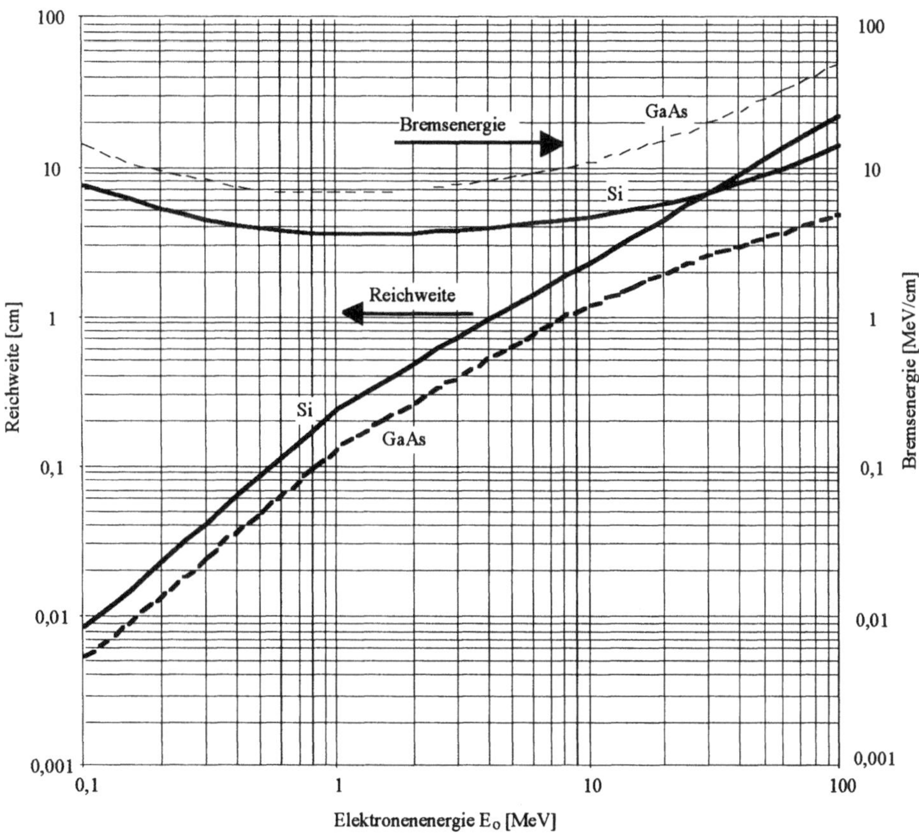

Abbildung 6-15 Bremsenergien und Reichweiten von Elektronen in Si und GaAs (nach Lit. 6.1 und 6.19)

zienten für andere Deckglasdicken können entweder interpoliert oder mit obigen Formeln errechnet werden.

Die Schädigungskoeffizienten von Protonen sind schwieriger zu ermitteln wie die von Elektronen, weil sie einerseits unterschiedlich sind für Strom und Spannung, und weil es experimentelle Daten überwiegend nur für normalen Einfall gibt (Koeffizienten für Protonen mit Energien >10MeV können wiederum als unabhängig vom Einfallswinkel angesehen werden!).

Die größten Schädigungen von Protonen werden am Ende ihrer Spur erzeugt. Damit gelangt man zu einem einfachen Modell für die Winkelabhängigkeit des Schädigungskoeffizienten. Es wird einfach angenommen, daß ein Proton mit willkürlichem Einfallswinkel und beliebiger Energie dieselbe Schädigung hervorruft wie ein Proton mit normalem Einfallswinkel und gleicher Eindringtiefe. Die Ungenauigkeit dieses Modells läßt sich noch verbessern mit einem Faktor, der dem Verhältnis der gesamten durch ein beliebig einfallendes Proton erzeugten Schädigung zu der eines normal einfallenden Protons derselben Eindringtiefe entspricht. Man erhält:

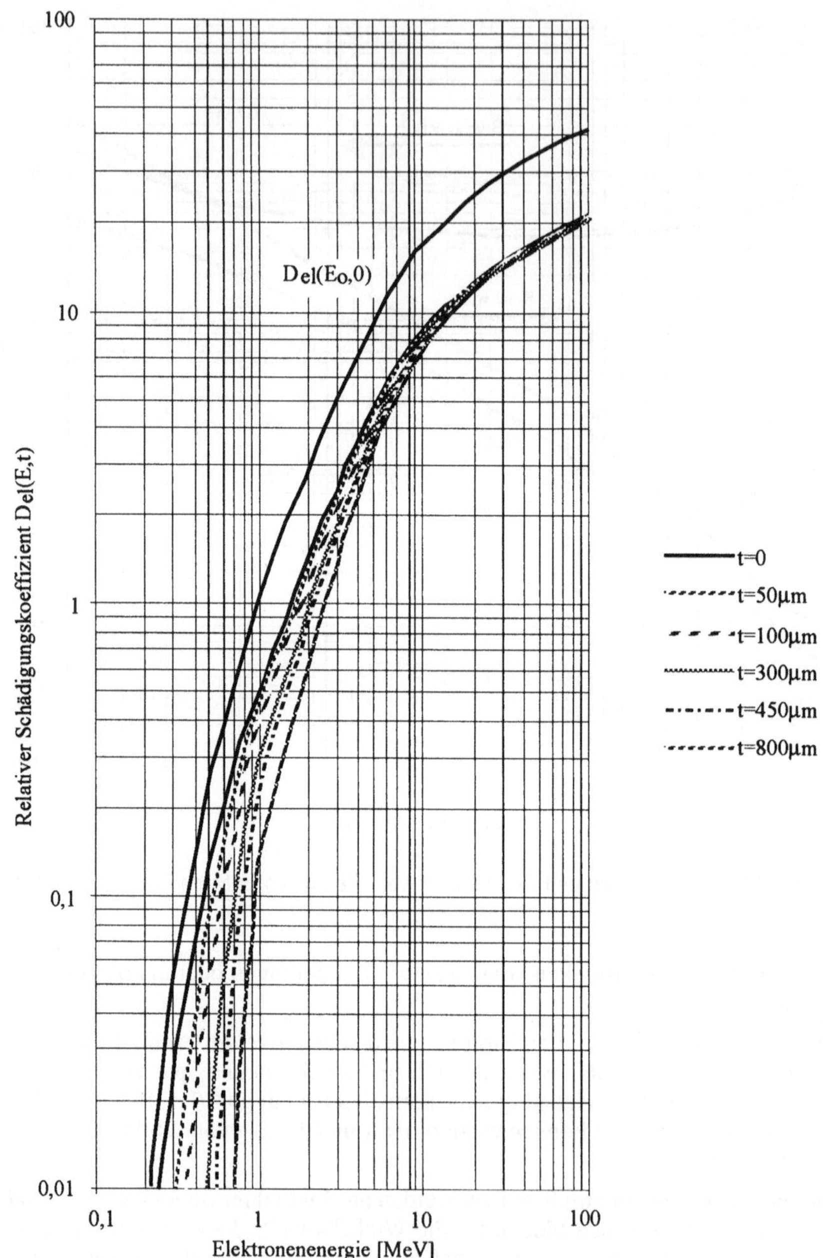

Abbildung 6-16 Relative Schädigungskoeffizienten für Elektronenstrahlung von bedeckten n/p-Si-Solarzellen berechnet nach den Gleichungen (6.33) bis (6.37)

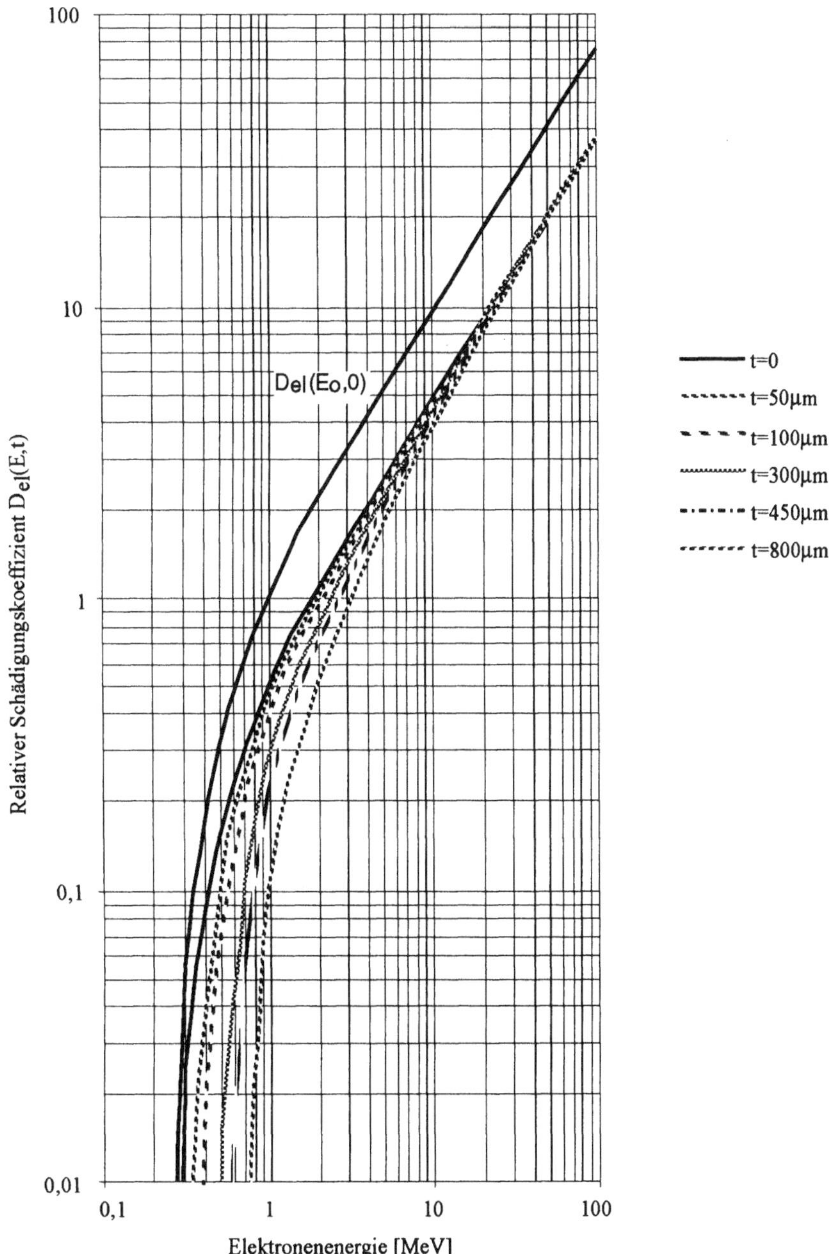

Abbildung 6-17 Relative Schädigungskoeffizienten für Elektronenstrahlung von bedeckten GaAs-Solarzellen berechnet nach den Gleichungen (6.33) bis (6.37)

$$D(E_o,\theta) = D(E_o,\theta = 0) \cdot \frac{N_{td}(E_o)}{N_{td}(E_n)} \tag{6.38}$$

mit

$D(E_o,\theta)$:   relativer Schädigungskoeffizient für ein Proton, das unter dem Einfallswinkel θ mit der Energie E_o auf die Zelle trifft,

$D(E_n, \theta=0)$:   relativer Schädigungskoeffizient für ein normal auftreffendes Proton ($\theta=0$) mit der Energie E_n, die der Reichweite $R(E_o)\cdot\cos\theta$ entspricht,

$N_{td}(E_o), N_{td}(E_n)$:   gesamte Anzahl der Versetzungen von Atomen, die durch ein Proton erzeugt wird, das unter beliebigem Winkel mit der Energie E_o bzw. E' auf die Zelle auftrifft.

Für Protonen, deren Energie E_o so groß ist, daß sie die Zelle durchdringen, gilt wieder Gleichung (6.32). Damit und mit (6.38) wird Gleichung (6.31) für Protonen:

$$D(E,t) = \frac{1}{4\pi}\int_0^{\theta_D} D(E_o,\theta = 0)\cdot 2\pi\sin\theta d\theta +$$

$$+ \frac{1}{4\pi}\int_{\theta_D}^{\pi/2} D(E_n,\theta = 0)\cdot \frac{N_{td}(E_o)}{N_{td}(E_n)}\cdot 2\pi\sin\theta\cos\theta d\theta \tag{6.39}$$

mit

θ_D: Einfallswinkel, bei dem ein Proton der Energie E gerade noch das Deckglas und die Solarzelle durchdringt.

Der erste Term der Gleichung (6.39) repräsentiert den Fall, wo die Protonen sowohl das Deckglas wie die Solarzelle durchdringen. Der zweite Term repräsentiert den Fall, wo die Protonen zwar das Deckglas durchdringen, aber nicht mehr die Zelle. Wie für Elektronen muß für beliebige Deckglasdicken die auf die Zelle auftreffende Energie E_o über die Reichweite der Protonen im Deckglasmaterial berechnet werden. In Abbildung 6-18 sind Bremsenergie dE_{pr}/dx und Reichweite R_{pr} der Protonen für Si und GaAs als Funktion der Protonenenergie dargestellt. Reichweite R_{pr} und die zugehörige Energie E lassen sich für Protonen mit folgenden Näherungsfunktionen darstellen:

Die Reichweite als Funktion der Energie der einfallenden Protonen:

Für Si (E in MeV):

$$R_{pr}[cm] = MAX(0,00148656\cdot E^{1,7116}; 0,0016084\cdot E^{1,1554462}) \tag{6.40a}$$

und für GaAs (E in MeV):

$$R_{pr}[cm] = \begin{cases} 3,3593585\cdot 10^{-4}\cdot E^4 - 6,77489\cdot 10^{-4}\cdot E^3 + 1,042\cdot 10^{-3}\cdot E^2 + \\ \quad +4,8256\cdot 10^{-4}\cdot E + 1,6883976\cdot 10^{-6} \qquad \text{für } E < 1\text{MeV} \\ MAX\Big(-5,59774\cdot 10^{-7}\cdot E^4 + 9,361656355\cdot 10^{-6}\cdot E^3 + 2,83426\cdot 10^{-4}\cdot E^2 + \\ \quad +1,2217964\cdot 10^{-3}\cdot E - 3,532293\cdot 10^{-4}; 9,3971\cdot 10^{-4}\cdot E^{1,6657}\Big) \text{ für } E \geq 1\text{MeV} \end{cases}$$

$$\tag{6.40b}$$

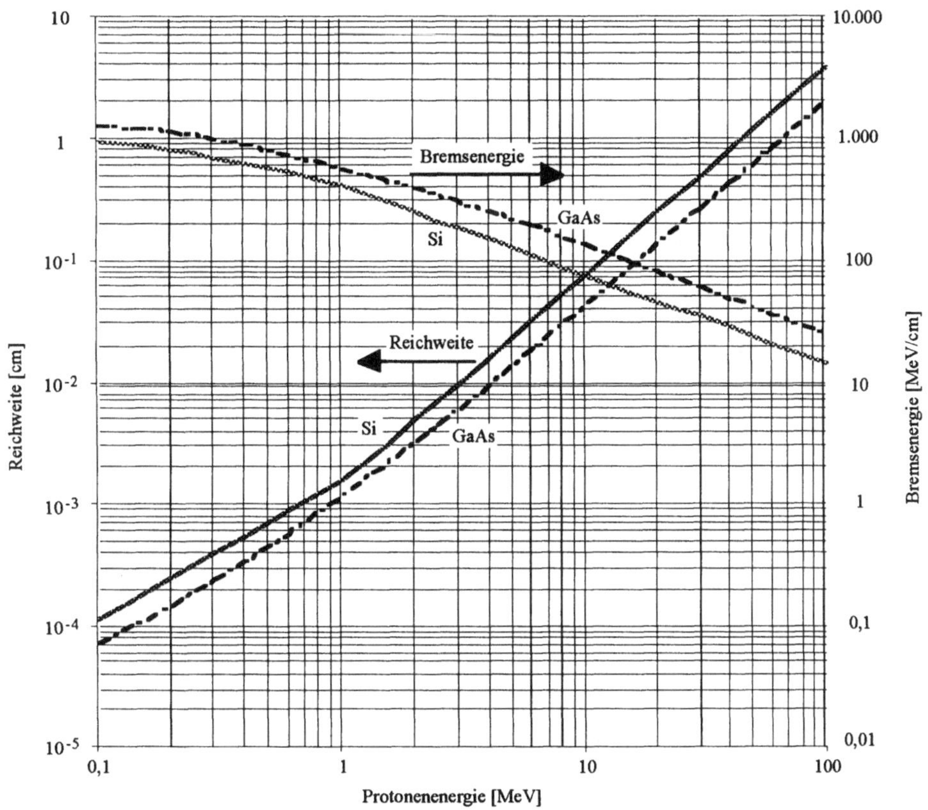

Abbildung 6-18 Bremsenergie und Reichweite von Protonen in Si und GaAs (nach Lit. 6.1 und Lit. 6.19)

Die Energie des einfallenden Protons als Funktion der Reichweite:

Für Si (R_{pr} in cm):

$$E\,[\text{MeV}] = \text{MIN}(260{,}858 \cdot R_{pr}^{0,865}; 44{,}8948 \cdot R_{pr}^{0,5842}) \tag{6.41a}$$

und für GaAs (R_{pr} in cm):

$$E[\text{MeV}] = \text{MIN}(231746213{,}6 \cdot R_{pr}^{3} -$$
$$-743906{,}6 \cdot R_{pr}^{2} + 1389{,}1 \cdot R_{pr} + 0{,}0045859; 72{,}776 \cdot R_{pr}^{0,62972}) \tag{6.41b}$$

N_{td} läßt sich nach Lit. 6.1 für Si (6.42a) und nach Lit. 6.19 für GaAs (6.42b) wie folgt berechnen:

$$N_{td} = \frac{\left\{6{,}81 \cdot 10^{-5} \cdot \left[1 + \ln(5162 \cdot E)\right]\right\} \cdot \left\{10^{6} \cdot E - 567{,}3\right\}}{12{,}9 \cdot \ln(12{,}82 \cdot E)} + 22 \tag{6.42a}$$

$$N_{td} = \frac{\left\{6{,}07 \cdot 10^{-5} \cdot \left[1 + \ln(2691 \cdot E)\right]\right\} \cdot \left\{10^{6} \cdot E - 503{,}5\right\}}{10 \cdot \ln(5{,}7 \cdot E)} + 25{,}2 \tag{6.42b}$$

mit Energie E in MeV ($E \geq 0,2 \text{MeV}$).

In Abbildung 6-12 sind die relativen Schädigungskoeffizienten $D(E_o, \theta = 0)$ von n/p-Silizium und GaAs-Solarzellen über der Protonenenergie aufgetragen. Sie sind jeweils für Strom und Spannung unterschiedlich.

Die Schädigungskurven für normal einfallende Protonen lassen sich für Si durch folgende Näherungsformeln darstellen (E in MeV):

$$DI_{pr}(E_o, \theta = 0) = \begin{cases} \begin{aligned} &MIN\Big(6,9112 \cdot E^{3,23518}; 2,22944 \cdot E^5 - 6,45 \cdot E^4 - 0,16255 \cdot E^3 + \\ &+12,48 \cdot E^2 - 5,5214 \cdot E + 0,724416 \Big) \quad \text{für } E \leq 1,5 \text{MeV} \\ &MAX\Big(-0,005067 \cdot E^3 + 0,1542 \cdot E^2 - 1,57436 \cdot E + 6,39983; \\ &-2,6487 \cdot 10^{-9} \cdot E^4 + 4,9072 \cdot 10^{-7} \cdot E^3 + 7,5949 \cdot 10^{-6} \cdot E^2 - \\ &-9,992 \cdot 10^{-3} \cdot E + 1,09749 \Big) \quad \text{für } E > 1,5 \text{MeV} \end{aligned} \end{cases}$$

$$(6.43)$$

$$DV_{pr}(E_o, \theta = 0) = \begin{cases} \begin{aligned} &6,79355 \cdot E^{0,49515} \quad \text{für } E \leq 0,3 \text{MeV} \\ &MIN\Big(-1,6 \cdot E^2 + 6,8 \cdot E + 3; 1,7005 \cdot E^5 - 7,167 \cdot E^4 + 9,9443 \cdot E^3 - \\ &-7,0055 \cdot E^2 + 9,2079 \cdot E + 1,351 \Big) \quad \text{für } 0,3 \text{MeV} < E \leq 3 \text{MeV} \\ &MAX\Big(42,271 \cdot E^{-1,74838}; -1,6 \cdot E^2 + 6,8 \cdot E + 3; -2,6487 \cdot 10^{-9} \cdot E^4 + \\ &+4,9072 \cdot 10^{-7} \cdot E^3 + 7,595 \cdot 10^{-6} \cdot E^2 - 0,009992 \cdot E + 1,0975 \Big) \\ &\text{für } E > 3 \text{MeV} \end{aligned} \end{cases}$$

$$(6.44)$$

Daraus ergeben sich die Schädigungskoeffizienten der Abbildung 6-19 für DI(E,t) und Abbildung 6-20 für DV(E,t) bei verschiedenen Dicken t eines Deckglases der Dichte $\rho_{GI} = 2,385 \text{ g/cm}^3$ (CMZ) durch Integration der Gleichung (6.39). Die erwartete Abhängigkeit der Schädigungskoeffizienten von der Zelldicke ist nur schwach, so daß die Daten für beliebige Zelldicken verwendet werden können.

Für GaAs sind die Schädigungskoeffizienten $D(E_o, \theta = 0)$ ebenfalls in Abbildung 6-12 über der Protonenenergie aufgetragen. Auch sie sind für Strom und Spannung unterschiedlich.

Die Schädigungskurven für normal einfallende Protonen lassen sich für GaAs durch folgende Näherungsformeln darstellen (E in MeV):

$$DI_{pr}(E_o, \theta = 0) = \begin{cases} \begin{aligned} &MIN\Big(1,155678929 \cdot 10^{34} \cdot E^{20,638}; 1,8756659,3 \cdot E^{4,242}; \\ &-13958082,732 \cdot E^4 + 4875613,958 \cdot E^3 - 615532,171 \cdot E^2 + \\ &+31875,468 \cdot E - 421,916 \Big) \quad \text{für } E \leq 0,1 \text{MeV} \\ &MAX\Big(9,671 \cdot E^{-0,972}; 8,085 \cdot E^{-0,903}; 4,72 \cdot E^{-0,733}; \\ &1,741 \cdot E^{-0,49} \Big) \quad \text{für } E > 0,1 \text{MeV} \end{aligned} \end{cases}$$

$$(6.45)$$

$$DV_{pr}(E_o, \theta = 0) = \begin{cases} MIN\Big(1,807553198 \cdot 10^{17} \cdot E^{10,746}; 344126829618 \cdot E^{5,834}; \\ 4540,784 \cdot E^{1,582}; 181,029 \cdot E^{0,457}; 58; -304,167 \cdot E^3 + \\ +573,75 \cdot E^2 - 379,083 \cdot E + 99,3 \Big) \quad \text{für } E \le 0,2\,MeV \\ MAX\Big(7,115 \cdot E^{-1,141}; MIN\big(7,441 \cdot E^{-0,839}; 8,323 \cdot E^{-0,936} \big); \\ 2,453 \cdot E^{-0,404}; 1,082 \cdot E^{-0,142} \Big) \quad \text{für } E > 0,2\,MeV \end{cases} \tag{6.46}$$

Die Abbildungen 6-21 und 6-22 geben die relativen Protonen-Schädigungskoeffizienten für unbedeckte und mit einem Deckglas der Dichte ρ_{Gl}=2,554g/cm³ (CMG) bedeckte GaAs-Solarzellen unterschiedlicher Dicke t wieder. Damit lassen sich omnidirektional auf bedeckte Solarzellen auftreffende Protonenflüsse des Weltraums in normal auf unbedeckte oder bedeckte Solarzellen einfallende äquivalente 10MeV-Protonenflüsse umrechnen. Die Umrechnung in äquivalente 1MeV-Elektronen erfolgt mit den Umrechnungsfaktoren (6.25) und (6.26).

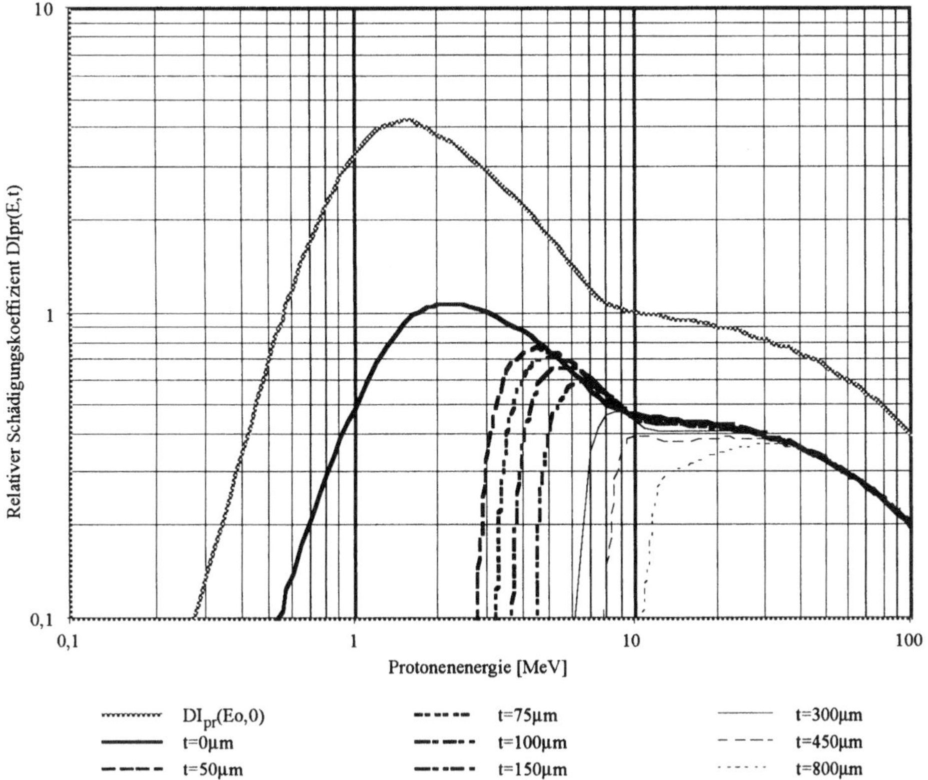

Abbildung 6-19 Relative Schädigungskoeffizienten für Protonenstrahlung von bedeckten n/p Si-Solarzellen (auf I bezogen), berechnet mit den Gleichungen (6.38) bis (6.44)

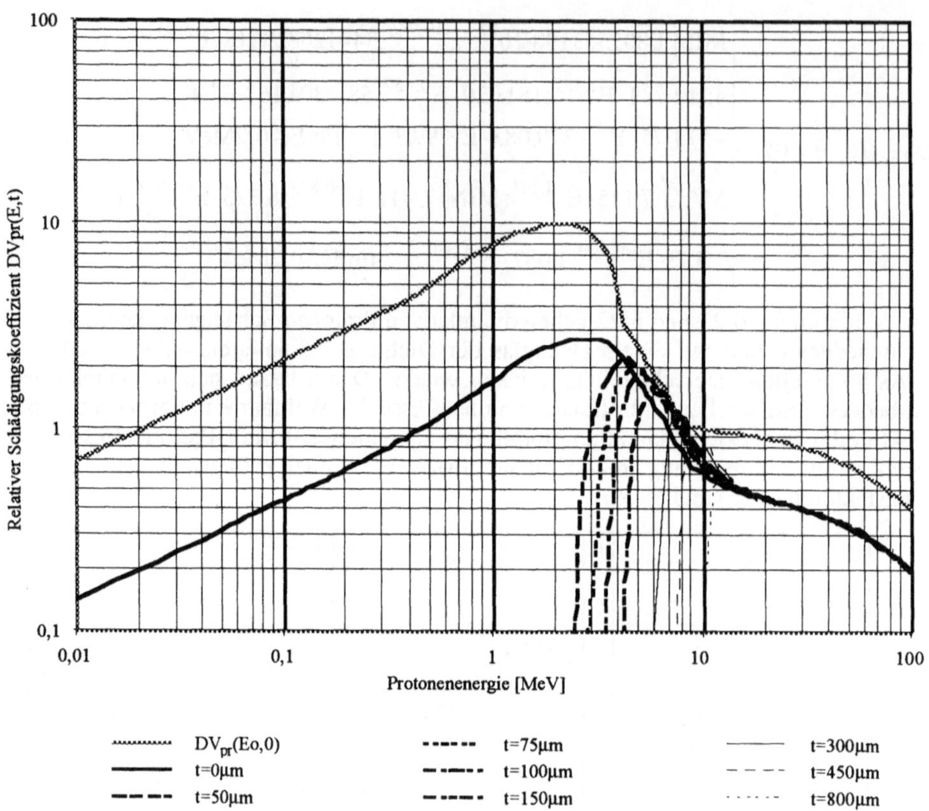

Abbildung 6-20 Relative Schädigungskoeffizienten für Protonenstrahlung von bedeckten n/p Si-Solarzellen (auf V bezogen), berechnet mit den Gleichungen (6.38) bis (6.44)

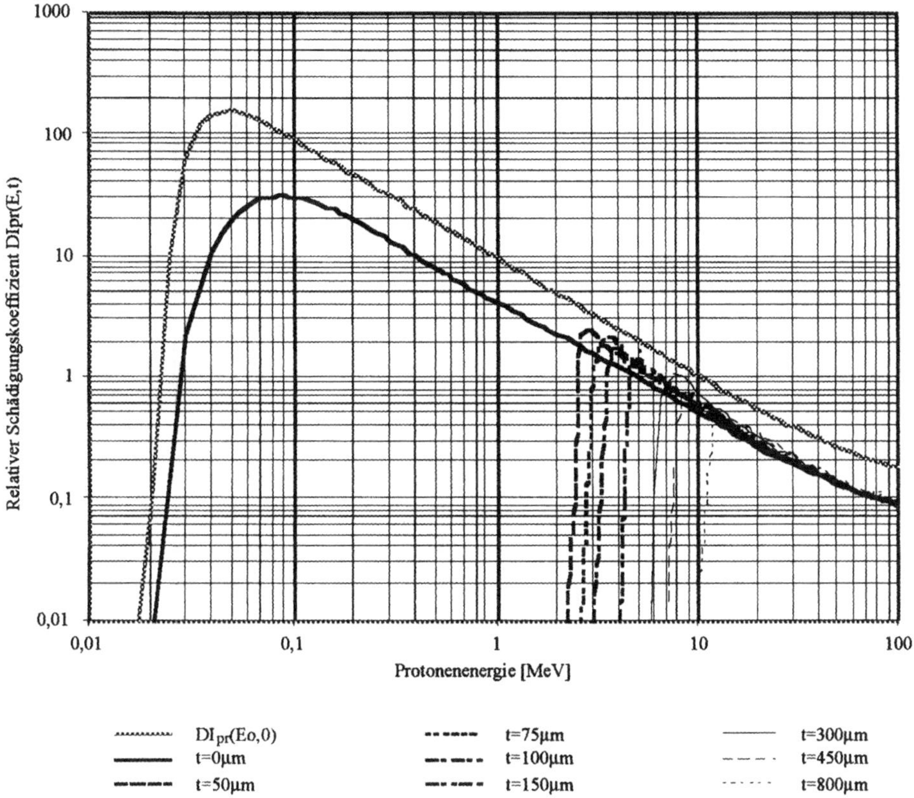

Abbildung 6-21 Relative Schädigungskoeffizienten für Protonenstrahlung von bedeckten GaAs-Solarzellen (auf I bezogen), berechnet mit den Gleichungen (6.38) bis (6.46)

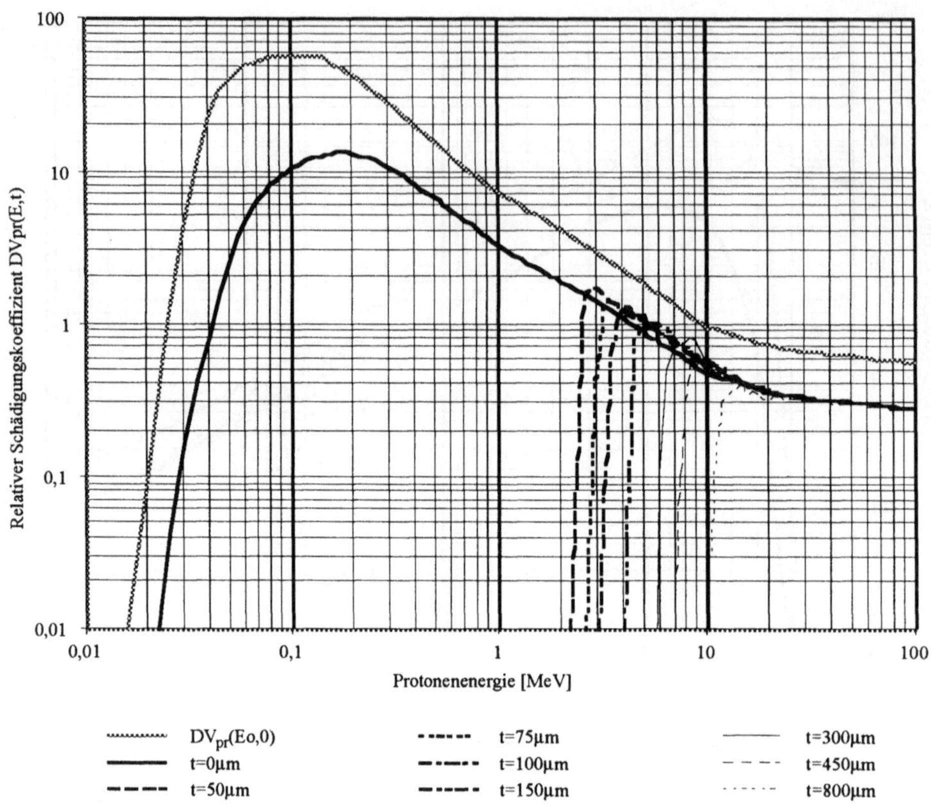

Abbildung 6-22 Relative Schädigungskoeffizienten für Protonenstrahlung von bedeckten GaAs-Solarzellen (auf V bezogen), berechnet mit den Gleichungen (6.38) bis (6.46)

6.5 Berechnung von Zelldegradationen

Der Weg zur Berechnung der Zelldegradationen bei vorgegebenem Missionsprofil ist der folgende:

- Bestimmung des isotropen Teilchenspektrums auf der betrachteten Satellitenbahn,

- Ermittlung der Flächendichte der Vorder- und Rückseitenabschirmung,

- Umrechnung des Teilchenspektrums in äquivalente, normale 1 MeV-Elektronen pro cm^2 mit Hilfe der relativen Schädigungskoeffizienten für die entsprechenden äquivalenten Deckglasdicken der Vorder- und Rückseitenabschirmung (Protonen zuerst in 10-MeV-Protonen und dann mit Gleichung (6.24) bzw. (6.25) und (6.26) in 1MeV-Elektronen),

- Ermittlung der Degradationsfaktoren für I_{sc}, I_{mp}, V_{mp}, und V_{oc} für den betrachteten Zelltyp aus den Degradationskurven für 1MeV-Elektronen.

Das isotrope Teilchenspektrum wird nach Kapitel 6.1 bzw. nach Lit. 6.4 bis 6.7 bestimmt und zwar i.a. als integraler Fluß $\Phi(>E)$ mit Teilchenenergien $>E$. Daraus ergibt sich der äquivalente normale Fluß durch Multiplikation des Teilchenflusses bei der Energie E mit den entsprechenden relativen Schädigungskoeffizienten für Strom und Spannung, wobei noch zwischen Vorder- (DI und DV) und Rückseite (nur DI) zu unterscheiden ist:

$$\phi_{äq}(I) = \sum_{E=0}^{\infty} \left[\phi(>E) - \phi(>(E + \Delta E))\right] \cdot DI(E,t) \qquad (6.47)$$

bzw.

$$\phi_{äq}(V) = \sum_{E=0}^{\infty} \left[\phi(>E) - \phi(>(E + \Delta E))\right] \cdot DV(E,t) \qquad (6.48)$$

wobei $\phi_{äq}(I,V)$ entweder die äquivalente Dosis für normale 1MeV- Elektronen oder 10MeV- Protonen bedeutet. Die Umrechnung von 10MeV-Protonen in 1MeV-Elektronen erfolgt dann mit Gleichung (6.24) bzw. (6.25) und (6.26).

Mit der so erhaltenen äquivalenten 1MeV-Elektronen-Dosis werden für den verwendeten Zelltyp die Degradationsfaktoren $R(I_{sc})$, $R(I_{mp})$, $R(V_{mp})$, $R(V_{oc})$ aus den Herstellerdaten (siehe Tabelle "Zelldaten") ermittelt. Daraus werden dann die charakteristischen Zellgrößen erhalten gemäß

$$z_v(\phi,T_o) = R(z_v) \cdot z_v(\phi = 0, T_o) \qquad (6.49)$$

mit   z: I, V;

      v: sc, mp für z=I

      v: mp, oc für z=V.

und damit die IV-Charakteristik nach der Teilchenbestrahlung gemäß Kapitel 3. Gleichung (6.49) ist allerdings nur richtig für die Normtemperatur $T_o=25°C$ und AM0. Die Umrechnung der charakteristischen Zellgrößen auf andere Temperaturen erfolgt nach Gleichung (6.28) mit den entsprechenden Temperaturkoeffizienten $dz(\phi)/dT$ nach der Strahlungsdosis ϕ.

6.6 Elektrostatische Aufladung

Für Solargeneratoren werden u.a. auch isolierende Materialien wie Deckgläser, Isolationsfolien, thermische Anstriche und andere verwendet. Treffen auf solche Materialien geladene Teilchen, können sie sich auf einige Tausend Volt aufladen. Daraus resultierende Entladungen können die einwandfreie Funktion des Satelliten beeinflussen und die betroffenen Materialien und die angeschlossene Elektronik schädigen. Je nach Toleranz des Systems gegen Funkenentladungen müssen Vorkehrungen getroffen werden, elektrostatische Aufladungen zu vermeiden. Sofern die beabsichtigte Wirkung des betroffenen Materials nicht merklich eingeschränkt wird erreicht man dies durch leitende Anstriche oder Coatings, die dann mit der auf Satellitenmasse liegenden, leitenden Solargeneratorstruktur elektrisch verbunden werden. Typische leitende Materialien sind Graphit- oder Metallpulver (z.B. Ag), die Anstrichen oder Klebern beigemischt werden, Ge-, ZnO- oder Indium-Zinn-Oxyd (ITO)-Coatings, mit denen Folien oder Gläser beschichtet werden können. Sofern jedoch derartige Maßnahmen die Wirkungsweise der betroffenen Komponente stark beeinträchtigen, wie das z.B. bei Deckgläsern der Fall ist (Änderung der Transmission und der thermo-optischen Eigenschaften), müssen andere aufladungsverhindernde Faktoren verstärkt werden, so daß die kritische Entladungsspannung (Überschlagsspannung) nie erreicht wird.

Die Hauptursache für elektrostatische Aufladung im Orbit sind magnetische Substürme, die heißes Plasma (überwiegend Elektronen des Energiebereichs 3-30keV) aus dem Schweif des Erdmagnetfeldes (siehe Abbildung 6-2) vornehmlich in höhere Satellitenbahnen freisetzen. Die Aufladung einer isolierenden Oberfläche erfolgt dann gemäß (Lit. 6.20):

$$\frac{dV}{dt} = \frac{1}{C} \cdot \left(I_{inc} - \sum_{j} I_{j} \right) \tag{6.50}$$

wobei

C: Kapazität der Oberfläche

I_{inc}:   der einfallende Elektronenstrom

$\sum$Ij: Summe aller Leckströme, die einer Aufladung entgegenwirken. $\sum$Ij setzt sich zusammen aus:

$$\sum_{j} I_{j} = I_{pr} + I_{ph} + I_{rs} + I_{sek} + I_{ls} \tag{6.51}$$

mit

I_{pr}:   einfallender Protonenstrom

I_{ph}:   durch Photoeffekt erzeugter Strom

I_{rs}:   Strom durch Rückstreuung

I_{sek}:   Strom durch Sekundärelektronen

I_{ls}:   Leckstrom durch das Dielektrikum (Deckglas!)

I_{pr} ist ein Umweltfaktor, der von der Umlaufbahn des Satelliten abhängt. Im geostationären Orbit ist die Anzahl der Protonen unter 1MeV in der Größenordnung 10^{12}/cm^2·d, in anderen Bahnen kann der Protonenanteil durchaus höher sein (zum Vergleich: Anzahl der

Elektronen unter 30keV im GEO ist ca. $5 \cdot 10^{14}/\text{cm}^2 \cdot \text{d}$ entsprechend einem Strom vom 1nA/cm^2).

I_{ph} ist nur während der Sonnenbestrahlung aktiv. Der durch Photoeffekt erzeugte Strom scheint jedoch eine nicht zu vernachlässigende Rolle zu spielen zeigten doch thermische Oberflächen wie auch andere Dielektrika bei Sonneneinstrahlung keine Aufladung, während sie sich während Schattenphasen wie auch andere abgeschattete Flächen aufluden (Lit. 6.20).

I_{rs} und I_{sek} hängen von den Eigenschaften der äußersten Schichten ab. Sie lassen sich nicht beeinflussen ohne die thermo-optischen Eigenschaften des betreffenden Materials merklich zu verändern.

I_{ls} ist der Strom, der durch das Dielektrikum hindurchfließt. Er setzt sich zusammen aus drei Faktoren, dem nach dem Ohmschen Gesetz über den endlichen Widerstand des Dielektrikums fließenden Strom, den durch innere Sekundäremission erzeugten Strom und den Transmissionsstrom der dadurch entsteht, daß absorbierte Elektronen das Dielektrikum durchwandern:

$$I_{ls} = I_{\Omega} + I_{ss} + I_{tr} \tag{6.52}$$

I_{Ω} wird durch den Abstand Valenz-Leitungsband bestimmt (Kapitel 2.1). Die Atomkerne können praktisch als Potentialwall für die Bewegung der Elektronen betrachtet werden. Die Wahrscheinlichkeit, daß ein Elektron den Potentialwall überwindet ist dann:

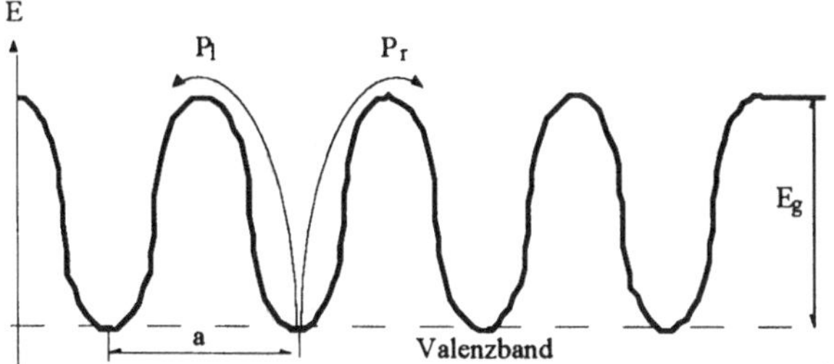

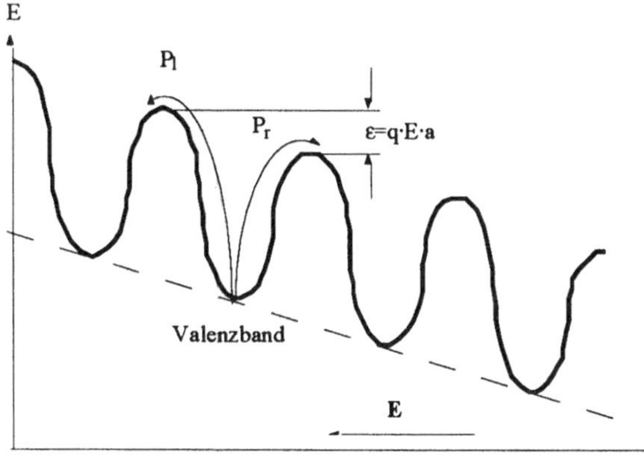

Abbildung 6-23 Leitungsmechanismus im Isolator

$$P \propto \exp\left(-\frac{E_g}{kT}\right) \tag{6.53}$$

Die Wahrscheinlichkeit, daß ein Elektron nach links springt ist ebenso groß wie die Wahrscheinlichkeit, daß es nach rechts springt: $P_l = P_r$ (Abbildung 6-23a). Beim Anlegen eines elektrischen Feldes E ändert sich die Energie zweier im Abstand a benachbarter Potentialwälle um $-q \cdot E \cdot a$.. Damit wird die Wahrscheinlichkeit, daß sich ein Elektron gegen die Feldrichtung (nach links) bewegt größer als die Wahrscheinlichkeit, daß es sich in Feldrichtung (nach rechts) bewegt (Abbildung 6-23b):

$$P_l \propto \exp\left(-\frac{\left(E_g - q \cdot E \cdot a/2\right)}{kT}\right) \tag{6.54a}$$

$$P_r \propto \exp\left(-\frac{\left(E_g + q \cdot E \cdot a/2\right)}{kT}\right) \tag{6.54b}$$

Damit wird der Strom im elektrischen Feld:

$$I_\Omega \propto P_l - P_r \propto \exp\left(-\frac{E_g}{kT}\right) \cdot \mathrm{Sinh}\left(\frac{q \cdot E \cdot a}{2kT}\right) \tag{6.55}$$

I_Ω läßt sich damit durch ein elektrisches Feld oder durch Temperaturerhöhung erhöhen.

Der durch Sekundäremission im Dielektrikum erzeugte Strom I_{ss} wird verursacht durch Ionisation der Gitteratome durch höherenergetische Teilchen (unelastische Zusammenstöße mit Atomhülle!). Die freigesetzten Elektronen werden im elektrischen Feld E beschleunigt und können lawinenartig weitere Elektronen freisetzen. Bei hohen elektrischen Feldstärken kann auch Feldemission eine Rolle spielen. In Ermangelung eines exakten analytischen Ausdrucks für alle Effekte wird angenommen, daß I_{ss} proportional der elektrischen Feldstärke E, der Energie E und dem Fluß Φ der auftreffenden Elektronen:

$$I_{ss} \propto \vec{E} \cdot E \cdot \Phi \tag{6.56}$$

Der Transmissionsstrom ist dadurch gekennzeichnet, daß absorbierte Teilchen zwischen den durch die Atome gebildeten Potentialwällen oszillieren und mit einer gewissen Wahrscheinlichkeit diese Potentialwälle auch durchdringen können. Die Transmissionswahrscheinlichkeit für ein Teilchen der Masse m und der kinetischen Energie E_{kin} einen Potentialwall der Höhe qV_o und der Breite b zu durchtunneln ist:

$$P_T \propto \exp\left(-4\pi \cdot \sqrt{2m\left(qV_o - E_{kin}\right)/h^2} \cdot b\right) \tag{6.57}$$

Dann ist der Transmissionsstrom:

$$I_{tr} = I_{abs} \cdot P_T \tag{6.58}$$

mit I_{abs} als dem absorbierten Teilchenstrom. Der Transmissionsstrom I_{tr} wird also durch höherenergetische Teilchen erhöht und ebenso dadurch, daß man das Dielektrikum möglichst dünn macht. Ein dünneres Dielektrikum erhöht gleichzeitig die elektrische Feldstärke und damit wiederum I_Ω und I_{ss}.

Da das Energiespektrum der Teilchen im erdnahen Raum weit gestreut ist, sind in Deckgläsern immer Leckströme vorhanden. Um kritische Aufladungen zu verhindern müssen
diese Leckströme abgeleitet werden. Dazu eignet sich eine Beschichtung mit Indium-
Zinn-Oxyd (ITO), die entweder mit den Solarzellenkontakten leitend oder, ähnlich der
Solarzellenverschaltung, miteinander und mit der Strukturmasse verbunden ist. Um UV-
Degradation zu vermeiden und Reflexions- und Absorptionsverluste zu minimieren wird
die ITO-Schicht unter die Antireflexions- bzw. UV-Reflexionsschichten aufgedampft in
einer reduzierten Dicke von 60Å (Lit. 6.21). Diese Schicht ergibt immer noch einen
Oberflächenwiderstand von 100kΩ/Quadr., was zur Verhinderung von Aufladungen
leicht ausreicht.

7 Leistungsberechnung und Auslegung von Solargeneratoren

Um Solargeneratoren nach den Leistungsanforderungen von Satelliten auszulegen sind folgende Tatsachen zu beachten:

a) Die zugrunde zu legende IV-Charakteristik ist durch Eich- und Meßunsicherheiten sowie durch Verschaltungsverluste (Mismatching) fehlerbehaftet.

b) Der Solargenerator arbeitet bei Temperaturen, die sich aus dem Gleichgewicht von eingestrahlter, abgestrahlter und abgeführter Energie ergeben.

c) Die Solarzelle degradiert im Laufe der Mission aufgrund von eindringender Korpuskularstrahlung des Weltraums.

d) Durch UV-Strahlung erzeugte Farbzentren im Deckglas und Deckglaskleber schwächen die auf die Solarzelle auffallende Strahlungsintensität.

e) Unvorhersehbare Zell- und/oder Verbinderbrüche reduzieren die aktive Solarzellenfläche oder führen zum Totalausfall einzelner Zellen.

Das Ablaufschema einer Leistungsberechnung geht aus Abbildung 7-1 hervor. Basis sind die Leistungsanforderungen, das Missionsprofil und die Satellitenkonfiguration. Aus ihnen lassen sich ableiten:

- Die Intensität und der Einfallswinkel der Sonnenstrahlung zu jedem Missionszeitpunkt.

- Die wirksame Wärme- und Albedostrahlung der Erde.

- Die Art, Intensität und das Energiespektrum der auf den Solargenerator auftreffenden Korpuskularstrahlung.

- Die Verlustfaktoren, die zu Beginn (BOM) und am Ende der Mission (EOM) anzuwenden sind.

- Der bestgeeignete Solarzellen- und Deckglastyp.

Mit diesen primär abgeleiteten Daten und mit Hilfe des in äquivalente 1 MeV-Elektronen pro cm^2 umgerechneten Korpuskular-Strahlungsflusses lassen sich die Operationstemperaturen und die IV-Charakteristik der gewählten Solarzellen zu jedem Zeitpunkt der Mission berechnen.

Insbesondere erhält man auch die Operationstemperaturen und die IV-Charakteristik der Solarzellen am Ende der Mission. Das Missionsende ist i.a. der ungünstigste Fall für einen Solargenerator. Die Anzahl der Zellen in Parallel und in Serie wird entsprechend so dimensioniert, daß die Leistungsanforderungen am Ende der Mission (EOM) noch gewährleistet sind. Konsequenterweise ist das Leistungsangebot zu anderen Zeiten der Mission überdimensioniert. Die Leistungs-Zeit-Kurve spiegelt dieses Leistungsangebot über die Missionsdauer wieder.

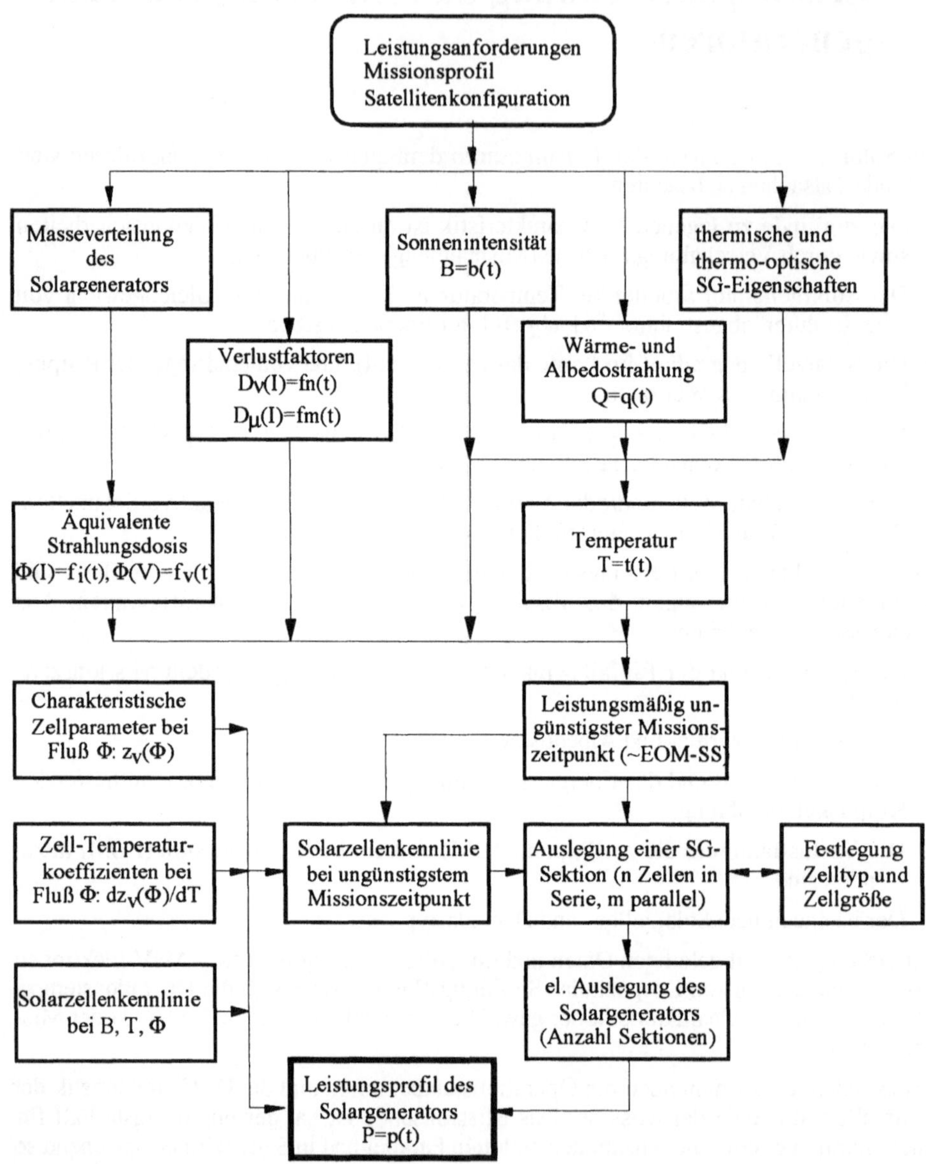

Abbildung 7-1 Logik zur Berechnung der Auslegung und des Leistungsprofils eines Solargenerators

7.1 Missionsprofil und Satellitenkonfiguration

Das Missionsprofil eines Satelliten beschreibt dessen Starttermin, die verwendete Trägerrakete und deren Eigenschaften, die Transitbahnen bis zum Erreichen der Endbahn, sowie den zeitlichen Ablauf sämtlicher Operationen. Von all diesen Informationen benötigt man für die elektrische Auslegung des Solargenerators:

- Inklination, Apogäum/Perigäum und Anzahl der Transitbahnen.

- Inklination, Apogäum/Perigäum der Endbahn.

- Lebensdauer des Satelliten in der Endbahn.

- Positionierung und Positioniergenauigkeit des Solargenerators auf die Sonne während der Transitphase und auf der Endbahn.

- Lageregelungstoleranzen.

- Leistungsprofil der Verbraucher.

Von der Satellitenkonfiguration benötigt man:

- Die Art der Spannungsregelung und Energieaufbereitung d.h. in welcher Form und bei welcher Spannung muß die Energie angeboten werden.

- Den Solargeneratortyp (Ausleger oder body-mounted).

Mit diesen Voraussetzungen lassen sich dann die solargeneratorspezifischen Daten ermitteln.

7.2 Bahnspezifische Daten

Für Satelliten auf Erdumlaufbahnen lassen sich die Beleuchtungsverhältnisse von Solargeneratoren am besten in einem geozentrischen Äquatorsystem beschreiben (Lit. 7.1 und Abbildung 7-2).

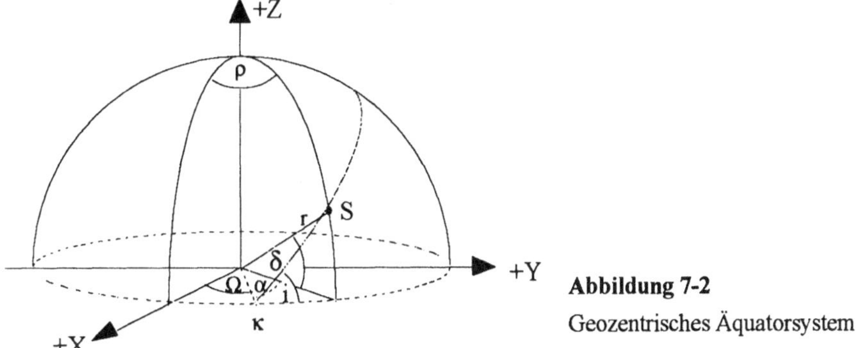

Abbildung 7-2

Geozentrisches Äquatorsystem

Nullpunkt ist der Erdmittelpunkt, x,y,z ist ein rechtshändiges, rechtwinkliges Koordinatensystem. Die xy-Ebene liegt in der Äquatorebene, die x-Achse zeigt am 21. März zum Frühlingspunkt und folgt der Sonne in der Äquatorebene. Die z-Achse zeigt nach Norden.

Unter der Annahme, daß die Gravitation der Erde als Massenpunkt die einzige auf den Satelliten wirkende Kraft ist, erfolgt dessen Bewegung in einer raumfesten Ebene durch den Erdmittelpunkt. Die Lage dieser Bahnebene wird gegenüber dem oben definierten geozentrischen Äquatorsystem festgelegt durch die Neigung (Inklination) i der Bahnebene gegenüber der Äquatorebene und der Rektaszension Ω der aufsteigenden Knotenlinie κ (Schnittpunkt von Bahn- und Äquatorebene), in der der Satellit den Äquator von Süd nach Nord überquert. Dann ist der momentane Standort eines Satelliten S in der Bahnebene gekennzeichnet durch seinen Abstand r vom Erdmittelpunkt, seine Rektaszension α und Deklination δ.

Die Bahnellipse wird charakterisiert durch Angabe der Länge der großen Halbachse a und der numerischen Exzentrizität ε ($\varepsilon^2=(a^2-b^2)/a^2$). Die Lage der Ellipse in der Bahnebene wird festgelegt durch den Winkel ω zwischen der Richtung κ und der Richtung nach dem Perigäum P_e.

Die Umlaufzeit U eines Satelliten ergibt sich für eine Kreisbahn mit Radius r zu

$$U[\text{Min.}] = \frac{2\pi}{\sqrt{\gamma \cdot M}} \cdot r^{3/2} = 1{,}6587 \cdot 10^{-4} \cdot (R_e + h)^{3/2} \tag{7.1}$$

(γ: Gravitationskonstante; M: Erdmasse; R_e: mittlerer Erdradius $=6371{,}04$ km; h: Bahnhöhe [km]). Für elliptische Bahnen ist r durch die Länge der großen Halbachse a zu ersetzen (sind Perigäumsabstand r_p und Apogäumsabstand r_a gegeben, ist a = $(r_p+r_a)/2)$).

Die mittlere Geschwindigkeit in der elliptischen Bahn bzw. die Geschwindigkeit in der Kreisbahn ist:

$$v[\text{km}/\text{s}] = \frac{631{,}35}{\sqrt{(R_e + h)}} \tag{7.2}$$

(R_e, h in km).

Die Position des Satelliten wird durch die Deklination δ und die Rektaszension $\rho=\Omega+\alpha$ bestimmt. Für eine Kreisbahn gilt, wenn der Durchgang durch den aufsteigenden Knoten κ zur Zeit t = 0 erfolgt:

$$\delta_s = \arcsin\left(\sin\left(\frac{t}{U}\right) \cdot \sin(i) \right) \tag{7.3}$$

$$\rho_s = \Omega + \operatorname{arctg}\left(\operatorname{tg}\left(\frac{t}{U}\right) \cdot \cos(i) \right) \tag{7.4}$$

Für elliptische Bahnen ist das 2. Keplersche Gesetz zu berücksichtigen:

$r^2 \cdot d\varphi/dt = \text{const.} = \sqrt{\gamma M a \cdot \left(1 - \varepsilon^2\right)}$. Zur Darstellung der Ellipse benutzt man am besten Polarkoordinaten, die sich auf den Brennpunkt als Pol beziehen:

$$r = a \cdot \frac{1 - \varepsilon^2}{1 + \varepsilon \cdot \cos(\varphi)} \tag{7.5}$$

Dann erhält man für das Zeitintervall Δt an der Stelle φ (φ=wahre Anomalie):

$$\Delta t = \frac{a^{3/2} \cdot (1 - \varepsilon^2)^{3/2}}{631{,}35 \cdot \left(1 + \varepsilon \cdot \cos(\varphi)\right)^2} \Delta\varphi \tag{7.6}$$

(a in km, t in sec, $\Delta\varphi$ im Bogenmaß). Der komplette Umlauf ergibt sich durch Aufsummierung der Intervalle bei $\varphi=0$ beginnend.

Aufgrund der Abplattung der Erde erfährt eine Satellitenbahn der Inklination i eine Präzession von

$$\Delta\Omega[°/\text{Tag}] = \frac{9{,}98}{\left((R_e + h)/R_e\right)^{7/2} \cdot \left(1 - \varepsilon^2\right)^2} \cdot \cos(i) \tag{7.7}$$

Die Bahnebene dreht sich also in einer der Bewegung des Satelliten entgegengesetzten Richtung. (In dem hier gewählten Koordinatensystem addiert sich noch ein Faktor -0,9856, welcher die Drehung der Erde um die Sonne berücksichtigt).

Für elliptische Bahnen hat man außerdem eine Drehung des Perigäums (Apsidendrehung) von

$$\Delta\omega[°/\text{Tag}] = -\frac{5{,}0}{\left((R_e + h)/R_e\right)^{7/2} \cdot \left(1 - \varepsilon^2\right)^2} \cdot \left(5\cos^2(i) - 1\right) \tag{7.8}$$

zu berücksichtigen. Sie ist Null für $i=63{,}4°$, positiv für $i<63{,}4°$ und negativ für $i>63{,}4°$.

Für die Bestrahlung des Satelliten durch die Sonne ist deren Position gegenüber der Satellitenbahn erforderlich. Sei die Satellitenbahn gekennzeichnet durch die Inklination i und die Rektaszension Ω des aufsteigenden Knotens und befände sich die Sonne an einer Stelle mit der Deklination Δ und der Rektaszension P (in dem hier gewählten Koordinatensystem ist P=0!). Dann gilt für den Winkelabstand Sonne-Bahnpol (der Zenitdistanz):

$$z = \arccos\left\{\sin(\Delta) \cdot \sin(i + 90) + \cos(i + 90) \cdot \cos(\Delta) \cdot \cos(P - \rho - 90)\right\} \tag{7.9}$$

Diese Zenitdistanz ist auch maßgebend dafür, ob die Satellitenbahn den Erdschatten durchläuft oder nicht. Bedingung dafür ist, daß

$$\left(R_e + h\right) \cdot \cos(z) < R_e \tag{7.10}$$

Der Schatten, den die Erde wirft ist ein Zylinder. Der Schnitt des Schattenzylinders mit der Bahnebene ist eine Ellipse mit den Halbachsen $a = R_e/\sin(z)$ und $b = R_e$. Die Schnittpunkte der Schattenellipse mit der Bahnellipse geben die Koordinaten des Schatteneinbzw. -austritts. Für eine kreisförmige Bahn ist der Schattenwinkel:

$$\sigma = 2 \cdot \arccos\left(\frac{x}{(R_e + h)}\right) \tag{7.11}$$

mit

$$x = \frac{(R_e + h)^2 - R_e^2}{\sin^2(z)} \tag{7.11a}$$

7.3   Thermische Eigenschaften von Solargeneratoren

Der Solargenerator als Ganzes bildet eine Einheit, die den mechanischen, thermischen und elektrischen Anforderungen der Mission gewachsen sein muß. Dementsprechend gibt es verschiedene Solargeneratortypen:

a) Starre, auf den Satellitenkörper montierte Solargeneratoren (body mounted).

b) Starre, entfaltbare Solargeneratoren.

c) Flexible, entfalt- oder ausrollbare Solargeneratoren (fold-out oder roll-out).

Zur Einschätzung der thermischen Eigenschaften braucht man im wesentlichen nur starre und flexible Solargeneratoren zu unterscheiden. Ohne Einschränkung der Allgemeinheit kann ein starres Substrat als eine Kohlefaser verstärkte Honigwaben-Struktur und ein flexibles Substrat als eine faserverstärkte Kunststofffolie angesehen werden, deren thermische Eigenschaften in Abbildung 7-3 dargestellt sind. Andere Substrate sind grundsätzlich ähnlich aufgebaut und unterscheiden sich i.a. nur in der Dicke oder den Materialien. (Näheres siehe Kapitel 8).

7.3.1 Temperaturen

Die Operationstemperaturen der Solarzellen errechnen sich nach den Modellen der Abbildung 7-3 aus der Leistungsbilanz für die Bereiche 1 und 2. Es gilt:

Für Bereich 1:

$$m_1 \cdot w_1 \cdot \frac{dT_1}{dt} = Q_o + Q_{Wv} + Q_{Av} - Q_{el} - Q_V - Q_{RL} \qquad (7.12)$$

Für Bereich 2:

$$m_2 \cdot w_2 \cdot \frac{dT_2}{dt} = Q_{Wr} + Q_{Ar} + Q_{RL} - Q_R \qquad (7.13)$$

Dabei bedeuten:

Q_0: Die direkt absorbierte Sonnenstrahlung. Es gilt:

$$Q_o = B_o \cdot I_{So} \cdot A \cdot \cos\gamma \cdot \alpha_{av} \qquad (7.14)$$

mit

B_0: Solarkonstante 1367W/m^2

I_{so}: Relative Sonnenintensität z.B. 0,965 im Sommersolstitium

A: Generatorfläche

γ: Einfallswinkel der Sonne. Er ist für nachgeführte Generatoren in geostationärer Bahn die Summe aus Inklinationswinkel (zwischen +23,5° und - 23,5°) und Ausrichtgenauigkeit bzgl. der Rollachse (i.A. ±1°).

α_{av}: Setzt sich zusammen aus dem Absorptionskoeffizienten der Solarzellen α_{Sz} und dem Absorptionskoeffizienten der freien Flächen des Substrats α_{Sub}. Mit dem Bedeckungsfaktor x = A_{Sz}/A ist:

$$\alpha_{av} = x \cdot \alpha_{Sz} + (1 - x) \cdot \alpha_{Sub} \qquad (7.15)$$

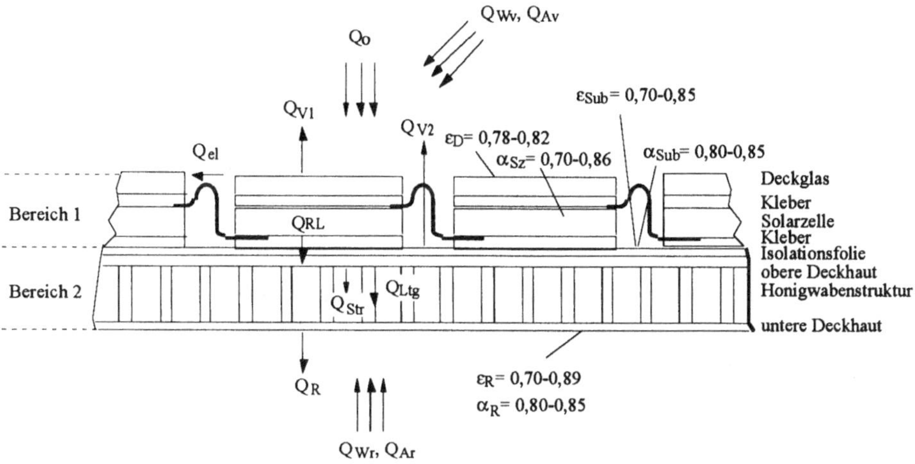

a.) Starres Substrat

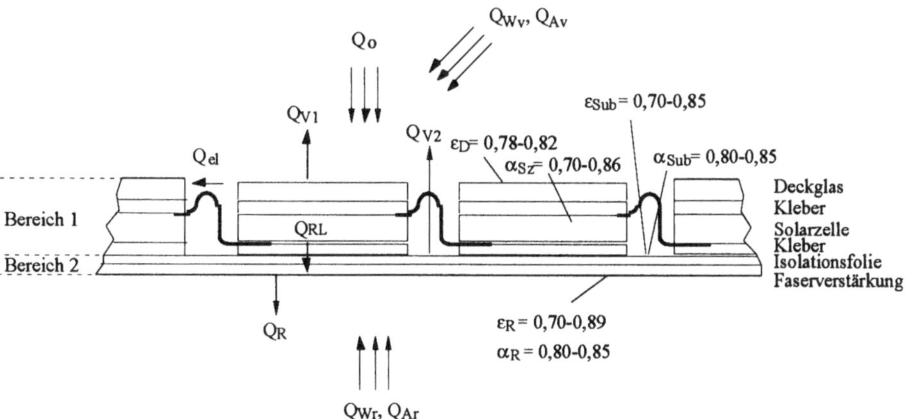

b.) Flexibles Substrat

Abbildung 7-3 Thermische Solargenerator-Modelle

Q_{el}: Die von den Solarzellen abgeführte elektrische Leistung

$$Q_{el} = B_o \cdot I_{So} \cdot A \cdot \cos\gamma \cdot \eta \cdot D \qquad (7.16)$$

mit

$B_0 \cdot I_{So} \cdot A \cdot \cos\gamma$: eingestrahlte Leistung,

η: Wirkungsgrad der Solarzelle bei Temperatur T_1,

D : Gesamtverlustfaktor für die Solarzelle.

Für den Fall eines Hot-Spots ist Q_{el} die von der betroffenen Zelle aufgenommene elektrische Leistung

$$Q_{el}=P_{rev}(T) \cdot A \qquad (7.16a)$$

mit

$P_{rev} = J_{rev} \cdot V_{rev}$ (V_{rev} negativ!)

Q_{Wv}, Q_{wr}:   Von der Vorder- bzw. Rückseite des Generators aufgenommene Wärmestrahlungsleistung der Erde (siehe Kapitel 7.3.2).

Q_{Ar}, Q_{av}:   Von der Vorder- bzw. Rückseite des Generators aufgenommene Albedostrahlungsleistung (siehe Kapitel 7.3.2).

$$Q_V = \sigma \cdot \varepsilon_{av} \cdot A \cdot T_1^4 \tag{7.17}$$

die von der Vorderseite des Solargenerators abgestrahlte Leistung mit

σ: Stefan-Boltzmann-Konstante = $5{,}67 \cdot 10^{-12}$ W/K^{4}cm^2

ε_{av}:   Setzt sich zusammen aus dem thermischen Emissionskoeffizienten der Solarzellen ε_{Sz} und dem thermischen Emissionskoeffizienten der freien Flächen des Substrats ε_{Sub}. Mit dem Bedeckungsfaktor x = A_{Sz}/A ist:

$$\varepsilon_{av} = x \cdot \varepsilon_{Sz} + (1 - x) \cdot \varepsilon_{Sub} \tag{7.18}$$

T_1:   Mittlere Temperatur des Bereichs 1 in K

Q_{RL}:   Die zur Rückseite des Substrats abgegebene Leistung. Diese setzt sich zusammen aus dem Wärmestrom $\lambda \cdot A \cdot (T_1 - T_2)/d$ und der durch Strahlung auf die Substratrückseite abgegebenen Leistung $\sigma \cdot A \cdot (T_1^4 - T_2^4)/(1/\varepsilon_1 + 1/\varepsilon_2 - 1)$. Das letzte Glied ist wegen der meist geringen Temperaturunterschiede zwischen Vorder- und Rückseite des Substrats vernachlässigbar. Es wird auch im folgenden vernachlässigt. Im Ausdruck für den Wärmestrom bedeuten:

λ: Wärmeleitfähigkeit in W/m·K

d: Dicke des Substrats.

T_2:   Mittlere Temperatur des Bereichs 2 in K

Q_R: Die von der Rückseite des Solargenerators abgestrahlte Leistung

$$Q_R = \sigma \cdot \varepsilon_R \cdot A \cdot T_2^4 \tag{7.19}$$

mit

ε_R: Thermischer Emissionskoeffizient der Substratrückseite.

Im thermischen Gleichgewicht ist $dT_1/dt = dT_2/dt = 0$. Damit gilt:

$$Q_o + Q_{Wv} + Q_{Av} - Q_{el} - Q_V - Q_{RL} = 0 \tag{7.20}$$

und

$$Q_{Wr} + Q_{Ar} + Q_{RL} - Q_R = 0 \tag{7.21}$$

Mit (7.21) in (7.20) und Einsetzen der entsprechenden, temperaturabhängigen Werte folgt:

$$\sigma \cdot \varepsilon_{av} \cdot A \cdot T_1^4 + \sigma \cdot \varepsilon_R \cdot A \cdot (T_1 - \Delta T)^4 = Q \tag{7.22}$$

wobei $T_1 - T_2 = \Delta T$ und $Q_0 + Q_{Wv} + Q_{Av} + Q_{Wr} + Q_{Ar} - Q_{el} = Q$ gesetzt wurde. Durch mehrfache Anwendung der für kleine ΔT gültigen Näherung

$$\left(T_1 - \Delta T\right)^4 \approx T_1^4 - 4T_1^3 \Delta T \tag{7.23}$$

ergibt sich:

$$\left(T_1 - \frac{\varepsilon_R}{\left(\varepsilon_{av} + \varepsilon_R\right)} \cdot \Delta T\right)^4 = T_0^4 \tag{7.24}$$

mit

$$T_0^4 = \frac{Q}{\sigma \cdot (\varepsilon_{av} + \varepsilon_R) \cdot A} \tag{7.25}$$

Aus (7.21) ergibt sich ΔT zu:

$$\Delta T = \frac{d \cdot \left\{\sigma \cdot \varepsilon_R \cdot T_1^4 - (Q_{Wr} + Q_{Ar})/A\right\}}{\lambda + 4d \cdot \sigma \cdot \varepsilon_R \cdot T_1^3} \tag{7.26}$$

Mit (7.24), (7.25) und (7.26) lassen sich T_1 und $T_2 = T_1 - \Delta T$ iterativ berechnen.

7.3.2 Wärme- und Albedostrahlung

In erster Näherung kann die von einem Einheitsflächenelement der Erdoberfläche in den Halbraum ausgesandte Wärme- bzw. Albedostrahlung als von der geographischen Lage unabhängig angenommen werden, d.h. durch ihren Mittelwert S_W bzw. $B_o b$ ersetzt werden. Für die Wärmestrahlung benützt man gewöhnlich einen Wert $S_W = 236 \text{ W/m}^2$. $B_o b$ ist der Bruchteil der einfallenden Sonnenstrahlungsintensität B_o, der von der Erde diffus reflektiert wird. Für die Albedo ist ein Wert von $b = 0{,}3$ gebräuchlich. Die auf einen Satelliten bzw. dessen Solargenerator auffallende Wärmestrahlungsleistung Q_W ist dann nur von seiner Höhe und seiner Neigung ψ zur Erdoberfläche abhängig. Die auffallende Albedostrahlungsleistung hängt außerdem vom Winkel δ Sonne-Erdmittelpunkt-Satellit ab.

Zur Berechnung der auf den Solargenerator auftreffenden Wärme- und Albedostrahlung führt man zweckmäßig folgende Kugelflächenkoordinaten ein (Abbildung 7-4): Den "Polabstand" ∂, wobei als "Pol" die Normale eines Flächenelements der Erdoberfläche gewählt wird, und die "Länge" δ, die in der durch Sonne, Erdmittelpunkt und Satellit definierten Ebene gerechnet werden soll. Außerdem sei ψ der Neigungswinkel des Generators gegen die Erdoberfläche.

Dann gilt nach Abbildung 7-4 und 7-5 zunächst für den Erdwärmestrahlungsfluß des Flächenelements $d\Omega$ in den Winkelbereich $\eta + \partial$ mit der im Gültigkeitsbereich des Lambertsches Gesetzes anzusetzenden Strahlungsdichte in Richtung des Satelliten $S_W^* = S_W/\pi = 75{,}12 \text{ W/rad}^2\text{m}^2$ (R.W. Pohl, Optik und Atomphysik, 10. Auflage 1958, S. 61) :

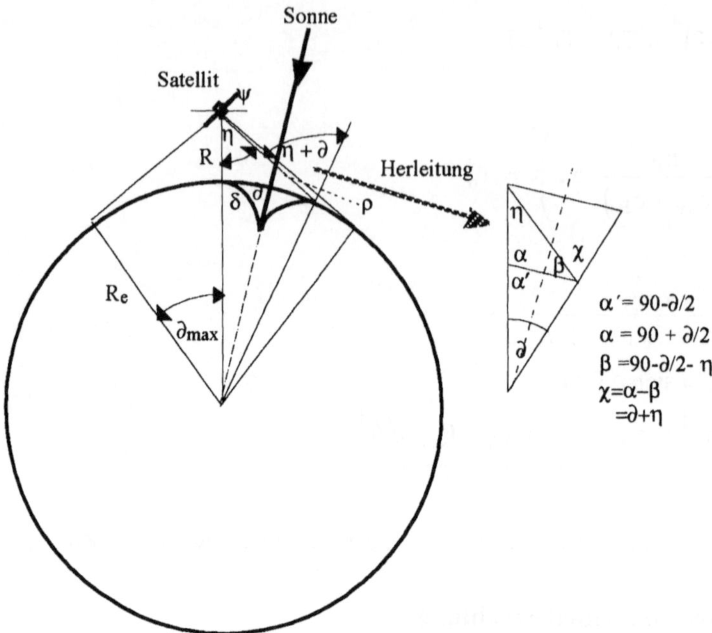

Abbildung 7-4 Definition der benötigten Koordinaten

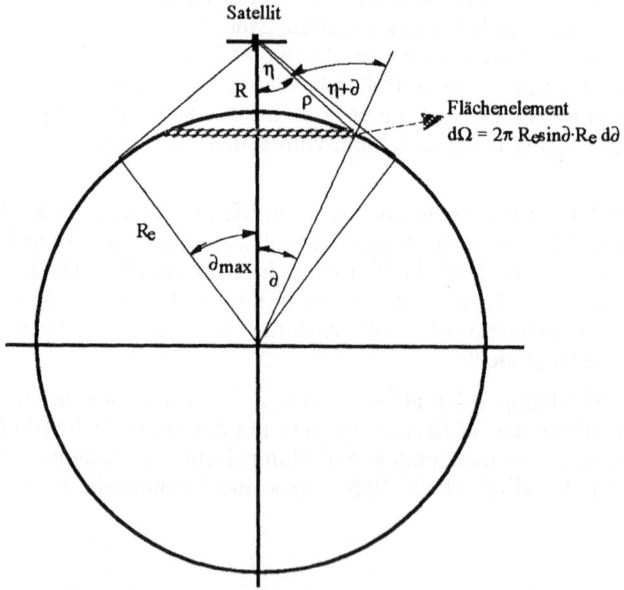

Abbildung 7-5 Definition des Flächenelements $d\Omega$

$$d\phi_W = \frac{S_W \cdot \cos(\eta + \partial)d\Omega}{\pi\rho^2} \tag{7.27}$$

$$= \frac{2S_W \cdot \cos(\eta + \partial) \cdot \sin\partial d\partial}{\rho^2/R_e^2} \tag{7.28}$$

Die vom Solargenerator der Fläche A aufgenommene Wärmestrahlungsleistung ist dann:

$$Q_{Wr} = 2\varepsilon_r S_W A \cos\psi \int_0^{\partial_{max}} \frac{\cos(\eta + \partial)\cos\eta\sin\partial}{\rho^2/R_e^2} d\partial \tag{7.29}$$

für $-\pi/2 \leq \psi \leq +\pi/2$, und

$$Q_{Wv} = 2\varepsilon_v S_W A \cos(\pi - \psi) \int_0^{\partial_{max}} \frac{\cos(\eta + \partial)\cos\eta\sin\partial}{\rho^2/R_e^2} d\partial \tag{7.30}$$

für $\pi/2 < \psi < 3\pi/2$.

Dabei bedeuten:

$$\rho^2 = R^2 + R_e^2 - 2RR_e\cos\partial \tag{7.31}$$

$$\eta = \arcsin(R_e \cdot \sin\partial/\rho) \tag{7.32}$$

$$\partial_{max} = \arccos(R_e/R) \tag{7.33}$$

Für die Albedostrahlung sei zunächst der Fall $0 \leq \delta < \pi/2 - \partial_{max}$ betrachtet, bei dem die Erdkappe, die vom Satelliten aus gesehen wird, vollständig von der Sonne ausgeleuchtet wird. Die Sonne in der geographischen Position des Satelliten ($\delta = 0$), bestrahlt ein Flächenelement $d\Omega$ mit der Intensität $B_o\cos\partial$.

Damit wird nach dem Lambertschen Gesetz der Albedo-Strahlungsfluß des Flächenelements $d\Omega$ in den Winkelbereich $\eta + \partial$:

$$d\Phi_{Alb} = 2B_o b \cdot \frac{\cos(\eta + \partial) \cdot \sin\partial \cdot \cos\partial d\partial}{\rho^2/R_e^2} \tag{7.34}$$

Die Sonne, um den Winkel δ von der Position des Satelliten entfernt, hätte, bezogen auf die Satellitenposition, nur mehr die Intensität $B_o\cos\delta$. Damit erhält man für die vom Solargenerator mit dem Neigungswinkel ψ zur Erdoberfläche aufgenommene Albedo-Strahlungsleistung:

$$Q_{Ar}(\Omega) = 2\alpha_r B_o b A \cos\psi\cos\delta \int_0^{\partial_{max}} \frac{\cos(\eta + \partial)\cos\eta\sin\partial\cos\partial}{\rho^2/R_e^2} d\partial \tag{7.35}$$

für $-\pi/2 \leq \psi < +\pi/2$.

$$Q_{Av}(\Omega) = 2\alpha_v B_o b A \cos\psi\cos\delta \int_0^{\partial_{max}} \frac{\cos(\eta + \partial)\cos\eta\sin\partial\cos\partial}{\rho^2/R_e^2} d\partial \tag{7.36}$$

für $+\pi/2 \leq \psi < 3\pi/2$.

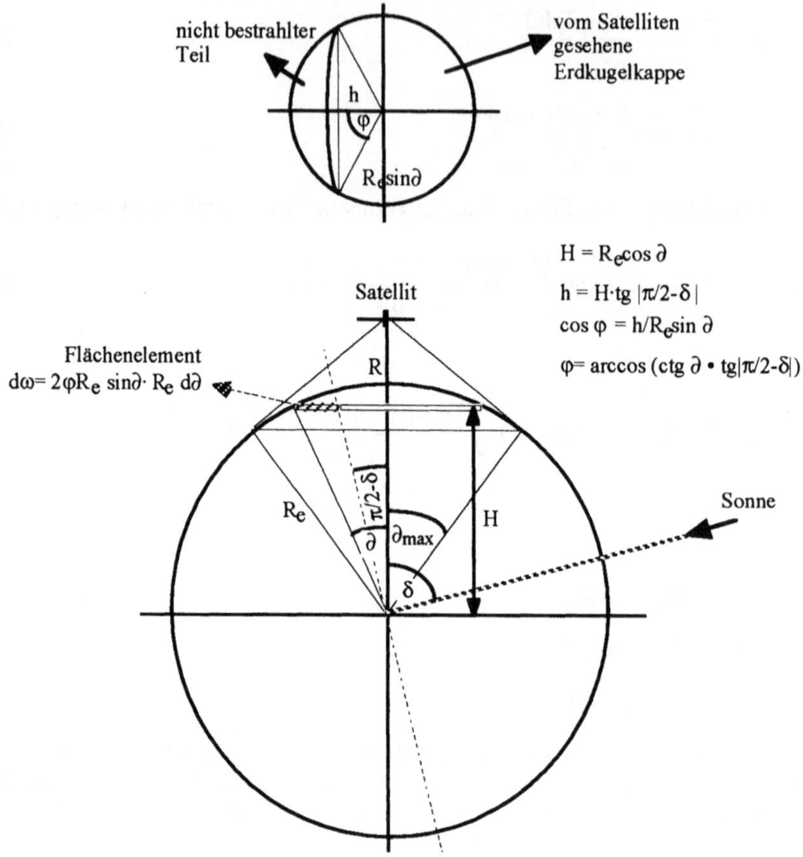

Abbildung 7-6 Nicht reflektierender Teil der sichtbaren Erdkappe

Für den Fall $\pi/2 - \partial_{max} < \delta \le \pi/2$ strahlt nicht mehr die gesamte, vom Satelliten gesehene Kugelkappe, sondern nur noch die Kugelkappe vermindert um den von der Großkreisebene senkrecht zur Sonnenrichtung abgeschnittenen Teil. Nach Abbildung 7-6 gilt für den Strahlungsfluß des Flächenelements $d\omega$ in den Winkelbereich $(\eta + \partial)$:

$$d\Phi_\omega = 2B_o b \cdot \frac{\cos(\eta + \partial) \cdot \sin\partial \cdot \cos\partial \cdot \varphi d\partial}{\pi\rho^2 / R_e^2} \tag{7.37}$$

und damit der zu reduzierende Strahlungsanteil:

$$Q_{Ar}(\omega) = 2\alpha_r B_o bA \cos\psi \cos\delta \int_{\pi/2-\delta}^{\partial_{max}} \frac{\cos(\eta + \partial)\cos\eta \sin\partial \cos\partial \cdot \varphi}{\pi\rho^2 / R_e^2} d\partial \tag{7.38a}$$

bzw.

$$Q_{Ar}(\omega) = 2\alpha_r B_o bA \cos\psi \int_{\pi/2-\delta}^{\partial_{max}} \frac{\cos(\eta+\partial)\cos\eta\sin\partial}{\pi\rho^2/R_e^2}\left(\cos\partial\cdot\sin\left|\frac{\pi}{2}-\delta\right|\cdot\varphi\right)d\partial \quad (7.38b)$$

für $-\pi/2\leq\psi<+\pi/2$ und entsprechend mit α_{av} statt α_r für $+\pi/2\leq\psi<3\pi/2$.

Durch den nicht bestrahlten Teil der vom Satelliten aus gesehenen Erdkappe kann deren abgestrahlte Leistung nicht mehr homogen angenommen werden. Der Strahlungsfluß in den Winkelbereich $(\eta+\partial)$ des unsymmetrischen Anteils der sonnenbeschienenen Seite der Kappe mit dem Querschnitt 2 $R_e\sin\partial\cdot\sin\varphi\cdot R_e d\partial$ (Sonne mit Intensität $B_o\cdot\cos|\pi/2-\delta|$ in der geographischen Position $\delta=\pi/2$) läßt sich wie folgt ausdrücken:

$$d\Phi(\partial) = 2B_o b\cdot\frac{\cos(\eta+\partial)\cdot\cos(\pi/2-\partial)\cdot 2R_e\cdot\sin\partial\cdot\cos|\pi/2-\delta|\cdot\sin\varphi\cdot R_e d\partial}{2\pi\rho^2}$$

$$(7.39)$$

$$= 2B_o b\cdot\frac{R_e^2\cdot\cos(\eta+\partial)\cdot\sin^2\partial\cdot\cos|\pi/2-\delta|\cdot\sin\varphi d\partial}{\pi\rho^2} \quad (7.40)$$

und damit der nicht kompensierte Strahlungsanteil:

$$Q_{Ar}(\delta) = 2\alpha_r B_o bA\cos\psi \int_{\pi/2-\delta}^{\partial_{max}} \frac{\cos(\eta+\partial)\cos\eta\sin\partial}{\pi\rho^2/R_e^2}\left(\sin\partial\cdot\cos\left|\frac{\pi}{2}-\delta\right|\cdot\sin\varphi\right)d\partial \quad (7.41)$$

für $-\pi/2\leq\psi<+\pi/2$ und entsprechend mit α_{av} statt α_r für $+\pi/2\leq\psi<3\pi/2$.

Für $\pi/2\leq\delta<\pi/2+\partial_{max}$ stellt $Q_A(\delta)$ den reflektierenden Anteil dar und für $\pi/2+\partial_{max}\leq\delta<\pi$ wird die vom Satelliten aus gesehene Kugelkappe von der Sonne nicht mehr erfaßt.

Damit ergeben sich folgende, vom Solargenerator aufgenommene Albedostrahlungsleistungen:

$$Q_A = \begin{cases} Q_A(\Omega) \text{ für } 0\leq\delta<\pi/2-\partial_{max} \\ Q_A(\Omega)-Q_A(\omega)+Q_A(\delta) \text{ für } \pi/2-\partial_{max}\leq\delta<\pi/2 \\ Q_A(\delta) \text{ für } \pi/2\leq\delta<\pi/2+\partial_{max} \\ 0 \text{ für } \pi/2+\partial_{max}\leq\delta<\pi \end{cases} \quad (7.42)$$

7.4 Regelung der vom Solargenerator erzeugten elektrischen Leistung

Das elektrische Layout eines Solargenerators wird wesentlich von den Anforderungen der Energieaufbereitungsanlage (PCU: Power Conditioning and Control Unit) bestimmt. Die PCU hat folgende Funktionen wahrzunehmen:

a) Die vom Solargenerator erzeugte elektrische Leistung aufzunehmen und mit anderen Energiequellen (z.B. Batterien) zu koordinieren,

b) die erzeugte elektrische Leistung verbrauchergerecht (Strom und Spannung!) aufzubereiten,

c) eine gegenseitige Beeinflussung der Verbraucher durch geeignete Energieverteilung und deren Überwachung zu vermeiden.

Die PCU kann entweder als integrierte Einheit für den unmittelbaren Energieverbrauch und die Energiespeicherung ausgeführt werden, oder dual mit je einer Einheit für unmittelbaren Energieverbrauch und für die Batterieladung zur Energiespeicherung.

Der Solargenerator wird i.a. so ausgelegt, daß er am Ende der Missionsdauer noch die vom Satelliten benötigte Leistung liefert. Die zuvor überschüssige Leistung muß "verbraten" werden. Dies erfolgt entweder im Solargenerator selbst oder in einer zugeschalteten Last (Shunt) oder in einer Kombination aus beiden (partieller Shunt).

Beim vollständigen Verbrauch der überschüssigen Leistung im Solargenerator nimmt das System durch Variation der Spannung nur die benötigte Leistung auf. Da die Spannung oft in weiten Grenzen variiert, stellt diese Art der Leistungsregulierung die höchsten Anforderungen an die PCU.

Die einfachste Leistungsregelung ist die Shuntregelung. Ein Shunt ist nichts anderes als ein gesteuerter Verbraucher. Shunt-Regler bestehen aus einem Fehler-Stromkreis, der die vom Solargenerator gelieferte Spannung oder den Strom mit einer Referenz vergleicht, einem Fehlersignal-Verstärker und Leistungstransistoren, die nach dem Prinzip der Impulsbreitenmodulation (Pulse Width Modulation PWM) gesteuert werden (Abbildung 7-7).

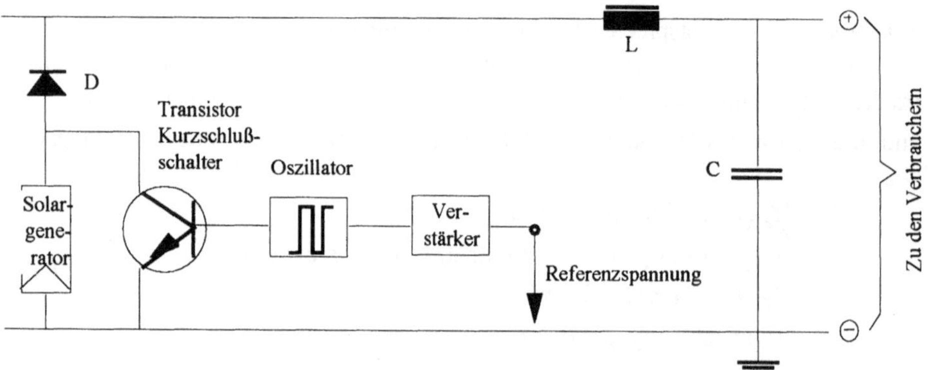

Abbildung 7-7 Prinzip eines Shunt Reglers

Serien-Shunt-Regler werden häufig für Batterieladung benutzt. Sie gewährleisten, daß der Ladestrom limitiert bleibt und nach der Aufladung auf Dauerladung (trickle charge) reduziert wird. Parallel-Shunt-Regler sind weniger anfällig gegen Spannungsänderungen (z.B. durch Temperaturänderungen) und werden deshalb für die Steuerung der Hauptstromleitung (Main Bus) bevorzugt.

Shunt Elemente kann man in mehreren Shuntstufen so auslegen, daß sie ständig die überschüssige Leistung bei einer bestimmten Spannung verbrauchen. Beim partiellen Shunt wird von der Tatsache Gebrauch gemacht, daß die Spannung durch den Strom gesteuert wird, der durch den partiellen Shunt fließt. Dies erreicht man dadurch, daß nur ein Teil des Solargenerators geshunted wird, d.h. man unterteilt eine Regeleinheit (Sektion) in zwei in Serie geschaltete Untereinheiten (Subsektionen). Subsektion 1 wird nun über einen Shunt so geregelt, daß ein Strom I_1 bei der Spannung V_1 fließt. Wenn die gesamte Spannung V_{op} ist, muß Subsektion 2 bei der Spannung $V_2=V_{op}-V_1$ arbeiten. Dieser Spannung entspricht entsprechend der IV-Charakteristik der Subsektion 2 ein Strom I_2. Damit muß vom Shunt nur die überschüssige Leistung $P_{sh}=V_1 \cdot (I_1 - I_2)$ verbraten werden.

Beim Intelsat V Solargenerator erfolgte die Spannungsregelung durch einen partiellen, sequentiellen Shunt (Lit. 7.4). Der Solargenerator war pro Flügel in 20 Segmente (Sektionen) eingeteilt, die jeweils bei 2/3 ihrer in Serie geschalteten Zellen "angezapft" (tapped) waren. Durch Shunten eines der unteren 2/3-Segmente arbeiten 2/3 des Segments bei der Spannung V_1 und 1/3 bei der Spannung V_2. V_1+V_2 ergibt dann die Sollspannung und im Shunt wird nur die Differenz der Ströme verbraten (Abbildung 7-8).

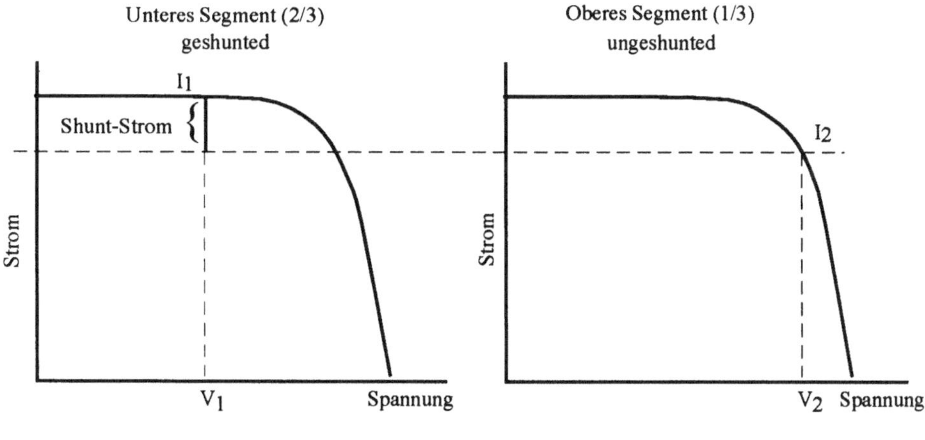

Abbildung 7-8 Spannungsregelung beim partiellen Shunt

Die Anzahl der Steuerkreise, die auf Masse geshunted werden, hängt von der Größe des Fehlersignals ab. Je nachdem ob das Fehlersignal zu- oder abnimmt werden weitere Shunt-Verbraucher zu- oder abgeschaltet (Abbildung 7-9).

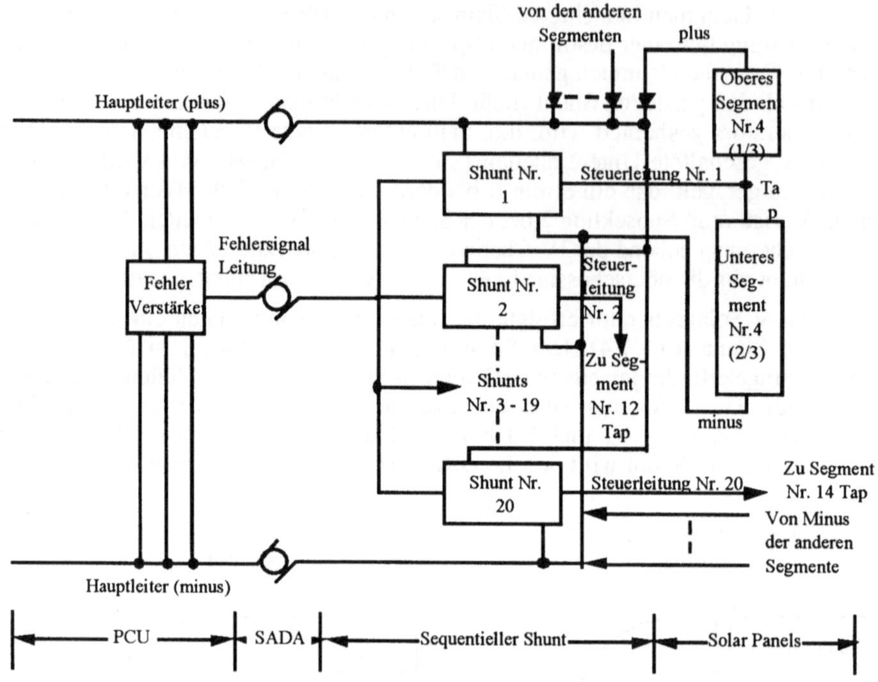

Abbildung 7-9 Blockdiagramm des Intelsat V sequentiellen partiellen Shunts (Lit. 7.4)

Spannungsregelung und Energiesteuerung mittels partiellen Shunts sind heute allgemein üblich. Deshalb sind typische Solargeneratoren aus elektrischen Sektionen aufgebaut, die einzeln geregelt werden. Das Blockschaltbild einer typischen Energieversorgungseinheit , der des Brasilianischen Daten Erfassungs Satelliten SCD-1, ist in Abbildung 7-10 darge-stellt (Lit. 7.5). Über einen Spannungsteiler wird ein Bruchteil der Spannung der Haupt-leitung (Main Bus) im Fehlersignal-Verstärker mit der festen Referenzspannung vergli-chen. Eine Spannungsdifferenz von bis zu 0,2V wird auf 3,0V bis 21,0V verstärkt. Je nachdem, welche Ausgangsspannung anliegt, ändert die PCU ihre Funktion. Von 3,0V bis 9,0V wird die Batterie Entladung initiiert, weil der Fehlerverstärker meldet, daß die vom Solargenerator gelieferte Leistung zu gering ist. Eine Ausgangsspannung 9,0V bis 10,0V bedeutet, daß die Solargeneratorleistung exakt die Verbraucher versorgt. Zwischen 10,0V und 15,0V erzeugt der Generator soviel Leistung, daß neben der Versorgung der Verbraucher auch die Batterien über den Laderegler geladen werden. Der Laderegler begrenzt außerdem den Ladestrom auf 1,6A. Ab 15,0V beginnt dann der Shunt die über-schüssige Energie zu verbraten.

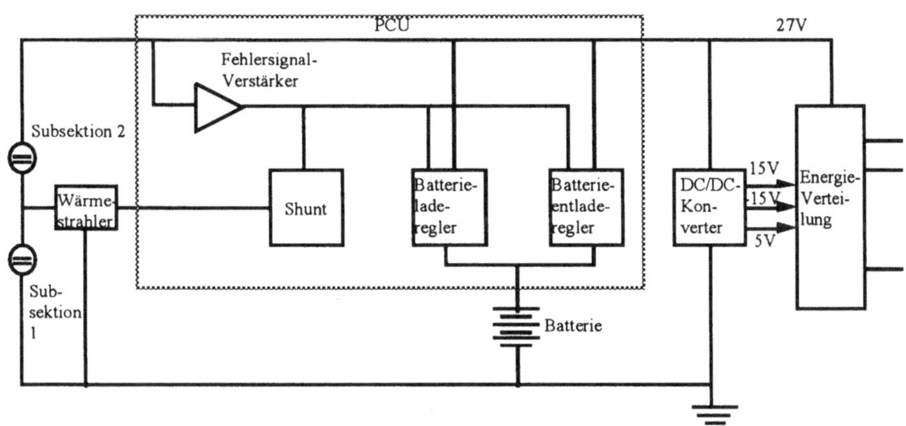

Abbildung 7-10 Prinzipieller Aufbau einer Energieversorgungseinheit mit partiellem Shunt (Lit. 7.5)

7.5 Verlustfaktoren

Die Leistung von Solarzellen, die in einen Solargenerator integriert sind, ist gewissen Verlustfaktoren unterworfen, die von grundsätzlicher Art, entwurfs- oder missionsbedingt sind.

Von grundsätzlicher Art bzw. entwurfsbedingt sind:

- Kalibrierungsfehler
- Mismatch
- Deckglasgewinn
- Leitungsverluste
- Zufällige Zellausfälle

Bahn- bzw. missionsbedingt sind:

- Sonnenintensität
- Einfallswinkel der Sonnenstrahlung
- Mikrometeoriten
- Weltraumschrott
- Atomarer Sauerstoff

Im folgenden soll auf einige dieser Faktoren näher eingegangen werden.

7.5.1 Kalibrierungsfehler

Die Solarzellen werden elektrisch vermessen, indem sie mit einer geeichten Standardzelle bei Normtemperatur (z.B. 28°C) verglichen werden. Durch Ungenauigkeiten bei der

Eichung und im Meßprozeß wurde jedoch möglicherweise weder die genaue Sonnen-(Simulator)-Intensität erreicht, noch die genaue Temperatur. Dadurch arbeitet der Simulator etwa bei einer Intensität $B_1=B_0\pm dB$ und das Meßgut wird bei einer Temperatur von $T_1=T_0\pm dT$ vermessen. Der Fehler im Strom ist dadurch:

$$dI = \frac{\partial I}{\partial B}dB + \frac{\partial I}{\partial T}dT \tag{7.43}$$

oder

$$\frac{dI}{I} = \frac{dB}{B} + \beta(I)\cdot\frac{dT}{I} \tag{7.44}$$

mit $\beta(I)=\partial I/\partial T$ und dB und dT klein gegen B und T sowie $I=const\cdot B$ und damit $(1/I)\cdot(\partial I/\partial B) = 1/B$ angenommen wird.

Die Ungenauigkeit in der Intensität kommt zustande durch Kalibrierungsfehler der Standardzelle (0,5%), durch Eichfehler und spektrales Mismatch des Arbeitsstandards (1%) und durch Anzeigeungenauigkeit der Instrumente (0,3%). Damit wird die gesamte Ungenauigkeit bei der Intensitätsangabe:

$$\frac{dB}{B} = \sqrt{0,005^2 + 0,01^2 + 0,003^2} = 1,2\% \tag{7.45}$$

Die Ungenauigkeit der Temperaturregelung wird mit $\pm 2\,°C$ angenommen. $\beta(I)$ ist typisch $+0,02$ mA/°C·cm^2 und I kann man typisch annehmen zu 40 mA/cm^2. Damit wird das 2. Glied in Gleichung (7.44):

$$\beta(I)\cdot\frac{dT}{I} = \frac{0,02\cdot 2}{40} = 0,1\% \tag{7.46}$$

Der gesamte Kalibrierungsfehler bzgl. I ergibt sich damit nach (7.44) zu:

$$\frac{dI}{I} = 1,3\% \tag{7.47}$$

Ungenauigkeiten im Spannungswert der Solarzelle kommen durch Ungenauigkeiten der Intensität, der Zelltemperatur und der Instrumente zustande. Sie lassen sich aus Gleichung (3.15) ableiten zu:

$$\frac{dV_{oc}}{V_{oc}} = \frac{dT}{T} + \frac{V_T}{V_{oc}}\cdot\frac{dI_{sc}}{I_{sc}} \tag{7.48}$$

Mit $dT/T=2/300$; $dI_{sc}/I_{sc}=0,02$; $V_T=1/30$ V; $V_{oc}=0,550$ V folgt:

$$\frac{dV_{oc}}{V_{oc}} = 0,007 + 0,001 = 0,8\% \tag{7.49}$$

7.5.2 Matching Verluste

Daß die Addition der maximalen Leistung der Einzelzellen nicht zur maximalen Leistung eines Moduls führt, wurde bereits in Kapitel 5.2.1 erläutert. Deshalb benutzt man für die In-Serie-Verschaltung von Solarzellen besser den Strom bei einer Spannung V_{op} nahe dem theoretischen V_{mp}. Nur Zellen, die bei dieser Spannung einen Strom $I_{n-1}\leq I_{op}<I_n$ werden in Serie verschaltet. n kennzeichnet eine Stromklasse, die eine bestimmte Breite

besitzt. Typisch sind Stromklassenbreiten von 5mA für Operationsströme bis 500mA, von 10mA für Operationsströme bis 1.000mA u.s.f. Im ungünstigsten Fall beträgt dann die Stromklassenbreite ±1% bezogen auf die Klassenmitte. Die Ungenauigkeit des Stromes entspricht damit der halben Bandbreite der Stromklasse oder für den schlechtesten Fall:

$$\frac{dI}{I} = 1,0\% \tag{7.50}$$

Durch unterschiedliche Degradation kann sich die Stromklasse bis Missionsende noch weiter verbreitern, so daß EOM ein noch höherer Matching-Verlust anzusetzen ist (typisch 1,5%). Auch können Zellen bezüglich ihrer Spannung unterschiedlich degradieren, so daß EOM eventuell auch ein geringes Spannungs-Mismatch anzusetzen ist. Dies ist insbesondere dann sinnvoll, wenn man sich für die Umgebung der Leerlaufspannung interessiert.

7.5.3 Deckglasgewinn

An allen optischen Übergängen unterschiedlicher Brechzahlen n bekommt man Reflexionsverluste. Diese lassen sich durch geeignete Antireflexschichten minimieren (vgl. Kapitel 3.4.1.2).

Bei mit Deckglas bedeckten Solarzellen (SCA's) hat man alle optischen Übergänge nach Glg. 3.62 zu optimieren. Werden Zelle und Deckglas mit geeigneten $\lambda/4$-Antireflexionsschicht versehen (Abbildung 7-11), können Deckglasgewinne zwischen 1% und 5% erzielt werden.

Allerdings läßt sich der Deckglasgewinn weitgehend in die Zelle integrieren indem man die Antireflexschicht der Zelle "dual" ausführt, d.h. den Brechungsindex des Deckglases bereits als dünne Schicht auf die Zelle aufdampft. Solche Mehrfachschichten (z.B. Al_2O_3/TiO_2) bringen den Leistungsgewinn durch Deckglas-Bedeckung auf die Seite der Solarzelle, deren "Nackt-Leistung" erhöhend. Der "Deckglasgewinn" solcher Solarzellen ist meist negativ, typisch -0,5%.

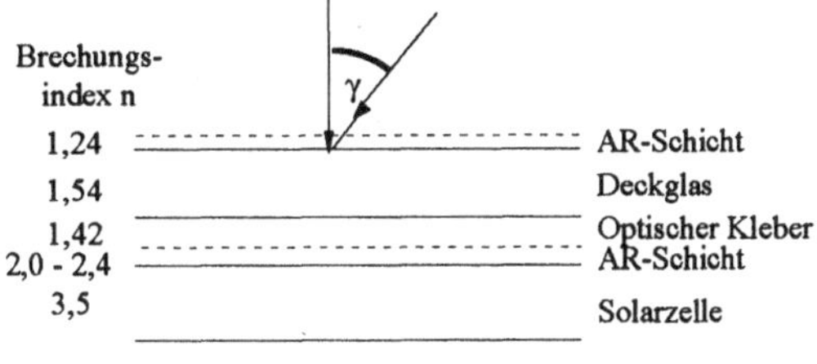

Abbildung 7-11 Optischer Aufbau eines SCA's

7.5.4 Leitungsverluste

Die Leitungsquerschnitte der Kabel eines Solargenerators wird man so auslegen, daß die Summe der Kabelmasse m_c und der zusätzlich benötigten, die Kabelverluste kompensierende Generatormasse Δm_G ein Minimum wird. Das ist der Fall, wenn

$$\frac{dM}{d\Delta P} = 0 \tag{7.51}$$

mit

$$M = m_c + \Delta m_G \tag{7.52}$$

$$m_c = \rho_c \cdot \ell \cdot a + \frac{5\rho_{is} \cdot \ell \cdot a}{4} \tag{7.53}$$

$$\Delta m_G = \frac{\Delta P_G}{L_{spez}} \tag{7.54}$$

(ρ_c: Dichte des Leitermaterials; ρ_{is}: Dichte des Kabel-Isolationsmaterials, dessen Dicke zu 1/4 des Leiterdurchmessers angenommen wird; ℓ: Leiterlänge; a: Leiterquerschnitt; ΔP_G: aufgrund der Kabelverluste erforderliche Mehrleistung des Generators; L_{spez}: spezifische Generatorleistung EOM [W/kg]).

Andererseits sind die Kabelverluste:

$$\Delta P_c = \frac{r \cdot \ell \cdot I^2}{a} \tag{7.55}$$

(r: spezifischer Leiterwiderstand).

(7.53), (7.54) und (7.55) in (7.52) ergibt:

$$M = \frac{a^2 \cdot \left(\rho_c + 5\rho_{is}/4\right)}{r \cdot I^2} \cdot \Delta P_c + \frac{1}{L_{spez}} \cdot \Delta P_G \tag{7.56}$$

Mit $\Delta P_c + \Delta P_G = 0$ und $L_{spez} \approx$ const. erhält man:

$$dM = -\frac{a^2 \cdot \left(\rho_c + 5\rho_{is}/4\right)}{r \cdot I^2} \cdot d\Delta P_G + \frac{1}{L_{spez}} \cdot \Delta P_G \tag{7.57}$$

Mit (7.51) erhält man für den optimalen Kabelquerschnitt:

$$a^2 = \frac{r \cdot I^2}{\left(\rho_c + 5\rho_{is}/4\right) \cdot L_{spez}} \tag{7.58}$$

d.h. der optimale Leitungsquerschnitt ist in erster Näherung unabhängig von der Kabellänge (nicht jedoch die Leitungsverluste!).

Beispielsweise errechnet man für einen Modul mit einem Operationsstrom von I=1A bei einem Solargenerator mit L=40W/kg=0,04W/g spezifische Leistung einen optimalen Kupferquerschnitt von a = 0,2 mm², was AWG 24 entspricht (r = 1,6·10⁻⁶Ωcm; ρ_c=8,9 g/cm³; ρ_{is}=1,4 g/cm³). Bei 10m mittlerer Kabellänge (je 5m plus und minus) errechnet sich ein Ohmscher Widerstand von 0,8Ω oder ein Spannungsabfall von 0,8V. Dies entspricht bei einer typischen Operationsspannung von 42V einem Spannungsverlust von 1,9%, bei 28V bereits 2,86%.

In die Leistungsberechnung sollte der Leitungswiderstand stets explizit in Ω eingehen. Sofern dies aus irgendwelchen Gründen nicht möglich ist, liegt man mit einem Pauschalansatz von 2% i.a. nicht schlecht.

Nach Gleichung (7.58) wird der Kabelquerschnitt um so kleiner, je leichter der Solargenerator ist. Diese Reduktion des Kabelquerschnitts ist limitiert durch die Strombelastbarkeit des Kabels, die sich in einer unzulässigen Erwärmung äußert. Thermalrechnungen ergaben die maximalen Ströme der Tabelle 7-1, die ein einzeln geführtes Kabel nicht über 85°C erwärmen. Für Kabelbündel reduzieren sich diese Werte gemäß den Gleichungen (7.59) und (7.60).

Tabelle 7-1 Strombelastbarkeit I_{sw} von Einzelkabeln (Lit. 7.6)

Kabelquerschnitt [mm^2]	0,05 - 0,06	0,08 - 0,09	0,12 - 0,16	0,20 - 0,24	0,32 - 0,39	0,50 - 0,62	0,95 - 1,00	1,20 - 1,40	1,90 - 2,00	3,00 - 3,20
AWG	30	28	26	24	22	20	18	16	14	12
Widerstand [mΩ/m]	340	210	135	85	53	33	19	14	9,4	5,7
Maximale Strombelastung [A]	1,3	1,8	2,5	3,3	4,5	6,5	9,2	13,0	17,0	23,0

Reduktion für Kabelbündel mit N Einzelkabeln (I_{bw}: gebündelte Kabel; I_{sw}: Einzelkabel):

$$I_{bw} = I_{sw} \cdot \frac{29 \cdot N}{28} \text{ für } 1 < N \le 15 \tag{7.59}$$

$$I_{bw} = \frac{1}{2} \cdot I_{sw} \text{ für } N > 15 \tag{7.60}$$

7.5.5 Zufällige Zellausfälle

Die Auswirkung von Zellausfällen hängt stark von der Auslegung des Solargenerators ab. Bestünde z.B. ein Solargenerator lediglich aus n parallelen Zellen, so hätte der Ausfall einer Zelle nur die Auswirkung von 100/n %. Der Bruch einer Zelle bei einem Solargenerator mit n Zellen in Serie hätte jedoch einen Totalausfall des Solargenerators zur Folge.

Zur pauschalen Abschätzung von Zellausfällen dient eine Zuverlässigkeitsanalyse. Die Zuverlässigkeit eines Solargenerators ist definiert als die Wahrscheinlichkeit, daß der Solargenerator seine spezifizierte Leistung unter Missionsbedingungen über einen bestimmten Zeitraum erbringt. Die Wahrscheinlichkeit, daß eine Komponente ausfällt, läßt sich i.a. durch eine konstante Fehlerrate λ beschreiben. Dann wird die Zuverlässigkeit, daß in der Zeit t kein zufälliger Fehler auftritt, durch eine e-Funktion beschrieben:

$$z(t) = e^{-\lambda \cdot t} \tag{7.61}$$

Die Zuverlässigkeit von s in Serie geschalteten Elementen der Einzelzuverlässigkeiten $z_v(t)$ wird ausgedrückt durch

$$z_s(t) = \prod_{v=1}^{s} z_v(t) \tag{7.62}$$

Bei redundanten Konfigurationen mit n identischen Elementen, von denen wenigstens m benötigt werden um die Leistungsanforderungen zu erfüllen, ist die Zuverlässigkeit:

$$z_{m/n}(t) = z_s(t)^m \cdot \sum_{k=0}^{n-m} \binom{m+k}{k} \cdot \left(1 - z_s(t)\right)^k \tag{7.63}$$

Nimmt man als durchschnittliche Fehlerhäufigkeit einer Solarzelle den Wert $1 \cdot 10^{-9}$/h an, so ist die Zuverlässigkeit einer Zellkette (String) mit 100 Zellen in Serie für eine Operationsdauer von 10 Jahren $z_s = 0,99128$. Benötigt man zur Erzeugung der spezifizierten Leistung 97 intakte Strings und wurde der Solargenerator mit 100 Strings ausgelegt, so ist die Zuverlässigkeit des Solargenerators $z_{97/100}(10J)=0,996124$ (in einer vollständigen Zuverlässigkeitsanalyse sind noch die Zuverlässigkeiten der Kabel, Dioden, Stecker, Schweißverbindungen, usw. zu berücksichtigen, so daß i.a. deutlich geringere Zuverlässigkeiten erzielt werden).

Um eine spezifizierte Leistung zu einem bestimmten Missionszeitpunkt garantieren zu können ist es daher nicht sinnvoll, einen Solargenerator ohne Leistungsreserve auszulegen. Typisch sind z.B. 3%. Die Zuverlässigkeitsanalyse der Auslegung darf dann natürlich keine höhere Ausfallwahrscheinlichkeit ergeben.

7.5.6 Sonnenintensität

Die Solarkonstante wurde bereits in Kapitel 3 definiert. Welche Sonnenbestrahlung jedoch ein Raumflugkörper tatsächlich erfährt, hängt wesentlich von dessen Abstand zur Sonne ab. Da die meisten Anwendungen von Raumflugkörpern bisher im erdnahen Raum erfolgten, sei die Variation der Sonnenintensität nur für diesen Bereich betrachtet.

Der mittlere Abstand Sonne-Erde ist $149,6 \cdot 10^6$ km; im Perihel (3.Januar) ist er um $2,5 \cdot 10^6$ km kleiner, im Aphel (3.Juli) um ebensoviel größer. Zur Zeit der Tag- und Nachtgleichen um den 21.3. und den 22.9. befindet sich die Sonne im Schnittpunkt zwischen Ekliptik und Äquator (Äquinoktien EQX). Um den 21.6., dem Tag der Sommersonnenwende, erreicht sie den nördlichsten (Sommersolstitium SS), um den 22.12., dem Tag der Wintersonnenwende, den südlichsten Punkt der Erde (Wintersolstitium WS). Wegen der Präzession der Äquinoktien ist die Sonnenintensität im Frühlings- und Herbstpunkt nicht genau 1 Solarkonstante sondern:

Im Frühlingspunkt:	$1,008 \cdot B_0$	(7.64)
Im Herbstpunkt:	$0,993 \cdot B_0$	(7.65)

Für die Solstitien gilt:

Im Sommer:	$0,967 \cdot B_0$	(7.66)
Im Winter:	$1,034 \cdot B_0$	(7.67)

Für andere Zeitpunkte ergibt sich die Sonnenintensität aus dem quadratischen Abstandsgesetz und den Gleichungen (7.5) und (7.6). Auswirkungen hat die variable Sonneneinstrahlung natürlich auch auf die Albedo (siehe 7.3.2).

7.5.7 Einfallswinkel der Sonnenstrahlung

Auf eine nackte, nicht texturierte Solarzelle wirkt eine Änderung der Sonneneinfallsrichtung um den Winkel γ gegenüber der senkrechten Einstrahlung wie eine Schwächung der eingestrahlten Intensität auf:

$$B = B_0 \cos\gamma \tag{7.68}$$

Bei einem SCA (siehe Abbildung 7-11) gilt dieser einfache Zusammenhang aufgrund von Randeffekten und Totalreflexionen nicht mehr. Experimentelle Untersuchungen ergaben, daß die Formel

$$B(\gamma) = B_o \cdot \left\{ \cos\gamma \cdot \left[1 - \left(1 - \cos\gamma\right)^{K(\gamma)} \right] \right\} \tag{7.69}$$

mit

$$K(\gamma) = 4 \text{ für } \gamma \leq 45°$$

$$K(\gamma) = 1 + \frac{\arccos(\gamma)}{15} \text{ für } \gamma > 45°$$

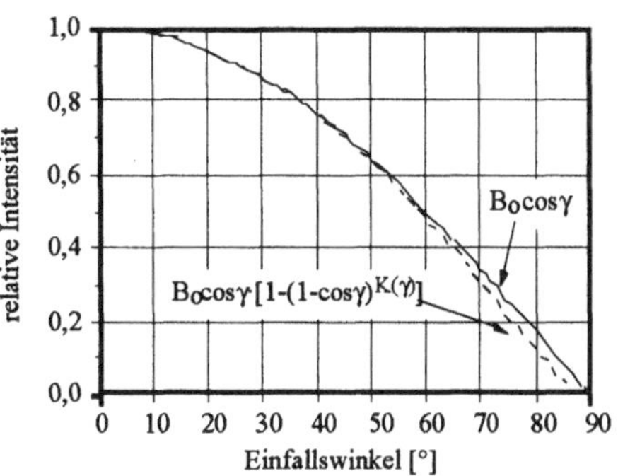

die Verhältnisse bei der mit einem Deckglas versehenen Zelle besser wiedergibt. Abbildung 7-12 zeigt die Unterschiede von (7.68) und (7.69). Für Winkel unter 45°, wie sie vor allem bei stationären, auf die Sonne ausgerichteten Generatoren auftreten, ist Formel (7.68) ohne merklichen Fehler anwendbar. Bei spinnenden Solargeneratoren ist jedoch (7.69) unbedingt zu berücksichtigen.

Abbildung 7-12 Annäherung der Reflexionsverluste durch das Deckglas

7.5.8 Mikrometeoriten und Weltraumschrott

Bei Materieteilchen im Weltraum unterscheidet man zwischen Mikrometeoriten (natürliches Umfeld) und hausgemachtem Weltraumschrott (Trümmer von Raketen und Raumfahrzeugen).

Mikrometeoriten sind übermolekulare Festkörper. Ihre Größe reicht von Makromolekülen (10^{-17}g) bis zu km-großen Körpern (Meteoriten bis zu 10^{16}g). Ihre Dichte ist wesentlich geringer als die von Weltraumschrott und liegt zwischen 0,5g/cm^3 und 2g/cm^3. Ihre Herkunft sind Kometen, Asteroiden, der Mond und auch interstellare Quellen. Der gesamte kosmische Staub, der in die Erdatmosphäre eindringt, beträgt ca. 4000t/a. Auf erdumkreisende Objekte trifft er aus willkürlichen Richtungen mit Geschwindigkeiten von 12-72km/s. Meteoriten von Kometen neigen dazu, in Bahnnähe ihres Mutterkometen zu bleiben. Dies ergibt die bekannten Meteorschauer die auftreten, wenn immer die Erde die Bahnebene des Mutterkometen kreuzt .

Der omnidirektionale Gesamtfluß n [Einschläge/m^2·s] der Mikrometeoriten im erdnahen Bereich läßt sich nach Lit. 7.9 wie folgt beschreiben:

$$\log(n) = -14{,}37 - 1{,}213 \cdot \log(m) \qquad\qquad \text{für } 10^{-6}\text{g} < m \leq 1\text{g} \tag{7.70a}$$

$$\log(n) = -14{,}339 - 1{,}584 \cdot \log(m) - 0{,}063 \cdot (\log(m))^2 \quad \text{für } 10^{-12}\text{g} < m \leq 10^{-6}\text{g} \tag{7.70b}$$

Mehrere Tausend künstliche Satelliten umkreisen die Erde in Umlaufbahnen zwischen 200km und 100.000km. Sie sind direkt oder indirekt Ursache für den Weltraumschrott. Dessen Herkunft wird folgenden Ursachen zugeschrieben:

- ausgebrannte Oberstufen der Trägerrakete,

- Hardware, die für die Trennung der Nutzlast von der Rakete notwendig ist,

- abgesprengte Sensordeckel, Raketenhüllen, etc.

- Bruchstücke von Explosionen oder Zusammenstößen,

- durch Temperaturzyklen von Satellitenoberflächen abgebrochene Farbteilchen,

- Aluminumoxydteilchen,

- Treibstoffteilchen oder -tröpfchen.

Während Mikrometeoriten statistisch von allen Richtungen auftreffen können, werden Trümmerteilchen bevorzugt vom Satelliten eingefangen, d.h. sie treffen i.a. von vorne auf und zwar am häufigsten mit der doppelten Eigengeschwindigkeit des Satelliten (ca. 15km/s in einer 800km-Bahn, ca. 6km/s im GEO. Bei einer Relativgeschwindigkeit von 15km/s beträgt die Energiedichte 112,5kJ/g. Dies entspricht beinahe dem 30-fachen Wert von Dynamit!). Zur Ermittlung des Flusses von Trümmern mit einem Durchmesser größer als d [cm] in einer Umlaufbahn der Höhe h in km ($\leq$2.000) und der Inklination i schlägt die NASA folgendes Modell vor (Lit. 7.10):

$$N(d,h,i,t,S) = k \cdot \Phi(h,S) \cdot \Psi(i) \cdot \left[F_1(d) \cdot g_1(t) + F_2(d) \cdot g_2(t)\right] \tag{7.71}$$

(N: Einschläge/m^{2}a; t: Zeit in Jahren bzw. Jahr; S: über 13 Monate gemittelte Sonnenaktivität beschrieben durch die Sonnenfleckenrelativzahl R oder durch die am Boden meßbare elektromagnetische Strahlung der Wellenlänge 10,7cm (F10,7-Wert in Vielfachen von 104J·a). S liegt zwischen 70 bei minimaler Sonnenaktivität und 150 bei maximaler Sonnenaktivität; k: Orientierung der Satellitenfläche (k=1: regellos taumelnd; k=4: senkrecht zum Objektfluß)). Weiter ist (p: jährliche Wachstumsrate der Trümmer im Weltraum; typisch p=0,05):

$$\Phi(h,S) = \frac{10^{\left(h/200 - S/140 - 1,5\right)}}{10^{\left(h/200 - S/140 - 1,5\right)} + 1} \tag{7.72a}$$

$$F_1(d) = 1,05 \cdot 10^{-5} \cdot d^{-2,5} \tag{7.72b}$$

$$F_2(d) = 7,0 \cdot 10^{10} \cdot (d + 700)^{-6} \tag{7.72c}$$

$$g_1(t) = (1 + 2p)^{(t-1985)} \tag{7.72d}$$

$$g_2(t) = (1 + p)^{(t-1985)} \tag{7.72d}$$

Die Funktion $\Psi(i)$ beschreibt das Verhältnis der Flüsse in einer Umlaufbahn der Inklination i und einer Umlaufbahn mit durchschnittlichem Fluß, die bei i=47° ermittelt wurde. Diese Funktion läßt sich wie folgt darstellen:

$$
\begin{aligned}
\Psi(0 \leq i < 25°) \quad &= 0,9 \\[4pt]
\Psi(25° \leq i < 77°) \quad &= 8,93512 \cdot 10^{-10} \cdot i^6 - 2,5727 \cdot 10^{-7} \cdot i^5 + 3,03 \cdot 10^{-5} \cdot i^4 - \\
&\quad - 1,862 \cdot 10^{-3} \cdot i^3 + 0,062868 \cdot i^2 - 1,1 \cdot i - 8,6747 \\[4pt]
\Psi(77° \leq i < 100°) \quad &= -3,7125346 \cdot 10^{-5} \cdot i^4 + 1,33203 \cdot 10^{-2} \cdot i^3 - 1,784604 \cdot i^2 + \\
&\quad + 105,810779 \cdot i - 2341,02 \\[4pt]
\Psi(100° \leq i \leq 125°) \quad &= -7,37357 \cdot 10^{-6} \cdot i^4 + 3,3497 \cdot 10^{-3} \cdot i^3 - 0,568773 \cdot i^2 + \\
&\quad + 42,75296 \cdot i - 1198,1
\end{aligned}
\tag{7.73}
$$

Die Anzahl der Einschläge N auf die Oberfläche A eines Solargenerators während einem Zeitintervall t_a bis t_e ist dann:

$$N(\Delta t) = \int_{t_a}^{t_e} N(d, h, i, t, S) \cdot A \, dt \qquad (7.74)$$

Abbildung 7-13 zeigt die Häufigkeitsverteilung von Mikrometeoriten und Weltraum-schrott auf einer 500km Erdumlaufbahn typisch für künftige bemannte Missionen (ohne Berücksichtigung von Fokussierungs- und Abschattungseffekten).

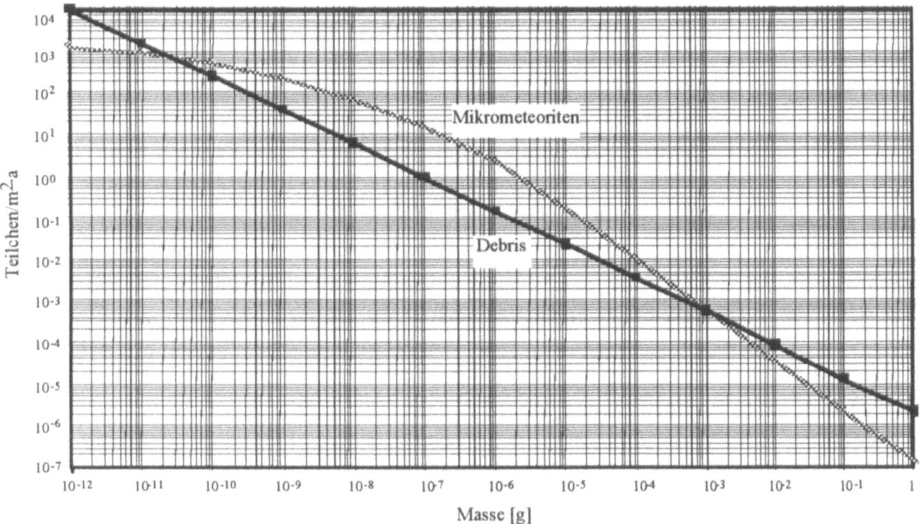

Abbildung 7-13 Häufigkeitsverteilung von Mikrometeoriten und Weltraumschrott in niedriger Umlaufbahn (h=500km; t=1995; k=1,0; S=90)

Mikrometeoriten wie auch Weltraumschrott können dem Weltraum ausgesetzte Oberflächen zerstören. Dabei verursachen kleinere Partikel ($m<10^{-7}$g) lediglich Krater in den Oberflächen, während größere und energiereichere durchaus auch Deckgläser und Substrate durchdringen und Solarzellen schädigen können. Das Kollisionsrisiko mit größeren Teilchen (z.B. >1mm) ist allerdings sehr gering. Die Schädigung, die ein auf eine mit Deckglas bedeckte Solarzelle auftreffendes Partikel überwiegend verursacht, ist ein Krater, dessen Volumen von der Energie des einschlagenden Teilchens abhängt. Sein Durchmesser ist etwa dreimal so groß wie seine Tiefe. Daher ist die häufigste Schädigung von Solargeneratoren durch Mikrometeoriten und Weltraumschrott eine Trübung des Deckglases. Die Fläche, die ein Partikel der Masse m, der Dichte ρ und der Geschwindigkeit v eintrübt läßt sich nach Lit. 7.9 darstellen zu:

$$A = 4{,}83 \cdot 10^{-5} \cdot \pi \cdot m^{0,704} \cdot \rho^{1/3} \cdot v^{4/3} \qquad (7.75)$$

Dies verursacht typisch eine Degradation der elektrischen Leistung von jeweils unter 0,01% pro Jahr für Mikrometeoriten und Weltraumschrott (bestätigt durch die 1993/94 zurückgeholten Solargeneratoren von Eureca und des Hubble Space Telescopes).

Die Wahrscheinlichkeit eines zerstörenden Einschlags ist sehr gering. Sie wird im allgemeinen als zufälliger Ausfall behandelt und sollte in der Leistungsreserve des Generators mit enthalten sein.

7.5.9 UV-Strahlung

Der UV-Anteil der Sonnenstrahlung bewirkte früher bei elektronenbestrahlten Solarzellen, deren Kristalle nach dem Zonenschmelzverfahren hergestellt worden waren, eine verstärkte Leistungsdegradation. Diese Art der Kristallherstellung ist mittlerweile stark verbessert worden und außerdem fast vollständig durch das Czochralski Verfahren (siehe Kapitel 4) abgelöst worden, so daß eine UV-Degradation auf Zellebene bei kristallinen Zellen nicht mehr existiert.

Dennoch ist speziell der Deckglaskleber UV-empfindlich. Obwohl das Deckglas nur geringe UV-Anteile hindurchläßt können sich im Kleber Farbzentren bilden, die im Laufe der Zeit die Strahlungstransmission verringern. Ein gebräuchlicher Ansatz für die Berücksichtigung dieses Transmissionsverlusts ist 0,1% pro Jahr.

Da UV-Strahlung ähnliche Effekte wie Mikrometeoriten bewirkt (Reduktion der Transmission), wird UV-Schädigung auch häufig zusammen mit der Mikrometeoritenschädigung zu 0,2% - 0,3% pro Jahr in Ansatz gebracht.

7.6 Leistungsberechnung

Aufgrund der Anforderungen der Energieaufbereitungsanlage besteht ein Solargenerator i.a. aus z Solargenerator-Sektionen, die individuell geregelt werden (vgl. Kapitel 7.4). Entsprechend ist es sinnvoll, die Leistungsberechnung für jede Sektion individuell durchzuführen und die Ergebnisse anschließend zu addieren.

Nach Kapitel 3, Gleichungen (3.14), (3.22) , (3.23) und (3.24) läßt sich die IV-Charakteristik einer Solarzelle darstellen zu:

$$I = I_{sc} - I_0 \cdot \left(e^{(V + I \cdot R_s)/V_T^*} - 1 \right)$$

mit

$$V_T^* = \frac{V_{mp} \cdot \left(I_{sc} - I_{mp} \right)}{I_{mp}}$$

$$I_0 = \frac{I_{sc}}{\left(e^{V_{oc}/V_T^*} - 1 \right)}$$

$$R_s = \frac{V_T^*}{I_{mp}} \cdot \ln\left(\frac{\left(I_{sc} - I_{mp} \right)}{I_0} \right) - \frac{V_{mp}}{I_{mp}}$$

Anzuwenden sind jeweils die charakteristischen Zellparameter, die der darzustellenden IV-Charakteristik entsprechen. Für den Fall einer teilchendegradierten Zelle sind daher die charakteristischen Zellparameter I_{sc}, I_{mp}, V_{mp} und V_{oc} nach Anwendung der Restfaktoren $R(I_{sc})$, $R(I_{mp})$, $R(V_{mp})$, und $R(V_{oc})$ einzusetzen:

$$I_{sc}(\Phi)=R(I_{sc})\cdot I_{sc}(0) \tag{7.76}$$

$$I_{mp}(\Phi)=R(I_{mp})\cdot I_{mp}(0) \tag{7.77}$$

$$V_{mp}(\Phi)=R(V_{mp})\cdot V_{mp}(0) \tag{7.78}$$

$$V_{oc}(\Phi)=R(IV_{oc})\cdot V_{oc}(0) \tag{7.79}$$

Dies gilt zunächst nur für die Normtemperatur T_0. Da sich die Temperaturkoeffizienten für eine bestrahlte Zelle von denen für eine unbestrahlte Zelle unterscheiden, darf die Transformation der charakteristischen Zellparameter auf andere Temperaturen erst nach der Anwendung der Restfaktoren erfolgen:

$$I_{sc}(\phi,T) = I_{sc}(\phi,T_o) + \frac{dI_{sc}(\phi,T_o)}{dT}\cdot\left(T-T_o\right) \tag{7.80}$$

$$I_{mp}(\phi,T) = I_{mp}(\phi,T_o) + \frac{dI_{mp}(\phi,T_o)}{dT}\cdot\left(T-T_o\right) \tag{7.81}$$

$$V_{mp}(\phi,T) = V_{mp}(\phi,T_o) + \frac{dV_{mp}(\phi,T_o)}{dT}\cdot\left(T-T_o\right) \tag{7.82}$$

$$V_{oc}(\phi,T) = V_{oc}(\phi,T_o) + \frac{dV_{oc}(\phi,T_o)}{dT}\cdot\left(T-T_o\right) \tag{7.83}$$

Betrachtet man nun nicht mehr eine Einzelzelle sondern eine Sektion auf einem Generator. Diese kann dann als eine große Solarzelle betrachtet werden, wenn man I und V ersetzt durch

$$I(S) = D(I)\cdot I \tag{7.84}$$

und

$$V(S) = D(V)\cdot V \tag{7.85}$$

mit

$$D(I) = D(I,M)\cdot D(I,C)\cdot D(I,G)\cdot D(I,P)\cdot D(I,R)\cdot D(I,B)\cdot D(I,U)\cdot D(I,Z)\cdot D(I,S)\cdot n_p \tag{7.86}$$

und

$$D(V) = D(V,M)\cdot D(I,C)\cdot m_s \tag{7.87}$$

Darin bedeuten $D(z,v)$ Verlustfaktoren die durch unterschiedliche Einflüsse v verursacht wurden und die auf z=I oder z=V wirken. Diese sind:

$D(I,M)$, $D(V,M)$:	Matching-Verluste
$D(I,C)$, $D(V,C)$:	Kalibrierungsfehler
$D(I,G)$:	Deckglas-Gewinn/-Verlust
$D(I,P)$:	Nickabweichung ($=\cos\psi$)
$D(I,R)$:	Rollabweichung und Sonneneinfallswinkel ($=\cos(\varphi+i)$)
$D(I,B)$:	Sonnenintensität ($=B/B_0$)
$D(I,U)$:	UV, Mikrometeoriten und Weltraumschrott

D(I,Z):   Zufällige Ausfälle

D(I,S):   Sonstiges wie z.B. Teilabschattung

n_p; m_s: Anzahl Zellen parallel (n_p) bzw. in Serie (m_s)

Widerstände von Zellverbindern und Kabeln werden in $R_s(S)$ berücksichtigt!

Damit gehen für eine Sektion die Gleichungen (7.80) bis (7.83) über in:

$$I_{sc}(S,\phi,T) = D(I) \cdot \left(I_{sc}(\phi,T_o) + \frac{dI_{sc}(\phi,T_o)}{dT} \cdot \left(T - T_o\right) \right) \tag{7.88}$$

$$I_{mp}(S,\phi,T) = D(I) \cdot \left(I_{mp}(\phi,T_o) + \frac{dI_{mp}(\phi,T_o)}{dT} \cdot \left(T - T_o\right) \right) \tag{7.89}$$

$$V_{mp}(S,\phi,T) = D(V) \cdot \left(V_{mp}(\phi,T_o) + \frac{dV_{mp}(\phi,T_o)}{dT} \cdot \left(T - T_o\right) \right) \tag{7.90}$$

$$V_{oc}(S,\phi,T) = D(V) \cdot \left(V_{oc}(\phi,T_o) + \frac{dV_{oc}(\phi,T_o)}{dT} \cdot \left(T - T_o\right) \right) \tag{7.91}$$

Statt durch (3.14), (3.22), (3.23) und (3.24) wird die Sektionscharakteristik beschrieben durch (allgemeiner Fall mit Diodenabsicherung!):

$$V(S) = V_T^*(S) \cdot \ln\left(\frac{I_{sc}(S) - I(S) + I_o(S)}{I_o(S)} \right) - I(S) \cdot R_s - 0{,}030 \cdot s \cdot \ln\left(\frac{I(S)}{p \cdot 10^{-13}} + 1 \right) \tag{7.92}$$

mit

s, p: Anzahl Dioden per Sektion in Serie und parallel,

$V_T(\text{Diode}) \approx 0{,}030 \text{V}$,

$I_o(\text{Diode}) \approx 10^{-13} \text{A}$

und:

$$V_T^*(S) = \frac{V_{mp}(S) \cdot \left(I_{sc}(S) - I_{mp}(S) \right)}{I_{mp}(S)} \tag{7.93}$$

$$I_0(S) = \frac{I_{sc}(S)}{\left(e^{V_{oc}(S)/V_T^*(S)} - 1 \right)} \tag{7.94}$$

$$R_s(S) = \frac{V_T^*(S)}{I_{mp}(S)} \cdot \ln\left(\frac{\left(I_{sc}(S) - I_{mp}(S) \right)}{I_0(S)} \right) - \frac{V_{mp}(S)}{I_{mp}(S)} + \frac{m_s}{n_p} \cdot R_{int.} + R_{cab.} \tag{7.95}$$

wobei

$R_{int.}$: Ohmscher Widerstand des Zellverbinders

R_{cab}: Kabelwiderstand des Moduls bzw. der Sektion.

Mit diesen Formeln läßt sich die elektrische Leistung einer Sektion auf einem Satelliten-Solargenerator zu jedem Zeitpunkt der Mission berechnen. Die Gesamtleistung des Solargenerators ergibt sich dann als Summe der Leistung der Einzelsektionen.

EINGABEN/INPUTS		TEMPERATUR	50,4°C
Zelldaten/Cell Data:		**Sektion/Section**	
Zell Länge/Cell Length [mm]	32,00	I*(sc) [A]	4,740
Zell Breite/Cell Width [mm]	74,00	I*(mp) [A]	4,431
Referenztemperatur/Reference Temperature [°C]	28,00	U*(mp) [V]	56,556
I(sc) bei/at Ø(I) [A]	0,8373	U*(oc) [V]	68,082
I(mp) bei/at Ø(I) [A]	0,7896	V*(T) [V]	3,950
U(mp) bei/at Ø(V) [V]	0,4722	I*(0) [A]	1,55E-07
U(oc) bei/at Ø(V) [V]	0,5589	R*(s) [Ω]	5,35E-01
dI(sc)/dT bei/at Ø(I) [A/°C]	1,10E-03	P*(mp) [W]	243,423
dI(mp)/dT bei/at Ø(I) [A/°C]	7,15E-04	U*(op) [V]	52,500
dV(mp)/dT bei/at Ø(V) [V/°C]	-2,10E-03	I*(op) [A]	4,570
dV(oc)/dT bei/at Ø(V) [V/°C]	-2,10E-03	P*(op) [W]	239,902
Zelle/Cell (Si, GaAs/GaAs, GaAs/Ge, ...)	Si	**Generator**	
Zell-Hersteller/Cell Manufacturer (ASE, ASEC, Spectrolab, Sharp)	ASE	P**(mp) [W]	5.842,1
Zelltyp/Celltype {Format gemäß Blatt "Zell-Kennzeichnung" mit Leertaste davor bzw. bei GaAs _mil/eta% (z.B. Leer 8/18.5%) }	8.02/P/R	U**(mp) [V]	55,217
Equivalent 1MeV-Electron Flux Ø(I)/10^14	4,200	U**(op) [V]	52,500
Equivalent 1MeV-Electron Flux Ø(V)/10^14	4,920	I**(op) [A]	109,670
Sektions-Daten/Section-Data:		P**(op) [W]	5.757,7
Zellen in Serie/Cells in Series [-]	134	**IV-Kurvenpunkte/IV-Curve-Points**	
Zellen parallel/Cells in parallel [-]	6,00	Spannung/Voltage [V]	Strom/Current [A]
Matching Faktor Strom/Matching Factor Current [-]	0,9900	0,00	113,768
Matching Faktor Spannung/Matching Factor Voltage [-]	0,9925	22,00	113,699
Kalibrierungsfaktor Strom/Calibration Current [-]	0,9800	33,00	113,668
Kalibrierungsfaktor Spannung/Calibration Voltage [-]	1,0000	44,00	113,279
R(Zellverbinder/Interconnector) [Ω]	0,0030	55,00	106,208
R(Kabel/Cable) pro Sektion/per Section [Ω]	0,3000	66,00	32,893
Deckglasgewinn/Coverglass Gain [-]	0,9950	68,08	0,00
Dioden parallel pro Sekt./Diodes in parallel per Sect.	0		
Dioden in Serie pro Sekt./Diodes in series per Sect.	0		
Nick-Abweichung/Pitch Deviation [°]	1,00		
Roll-Abweichung/Roll Deviation [°]	1,00		
Jahreszeitpunkt/Saison (VEX,AEX,SS,WS,or intensity; includes ±23,5° for SS & WS))	AEX		
Missionszeitpunkt/Mission Time [a]	12,00		
UV & Mikrometeoroide/UV & Micrometeoroids	0,9700		
Zufällige Ausfälle/Random Failures [-]	0,9861		
Sonstiges/Miscellaneous [-]	1,0000		
Operationsspannung/Operation Voltage U(op) [V]	52,500		
Generatordaten/Generator Data:			
Panel oder Generator Fläche/Panel or Generator Area[m^2]:	48,7315		
Zellfläche Panel oder Gen./Cell Area of Panel or Gen. [m^2]:	45,6929		
Sektionen pro Generator/Sections per Generator	24,00		
Thermische Daten/Thermal Data:			
Fall/Case (w.c./n.c./b.c.)	w.c.		
alpha SCA/Absorptivity SCA:	0,760		
alpha Substrat Front/Absorptivity Frontside Substrate:	0,872		
alpha Substrat Rückseite/Absorptivity Rearside Substrate:	0,878		
epsilon SCA/Emissivity SCA:	0,805		
epsilon Substrat Front/Emissivity Frontside Substrate:	0,805		
epsilon Substrat Rückseite/Emissivity Rearside Substrate:	0,880		
Neigung Panelrückseite-Erdoberfläche/Tiltangle Panelrearside-Earthsurface [°]:	0,0		
Sonnenabstandswinkel delta/angle Sun-Center of Earth-Satellite [°]:	0,0		
Substratdicke/Substrate Thickness [m]:	0,024		

Abbildung 7-14 Leistung eines flügelförmigen Solargenerators im Herbst-Äquinoktium nach 12 Jahren auf geostationärer Bahn

Ein Beispiel für den Fall eines starren, flächigen Solargenerators auf geostationärer Bahn ist in Abbildung 7-14 gezeigt. Hier ist die Leistung des Solargenerators zu einem bestimmten Zeitpunkt der Mission (Sommersolstitium, Zeitpunkt 12 Jahre nach Operationsbeginn) berechnet. Die generatorspezifischen Daten und die getroffenen Annahmen bzgl. der Degradationsfaktoren gehen aus dem Eingabe-Datenblock (erste und zweite Spalte) hervor. Die charakteristischen Sektionsdaten sowie die elektrischen Generatorwerte zum genannten Zeitpunkt finden sich in der dritten und vierten Spalte. Außerdem sind die IV- sowie die PV-Charakteristik ausgedruckt.

Entsprechend läßt sich für jeden Zeitpunkt der Mission die verfügbare Leistung berechnen. Dazu müssen nur einige Degradationsfaktoren zeitabhängig gestaltet werden.

- Die äquivalenten 1MeV-Elektronenflüsse von den Transferorbits und am Operationsort des Satelliten müssen getrennt berechnet werden. Während der äquivalente 1MeV-Elektronenfluß der Transferorbits bereits zum Zeitpunkt 0 zu berücksichtigen ist, wird der äquivalente 1MeV-Elektronenfluß am Operationsort inklusive der Flareanteile zeitlich linear addiert.

- Ebenfalls als zeitlich lineare Degradation betrachtet man die UV- und Mikrometeoriten-Degradation sowie die zufälligen Zellausfälle.

- Aus Gleichung (7.6) ist für jeden Tag beginnend mit dem Perigäumsdurchgang der Erde am 3. Januar der Perigäumsabstandswinkel φ zu berechnen (mit $a=149{,}6\cdot10^6$km, $\varepsilon=0{,}016723$) und damit aus Gleichung (7.5) der zugehörige Sonnenabstand r. Die relative Sonnenintensität zum Zeitpunkt t errechnet sich dann aus dem Quadrat des Sonnenabstands zum Zeitpunkt t zum Quadrat des mittleren Sonnenabstands.

- Der Inklinationswinkel der Sonne zum Zeitpunkt t errechnet sich aus folgender Formel:

$$i=\mathrm{arctg}(\mathrm{tg}(23{,}5°)\cdot\cos(\varphi+12/365)) \qquad (7.96)$$

(φ aus (7.6)). Man erhält dann eine Leistungs-Zeit-Kurve, wie sie für einen Solargenerator auf geostationärer Bahn in Abbildung 7-15 dargestellt ist. Diese Darstellung eignet sich besonders für den Vergleich der berechneten Leistung zu der im Orbit tatsächlich gemessenen. Abbildung 7-16 gibt die gemessene Leistung des Eutelsat 2 Solargenerators über einen Zeitraum von 6 Jahren im Vergleich zu den berechneten Leistungen wieder. Man erkennt, daß die Solargeneratorleistung weniger stark degradiert als angenommen, jedoch auch einen unvorhergesehenen Abschattungseffekt im Sommersolstitium, der aber durch die „worst case"-Rechnung abgedeckt ist.

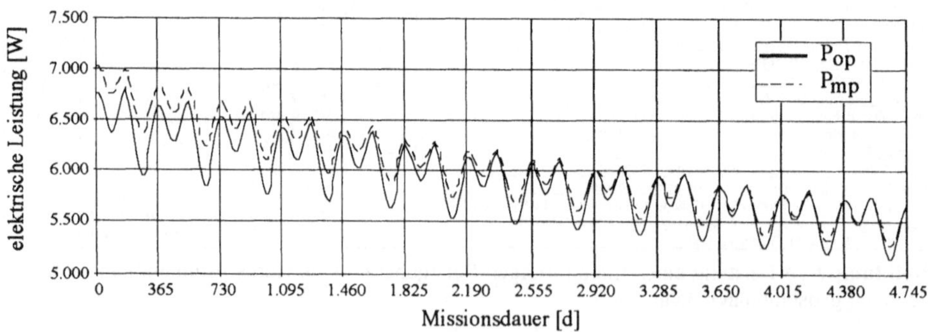

Abbildung 7-15 Zeitlicher Verlauf des Leistungsangebots eines flügelförmigen Solargenerators auf geostationärer Bahn

Satellitenmontierte Solargeneratoren sind meist zylinderförmig. Sie sind i.a. aus Einzelstrings aufgebaut, die in achsialer Richtung auf dem Zylinder angeordnet sind. Durch geeignete Wahl der Zellmaße entspricht die Stringlänge (Anzahl der Zellen in Serie) der erforderlichen Spannung. An Panelausbrüchen (sog. cut-outs) kann die Zell-Länge entsprechend angepaßt werden. Man bekommt dann Strings mit gleicher Zellenanzahl aber mit unterschiedlichen Zellmaßen. Die Einzelstrings werden meist über Dioden auf einen gemeinsamen Bus geführt, so daß die verfügbare Leistung der Summe der Leistung der Einzelstrings bei der Operationsspannung V_{op} ist.

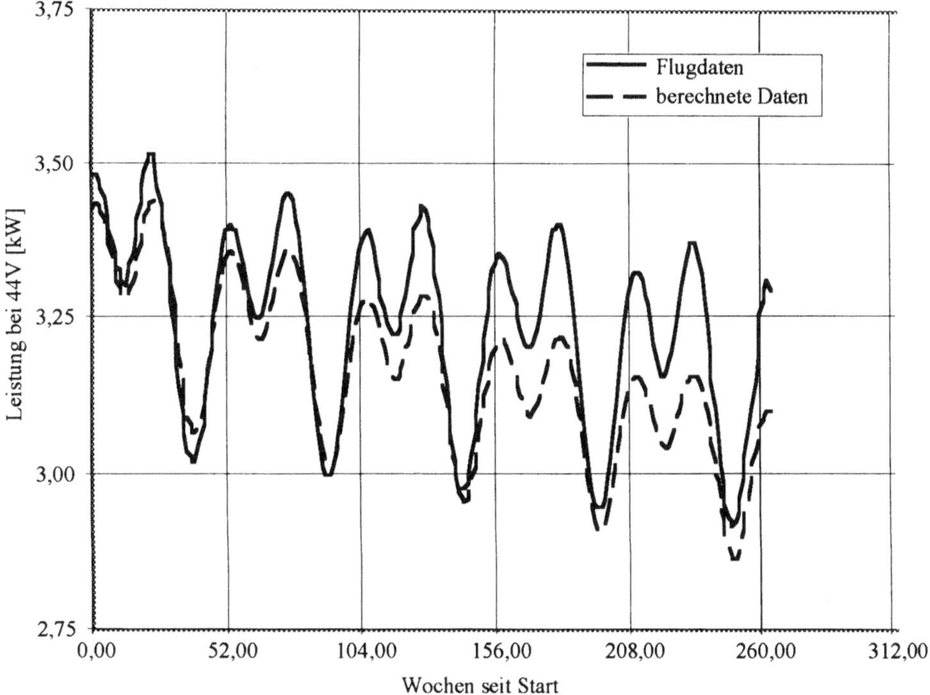

Abbildung 7-16 Vergleich der gemessenen Solargeneratorleistung des Eutelsat 2 Satelliten mit der für den ungünstigsten Fall berechneten

Bei der Leistungsberechnung für satellitenmontierte Solargeneratoren wird grundsätzlich dasselbe Verfahren wie bei nachgeführten Solargeneratoren angewandt. Jedoch ist folgendes zu beachten:

- Die Temperatur wird bei sich schnell drehenden Satelliten (typisch 60 U/min) als konstant über den gesamten Solargenerator betrachtet. Sie berechnet sich in erster Näherung nach Kapitel 7.3.1 mit $B=B_0/\pi$, $\varepsilon_R=0$ und $\alpha_R=0$. Dient der Solargenerator zur passiven Thermalkontrolle, so ist die abgeführte elektrische Leistung entsprechend zu reduzieren.

- Die Strings sind von einem beliebigen Nullpunkt aus in Spinrichtung des Satelliten zu zählen. D(I,P) in Gleichung (7.86) ist dann für jeden String nach (7.69) zu berechnen mit γ = Positionswinkel ϑ_i des Strings plus Drehwinkel ω des Satelliten gegenüber dem gewählten Nullpunkt. Der Positionswinkel bezieht sich i.a. auf die Stringmitte. Für $90°\leq\gamma\leq270°$ ist D(I,P) = 0.

- In Gleichung (7.87) ist noch ein Faktor D(V,B) zu berücksichtigen, der die Abnahme der Spannung mit abnehmender Lichtintensität bei streifendem Lichteinfall (γ>80°) nach Gleichung (3.60) für V_{oc} bzw. (3.60) und (3.57) für V_{mp} berücksichtigt.

- Die Leistung des Solargenerators in der Satellitenposition ω ist dann die Summe der Leistung der n Einzelstrings bei der Operationsspannung V_{op}.

$$P(\omega) = \sum_{i=1}^{n} V_{op} \cdot I_{op}(i) \tag{7.97}$$

Durch Variation von ω von 0° bis 360° bekommt man die Leistungsschwankung (Ripple) des Solargenerators während einer Umdrehung (Abbildung 7-17).

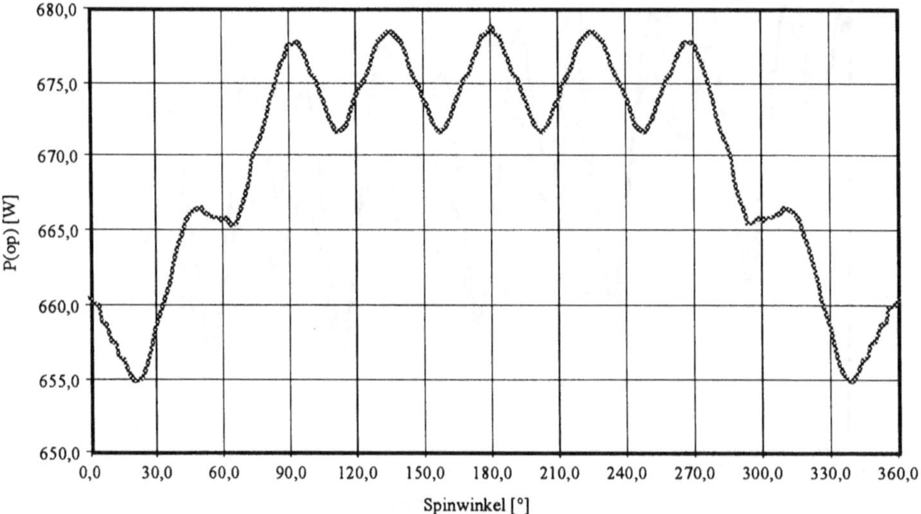

Abbildung 7-17 Leistungsschwankung eines spinnenden Solargenerators während einer Umdrehung

Um die errechnete Leistung eines Solargenerators zu gewährleisten müssen sogenannte Abnahmekriterien erfüllt werden. Diese Abnahmekriterien beziehen sich i.a. auf die einzelnen Sektionen des Solargenerators und berücksichtigen die mittlere Stromklasse der Sektion, die Temperaturkoeffizienten für die Spannung für die unbestrahlte Zelle, die Matchingverluste, die Meßunsicherheit, den Deckglasgewinn/-verlust, den Widerstand der Zellverbinder, die Diodenverluste und den Kabelwiderstand. Damit lassen sich für jede Sektion Kriterien ermitteln, die bei der Abnahmeprüfung erfüllt werden müssen, um die berechnete Leistung zu gewährleisten. Tabelle 7-2 gibt beispielhafte Faktoren an, die für die wichtigsten Fälle maßgebend sind.

Tabelle 7-2 Zu berücksichtigende Faktoren für die Berechnung der Solargenerator-Leistung zu bestimmten Missionsphasen

Parameter	Symbol	Ab-nahme	BOM-b.c.	BOM-n.c.	BOM-w.c.	EOM-b.c.	EOM-n.c.	EOM-w.c.
Kalibrierung	$D(I,C)$	0,98	1,02	1	0,98	1,02	1	0,98
	$D(V,C)$	0,99	1,01	1	0,99	1,01	1	0,99
Mismatch	$D(I,M)$	0,99	1	1	0,99	1	1	0,99
	$D(V,M)$	0,99	1	1	0,99	1	1	0,99
Deckglas	$D(I,G)$	0,99	1	0,99	0,99	1	0,99	0,99
Zellverbinder	R_{Verb}	3mΩ	3mΩ	3mΩ	3mΩ	3mΩ	3mΩ	3mΩ
Kabel	R_{Kabel}	$R(S,T_o)$	$R(T-\Delta T)$	$R(T)$	$R(T+\Delta T)$	$R(T-\Delta T)$	$R(T)$	$R(T+\Delta T)$
Dioden	s, p	z(s,p)	z(s,p)	z(s,p)	z(s,p)	z(s,p)	z(s,p)	z(s,p)
Nickab-weichung	$D(I,P)$	1	1	1	$\cos(\varphi)$	1	1	$\cos(\varphi)$
Rollab-weichung	$D(I,R)$	1	1	$\cos(\delta)$	↓	1	$\cos(\delta)$	↓
Sonnenein-strahlwinkel	$D(I,R)$	1	1	1	$\cos(\delta+i)$	1	1	$\cos(\delta+i)$
Sonnen-intensität	$D(I,B)$	AM0	VEX	AEX	SS	VEX	AEX	SS
UV/MM	$D(I,U)$	-	1	1	1	0,2%/a	0,2%/a	0,2%/a
Zuverlässig-keit	$D(I,Z)$	-	1	1	0,98	1	1	0,98
äquiv.Teil-chenfluß Transfer Orb.	$\Phi_{TF}(I)$ $\Phi_{TF}(V)$	-	R(I, $\Phi_{TF}(I)$); R(I, $\Phi_{TF}(V)$)					
äquiv.Teil-chenfluß Missionsdauer	$\Phi_t(I)$ $\Phi_t(I)$	-				R(I, $\Phi_{TF}(I)$+ $\Phi_t(I)$) R(V, $\Phi_{TF}(V)$+ $\Phi_t(V)$)		
Operations-Temperatur	T	T_0	T- ΔT	T	T+ΔT	T- ΔT	T	T+ΔT

8 Ausführung von Solargeneratoren

Bei den Solargeneratoren unterscheidet man entfaltbare Solarflügel und satellitenmontierte (bodymounted) Panels. Während man früher überwiegend satellitenmontierte Solargeneratoren auf meist spinnenden Satelliten flog, hat der wachsende Energiebedarf heutiger Satelliten den Übergang zu entfaltbaren Solargeneratoren beschleunigt.

Satellitenmontierte Solargeneratoren brauchen keine aufwendigen Mechanismen, sind leicht zu montieren, ihre Eigenfrequenzen sind meist unkritisch (insbesondere bei zylindrischen Panels) und ihre Operationstemperatur i.a. wesentlich niedriger als die von Solarflügeln. Nachteilig ist die begrenzte Fläche und der Umstand, daß nur ein Bruchteil ($\sim 1/\pi$) der installierten Leistung nutzbar ist.

Solarflügel sind leistungsmäßig so gut wie nicht begrenzt insbesondere weil sie über einen "Solar Array Drive Mechanism" (SADM) weitgehendst immer auf die Sonne ausgerichtet werden können. Nachteilig sind die aufwendigen Mechanismen die für die Verstauung während der Startphase und bei der Entfaltung im Orbit erforderlich sind sowie die Abstimmung der Eigenfrequenzen im ge- und entfalteten Zustand.

8.1 Aufbau von entfaltbaren Solargeneratoren

Bei entfaltbaren Solargeneratoren unterscheidet man starre und flexible Systeme. Starre Solargeneratoren besitzen ein selbsttragendes Substrat das beim Start an einzelnen Niederhaltepunkten am Satelliten fixiert ist. Flexible Solargeneratoren benötigen sowohl beim Start wie nach der Entfaltung unterstützende Maßnahmen. Dies sind Spezialbehälter, in die das flexible Substrat entweder eingefaltet oder aufgerollt ist und mit Deckeln oder Trommeln fixiert wird. Für die Entfaltung und Formbeständigkeit im Orbit sorgen dann entfalt- und selbstversteifbare Rohre oder Masten, die durch eine Art Memory Effekt ausreichende Steifigkeiten entwickeln und auf das Substrat übertragen.

8.1.1 Starre Systeme

Ein starrer, entfaltbarer Solargenerator besteht typisch aus

- mehreren Solarpanels, das sind Substrate auf die die Solarzellenmodule und die Panelverkabelung montiert sind,
- einem Joch, mit dem der Solargeneratorflügel an den SADM montiert ist und das die Panels soweit vom Satellitenkörper entfernt hält, daß keine unerwünschten Kopplungen (Reflexionen, Abschattungen, …) entstehen,
- dem Niederhalt- und Freigabemechanismus,
- dem Entfalt- und Verriegelungs-, eventuell auch Wiedereinfalt-Mechanismus,
- dem Kabelbaum,
- Sensoren, Indikatoren, Meßfühlern, …

Der Entfaltungsablauf eines typischen 5-Panel Solarflügels ist in Abbildung 8-1 skizziert. Die Einzelbausteine werden im folgenden beschrieben.

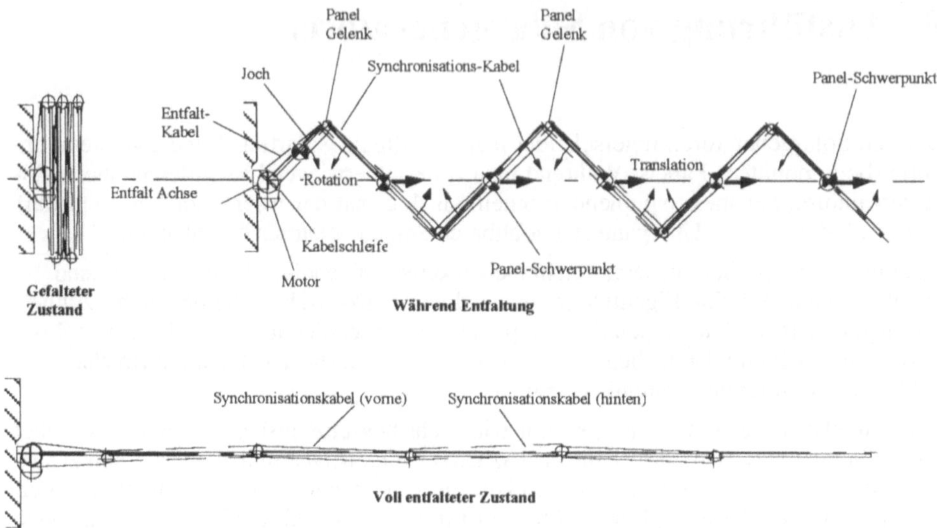

Abbildung 8-1 Typische Entfaltsequenz eines 5-Panel-Solargeneratorflügels

Die Grundstruktur der Solarpanels ist eine Sandwich Struktur mit einem perforierten Al-Honigwaben-Kern und hochfesten kohlefaserverstärkten Epoxyharz-Deckhäuten (in USA wird häufig auch Kevlar™-verstärktes Epoxyharz verwendet. Kevlar™ ist eine organische Faser aus aromatischem Polyamid). Die Deckhäute werden entweder aus Prepregs oder in einem Heizwickelprozeß hergestellt und berücksichtigen in ihrem Aufbau bereits die Richtungen maximaler Zugspannungen. Typische Substratdicken sind 20mm bzw. 25mm. Ein Standard-Substrat ist in Abbildung 8-2 dargestellt.

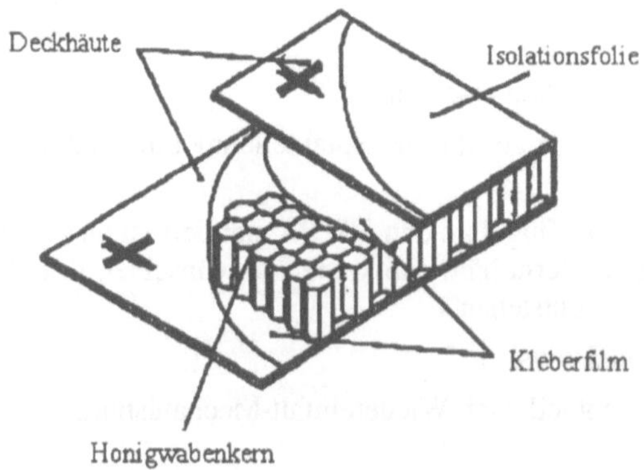

Abbildung 8-2 Aufbau eines Standard-Substrats (Zeichnung DSS)

An besonders kritischen Stellen werden noch zusätzliche Gewebe (Doppler) aufgebracht, um die Anforderungen bzgl. Steifigkeit und Eigenfrequenz mit einem Minimum an Gewicht erfüllen zu können. Die Niederhaltepunkte, durch die die Panels en bloc während des Starts an der Satellitenwand fixiert sind, bestehen aus einem Kohlefaserblock in die eine Buchse, durch die der Niederhaltestift geführt wird, eingelassen ist. Um den Niederhalteblock herum sind die Deckhäute verstärkt und der Honigwaben-Kern dichter (Abbildung 8-3). Kleinere Niederhalteblöcke bzw. Gewinde-Inserts werden für die Fixierung von Kabelsteckern oder Kabelniederhaltern benutzt.

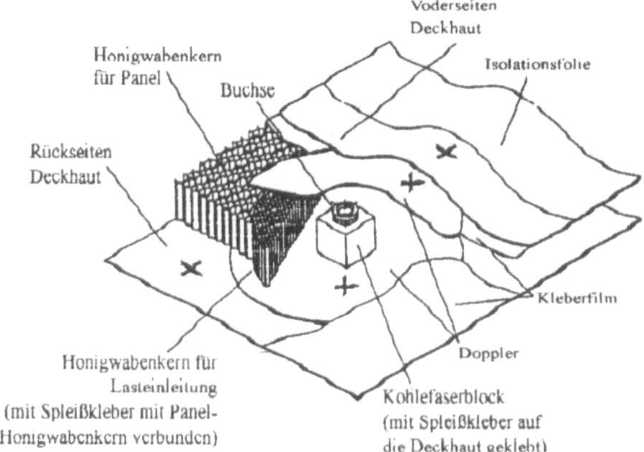

Abbildung 8-3 Aufbau eines Lasteinleitungselements an einem Niederhaltepunkt (Zeichnung DSS)

Die Lasteinleitung zu den Panelgelenken, die i.a. an den Panelecken angebracht sind, ist in Abbildung 8-4 dargestellt. Zwei u-förmige kohlefaserverstärkte Kunststoff-Profile mit Kohlefaserblöcken an ihren Enden sind in die Panelecken eingelassen und in verstärkte Deckhäute eingebettet. Häufig sind auch die Panelkanten durch ein u-Profil gegen Beschädigungen geschützt (Kantenprofil).

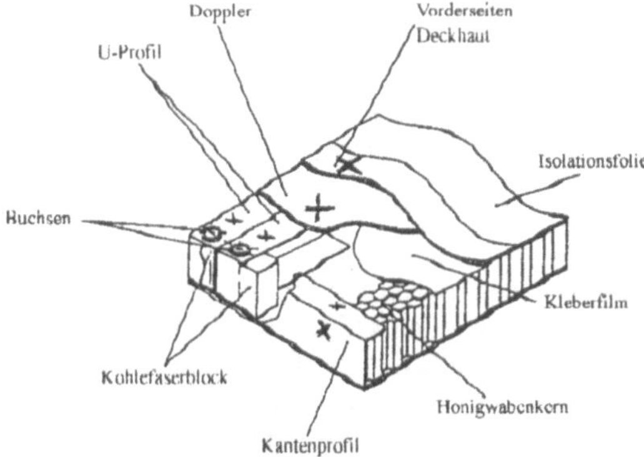

Abbildung 8-4 Aufbau eines Lasteinleitungselements an den Panelgelenken (Zeichnung DSS)

Für leitende Deckhäute aus Aluminium oder CFC ist eine Isolationsfolie erforderlich, die die Solarzellenmodule von der elektrisch auf Masse (-) gelegten Panelstruktur isoliert. Dazu wird bevorzugt eine Kunststoff-Folie aus Polyimid (Kapton™ oder Tedlar™) hergenommen, die entweder in einem Schritt zusammen mit den anderen Komponenten "naß" verklebt, oder in einem separaten Schritt mit einer eigenen Epoxy-Klebeschicht auf die obere Deckhaut geklebt wird. Letztere Technik reduziert das Risiko, daß einzelne Kohlefasern die Isolationsfolie durchstechen und punktuell Kurzschlüsse erzeugen.

Das Joch, das die Verbindung SADM - Solarpanels herstellt, besteht i.a. aus Hohlprofilen entweder aus Kohlefaser verstärktem Epoxy-Harz oder Leichtmetallen (Ti, Al, Mg). Aufgrund seiner Länge und Masse (zusätzlich zu den auf dem Joch zusammenlaufenden Kabelbäumen sitzt häufig auch noch der Shunt-Regler auf dem Joch!) muß das Joch ebenso wie die Panelstrukturen in der Startkonfiguration an der Satellitenwand fixiert werden. Dazu werden an geeigneten Stellen des Jochs Niederhaltebuchsen gesetzt, die entsprechende Partner auf den Panels haben, so daß sie ein gemeinsamer Niederhalter fixiert.

Die Panels und das Joch sind über Gelenke miteinander verbunden, die eine Drehung von 180° erlauben. Das Gelenk zwischen Joch und SADM erlaubt eine Drehung von 90°. Das Drehmoment für die Entfaltung des Flügels wird entweder durch vorgespannte Federn erzeugt, die in die Gelenke integriert sind (Abbildung 8-5), oder durch einen Entfaltungsmotor, der über Seilzüge das Drehmoment auf die Gelenke überträgt. Bei einer Kombination von beiden Verfahren wird das Drehmoment von Spiralfedern in den Gelenken erzeugt, während die Entfaltgeschwindigkeit durch den Entfaltmotor kontrolliert wird (Motor wirkt als Bremse und als Back-up für die Entfaltung). In der Entfaltposition rasten die Gelenke ein. Eine Justiermöglichkeit an jedem Gelenk garantiert die exakte Ausrichtung des Flügels. Durch gewollte Schieflage des SADM-Gelenks kann man z.B. den Leistungsabfall geostationärer Satelliten während des Sommersolstitiums reduzieren.

Abbildung 8-5
Panelgelenk mit integrierter Spiralfeder (Photo DSS)

Der Motor überträgt sein Drehmoment über eine Art Keilriemen meist auf das SADM-Gelenk. Die Gelenke sind über geschlossene Seilzüge (closed cable loops) synchronisiert. Dadurch wird eine gleichmäßige Entfaltung und ein minimaler Einrastschock gewährleistet. Die geschlossenen Seilzüge sind es auch, die das Brems- bzw. Entfaltmoment des Motors auf die Gelenke übertragen. Bei entfalt- und wiedereinfaltbaren Solargeneratoren spielen die geschlossenen Seilzüge die entscheidende Rolle, sind sie doch außer für die Übertragung und Minimierung der Drehmomente auch für die Ver- und Entriegelung der Gelenke verantwortlich. Das Prinzip des geschlossenen Seilzugsystems ist in Abbildung 8-6 skizziert.

Das Niederhalte- und Entriegelungssystem besteht aus mehreren Niederhaltern, die den gefalteten Solargeneratorflügel während des Raketenaufstiegs gegen die Satellitenwand pressen. Jeder Niederhalter besteht aus einem Gehäuse mit pyrotechnischem Seil- oder Bolzenschneider, das an der Satellitenwand befestigt ist, einem Niederhalteseil oder

-bolzen aus Titan, und Titanbuchsen auf jedem Panel die so angeordnet sind, daß im gefalteten Zustand ein Kanal gebildet wird, durch den das Niedehalteseil oder der Niederhaltebolzen gesteckt wird und im Niederhaltegehäuse einrastet. Der Niederhalter wird dann vom äußeren Panel aus durch Schraubung auf die erforderliche Vorspannung gebracht. Die Entriegelung im Orbit erfolgt durch Zünden der Seil- oder Bolzenschneider in festgelegter Folge (je nach Bedarf zusammen, paarweise oder einzeln). Da das Nichtöffnen nur eines Niederhalters den gesamten Flügel zurückhalten würde (wie bei TV-Sat 1 passiert), sind die pyrotechnischen Schneider redundant ausgeführt.

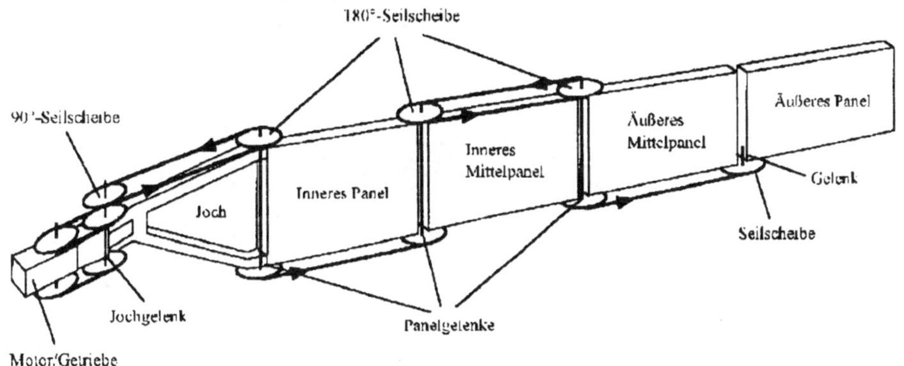

Abbildung 8-6 Prinzip des geschlossenen Seilzugsystems (Closed Cable Loop)

Nach der Entriegelung entfaltet der Flügel entweder selbsttätig oder durch Initiierung des Entfaltmotors. Der auf der Satellitenwandseite gekappte Niederhaltestift bzw. das -kabel bleibt auf dem äußeren Panel und muß während der Entfaltung ungehindert die Buchsen der inneren Panel passieren können. Dies wird durch drehbare Aufhängung des Bolzens und entsprechende Formgebung der Buchsen gewährleistet. Eine typische Entfaltungsdauer beträgt 120sec. Die erfolgreiche Entfaltung wird durch Einrastsignale für jede Gelenkachse angezeigt. Abbildung 8-7 zeigt einen Solargeneratorflügel für den Kommunikationssatelliten Intelsat V als typisches Beispiel für einen starren, entfaltbaren Solargenerator.

Abbildung 8-7 Entfalteter Solargeneratorflügel für den Intelsat V Kommunikationssatelliten
(Photo DSS)

8.1.2 Flexible Systeme

Bei den flexiblen Systemen unterscheidet man aufrollbare Solargeneratoren und faltbare
Solargeneratoren. Bei den aufrollbaren Solargeneratoren wird das flexible Substrat mit
den Solarzellen auf eine Trommel gewickelt und im Orbit wie eine Sonnen-Markise
abgerollt. Bei den faltbaren, flexiblen Solargeneratoren werden die Substratflächen wie
der Balg einer Ziehharmonika gefaltet und entfaltet.

Die Entfaltung und Stabilisierung der flexiblen Substrate erfolgt durch entfalt- und ver-
steifbare Strukturen. Für die roll-out Systeme haben sich dabei sog. STEM′s (storable
tubular extendible member) bewährt, während für die fold-out Systeme gitterförmige
Masten (deployable, continuous or articulated longeron mast) bevorzugt Verwendung
finden.

Der Gitter-Mast (Hersteller: AEC-Able Engineering, ASTRO) ist ein Dreikantmast aus
Glasfaser-verstärktem Epoxyharz, dessen Längsstäbe im entfalteten Zustand durch
Querleisten und Diagonalverspannungen stabilisiert und auf Abstand gehalten werden
(Abbildung 8-8). Die dreieckig angeordneten Querleisten sind fest mit den Längsstäben
verbunden und besitzen an den Verbindungsstellen eine nach außen stehende Führungs-
rolle. Der Mast steht in einem zweiteiligen Zylinder, in dem er verstaut und durch den er
auch entfaltet wird. Der äußere Teil des Zylinders ist drehbar. Er wird durch einen Motor

angetrieben. Der obere Teil des Außenzylinders hat innen ein Dreifachgewinde, das die Führungsrollen der Querleisten aufnimmt und in den Zylinder preßt. Damit sich der Mast nicht mit dem Außenzylinder dreht ist der innere Zylinder fest. Er besitzt im oberen Teil 3 um 120° versetzte, senkrechte Nuten, die eine Drehung der Führungsrollen der Querleisten bei der Einfaltung verhindern. Eine Stauchung des Masts im unteren Teil des Zylinders wird dadurch vermieden, daß der Mast in einer Übergangszone durch den Außenzylinder verdreht wird und sich dadurch die Längsstäbe des Masts an die Innenwand des Außenzylinders schmiegen. So kann der gesamte Mast in den Zylinder gefaltet werden. Die Entfaltung erfolgt dann einfach durch entgegengesetzte Drehung des Zylinders. Die Dehnung/Stauchung der Längsstäbe durch den Faltvorgang beträgt lediglich 1,5% und ist voll reversibel.

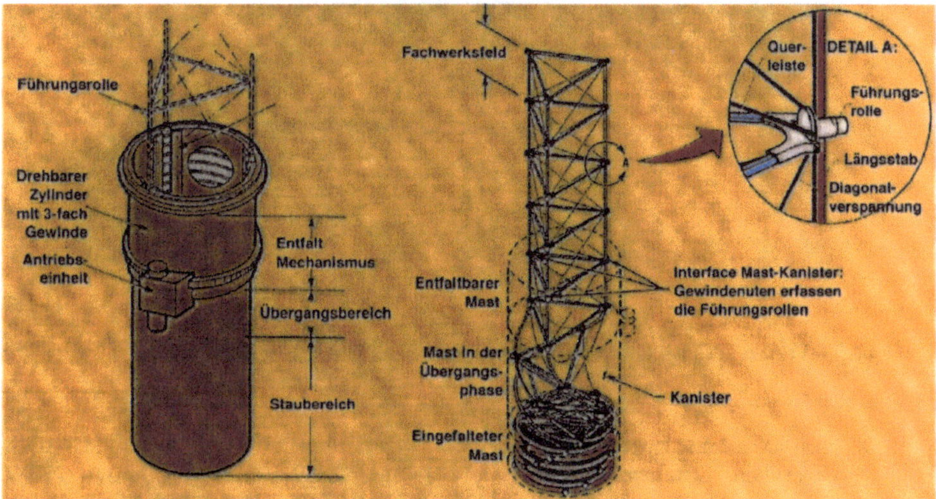

Abbildung 8-8 Prinzip eines entfaltbaren Gittermasts (Lit. 8.2)

STEM´s beruhen auf demselben Prinzip wie ein metallisches Maßband, das sich beim Ausziehen selbst versteift, indem es sich senkrecht zur Ausziehrichtung zu einer Rinne verformt. Bei hinreichender Vorspannung und Wegfall einer Querversteifung am Anfang rollt sich ein Maßband beim Ausziehen zu einem Rohr auf, dessen Steifigkeit vom Material, der Materialdicke und dem Rohrradius abhängt. Damit wurde aus dem Maßband ein STEM. Solcherart geformte STEM´s bilden kein geschlossenes Rohr sondern besitzen überlappende Seiten oder einen Längsschlitz. Überlappende STEM´s sind sehr torsionsempfindlich, geschlitzte STEM´s weniger steif und thermisch anisotrop. Daher werden für ausrollbare Solargeneratoren bevorzugt Bi-STEM´s benutzt, die aus 2 ineinander geschachtelten Einzel-STEM´s bestehen (Abbildung 8-9). Bi-STEM´s sind torsionssteifer und weniger empfindlich gegen einseitige Sonnenbestrahlung wie Einzel-STEM´s.

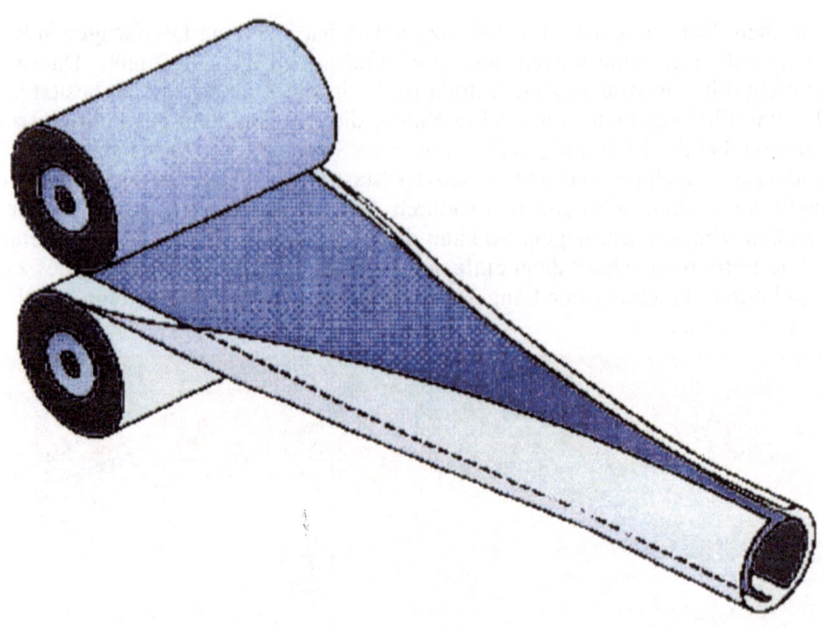

Abbildung 8-9 Prinzip des Bi-STEM Auslegers (Lit. 8.9)

Acht faltbare flexible Solargeneratorflügel sind für die internationale Weltraumstation "Alpha" vorgesehen. Zusammen sollen sie über einen Zeitraum von 4 Jahren 75kW mittlere elektrische Leistung liefern. Ausgelegt ist jeder Flügel für eine AM0-Leistung von 23,5kW und eine Operationszeit von 15 Jahren auf einer 300 bis 500km-Bahn der Inklination 28,5°. Eine solche Bahn ist gekennzeichnet durch ca. 1.021 Sauerstoffatome pro cm^2 und 87.000 Thermalzyklen zwischen +110°C und -110°C über den genannten Zeitraum. Ein "Alpha" - Solargeneratorflügel besteht aus 2 Laken aus Polyimid (Kapton™) der Maße 4,3m x 32,6m, zwischen denen sich ein entfalt- und wiedereinfalt- barer Gittermast des Trommeldurchmessers 81,3cm befindet (Abbildung 8-10). Jedes Laken ist in einen eigenen Behälter gefaltet, dessen Deckel für den erforderlichen Stau- druck sorgt und , weil an der Mastspitze montiert, das Laken und die Führungsseile ent- faltet (Abbildung 8-11). Die Entriegelung für die Entfaltung wie auch die Verriegelung nach der Wiedereinfaltung erfolgt durch einen Motorantrieb, der in jedem Behälter unter- gebracht ist. Die Entfaltung der Laken erfolgt durch den Mast. Nach vollständiger Ent- faltung spannt der Mast jedes Laken mit einer Kraft von 333N und ermöglicht so eine Eigenfrequenz von mehr als 0,1Hz im entfalteten Zustand. Jedes Laken besteht aus 82 mit Solarzellen belegten Panels und 2 Hilfspanels, die mit je einem Klavierband-Gelenk verbunden sind. Die Panels sind seitlich versteift und mit kleinen Blattfedern versehen um, in Kombination mit den Führungsseilen, eine saubere Wiedereinfaltung zu gewähr- leisten. Das Kaptonsubstrat ist als gedruckte Schaltung ausgeführt. Die Kupferleiter wer- den für die Verschaltung der Solarzellen und für die Übertragung der elektrischen Lei- stung an den seitlich geführten Flach-Kabelbaum benötigt. Um die Solarzellen mit den integrierten Kupferverbindern verschalten zu können, haben die Solarzellen Plus- und Minus-Kontakt auf der Rückseite. Dies konnte dadurch erreicht werden, daß der Vorderseitenkontakt durch Löcher oder Schlitze auf die Rückseite durchkontaktiert wurde (wrap-through contacts) und die Zell-Rückseite eine Gridstruktur aufweist. Die Solarzellen sind 80mm x 80mm Si-Zellen der Dicke 200µm und sind mit einem 125µm dicken Deckglas bedeckt. Ein Modul besteht aus 400 Zellen in Serie, die sich auf 2 Panels verteilen (4 Strings à 50 Zellen pro Panel). Die Operationsspannung ist 160V.

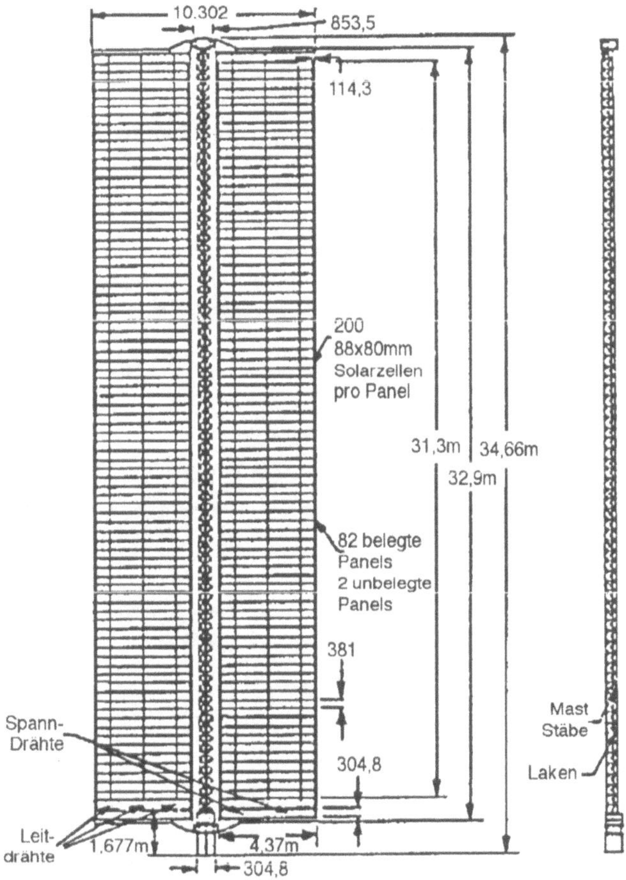

Abbildung 8-10 Solargeneratorflügel für die Raumstation „Alpha" (Lit. 8.6)

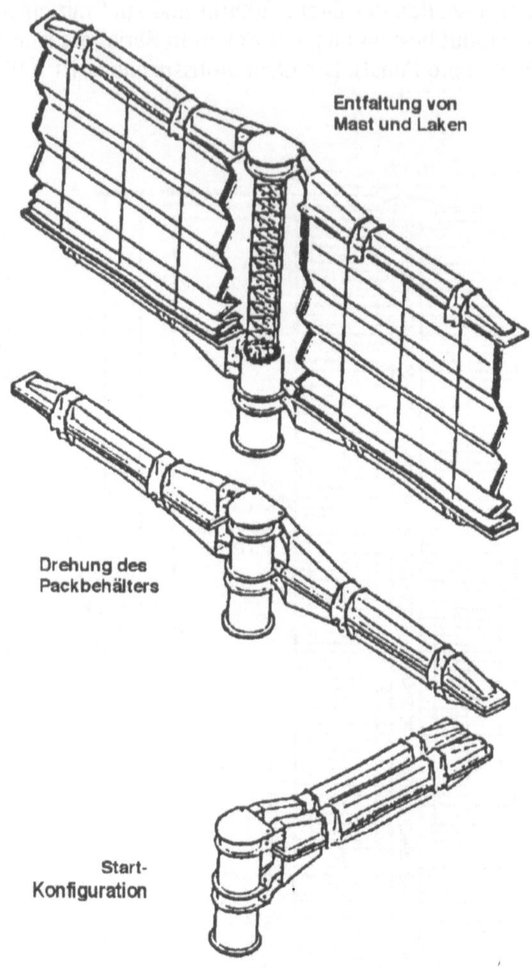

Abbildung 8-11 Entfaltschritte für den „Alpha"-Solargenerator (Lit. 8.6)

Qualifiziert wurde dieser Solargeneratortyp mit dem 12,5kW Solar Array Flight Experiment (SAFE-Array), das am 2. September 1984 von einem Shuttle aus erfolgreich entfaltet und wieder eingefaltet wurde (Abbildung 8-12).

Abbildung 8-12 Lockheed's Solar Array Flight Experiment (NASA-Photo, Lit. 8.6)

Der bis dahin größte aufrollbare flexible Solargenerator wurde für das Hubble Space Telescope (HST) entwickelt (Start am 24.4.1990). Der Solargenerator bestand aus zwei in H-Form angeordneten Doppel-Flügeln. Die Entfaltung und Wiedereinfaltung erfolgte durch jeweils 2 Bi-STEM-Paare, die an den Enden der Trommel montiert waren. Das äußere STEM hatte einen Durchmesser von 21,7mm und einen Schlitz von 1,5mm und wurde geformt von einem 63,5mm breiten Band aus rostfreiem Stahl der Dicke 125µm. Zwei Bi-STEM´s waren in einer Kassette untergebracht und erlaubten die Entfaltung von 2 auf einer Trommel aufgerollten, flexiblen Laken in entgegengesetzte Richtungen (Abbildung 8-13).

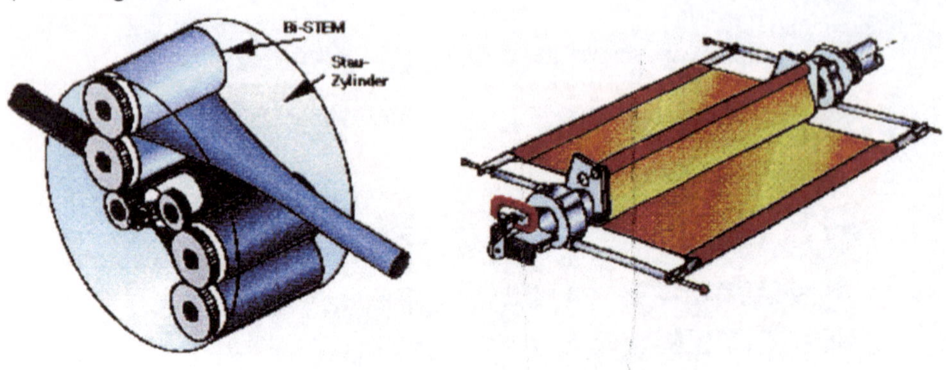

Abbildung 8-13 2 Bi-STEM´s werden in entgegengesetzte Richtungen ausgefahren (Lit. 8.9)

In der Start-Konfiguration waren je 2 Laken der Maße 6,45m x 2,38m mit geprägten Kapton-Zwischenlagen unter Zugspannung auf eine Trommel des Durchmessers 20cm aufgerollt. Die Trommeln waren an jeweils 2 Niederhaltpunkten und dem Solar Array Drive Adapter (SADA) am Hubble Space Telescope befestigt. Der SADA erlaubte auch die Montage und Demontage eines ganzen Flügels im Orbit. Die Entfaltung des Solargenerators im Orbit erfolgte in 2 Schritten: Zunächst wurden nach Freigabe der Niederhalter die beiden Trommeln mit dem Primary Deployment Mechanism (PDM) um 90° in die SADM-Achse geschwenkt und dann mittels des Secondary Deployment Mechanism (SDM) die Laken ausgerollt. Mit dem Solar Array Drive Mechanism (SADM) wurden die elektrische Leistung und die Signale in das HST übertragen und die Flügel mit einer Genauigkeit von ±3,5° der Sonne nachgeführt. Der Nachführ-Winkelbereich betrug lediglich 340°, so daß ein flexibler Kabelbaum statt Schleifkontakten angewandt werden konnte. Im entfalteten Zustand waren die Laken gespannt. Diese Spannung wurde auch bei Temperaturänderungen durch Nachdrehung der Trommel aufrechterhalten.

48.760 10Ωcm BSFR-Si-Zellen der Dimension 20,8mm x 40,2mm x 0,250mm erzeugten über 5kW elektrische Leistung bei 34V. Jedes der 4 Laken bestand aus 5 identischen Solar Panel Assemblies (SPA) der Maße 2,38m x 1,08m. Auf jedem SPA befanden sich 2 identische Module mit 106 Zellen in Serie und 8 parallel sowie ein Modul mit 106 Zellen in Serie und 7 parallel. Die Zellverbinder bestanden aus 15µm Mo mit 5µm Ag Bedampfung, die Deckgläser waren 150µm dick. Jeweils 14, 15 oder 16 Zellreihen waren mit Bypass-Flachdioden überbrückt um Hot-Spots durch Abschattung zu verhindern. Das Substrat bestand aus 2 Glasfaser verstärkten Kapton Lagen die in Sandwichform ein Silbernetz umschlossen, das die elektrische Leistung der SPA´s zu den seitlich laufenden Flachkabelbäumen leitete. Das Substrat war 210µm dick.

Abbildung 8-14 ist ein Photo des Hubble Space Telescopes mit den entfalteten Solargeneratorflügeln kurz vor dem Austausch des Solargenerators im Dezember 1993. Ein Flügel wurde wiedereingefaltet und sicher zur Erde gebracht. Die Post-Flight Untersuchungen bei der Europäischen Raumfahrt Behörde ESA brachten interessante Erkenntnisse bzgl. Mikrometeoriten-Schädigung, Wirkung des atomaren Sauerstoffs, Zell-/Deckglas-Schädigungen etc. (Lit. 8.10).

Abbildung 8-14 Hubble Space Telescope mit Double-Roll-out Solargenerator (ESA-Photo)

8.2   Satellitenmontierte Solargeneratoren

Je nach Ausführung des Satellitenkörpers, unterscheidet man flache oder gewölbte Panels. Flache Panels können Quadrate, Rechtecke, Dreiecke oder Vielecke sein, gewölbte Panels Zylinder- oder Kegelmäntel, sphärische Schalen oder Segmente davon. Flache, satellitenmontierte Solargeneratoren wurden vor allem in den ersten Jahren der Raumfahrt häufig verwendet und spielen heute noch bei Satelliten mit geringeren Leistungsanforderungen (sog. Mini-Sat's) eine Rolle. Von den gewölbten Panels prägten die zylinderförmigen eine ganze Satellitenfamilie, die spinstabilisierten Kommunikationssatelliten auf geostationärer Bahn. Ihre Spinachse liegt in N-S-Richtung so daß der Satellit quasi um die Erde "rollt". Ohne daß der Solargenerator speziell ausgerichtet werden muß, wird stets die halbe Zylinder-Oberfläche von der Sonne beschienen. Zwar benötigt der Solargenerator einen Faktor π mehr Zellen, dafür werden aufwendige Mechanismen, SADM's, und ein kompliziertes Lageregelungssystem (da spin-stabilisiert!) gespart. Solargeneratoren für spinstabilisierte Satelliten können auf bis zu 4kW Leistung ausgelegt werden.

Flache satellitenmontierte Solargeneratoren variieren sehr häufig stark in ihrer Leistung je nach Sonneneinstrahlrichtung und Anordnung der Panels. Diese Leistungsvariation wird meistens durch Batterien geglättet, wodurch diese häufige Lade-/Entladezyklen durchlaufen. Dadurch sind derartige Satelliten in ihrer Lebensdauer auf wenige Jahre begrenzt. Je weniger die flachen Panels gegeneinander geneigt sind (z.B. Polygone), desto geringer wird die Leistungsvariation. Im Grenzfall des kontinuierlichen Übergangs kommt man zu den zylinderförmigen Solargeneratoren, bei denen benachbarte Strings nur wenig gegeneinander geneigt sind. Bei ihnen ist die Leistungsvariation im allgemeinen sehr gering. Man spricht dann von Welligkeit. Voraussetzung für geringe Welligkeit ist jedoch, daß ungefaltete Strings entlang der Mantellinien des Zylinders verlaufen. Da diese Mantellinien durch die Satellitenhöhe und diverse verbotene Zonen längenmäßig begrenzt sind, muß die Zell-Länge entsprechend angepaßt werden. So hatte der Intelsat VI - Solargenerator beispielsweise 4 unterschiedliche Zellgrößen von 18,2mm x 62,0mm (Typ A), 16,0mm x 62,0mm (Typ B), 25,0mm x 62,0mm (Typ C) und 21,0mm x 62,0mm (Typ D). War eine solche Anpassung der Zellmaße nicht möglich, versuchte man möglichst "schmale" Module zu konstruieren. Beispielsweise standen beim Solargenerator für den Prä-operationellen Meteosat nur 2cm x 2cm Si-Solarzellen zur Verfügung. Der Solargenerator bestand aus 5 identischen Standard-Panels und einem Spezial-Panel, das wegen einer Radiometer-Öffnung eine spezielle Belegung erforderte. Bei den Standard-Panels mußte ein 20cm breiter Streifen aus thermischen Gründen und wegen der Öffnungen für Sensoren und die Lageregelungsdüsen frei bleiben. Um die erforderliche Spannung von 28V zu erreichen, waren 64 Zellen in Serie erforderlich. Diese wurden auf den Standard-Panels durch folgende Module erreicht: 6 Module mit 8x8 Zellen, 12 Module mit 4x16 Zellen und 24 Module mit 2x32 Zellen. Auf dem Spezial-Panel wurde dieselbe Anzahl Module untergebracht, allerdings mit einer unregelmäßigen, flächenfüllenden Anordnung. Der Prä-operationelle Meteosat ist in Abbildung 8-15 abgebildet. Man erkennt deutlich die Modulanordnung auf den Standard-Panels. Die Welligkeit des Generators betrug 4%.

Abbildung 8-15 Prä-operationeller Meteosat bei den Startvorbereitungen (Photo: NASA)

Der Intelsat VI - Solargenerator war eine Kombination aus satellitenmontiertem und entfaltbarem Solargenerator. Er bestand aus einer aus 3 Segmenten zusammengesetzten fest montierten Trommel und einer darübergestülpten, nach unten absenkbaren, ebenfalls aus 3 Segmenten zusammengesetzten beweglichen Trommel. Abbildung 8-16 zeigt, wie die äußere Trommel über die innere gestülpt wird. In der Startkonfiguration ist die innere Trommel komplett von der äußeren verdeckt. Erst nachdem der Satellit seine Umlaufbahn erreicht hat, wird die äußere Trommel nach unten ausgefahren und die volle Leistung zur Verfügung gestellt.

Abbildung 8-16 Solargenerator für den Kommunikationssatelliten Intelsat VI (Photo DSS)

Die Strukturen bestanden aus 13mm dicken Al-Honigwaben mit einer Dichte von 16kg/m^3 bzw. von 25kg/m^3 an Lastpunkten. Die Deckhäute waren aus Aramid-Faser (Kevlar) verstärktem Kunststoff für die Zellflächen (61g/m^3) und Kohlefaser verstärktem Kunststoff (98g/m^3) für die Thermal-Spiegelflächen und die seitlichen, keilförmig ausgebildeten Panelkanten. Letztere überlappten beim Zusammenbau und wurden über in CFC-Blöcke eingelassene Buchsen miteinander verschraubt. Die oberen und unteren Panelkanten waren mit U-Profilen verstärkt (siehe Abbildung 8-4). Eine 12,5µm dicke Kapton-Isolationsfolie war nur über den Kevlar Deckhäuten aufgeklebt.

Der elektrische Teil des Intelsat VI Solargenerators war aus Einzelstrings aufgebaut, die jeweils entlang einer Mantellinie der zylindrischen Panels verlaufen. Fenster für Sensoren und Lageregelungsdüsen wurden durch kürzere Zellen freigehalten. Lediglich bei einigen Niederhaltepunkten wurden Zellen einfach weggelassen. Abbildung 8-17 zeigt den Aufbau des Generators und das Blockschaltbild einer von 2 Haupt-Versorgungsleitungen. Die elektrische Leistung betrug mehr als 2.100W nach 10-jähriger Missionsdauer bei einer Welligkeit von weniger als 2%. Der Generator wog 166,7kg, die Eigenfrequenzen lagen bei über 15Hz in der Startkonfiguration und bei über 1,7Hz im entfalteten Zustand.

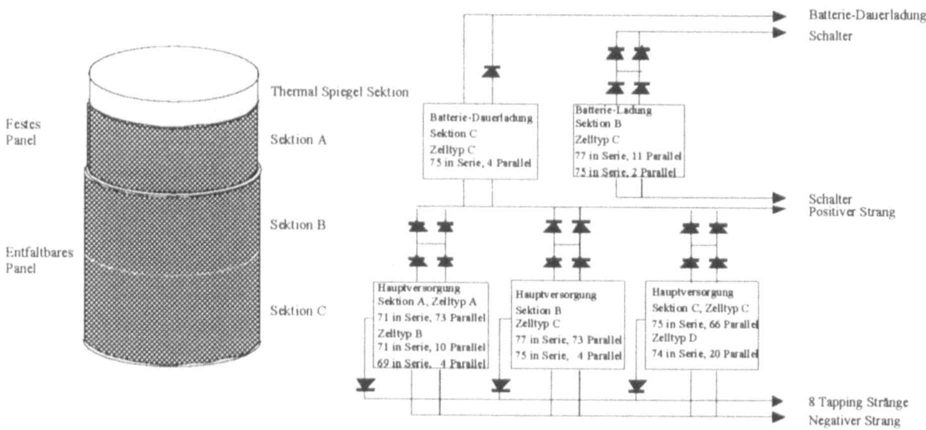

Abbildung 8-17 Aufbau des Intelsat VI Solargenerators

8.3   Kritische Solargeneratorparameter

Solargeneratoren als Teil eines Satelliten haben umgekehrt Einfluß auf dessen Kosten, Leistungsfähigkeit und Lebensdauer. Seine Masse ist Teil des Startgewichts und damit auch Teil der Startkosten, Masse und Fläche beeinflussen das Trägheitsmoment des Satelliten und damit dessen Treibstoffverbrauch für die Lageregelung, in niederen Umlaufbahnen ist die Fläche maßgebend für die Abbremsung des Satelliten durch die Restatmosphäre und last not least erlaubt eine höhere verfügbare Leistung mehr oder stärkere Verbraucher (z.B. Übertragungskanäle) bzw. längere Betriebsdauer. Neben den absoluten Beträgen von elektrischer Leistung und Masse sind daher die spezifische Leistung

L_{sp}=P/m (power-to-weight ratio), die Flächenleistung L_{Fl}=P/A (power-to-area ratio) und die Wattkosten (z.B. US\$/W) von Interesse. Diese Parameter sind natürlich vieldeutig je nachdem, ob man sie auf die installierte Leistung, die Leistung am Anfang der Mission oder die Leistung am Ende der Mission bezieht. Hier sollte man nur Vergleiche anstellen, wenn der Bezug eindeutig definiert ist. Am unverfänglichsten ist meist der Bezug auf die installierte Leistung d.h. die Summe der maximalen Leistung der Einzelzellen P_{mp} bei AM0 und 28°C.

8.3.1 Masse

Die Masse wird meist als Summe der Einzelmassen der den Solargenerator aufbauenden Komponenten ermittelt. Tabelle 8-1 gibt typische spezifische Massen für Einzelkomponenten wieder. Aus ihnen lassen sich leicht beliebige Auslegungen abschätzen. Typische Solargeneratormassen liegen bei 2-3kg/m^2 für starre entfaltbare Systeme und bei 1,5-3kg/m^2 für flexible entfaltbare Systeme.

Tabelle 8-1 Spezifische Massen für Solargenerator-Komponeneten (starre Solargeneratoren)

Elektrischer Teil:	Solarzellenkörper	2,33	g/cm^3
	Solarzellenkontakte	8,08E-03	g/cm^2
	Solarzellenverbinder	3,00E-02	g/20mm-Zellbreite
	Deckglas	2,6	g/cm^3
	Deckglaskleber	2,20E-03	g/cm^2
	Basiskleber	7,40E-03	g/cm^2
	Endverbinder	3,20E-02	g/cm
	Kabel		
	• AWG 20	6,6	g/m
	• AWG 22	4,5	g/m
	• AWG 24	2,85	g/m
	• AWG 26	2,2	g/m
Strukturen:	Honigwabenkern	17,5	kg/m^3
	CFC-Deckhaut	125	g/m^2
	Deckhautkleber	65	g/m^2
	Deckhautverstärkungen (Doppler, gemittelt)	50	g/m^2
	Eckteile	50	g/Stück
	Kanten-Profile	34	g/m
	Niederhalterbuchsen	30	g/Stück
	Inserts	2	g/Stück
	Kapton-Isolationsfolie	36	g/m^2·25µm
	Isolationsfolien-Kleber	30	g/m^2
	Joch-Struktur	480	g/m
Mechanismen:	Panel-Gelenke	195	g/Stück
	Joch-Gelenk inkl. SADM-Interface	1.400	g/Stück
	Niederhalter inkl. Pyros	400	g/Stück
	Entfalt-Synchronisation	800	g/Stück
	Motor/Getriebe-Einheit	560	g/Stück

8.3.2 Spezifische Leistung

Die spezifische Leistung $L_{sp}=P/m$ ist ein wichtiger Parameter für die Abschätzung der Solargeneratorkosten im Orbit. Kostet der Schuß von 1kg Satellitenmasse in eine bestimmte Bahn z.B. X $, so sind die Kosten um 1W elektrische Leistung in diese Bahn zu befördern X/L_{sp} $, d.h. je höher die spezifische Leistung, desto günstiger sind die Startkosten für den Solargenerator.

Die spezifische Leistung von Solargeneratoren ist im Laufe der Jahre kontinuierlich gestiegen einerseits durch immer leichtere Solargeneratorstrukturen und dünnere Solarzellen, andererseits durch ständige Verbesserung der Zell-Wirkungsgrade. Die Entwicklung der spezifischen Leistung von DSS-Solargeneratoren ist in Abbildung 8-18 dargestellt. Typischerweise kann man heute 50W/kg für Si-Solargeneratoren ansetzen, für GaAs-Solargeneratoren 75W/kg (bezogen auf die installierte Leistung).

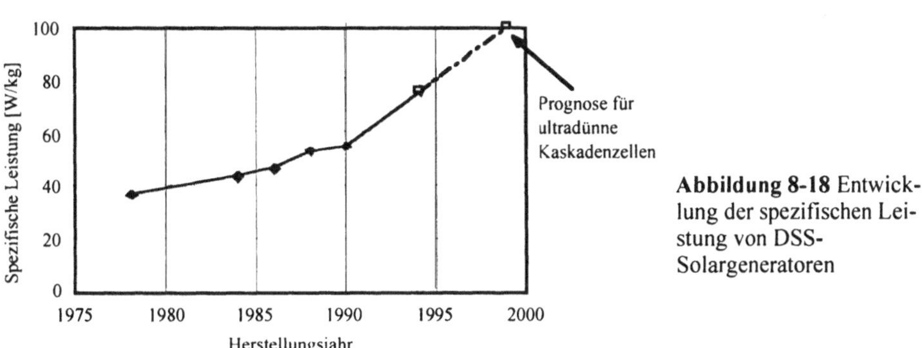

Abbildung 8-18 Entwicklung der spezifischen Leistung von DSS-Solargeneratoren

8.3.3 Flächenleistung

Die Solargeneratorfläche hat einen Einfluß auf die Operationskosten des Satelliten im Orbit. In niederen Umlaufbahnen ist es vor allem der Luftwiderstand, in höheren Orbits der Strahlungsdruck der Sonne.

Luftwiderstand bewirkt einen durchschnittlichen Bremsimpuls pro Watt von

$$\frac{m \cdot \Delta v}{P} = \frac{c_D \cdot \rho \cdot v^2}{4 \cdot (P/A)} \cdot t \tag{8.1}$$

mit c_D=Widerstandsbeiwert, P/A=Flächenleistung, ρ=Dichte der Luft in der betrachteten Umlaufbahn, v=Geschwindigkeit des Satelliten, t=Zeit. Auf einer 400km Bahn etwa, wie für die Raumstation „Alpha" typisch, gelten folgende Werte: c_D=2,2; ρ= $5\cdot10^{-12}$ kg/m³; v=7.660 m/s und t = 10Jahre = 315.360.000s. Berücksichtigt man für die ständige Änderung der Solargenerator-Orientierung relativ zur Flugrichtung noch einen Faktor 2/3, so ergibt sich als Impulsänderung pro Watt:

$$\frac{m \cdot \Delta v}{P} = \frac{34.000}{(P/A)} \left[\frac{Ns}{W} \right] \tag{8.2}$$

Diese Impulsänderung muß durch das Bahn- und Lageregelungssystem kompensiert werden d.h. durch erhöhten Treibstoffverbrauch (für einen Bipropellant ist der spezifische Impuls typisch 2.800Ns/kg).

Im geostationären Orbit benötigt man aufgrund des Strahlungsdrucks der Sonne ca. 0,035kg/m^2 Treibstoff pro Jahr oder auf das Watt bezogen 0,035/(P/A) kg/W·a.

Zusammenfassend spart eine große Flächenleistung dem Satelliten Treibstoff und verlängert damit dessen Lebensdauer oder senkt dessen Operationskosten. Abbildung 8-19 zeigt die Entwicklung der Flächenleistung bei DSS.

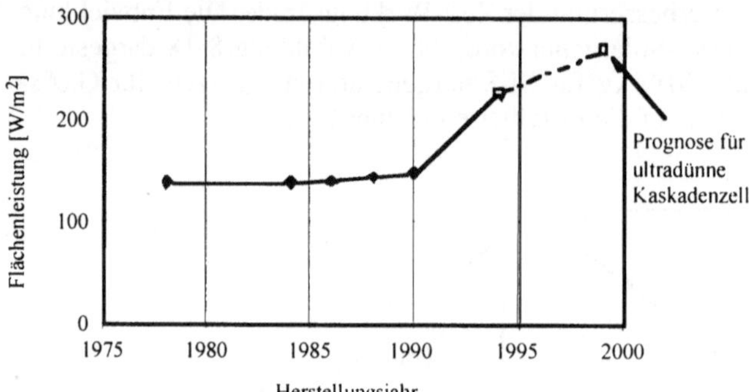

Abbildung 8-19 Entwicklung der Flächenleistung von DSS-Solargeneratoren

8.3.4 Kosten

Beim Solargenerator sind die Subsystemkosten (also die des Solargenerators selbst), die Systemkosten (die Solargeneratorkosten bis zum Erreichen der Umlaufbahn) und die effektiven Gesamtkosten (Systemkosten plus Operationskosten im Orbit) zu unterscheiden. Abbildung 8-20 zeigt eine typische Kostenverteilung für einen Solargenerator mit Standard-Silizium-Solarzellen, Abbildung 8-21 die entsprechende Kostenverteilung für einen GaAs-Solargenerator. Würde man danach bei einem vorhandenen Solargeneratortyp lediglich die Si-Zellen durch GaAs-Zellen ersetzen und alles andere ungeändert lassen, so würde derselbe Generator fast das doppelte kosten. Da die GaAs-Zellen einen höheren Wirkungsgrad besitzen, steigt der Wattpreis jedoch nur um ca. 40% gegenüber dem Si-Solargenerator.

Bei den Startkosten kann man für den GaAs-Solargenerator 75W/kg ansetzen, für den Si-Solargenerator jedoch nur 50W/kg. Nach Kapitel 8.3.2 sind daher die Startkosten für den GaAs-Solargenerator um 33% günstiger als die für den Si-Solargenerator, was bei steigenden Startkosten den Kostennachteil bei der Herstellung fast wieder kompensiert.

Die Operationskosten im Orbit sind nach Kapitel 8.3.3 umgekehrt proportional zur Flächenleistung bzw. dem Wikungsgrad. Hier spart der GaAs-Solargenerator wiederum ca. 25% gegenüber Si was insbesondere in niederen Umlaufbahnen ganz erhebliche Kostenvorteile für GaAs bringt.

Abbildung 8-22 zeigt aus einer detaillierteren Kalkulation die relativen Wattkosten für verschiedene Solarzellentypen auf den Ebenen Solarzelle, Solargenerator, Satellit im Orbit, für einen Kommunikationssatelliten auf geostationärer Umlaufbahn. Man erkennt deutlich, daß für die Gesamtkosten Wirkungsgrad und Masse die entscheidende Rolle spielen. Dies ist der Grund, warum der Trend in der Solarzellenentwicklung zu immer höheren Wirkungsgraden (Kaskadenzellen) und immer geringeren Massen (ultradünne Zellen) geht.

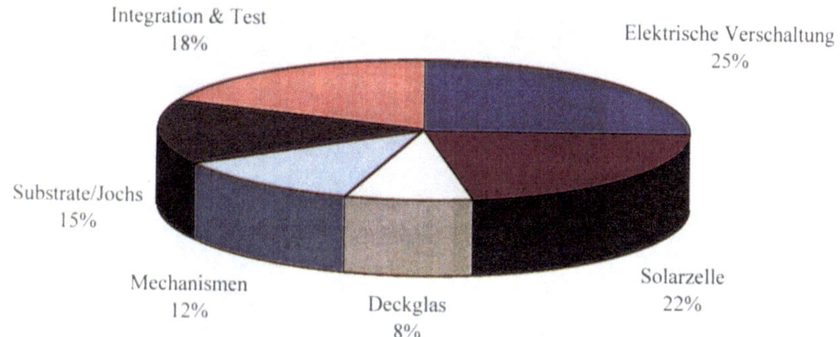

Abbildung 8-20 Kostenverteilung bei einem Si-Solargenerator

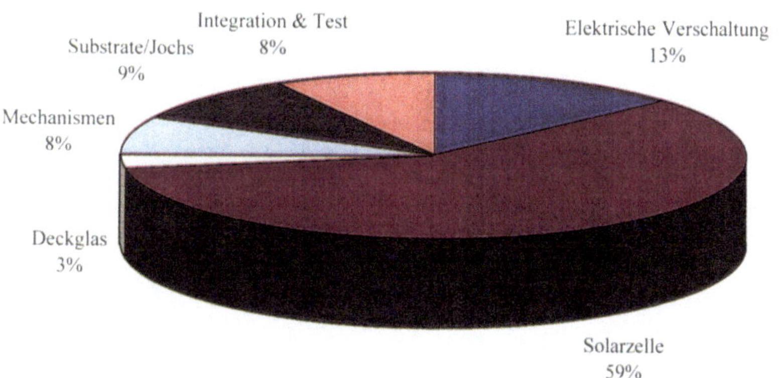

Abbildung 8-21 Kostenverteilung bei einem GaAs-Solargenerator

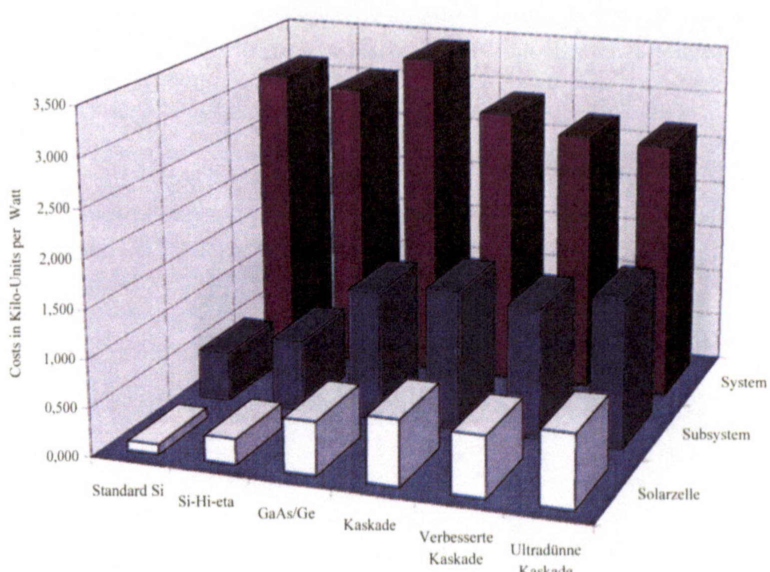

Abbildung 8-22 Relative Wattkosten zu verschiedenen Projektzeitpunkten

9 Literatur

9.1 Allgemeine Literatur und Literatur zu Kapitel 1

1.1 Edward S. Yang: "Fundamentals of Semiconductor Devices", Mc Graw-Hill, 1978

1.2 Harold J. Hovel: "Semiconductors and Semimetals; Volume 11: Solar Cells", Academic Press, 1975

1.3 Richard C. Neville: "Solar Energy Conversion: The Solar Cell"; Elsevier Scientific Publishing Company, Amsterdam-Oxford-New York, 1978.

1.4 Charles E. Backus: "Solar Cells", IEEE Press, 1976

1.5 Alan L. Fahrenbruch, Richard H. Bube: "Fundamentals of Solar Cells, Photovoltaic Solar Energy Conversion", Academic Press, 1983

1.6 Koltun: "Solar Cells, Their Optics and Metrology", Allerton Press, Inc./New York, 1988

1.7 John P. Mc Kelvey: "Solid State and Semiconductor Physics", Harper & Row, New York, London, 1966

1.8 Rauschenbach: "Solar Cell Array Design Handbook", Van Nostrand Reinhold Company, 1980, ISBN: 0-442-26842-4

1.9 Selders, D. Bonnet: "Solarzellen"; Physik in unserer Zeit/10. Jahrgang 1979/Nr.1; Verlag Chemie GmbH, Weinheim, 1979

1.10 M. Wolf: "Historical Development of Solar Cells", Proc. 25th Power Sources Symposium, May 23-25, 1972 (reprinted in Lit. 1.4)

1.11 M.A. Green: "Photovoltaics: Coming of Age"; Proceedings 21st IEEE Photovoltaic Specialists Conference, May 21-25, 1990, 90CH2838-1, ISSN: 0160-8371/90/0000-0001

1.12 B. Lange: "Eine neue photovoltaische Zelle", Zeitschrift für Physik, Vol. 31, S. 139, Februar 1930

1.13 P. Rappaport: "The Electron-Voltaic Effect in p-n-Junctions induced by Beta-Particle Bombardment", Phys. Rev., Vol. 93, p.93, Jan. 1954

1.14 M.B. Prince: "Silicon Solar Energy Converters", Journal of Applied Physics, Vol. 26, p. 534-540, May 1955

1.15 J.J. Loferski: "Theoretical Considerations Governing the Choice of the Optimum Semiconductor for Photovoltaic Solar Energy Conversion"; Journal Appl. Phys., Vol. 27, p.777, July, 1956

9.2   Literatur zu Kapitel 2

2.1   W. Shockley, W.T. Reed: Phys. Rev. 87, 835 (1952)

2.2   R. Gremmelmaier: Proc. Inst. Radio Engrs., 46, 1045 (1958)

2.3   W. Luft: IEEE Trans. Aerospace Electron. Systems AES-6, 797 (1970)

2.4   Joseph J. Loferski: "Principles of photovoltaic Energy Conversion", 25th Annual Proceedings Power Sources Conference, May, 1972

9.3   Literatur zu Kapitel 3

3.1   M.P. Thekaekara: "Solar Energy Outside the Earth´s Atmosphere"; Solar Energy, Vol. 14, pp. 109-127, Pergamon Press, 1973.

3.2   K. Bogus: "Solar Constant, AMO Spectral Irradiance and Solar Cell Calibration"; Technical Memorandum TM-160 of the European Space Agency ESA, June 1975.

3.3   E.A. Makarova, A.V. Kharitonov: "Distribution of Energy in the Solar Spectrum and the Solar Constant", NASA-TT-F-803, Juni 1974 (Englische Übersetzung von "Raspredeleniye energii v spektre Solntsa i solnechnaya postoyannaya", Nauka , Moskau, 1972)

3.4   R. Hulstrom, R. Bird, C. Riordan: "Spectral Solar Irradiance Data Sets for Selected Terrestrial Conditions", Elsevier Sequoia 0379-6787/85, Aug. 2, 1985

3.5   E.G. Suppa: "Space Calibration of Solar Cells. Results of 2 Shuttle Flight Missions", Proceedings 17th IEEE Photovoltaic Specialists Conference, Kissimmee, Florida, May. 1 - 4, 1984.

3.6   Robert K. Yasui, Richard F. Greenwood: "Results of the 1973 NASA/JPL Balloon Flight Solar Cell Standardization Program", 9th IECEC, San Francisco, CA, August 26-30, 1974

3.7   M. Roussel, A. Laporte: "Calibration of Solar Cells outside the Atmosphere", Proceedings of the 4th European Symposium Photovoltaic Generators in Space", Cannes, Sept. 18 - 20, 1984, ESA SP-210, Nov. 1984

3.8   R.J. Handy: "Theor. Analysis of the Series Resistance of a Solar Cell", Solid State Electronics, Pergamon Press, Vol. 10, pp. 765-775, 1967.

3.9   Chr. Oxynos Lauschke:" Die Dunkelstrommethode als Mittel zur Messung der IV-Charakteristik von Solarzellengeneratoren"; MBB Technische Niederschrift RE 423-1/74, Ottobrunn, 1974

3.10 Martin Wolf, Hans Rauschenbach: "Series Resistance Effects on Solar Cell Measurements"; Advanced Energy Conversion, Vol. 3, 1963

3.11 J.J. Wysocki, P. Rappaport: "Effect of Temperature on Photovoltaic Energy Conversion"; Journal of Applied Physics, Vol. 31, pp. 571-578, 1960

3.12 Martin Wolf: "Limitations and Possibilities for Improvement of Photovoltaic Solar Energy Converters", Proceedings IRE, Vol. 48, pp. 1246-1263, July 1960.

3.13 Martin Wolf: "A New Look at Silicon Solar Cell Performance"; Proceedings 8th IEEE Photovoltaic Specialists Conference, Seattle, Washington, Aug. 4 - 6, 1970, Catalog Nr. 70C 32 ED

3.14 C. Misiano, C. Greco: "TiO2 Antireflection Coating for Si Solar Cells", Proceedings of the International Colloquium "SOLAR CELLS" organized by the European Co-operation Space Environment Committee, July 6 to 10, 1970, Toulouse, France

3.15 M.A. Greene, A.W. Blakers, Shi Jiqun, E.M. Keller, S.R. Wenham, R.B. Godfrey, T. Szpitalak, M.R. Willison: "Towards a 20% efficient Silicon Solar Cell", Proceedings 17th IEEE Photovoltaic Specialists Conference, May 1-4, 1984, 84CH2019-8

3.16 J. Haynos, J.F. Allison, R. Arndt, A. Meulenberg Jr.:"The Comsat Non Reflecting Silicon Solar Cell: A Second Generation Improved Cell", Proceedings of the International Conference on Photovoltaic Power Generation, Hamburg, Sept. 1974.

3.17 D.L. Kendall:"On Etching very narrow Grooves in Silicon", Appl. Phys. Letters, 26, 4, 195, Feb. 1975.

3.18 A.L. Scheinine, J.H. Wohlegmuth, E. Sparks:"Silicon Solar Cell Optimization", Technical Report AFWAL-TR-81-2052, June 1981

3.19 J. Lindmayer, J.F. Allison:"The Violet Cell: An Improved Silicon Solar Cell", Proceedings of the 9th IEEE Photovoltaic Specialists Conference, Silver Springs, Md., May 2-4, 1972

3.20 M.A. Green, S.R. Wenham, A.W. Blakers: "Recent Advances in high Efficiency Silicon Solar Cells", Proceedings 19th IEEE Photovoltaic Specialists Conference, May 4-8, 1987, ISSN: 0160-8371/87/0000-0006

3.21 P. Verlinden, F. Van de Wiele, G. Stehelin, F. Floret, J.P. David: "High Efficiency Interdigitated Back Contact Silicon Soalr Cells", Proceedings 19th IEEE Photovoltaic Specialists Conference, May 4-8, 1987, ISSN: 0160-8371/87/0000-0405

3.22 P.A. Iles, K.I. Chang, D. Leung, Y.C.M. Yeh:"The Role of the AlGaAs Window Layer in GaAs Heteroface Solar Cells", Proceedings 18th IEEE Photovoltaic Specialists Conference, Oct. 21-25, 1985, ISSN: 0160-8371/87/0000-0304

3.23 K.A. Bertness, M. Ladle Ristow, H.C. Hamaker: "High Efficiency GaAs Solar Cells from a Multiwafer OMVPE Reactor"; Proceedings 20th IEEE Photovoltaic Specialists Conference, Sept. 26-30, 1988, 88CH2527-0, ISSN: 0160-8371/88/0000-0769

3.24 R.P. King, R.A. Sinton, R.M. Swanson (Stanford University):"Front and Back Surface Fields for Point-Contact Solar Cells", Proceedings 20th IEEE Photovoltaic Specialists Conference, Sept. 26-30, 1988, 88CH2527-0, ISSN: 0160-8371/88/0000-0538

3.25 R.F. Wood, R.D. Westbrook, G.E. Jellison: "High-Efficiency intrinsically and extrinsically passivated Laser-processed Silicon Solar Cells", Proceedings 19th IEEE Photovoltaic Specialists Conference, May 4-8, 1987, ISSN: 0160-8371/87/0000-0519

3.26 T. Saitoh, T. Uematsu, Y. Kida, K. Matsukuma, K. Morita: "Design and Fabrication of 20%-Efficiency, medium Resistivity Silicon Solar Cells", Proceedings 19th IEEE

Photovoltaic Specialists Conference, May 4-8, 1987, ISSN: 0160-8371/87/0000-1518

3.27 D.L. Meier, J.A. Spitznagel, J. Greggi, R.B. Campbell (Westinghouse):"Antimony-Doped Dendritic WEB Silicon Solar Cells", Proceedings 20th IEEE Photovoltaic Specialists Conference, Sept. 26-30, 1988, 88CH2527-0, ISSN: 0160-8371/88/0000-0415

3.28 M.A. Green, C.M. Chong, F. Zhang, A. Sproul, J. Zolper, S.R. Wenham (Univ. of New South Wales, Australia):"20% Efficient Laser Grooved, Buried Contact Silicon Solar Cells", Proceedings 20th IEEE Photovoltaic Specialists Conference, Sept. 26-30, 1988, 88CH2527-0, ISSN: 0160-8371/88/0000-0411

3.29 D.B. Bickler, W.T. Callaghan: "The economic Payoff for a State-of-the-Art High-Efficiency Flat-Plate crystalline Silicon Solar Cell Technology", Proceedings 19th IEEE Photovoltaic Specialists Conference, May 4-8, 1987, ISSN: 0160-8371/87/0000-1424

3.30 K. Jäger, R. Hezel: "Bifacial MIS Inversion Layer Solar Cells based on Low Temperature Silicon Surface Passivation", Proceedings 19th IEEE Photovoltaic Specialists Conference, May 4-8, 1987, ISSN: 0160-8371/87/0000-0388

3.31 S. Mottet: "Solar Cells Modelisation for Generator Computer Aided Design and Irradiation Degradation", Proceedings of the 2nd European Symposium `photovoltaic Generators in Spac´", Heidelberg, 15-17. April 1980 (ESA SP-147, June 1980)

3.32 A. Cuevas, M. Balbuena (Univ. Politecnica Madrid):"Thick-Emitter Silicon Solar Cells", Proceedings 20th IEEE Photovoltaic Specialists Conference, Sept. 26-30, 1988, 88CH2527-0, ISSN: 0160-8371/88/0000-0429

3.33 D.E. Arvizu (SANDIA Nat. Labs):"Crystalline Silicone Photovoltaic Cell Technology: Meeting the Challenge for Utility Power", Proceedings 20th IEEE Photovoltaic Specialists Conference, Sept. 26-30, 1988, 88CH2527-0, ISSN: 0160-8371/88/0000-0397

3.34 S.P. Tobin, C. Bajgar, S.M. Vernon, L.M. Geoffroy, C.J. Keavney, M.M. Sanfacon, V.E. Haven, M.B. Spizer, K.A. Emery: "A 23.7% efficient one-Sun GaAs Solar Cell", Proceedings 19th IEEE Photovoltaic Specialists Conference, May 4-8, 1987, ISSN: 0160-8371/87/0000-1492

3.35 D.L. King, D.E. Arvizu: "Crystalline Cell Research: Today and Tomorrow", Proceedings 19th IEEE Photovoltaic Specialists Conference, May 4-8, 1987, ISSN: 0160-8371/87/0000-0043

3.36 G.F. Virshup, B-C. Chung, J.G. Werthen (Varian): "23.9% monolithic Multijunction Solar Cell", Proceedings 20th IEEE Photovoltaic Specialists Conference, Sept. 26-30, 1988, 88CH2527-0, ISSN: 0160-8371/88/0000-0441

3.37 L.D. Partain, M.S. Kuryla, R.E. Weiss, J.G. Werthen, G.F. Virshup, H.F. Mac Millan, H.C. Hamaker, D.L. King: "26.1% Solar Cell Efficiency for GaAs mechanically stacked on Ge", Proceedings 19th IEEE Photovoltaic Specialists Conference, May 4-8, 1987, ISSN: 0160-8371/87/0000-1504

3.38 S.P. Tobin, S.M. Vernon, C. Bajgar, V.E. Haven, L.M. Geoffroy, D.R. Lillington, R.E. Hart, K.A. Emery, R.J. Matson: "High Efficiency GaAs/Ge Monolithic Tandem Solar Cells", Proceedings 20th IEEE Photovoltaic Specialists Conference, Sept. 26-30, 1988, 88CH2527-0, ISSN: 0160-8371/88/0000-0405

3.39 L. Bertotti, C. Flores, F. Paletta, M. Martella: "Large Area GaAs/Si mechanically stacked Multijunction Solar Cells optimized for Space Application", Proceedings 19th IEEE Photovoltaic Specialists Conference, May 4-8, 1987, ISSN: 0160-8371/87/0000-1512

3.40 R.P. Gale, R.W. Mc Clelland, B.D. King, J.V. Gormley (Kopin Corp.):"High Efficiency Thin-Film AlGaAs-GaAs Double Hetrostructure Solar Cells", Proceedings 20th IEEE Photovoltaic Specialists Conference, Sept. 26-30, 1988, 88CH2527-0, ISSN: 0160-8371/88/0000-0446

3.41 H. Okamoto, Y. Kadota, Y. Watanabe, Y. Fukuda, T. Oh´hara, Y. Ohmachi (NTT, Japan):"High Efficiency GaAs Solar Cells Fabricated on Si Substrates", Proceedings 20th IEEE Photovoltaic Specialists Conference, Sept. 26-30, 1988, 88CH2527-0, ISSN: 0160-8371/88/0000-0475

3.42 H.F. Mac Millan, H.C. Hamaker, G.E. Virshup, J.G. Werthen (Varian):"Multijunction III-V Solar Cells: Recent and Projected Results", Proceedings 20th IEEE Photovoltaic Specialists Conference, Sept. 26-30, 1988, 88CH2527-0, ISSN: 0160-8371/88/0000-0048

3.43 ASEC:"DASA Tempo Solar Cell", Design Review, Ottobrunn, March 3rd, 1994

3.44 P.K. Chiang, D.D. Krut, B.T. Cavicchi, K.A. Bertness, S.R. Kurtz, J.M. Olson: "Large Area GaInP2/GaAs/Ge Multijunction Solar Cells for Space Applications", Proceedings of the 1st World Conference on Photovoltaic Energy Conversion, December 5-9, 1994, Waikoloa, Hawaii, USA.

3.45 F.F. Ho, M.Y. Yeh: "High Efficiency Solar Cell"; International Patent Publication Number WO 95/13626, 18.5.95

3.46 S.P. Tobin:"Progress in GaAs Solar Cell Research", Proceedings of the 4th International Photovoltaic Science and Engineering Conference, Sydney, NSW Australia, 14-17 February, 1989

3.47 C. Frölich und C. Wehrli: „Reference extraterrestrial spectral Irradiance Distribution", Veröffentlichung des World Radiation Centers, Davos, Schweiz.

9.4 Literatur zu Kapitel 4

4.1 J. Knobloch, A. Aberle, B. Voss: "Cost Effective Processes for Silicon Solar Cells with High Performance", Proceedings 9th Photovoltaic Solar Energy Conference, Freiburg, 25. - 29. 9. 1989, Kluwer Academic Publishers

4.2 J.H. Wohlgemuth, S. Narayanan, R. Brenneman: "Cost Effectiveness of High Efficiency Cell Processes as applied to Cast Polycrystalline Silicon"; Proceedings 21st IEEE Photovoltaic Specialists Conference, May 21-25, 1990, 90CH2838-1, ISSN: 0160-8371/90/0000-0221

4.3   H. Fischer, R. Gereth: "New Aspects for the Choice of Contact Materials for Silicon Solar Cells", 7th IEEE Photovoltaic Specialists Conference, Pasadena, CA, 1968, p. 70

4.4   Fahrenbruch, Richard H. Bube:"Fundamentals of Solar Cells", Academie Ruens, 1983, p.190

4.5   W.H. Becker, S.R. Pollack:"The Formation and Degradation of Ti-Ag and Ti-Pd-Ag Solar Cell Contacts", NASA Contract SG-316, 1972

4.6   D.Z. Hamilton, W.G. Howard:"Basic Integrated Circuit Engineering", Mc Graw Hill, N.Y., 1975

4.7   P.G. Shewman:"Diffusion in Solids", Mc Graw Hill, N.Y. 1963.

4.8   H.E. Bates, D.N. Jewett, V.E. White:"Growth of Silicon Ribbon by Edge-defined, Film-fed Growth", Proceedings of the 10th IEEE Photovoltaic Specialists Conference, Nov 13-15, 1973

4.9   S.T. Picraux, P.S. Peercy:"Ionen-Implantation in Oberflächen", Spektrum der Wissenschaft, Mai 1985.

4.10   Gerald B. Stringfellow:"Organometallic Vapor-Phase Epitaxy: Theory and Proctice", Academic Press Inc. , 1989.

4.11   Ullmanns Encyklopädie der technischen Chemie, 4. Auflage, Band 15, S. 138

4.12   U. Möller, "Untersuchungen zum Bridgman-Verfahren am System Ge:Ga", DLR Forschungsbericht DLR-FB 91-16, ISSN 0939-2963

4.13   L. Dorn, K. Lindner, "Widerstands-, Strom-, Spannungs- und Leistungsabmessung als Mittel zur Gütesicherung", Sonderdruck 12/73 der Messer Griesheim GmbH, Frankfurt/M.

4.14   F.M. Smits, "Formation of Junction Structures by Solid-State Diffusion", Proceedings of the IRE, June 1958, pp. 1049-1061

9.5   Literatur zu Kapitel 5

5.1   Dr. E. Müller: "Optimale Auslegung von Solarzellenanlagen (Matching)", MBB-TN W432-18/67, Ottobrunn, 17.11.1967

5.2   "Gefahr durch den Zweiten Durchbruch", Markt und Technik Nr. 9 vom 27.2.1981

5.3   E.L. Ralph, J. Roger:"Silicon Solar Cell Interconnectors for Low Temperature Applications", Colloque Internationale sur les Cellules Solaires, Toulouse, Juli 1970

5.4   H.W. Boller, J. Koch:"Accelerated Fatigue Tests of Solar Cell Interconnectors for Simulation of Thermal Cycles", Proceedings 10th IEEE Photovoltaic Specialists Conference, May , 1975

9.6 Literatur zu Kapitel 6

6.1 H.Y. Tada, J.R. Carter, B.E. Anspaugh, R.G. Downing:"Solar Cell Radiation Handbook", Third Edition, November 1, 1982, JPL Publication 82-69 (NASA-CE-169662)

6.2 J.G. Roederer:"Dynamic of Geomagnetically Trapped Radiation", Springer Verlag 1970.

6.3 Edward W. Hones jr.:"Der Schweif der Erdmagnetosphäre", Spektrum der Wissenschaften, Mai 1986.

6.4 M.J. Teague, J. Stein, J.I. Vette:"The Use of the Inner Zone Electron Model AE-5 and Associated Computer Programs", NSSDC 72-11, November 1972.

6.5 M.J. Teague, K.W. Chan, J.I. Vette:"AE6: A Model Environment of Trapped Electrons for Solar Maximum", NASA-TM-X-72597, 1976.

6.6 J.I. Vette:"The AE-8 Trapped Electron Model Environment", NSSDC/WDC-A-R&S 91-24, Nov. 91

6.7 D.M. Sawyer, J.I. Vette:"AP-8: Trapped Proton Environment for Solar Maximum and Solar Minimum", NSSDC/WDC-A-R&S 76-06, 1976.

6.8 J.H. King:"Solar Proton Fluences for 1977-1983 Space Missions", Journal of Spacecraft and Rockets, 11, Nr. 6, 401, June 1974.

6.9 E.G. Stassinopoulos:"SOLPRO: A Computer Code to Calculate Probabilistic Energetic Solar Proton Fluences", NASA, NSSDC 75-11, 1975.

6.10 NASA-X-601-84-2

6.11 R.G. Downing, J.R. Carter Jr., J.M. Denney:"The Energy Dependence of Electron Damage in Silicon", Proceedings of the 4th Photovoltaic Specialists Conference, Vol. 1, 1964.

6.12 B.E. Anspaugh: "Proton and Electron Damage Coefficients for GaAs/Ge Solar Cells", Proceedings of the 22nd IEEE Photovoltaic Specialists Conference, Oct. 7-11, 1991, Las Vegas, Nevada (CH2953-8/91/0000-1593)

6.13 A.B. Smith, J.W. Blue: "A Comparison of Solar Cell Damage by Alpha-Particles and Protons", NASA TN D-3427, Mai 1966.

6.14 B.E. Anspaugh:" Solar Cell Radiation Handbook, Addendum 1: 1982-1988", JPL Publication 82-69, Addendum 1, February 15, 1989.

6.15 B.E. Anspaugh, R.G. Downing:"Radiation Effects in Silicon and Gallium Arsenide Solar Cells Using Isotropic and Normally Incident Radiation", JPL Publication 84-61, September 1, 1984.

6.16 C.E. Jordan: "NASA Radiation Models AP-8 and AE-8", Radex Inc. Three Preston Court, Bedford, MA 01730, USA, Report Nr. GL-TR-89-0267, Sept. 30, 1989.

6.17 James I. Vette:"The NASA/National Space Science Data Center Trapped Radiation Environment Model Program (1964 - 1991)", NSSDC/WDC-A-R&S 91-29, Nov. 1991.

6.18 Tomas Markvart:"Radiation Damage in Solar Cells", Journal of Materials Science: Materials in Electronics, Vol. 1, 1990

6.19 B.E. Anspaugh:"GaAs Solar cell Radiation Handbook", JPL Publication 96-9, July 1, 1996

6.20 C.N. Fellas:"An arc-free thermal blanket for spacecraft use", IEEE Transactions on Nuclear Science, Vol. NS-27, No.6, Dec. 1980

6.21 A. Bogorad, C. Bowman, R. Herschitz, W. Krummann, W. Hart:"Differential Charging Control on Solar Arrays for Geosynchronous Spacecraft", IEEE Transactions on Nuclear Science, Vol. 40, No.6, Dec. 1993

9.7 Literatur zu Kapitel 7

7.1 A.Bohrmann: "Bahnen künstlicher Satelliten", BI Hochschultaschenbücher-Verlag, Mannheim

7.2 J.J. Capart:"Electronic Control Circuits for Power Sources"; ESRO Summer School 1968, Lecture Nr. 17, ESTEC, Noordwijk, Holland

7.3 Ford Aerospace & Communications Corp., "Power Conditioning of the Intelsat V Solar Array", Report Nr. WDL-TR7612, Chapter 7.6.

7.4 C.C. Vaz, C.E. Santana, J.Kono, M.C.P. de Almeida, C.F.S. Freire, W. Schultze:"In-Orbit Performance of the SCD-1 Satellite Power Supply Subsystem", Proceedings of the Fourth European Space Power Conference, 4-8 September 1995, Poitiers, France

7.5 B. Anspaugh, "Uncertainties in Predicting Solar Panel Power Output", NASA-CR-138455, April 15, 1974

7.6 "Derating Requirements and Application Rules for Electronic Components; ESA PSS-01-301, Issue 1, December 1982; ISSN 0379-4059, ESTEC, Noordwijk, The Netherlands

7.7 C. Misiano, C. Greco: "TiO2 Antireflection Coating for Si Solar Cells", Proceedings of the International Colloquium "SOLAR CELLS" organized by the European Co-operation Space Environment Committee, July 6 to 10, 1970, Toulouse, France

7.8 ESA Space Debris Working Group, "Space Debris", ESA SP-1109, Nov. 1988

7.9 H. Kulms: "Zerstörungen an Solargeneratoren durch Mikrometeoriten und Space Debris", TN-KT236-3/89, Daimler-Benz Aerospace (vormals MBB), Ottobrunn, 11.9.1989

7.10 TU Braunschweig, Institut für Raumflugtechnik und Reaktortechnik, "LVMS-Studie; Bahnanalysen und Kollisionsrisiken mit Space Debris" Bericht R9045, Dezember 1990.

9.8   Literatur zu Kapitel 8

8.1 R.V. Elms, K. Miyagi, C.A. Winslow: "Space Station Solar Array Design and Development", I.E.C.E.C. 1988

8.2 M.L. Ciancone, S.K. Rutledge: "Mast Material Test Program (MAMATEP)" NASA TM-100821, 1988

8.3 A.M.V. Vieleers, P.R. Preiswerk:"Extendible and Retractable Masts for Solar Array Deployments", Proceedings of the 3rd European Symposium Photovoltaic Generators in Space, Bath, 4-6 May, 1982 (ESA SP-173)

8.4 "The Coilable Boom Systems", AEC-Able Engineering Company Inc., P.O. Box 588, Goleta, CA 93116-0588, USA

8.5 "Automatically Deployable Able Booms", AEC-Able Engineering Company Inc., P.O. Box 588, Goleta, CA 93116-0588, USA

8.6 "Solar Arrays for Electrical Power in Space", Advanced Visual Concepts-SA/10-85, Lockheed Missiles & Space Company, P.O. Box 504, Sunnyvale, CA 94088, USA

8.7 G.F. Turner, S.C. DeBrock: "Large Solar Array Design", Lockheed Missiles & Space Company, P.O. Box 504, Sunnyvale, CA 94088, USA, March 1989

8.8 H.M. Newns: "Hubble Space Telescope Solar Array 1, Design Description", Hubble Space Telescope Solar Array Workshop, ESTEC, Noordwijk, The Netherlands, 30-31 May, 1995, ESA WPP-77

8.9 L. Gerlach: "HST Solar Array 1, Post-Flight Investigation Programme, ESTEC, Noordwijk, The Netherlands/Wedel, Germany, June 1992

8.10 L. Gerlach, H.M. Newns, C. Paarmann, H. Bebermeier, T. Mende, E. Bongers: "Hubble Space Telescope and Eureca Solar Generators, A Summary of the Post-Flight Investigations" , ESTEC-Noordwijk, NL; Matra Marconi Space-Bristol, GB; DASA-Ottobrunn, D; Fokker Space & Systems-Leiden, NL.

8.11 H. Brodersen, D. Pfefferkorn, G. La Roche: "Intelsat VI Solar Array Design and Performance", 10th AIAA Communication Satellite System Conference, Orlando, Florida, March 18-22, 1984

8.12 G. La Roche: "Electrical Design of the Intelsat VI Solar Generator", Proceedings of the 4th European Symposium `Photovoltaic Generators in Space`, Cannes, 18-20 Sept. 1984 (ESA SP-210, Nov. 1984)

8.13 E.L. Ralph: "High Efficiency Solar Cell Arrays System Trade-Offs"; Proceedings of the 1st World Conference on Photovoltaic Energy Conversion; Dec. 5-9, 1994, Hawaii

A Anhang

Eigenschaften von Solarzellen und Solarzellenmaterialien

A1 Physikalische Eigenschaften von Solarzellenmaterialien

Eigenschaft	Symbol	Einheit	Si	GaAs	Ge	InP	a-Si	CIS
Dichte	ρ	[g/cm^3]	2,33	5,307	5,32	4,787	2,5	5,77
Schmelzpunkt		[°C]	1.410	1.238	937,4	1.062		
Atomgewicht			28,09	144,63	72,6	145,79	28,09	
Atome pro Volumeneinheit		[At/cm^3]	$5 \cdot 10^{22}$	$2,21 \cdot 10^{22}$	$4,42 \cdot 10^{22}$		$4,5 \cdot 10^{22}$	
Kristallstruktur			Diamant	Zinkblende	Diamant	Zinkblende		Kupferpyrit
Brechungsindex bei 600nm	n		3,94	3,88	5,6	3,45	3,5	2,8
Gitterkonstante	a	[Å]	5,431	5,6533	5,658	5,869	5,43	5,782
	c	[Å]	5,431	5,6533	5,658	5,869		11,621
Bandabstand bei RT	E_g(RT)	[eV]	1,107	1,43	0,6643	1,34	1,7	1,04
Bandabstand bei T=0K	E_g(0)	[eV]	1,153	1,52	0,744	1,41	1,8	
Temperaturkoeffizient von E_g	α	[eV/°K]	$-2,3 \cdot 10^{-4}$	$-5,4 \cdot 10^{-4}$	$-3,7 \cdot 10^{-4}$	$-6,6 \cdot 10^{-4}$	$-5,0 \cdot 10^{-4}$	$-1,2 \cdot 10^{-4}$
	β	[°K]	136	204		552		
Zustandsdichte im Leitungsband	N_c	[cm^{-3}]	$2,8 \cdot 10^{19}$	$4,7 \cdot 10^{17}$	$1,04 \cdot 10^{19}$		$2,0 \cdot 10^{19}$	$6,6 \cdot 10^{19}$
Zustandsdichte im Valenzband	N_v	[cm^{-3}]	$1,04 \cdot 10^{19}$	$7,0 \cdot 10^{18}$	$6,0 \cdot 10^{18}$		$1,0 \cdot 10^{19}$	$1,5 \cdot 10^{19}$
Effektive Elektronenmasse	m_e		1,18	0,065		0,077		0,09
Effektive Defektelektronenmasse	m_h		0,81	0,45		0,8		0,73
Intrinsische Ladungsträger-Konzentration	n_i	[cm^{-3}]	$1,45 \cdot 10^{10}$	$9,0 \cdot 10^6$	$2,4 \cdot 10^{13}$		$1,0 \cdot 10^5$	
Dielektrizitätskonstante	ε		11,7	12,9-13,18	16,3	12,35	12	13,6
Elektronenbeweglichkeit im Gitter	μ_n	[cm^2/Vs]	2.000	2.000-8.000	3.900	4.500		1.150
Löcherbeweglichkeit im Gitter	μ_p	[cm^2/Vs]	400	100-400	1.900	150		200
Thermischer Ausdehnungskoeffizient	a	[10^6/K]	2,62	6	4	4,9		11,4
	c	[10^6/K]	2,62	6	4	4,9		8,6
Thermische Leitfähigkeit	λ	[W/cmK]	1,56	0,46	0,59	0,68		
Spezifische Wärme	w	[J/gK]	0,713			1,27		
Debye Temperatur		[K]	643	350	348	420		
Minoritätsträger-Lebensdauer								
- für Löcher	τ	[ns]	~1.000	1-1.000	40.000	~2	100	
- für Elektronen	τ	[ns]	~1.000	1-1.000	20.000	~1	100	
Minoritätsträger-Diff.-längen								
- für Löcher	L_p	[µm]	ca. 20	1 - 2,2		~2	0,5	
- für Elektronen	L_n	[µm]	ca. 50	1 - 100		~5	1,5	

A2 Charakteristische Zellparameter

von Raumfahrtzellen bei AM0, 28°C (Stand 30.6.1996)

Hersteller/Typ	Hersteller-Bezeichnung	J(sc) [A/qcm]	J(mp) [A/qcm]	U(mp) [V]	U(oc) [V]	Wirkungs-grad
ASE Si 4.10//R.F(t)	10FR/100	0,0422	0,0393	0,513	0,616	14,90%
ASE Si 4.10/P/R.F(t)	10PFR/100	0,0410	0,0384	0,522	0,620	14,82%
ASE Si 4.10/L.P/R(e).F(t).P	10HI-ETA2/100	0,0424	0,0398	0,514	0,616	15,12%
ASE Si 5.10/T(p).L.P/R(e).F(t).P	10THI-ETA2/130	0,0457	0,0429	0,525	0,625	15,06%
ASE Si 8.02//R	2R/200	0,0391	0,0371	0,492	0,595	13,49%
ASE Si 8.02/L.P/R	2HI-R/200	0,0410	0,0387	0,495	0,594	14,16%
ASE Si 8.02/P/R	2PR/200	0,0394	0,0372	0,503	0,598	13,82%
ASE Si 8.02/T(p).P/R	2TPR/200	0,0428	0,0401	0,499	0,596	14,79%
ASE Si 8.10//R	10R/200	0,0394	0,0368	0,450	0,546	12,24%
ASE Si 8.10//R.F(t)	10FR/200	0,0410	0,0384	0,522	0,620	14,81%
ASE Si 8.10/L.P/R(e).F(t).P	10HI-ETA2/200	0,0444	0,0414	0,526	0,623	16,09%
ASE Si 8.10/P/R	10PR/200	0,0401	0,0374	0,458	0,550	12,64%
ASE Si 8.10/T(p).L.P/R(e).F(t).P	10THI-ETA2/200	0,0469	0,0448	0,519	0,623	17,18%
ASE Si 8.10/T(p).P/R(e).F(t)	10TPFR2/200	0,0488	0,0457		0,623	17,77%
Sharp Si 2.10/L/R.F(t)		0,0407	0,0384	0,500	0,610	14,19%
Sharp Si 4.02/T(i).L.P/R.F(l).P	NRS/LBSF	0,0484	0,0445	0,530	0,635	17,42%
Sharp Si 4.02/T(i).L.P/R.F(t).P	NRS/BSF	0,0478	0,0434	0,530	0,630	17,01%
Sharp Si 4.10/T(i).L.P/R.F(t).P	NRS/BSF	0,0478	0,0434	0,520	0,625	16,69%
Sharp Si 8.02/L/R		0,0396	0,0378	0,490	0,592	13,69%
Sharp Si 8.10/L/R		0,0400	0,0378	0,450	0,548	12,57%
Spectrolab Si 2.10//R.F(t)	K6700B	0,0390	0,0370	0,500	0,605	13,67%
Spectrolab Si 2.10/T(p)/R.F(t)	K7700B	0,0425	0,0402	0,490	0,600	14,56%
Spectrolab Si 8.02//R	K4702	0,0392	0,0368	0,490	0,585	13,33%
Spectrolab Si 8.10//R	K4710	0,0393		0,454	0,545	12,28%
Spectrolab Si 8.10//R.F(t)	K6700A	0,0425	0,0396	0,500	0,605	14,63%
Spectrolab Si 8.10/T(p)/R.F(t)	K7700A	0,0460	0,0416	0,500	0,600	15,37%
TECSTAR Si 2.10/L/R.F(t)		0,0393	0,0365	0,500	0,610	13,49%
TECSTAR Si 4.10/L/R.F(t)		0,0396	0,0370	0,500	0,610	13,67%
TECSTAR Si 8.02/L/R		0,0401	0,0377	0,495	0,595	13,79%
TECSTAR Si 8.10/L/R		0,0403	0,0377	0,446	0,542	12,43%
TECSTAR Si 8.10/L/R.F(t)		0,0413	0,0393	0,510	0,615	14,79%
Spectrolab GaAs/Ge 5/18.5%		0,0296	0,0281	0,890	1,020	18,48%
Spectrolab GaAs/Ge 7/19.0%		0,0300	0,0284	0,905	1,020	19,00%
TECSTAR GaAs/Ge 5/18.3%		0,0309	0,0286	0,865	1,010	18,28%
TECSTAR GaAs/Ge 5/18.5%		0,0313	0,0293	0,855	1,010	18,52%
Spectrolab GaInP₂/GaAs/Ge 5/22.0%	Cascade	0,0145	0,0139	2,144	2,389	22,03%
TECSTAR GaInP₂/GaAs/Ge 5/22.5%	Cascade	0,0158	0,0148	2,063	2,379	22,53%

A3 Temperaturkoeffizienten

von Raumfahrtzellen bei $\Phi=0$, AM0, 28°C (Stand 30.6.1996)

Hersteller/Typ	Hersteller-Bezeichnung	dJ_{sc}/dT [A/cm$^2\cdot$°C]	dJ_{mp}/dT [A/cm$^2\cdot$°C]	dV_{mp}/dT [V/°C]	dV_{oc}/dT [V/°C]
ASE Si 4.10//R.F(t)	10FR/100	3,05E-05	5,00E-06	-2,00E-03	-2,00E-03
ASE Si 4.10/P/R.F(t)	10PFR/100	2,90E-05	5,00E-06	-2,10E-03	-2,06E-03
ASE Si 4.10/L.P/R(e).F(t).P	10HI-ETA2/100	2,90E-05	5,00E-06	-2,10E-03	-2,06E-03
ASE Si 5.10/T(p).L.P/R(e).F(t).P	10THI-ETA2/130	2,80E-05	-1,5E-05	-1,92E-03	-1,86E-03
ASE Si 8.02//R	2R/200	2,14E-05	8,79E-06	-2,10E-03	-2,06E-03
ASE Si 8.02/L.P/R	2HI-R/200	2,24E-05	7,54E-06	-2,00E-03	-2,00E-03
ASE Si 8.02/P/R	2PR/200	2,80E-05	8,79E-06	-2,10E-03	-2,10E-03
ASE Si 8.02/T(p).P/R	2TPR/200	2,40E-05	1,00E-06	-2,25E-03	-2,17E-03
ASE Si 8.10//R	10R/200	1,87E-05	-8,50E-06	-2,20E-03	-2,20E-03
ASE Si 8.10//R.F(t)	10FR/200	1,60E-05	-4,20E-06	-2,10E-03	-2,10E-03
ASE Si 8.10/L.P/R(e).F(t).P	10HI-ETA2/200	2,90E-05	1,00E-06	-2,10E-03	-2,10E-03
ASE Si 8.10/P/R	10PR/200	3,25E-05	7,50E-06	-2,33E-03	-2,26E-03
ASE Si 8.10/T(p).L.P/R(e).F(t).P	10THI-ETA2/200	2,30E-05	1,00E-06	-2,10E-03	-2,10E-03
ASE Si 8.10/T(p).P/R(e).F(t)	10TPFR2/200	2,30E-05	1,00E-06	-2,10E-03	-2,10E-03
Sharp Si 2.10/L/R.F(t)		3,25E-05	7,50E-06	-2,03E-03	-2,03E-03
Sharp Si 4.02/T(i).L.P/R.F(l).P	NRS/LBSF	2,50E-05	1,75E-05	-2,18E-03	-2,00E-03
Sharp Si 4.02/T(i).L.P/R.F(t).P	NRS/BSF	3,50E-05	1,75E-05	-2,18E-03	-2,01E-03
Sharp Si 4.10/T(i).L.P/R.F(t).P	NRS/BSF	3,00E-05	5,00E-06	-2,11E-03	-2,03E-03
Sharp Si 8.02/L/R		3,00E-05	1,00E-05	-2,14E-03	-2,10E-03
Sharp Si 8.10/L/R		3,25E-05	7,50E-06	-2,33E-03	-2,26E-03
Spectrolab Si 2.10//R.F(t)	K6700B	2,20E-05	1,00E-05	-2,15E-03	-1,96E-03
Spectrolab Si 2.10/T(p)/R.F(t)	K7700B	2,80E-05	1,00E-05	-2,15E-03	-2,04E-03
Spectrolab Si 8.02//R	K4702	2,00E-05	1,00E-06	-2,20E-03	-2,08E-03
Spectrolab Si 8.10//R	K4710	2,00E-05	1,00E-05	-2,33E-03	-2,20E-03
Spectrolab Si 8.10//R.F(t)	K6700A	2,20E-05	1,10E-05	-2,15E-03	-1,96E-03
Spectrolab Si 8.10/T(p)/R.F(t)	K7700A	2,80E-05	1,00E-05	-2,15E-03	-2,00E-03
TECSTAR Si 2.10/L/R.F(t)		3,25E-05	7,50E-06	-2,30E-03	-2,26E-03
TECSTAR Si 4.10/L/R.F(t)				-2,30E-03	-2,26E-03
TECSTAR Si 8.02/L/R		2,40E-05	2,40E-05	-2,14E-03	-2,14E-03
TECSTAR Si 8.10/L/R		3,25E-05	7,50E-06	-2,20E-03	-2,20E-03
TECSTAR Si 8.10/L/R.F(t)		4,70E-05	2,50E-05	-2,26E-03	-2,28E-03
Spectrolab GaAs/Ge 5/18.5%		2,00E-05	2,30E-05	-1,90E-03	-1,80E-03
Spectrolab GaAs/Ge 7/19.0%		2,00E-05	2,00E-05	-1,90E-03	-1,80E-03
TECSTAR GaAs/Ge 5/18.3%		3,00E-05	2,30E-05	-1,87E-03	-1,99E-03
TECSTAR GaAs/Ge 5/18.5%		3,00E-05	2,30E-05	-1,87E-03	-1,99E-03
Spectrolab GaInP$_2$/GaAs/Ge 5/22.0%	Cascade	1,52E-05	1,52E-05	-4,00E-03	-4,00E-03
TECSTAR GaInP$_2$/GaAs/Ge 5/22.5%	Cascade	5,00E-05	4,44E-05	-5,51E-03	-5,45E-03

A4 Steigung C von $\log\left(1 + \dfrac{\Phi}{\Phi_0}\right)$ von Raumfahrtzellen

Hersteller/Typ	Hersteller-Bezeichnung	$C(J_{sc})$	$C(J_{mp})$	$C(V_{mp})$	$C(V_{oc})$
ASE Si 4.10//R.F(t)	10FR/100	0,192	0,215	0,044	0,053
ASE Si 4.10/P/R.F(t)	10PFR/100	0,132	0,130	0,040	0,061
ASE Si 4.10/L.P/R(e).F(t).P	10HI-ETA2/100	0,135	0,158	0,087	0,080
ASE Si 5.10/T(p).L.P/R(e).F(t).P	10THI-ETA2/130	0,214	0,180	0,097	0,080
ASE Si 8.02//R	2R/200	0,142	0,173	0,055	0,058
ASE Si 8.02/L.P/R	2HI-R/200	0,158	0,159	0,060	0,063
ASE Si 8.02/P/R	2PR/200	0,166	0,178	0,075	0,058
ASE Si 8.02/T(p).P/R	2TPR/200	0,122	0,121	0,063	0,063
ASE Si 8.10//R	10R/200	0,098	0,086	0,079	0,050
ASE Si 8.10//R.F(t)	10FR/200	0,142	0,116	0,067	0,071
ASE Si 8.10/L.P/R(e).F(t).P	10HI-ETA2/200	0,106	0,129	0,046	0,055
ASE Si 8.10/P/R	10PR/200	0,112	0,120	0,088	0,063
ASE Si 8.10/T(p).L.P/R(e).F(t).P	10THI-ETA2/200	0,116	0,116	0,065	0,063
ASE Si 8.10/T(p).P/R(e).F(t)	10TPFR2/200	0,106	0,129	0,046	0,055
Sharp Si 2.10/L/R.F(t)		0,255	0,255	0,091	0,092
Sharp Si 4.02/T(i).L.P/R.F(l).P	NRS/LBSF	0,122	0,125	0,059	0,063
Sharp Si 4.02/T(i).L.P/R.F(t).P	NRS/BSF	0,148	0,178	0,059	0,067
Sharp Si 4.10/T(i).L.P/R.F(t).P	NRS/BSF	0,135	0,120	0,089	0,080
Sharp Si 8.02/L/R		0,156	0,156	0,065	0,065
Sharp Si 8.10/L/R		0,155	0,155	0,104	0,101
Spectrolab Si 2.10//R.F(t)	K6700B	0,154	0,207	0,076	0,097
Spectrolab Si 2.10/T(p)/R.F(t)	K7700B	0,154	0,154	0,076	0,097
Spectrolab Si 8.02//R	K4702	0,176	0,187	0,083	0,072
Spectrolab Si 8.10//R	K4710	0,154	0,154	0,051	0,088
Spectrolab Si 8.10//R.F(t)	K6700A	0,113	0,122	0,090	0,080
Spectrolab Si 8.10/T(p)/R.F(t)	K7700A	0,123	0,123		0,074
TECSTAR Si 2.10/L/R.F(t)		0,233	0,233	0,108	0,085
TECSTAR Si 4.10/L/R.F(t)		0,158	0,158	0,085	0,063
TECSTAR Si 8.02/L/R		0,196	0,172	0,094	0,074
TECSTAR Si 8.10/L/R		0,156	0,133	0,096	0,070
TECSTAR Si 8.10/L/R.F(t)		0,132	0,132	0,060	0,060
Spectrolab GaAs/Ge 5/18.5%		0,336	0,413	0,109	0,087
Spectrolab GaAs/Ge 7/19.0%		0,336	0,413	0,109	0,087
TECSTAR GaAs/Ge 5/18.3%		0,389	0,325	0,089	0,092
TECSTAR GaAs/Ge 5/18.5%		0,389	0,325	0,089	0,092
Spectrolab GaInP$_2$/GaAs/Ge 5/22.0%	Cascade	0,153	0,153	0,150	0,150
TECSTAR GaInP$_2$/GaAs/Ge 5/22.5%	Cascade	0,195	0,229	0,072	0,056

A5   Kritischer Teilchenfluß Φ_0 von Raumfahrtzellen

Hersteller/Typ	Hersteller-Bezeichnung	$\Phi_0(J_{sc})$ [cm^{-2}]	$\Phi_0(J_{mp})$ [cm^{-2}]	$\Phi_0(V_{mp})$ [cm^{-2}]	$\Phi_0(V_{oc})$ [cm^{-2}]
ASE Si 4.10//R.F(t)	10FR/100	$2{,}61\cdot10^{14}$	$3{,}05\cdot10^{14}$	$2{,}01\cdot10^{11}$	$9{,}71\cdot10^{12}$
ASE Si 4.10/P/R.F(t)	10PFR/100	$1{,}18\cdot10^{14}$	$1{,}10\cdot10^{14}$	$2{,}84\cdot10^{10}$	$1{,}22\cdot10^{12}$
ASE Si 4.10/L.P/R(e).F(t).P	10HI-ETA2/100	$1{,}55\cdot10^{14}$	$2{,}11\cdot10^{14}$	$6{,}50\cdot10^{12}$	$6{,}26\cdot10^{12}$
ASE Si 5.10/T(p).L.P/R(e).F(t).P	10THI-ETA2/130	$5{,}54\cdot10^{14}$	$4{,}47\cdot10^{14}$	$1{,}78\cdot10^{13}$	$9{,}55\cdot10^{12}$
ASE Si 8.02//R	2R/200	$8{,}61\cdot10^{13}$	$1{,}42\cdot10^{14}$	$3{,}54\cdot10^{13}$	$4{,}44\cdot10^{13}$
ASE Si 8.02/L.P/R	2HI-R/200	$1{,}04\cdot10^{14}$	$9{,}38\cdot10^{13}$	$2{,}97\cdot10^{13}$	$4{,}96\cdot10^{13}$
ASE Si 8.02/P/R	2PR/200	$1{,}33\cdot10^{14}$	$1{,}49\cdot10^{14}$	$9{,}12\cdot10^{13}$	$3{,}96\cdot10^{13}$
ASE Si 8.02/T(p).P/R	2TPR/200	$9{,}98\cdot10^{13}$	$8{,}30\cdot10^{13}$	$7{,}33\cdot10^{13}$	$6{,}70\cdot10^{13}$
ASE Si 8.10//R	10R/200	$1{,}05\cdot10^{14}$	$6{,}13\cdot10^{13}$	$1{,}01\cdot10^{14}$	$4{,}76\cdot10^{13}$
ASE Si 8.10//R.F(t)	10FR/200	$7{,}12\cdot10^{13}$	$4{,}71\cdot10^{13}$	$2{,}97\cdot10^{12}$	$5{,}25\cdot10^{11}$
ASE Si 8.10/L.P/R(e).F(t).P	10HI-ETA2/200	$2{,}57\cdot10^{13}$	$4{,}54\cdot10^{13}$	$8{,}15\cdot10^{10}$	$6{,}46\cdot10^{11}$
ASE Si 8.10/P/R	10PR/200	$8{,}76\cdot10^{13}$	$1{,}13\cdot10^{14}$	$1{,}32\cdot10^{14}$	$8{,}48\cdot10^{13}$
ASE Si 8.10/T(p).L.P/R(e).F(t).P	10THI-ETA2/200	$4{,}15\cdot10^{13}$	$4{,}15\cdot10^{13}$	$1{,}18\cdot10^{12}$	$2{,}02\cdot10^{12}$
ASE Si 8.10/T(p).P/R(e).F(t)	10TPFR2/200	$2{,}57\cdot10^{13}$	$4{,}54\cdot10^{13}$	$8{,}15\cdot10^{10}$	$6{,}46\cdot10^{11}$
Sharp Si 2.10/L/R.F(t)		$1{,}22\cdot10^{15}$	$1{,}22\cdot10^{15}$	$2{,}68\cdot10^{13}$	$3{,}32\cdot10^{13}$
Sharp Si 4.02/T(i).L.P/R.F(l).P	NRS/LBSF	$3{,}36\cdot10^{13}$	$3{,}30\cdot10^{13}$	$1{,}76\cdot10^{12}$	$3{,}74\cdot10^{12}$
Sharp Si 4.02/T(i).L.P/R.F(t).P	NRS/BSF	$6{,}06\cdot10^{13}$	$1{,}26\cdot10^{14}$	$4{,}85\cdot10^{12}$	$9{,}00\cdot10^{12}$
Sharp Si 4.10/T(i).L.P/R.F(t).P	NRS/BSF	$2{,}03\cdot10^{14}$	$1{,}30\cdot10^{14}$	$1{,}06\cdot10^{13}$	$5{,}68\cdot10^{12}$
Sharp Si 8.02/L/R		$1{,}04\cdot10^{14}$	$1{,}04\cdot10^{14}$	$6{,}39\cdot10^{13}$	$6{,}39\cdot10^{13}$
Sharp Si 8.10/L/R		$2{,}25\cdot10^{14}$	$2{,}29\cdot10^{14}$	$2{,}90\cdot10^{14}$	$3{,}40\cdot10^{14}$
Spectrolab Si 2.10//R.F(t)	K6700B	$3{,}53\cdot10^{14}$	$5{,}80\cdot10^{14}$	$1{,}08\cdot10^{13}$	$3{,}50\cdot10^{13}$
Spectrolab Si 2.10/T(p)/R.F(t)	K7700B	$3{,}53\cdot10^{14}$	$3{,}53\cdot10^{14}$	$1{,}08\cdot10^{13}$	$3{,}50\cdot10^{13}$
Spectrolab Si 8.02//R	K4702	$9{,}06\cdot10^{13}$	$1{,}07\cdot10^{14}$	$8{,}87\cdot10^{13}$	$5{,}84\cdot10^{13}$
Spectrolab Si 8.10//R	K4710	$3{,}52\cdot10^{14}$	$3{,}52\cdot10^{14}$	$2{,}84\cdot10^{13}$	$2{,}64\cdot10^{14}$
Spectrolab Si 8.10//R.F(t)	K6700A	$6{,}05\cdot10^{13}$	$5{,}18\cdot10^{13}$	$1{,}34\cdot10^{13}$	$1{,}02\cdot10^{13}$
Spectrolab Si 8.10/T(p)/R.F(t)	K7700A	$6{,}38\cdot10^{13}$	$6{,}38\cdot10^{13}$	$8{,}50\cdot10^{12}$	$1{,}10\cdot10^{13}$
TECSTAR Si 2.10/L/R.F(t)		$1{,}00\cdot10^{15}$	$1{,}00\cdot10^{15}$	$5{,}30\cdot10^{13}$	$2{,}30\cdot10^{13}$
TECSTAR Si 4.10/L/R.F(t)		$1{,}26\cdot10^{14}$	$1{,}26\cdot10^{14}$	$1{,}80\cdot10^{13}$	$4{,}30\cdot10^{12}$
TECSTAR Si 8.02/L/R		$1{,}69\cdot10^{14}$	$1{,}05\cdot10^{14}$	$1{,}79\cdot10^{14}$	$8{,}89\cdot10^{13}$
TECSTAR Si 8.10/L/R		$2{,}62\cdot10^{14}$	$1{,}45\cdot10^{14}$	$2{,}35\cdot10^{14}$	$1{,}20\cdot10^{14}$
TECSTAR Si 8.10/L/R.F(t)		$3{,}11\cdot10^{13}$	$3{,}11\cdot10^{13}$	$1{,}49\cdot10^{12}$	$1{,}49\cdot10^{12}$
Spectrolab GaAs/Ge 5/18.5%		$3{,}92\cdot10^{14}$	$5{,}31\cdot10^{14}$	$6{,}86\cdot10^{13}$	$5{,}69\cdot10^{13}$
Spectrolab GaAs/Ge 7/19.0%		$3{,}92\cdot10^{14}$	$5{,}31\cdot10^{14}$	$6{,}86\cdot10^{13}$	$5{,}69\cdot10^{13}$
TECSTAR GaAs/Ge 5/18.3%		$6{,}33\cdot10^{14}$	$3{,}19\cdot10^{14}$	$1{,}09\cdot10^{14}$	$1{,}54\cdot10^{14}$
TECSTAR GaAs/Ge 5/18.5%		$6{,}33\cdot10^{14}$	$3{,}19\cdot10^{14}$	$1{,}09\cdot10^{14}$	$1{,}54\cdot10^{14}$
Spectrolab GaInP$_2$/GaAs/Ge 5/22.0%	Cascade	$7{,}15\cdot10^{13}$	$7{,}15\cdot10^{13}$	$4{,}26\cdot10^{13}$	$4{,}26\cdot10^{13}$
TECSTAR GaInP$_2$/GaAs/Ge 5/22.5%	Cascade	$1{,}14\cdot10^{14}$	$1{,}19\cdot10^{14}$	$1{,}29\cdot10^{14}$	$5{,}04\cdot10^{13}$

Namen- und Sachwortverzeichnis

A

abgestrahlte Leistung
   Solargenerator 182
Abnahmekriterien 206
absorbierte Sonnenstrahlung 180
Absorption 64
Absorptionsgesetz 32
Absorptionskoeffizient 32
   Galliumarsenid 65
   Germanium 65
   mittlerer 180
   Silizium 65
Adams 1
Akzeptor 6
Albedostrahlung 183–87
Albedostrahlungsleistung
   aufgenommene 187
AlGaAs-Schichten 74
amorphe Si-Zellen 1
Anomalie
   wahre 178
Antireflexionsschicht 66
Apsidendrehung 179
Atomversetzungen 141
Atomversetzungsparameter 143
Ausgleichsschleife
   Solarzellenverbinder 121
Ausheilung von Zellschädigungen 152

B

Bahnspezifische Daten 177–79
Bandabstand
   Silizium 9
   Temperaturabhängigkeit 8
   und Gitterkonstante 76
   variabler 80
Becquerel A.E. 1
Bedeckungsfaktor 180
Berechnung von Zelldegradationen 169
Bergmann L. 1
Bestrahlungsstärke
   AM0 46

AM1 47
AM1.5 48
Beweglichkeit
   Elektronen 11
Bi-STEM 215
Breite
   Raumladungszone 27
Bremsenergie
   Elektronen 158
   Protonen 163
Bridgman-Stockbarger-Verfahren 88
BSF-Zellen 71
BSR-Zellen 68
By-pass Diode 128

C

Chapin 1
charakteristische Zellparameter 50
CIC 104
closed cable loop 212
Comsat 67
Czochralski-Verfahren 86

D

Day 1
Deckglasgewinn 193
Deckglasverluste 193
Defektelektron 5; 6
Degradationsverhalten von Solarzellen
   245–46
Deklination 178
Diffusionslänge 29
Diffusionsstrom 12
Dioden 202
Diodenkennlinie 30
Dioden-Sättigungsstrom 31
Dobson 48
Donator 5
Doppelkamm-Rückseiten-Kontakt-Zelle 73
Dosis 140
Dotierung 5
Dotierungsgrad 71
Dotierungsverfahren 88–95

Driftgeschwindigkeit
  Elektronen 11
Driftstrom 10
  Löcher 11
Dunkelstrom 57–58
Dunkelstrom-Kennlinie 57
Durchbruch 108–12
Durchbruchskriterium 110
Durchbruchspannung 110

E

effektive Elektronenmasse 6
effektive Zustandsdichte 8
EFG 88
Eigenleitung 5
eingebautes Potential 25
Einstein-Gleichung 22
elektrische Leistung
  abgeführte 181
elektrische Leitfähigkeit 11
elektrisches Feld 17
elektrisches Feld der Erde 134–36
Elektroden
  für Widerstandsschweißen 101
Elektronenaffinität 38
Elektronen-Austrittsarbeit 38
Elektronenstrom 36
Elektrostatische Aufladung 170–73
Emissionskoeffizient
  mittlerer thermischer 182
Endverbinder 104
Energie
  kinetische 17
  potentielle 17
Energieaufbereitungsanlage 187
Energiebänder 3
Energieniveau Schema
  freies Atom 3
Entfaltmotor 212
Epitaxie
  LPE 93
  MBE 93
  MOCVD 93
  OMVPE 93
Erdmagnetosphäre 131
Erdschatten 179
Ersatzschaltbild
  Solarzelle 53
extrinsische Halbleiter 5

Exzentrizität
  numerische 178

F

Fallen 14
Fehlerrate 195
Feld
  eingebautes elektrisches 18
Fenster 73
Fermi - Niveau 6
  intrinsischer Halbleiter 9
  n-Halbleiter 10
  p-Halbleiter 10
Fermi-Dirac Verteilungsfunktion 7
Fertigung
  Solargenerator 104–6
Fertigungsschritte
  Si-Solarzellen 84
Festkörperlöslichkeit 90
Ficksches Gesetz 11; 89
Flächenfaktor 69
Flächenleistung 226; 227
Flächennutzung 68–70
Flares 132
Fremdstoff Diffusion 89
Frenkel-Fehlordnung 89
Fritts C.E. 1
Fuller 1
Füllfaktor
  Definition 50

G

GaAs/Ge-Solarzelle 77
GaAs-Zelle
  Aufbau 74
galaktische kosmische Strahlung 133
Gaußsche Fehlerintegral 90
Gelenk *Siehe* Panelgelenke
geozentrisches Äquatorsystem 177
Gesamt-Kennlinie 107–8
Geschwindigkeit
  Satellit 178
Gitterkonstante
  und Bandabstand 76
Gleichgewichtstemperatur
  Hot-Spot-Zelle 126
Grenzschicht
  am pn-Übergang 25

Grunddotierung 83
Gütefaktor 55

H

Halbachsen
    Bahnellipse 178
Herstellung
    von Solarzellen 86–99
Hetero-Übergang 37–40
Hot Spots 124–27
Hubble Space Telescope 219

I

Indiumphosphid 1
Inklination
    Satellitenbahn 178
In-Serie Schaltung von Solarzellen 113
Integration
    Solargeneratorflügel 106
Intelsat VI Solargenerator 222
    Blockschaltbild 225
Intensität
    und Wirkungsgrad 63
intrinsischer Halbleiter 5
Ionenimplantation 91
Ionisation 140
Ionisationseffekte 152
Ionisationskoeffizient 108
Isolationsfolie 211
Isolator 4
ITO 170
IV-Charakteristik *Siehe auch* Solarzellen-
    kennlinie
    Darstellung 53
    erweiterte Darstellung 55
    Solarzelle 33

J

Joch 212

K

Kabel
    Strombelastbarkeit 194
Kabelquerschnitt
    optimaler 194
Kabelverluste 193

Kadmiumsulfid 1
Kalibrierungsfehler 191
Kantenprofil 211
Kaskadenzelle 79
kinetische Energie
    Leitungselektronen 6
Knotenlinie
    aufsteigende 178
Kontakte 95–98
Kontaktwiderstand 97
Kontinuitätsgleichung 20
Konzentrationsfaktor 63
kosmische Strahlung 133
Kosten 228
Kostenverteilung 229
Kristallfehler
    Verteilung 92
Kristallgitter 4
Kristallzüchtung 86–88
Kupfer-Indium-Diselenid-Zellen 1
Kurzschlußstrom
    Definition 50

L

Lambertsches Gesetz 183
Lange B. 1
Lawinen-Durchbruch 108
Lebensdauer 14
    Minoritätsträger 16
Leerlaufspannung
    Definition 50
Leistung
    Berechnungsschema 176
    installierte 226
Leistungsaufnahme
    Hot-Spot-Zelle 126
Leistungsberechnung 200–207
Leistungs-Zeit-Kurve 204
Leitungsband 3; 4
Leitungsmechanismen
    Halbleiter 4
Lindmayer 70
Löcherstrom 35
Loferski 1
Luftmasse, optische 46
Luftwiderstand 227

M

Magnetfeld der Erde 134–36
Magnetosphäre
   Teilchen in der 130
Masse
   Solargeneratoren 226
   spezifische 226
Matching Kriterien 116–19
Matching Verluste 192
Matching-Verluste 112
Matrix 105
Maximale Leistung
   Definition 50
Maxwell-Boltzmann Verteilung 7
Mc Ilwain Parameter 135
Mehrschicht-Zellen 77–80
Metalle 4
Meteorschauer 197
Meteosat Solargenerator 222
Mikrometeoriten 197
   Fluß 197
   Häufigkeitsverteilung 199
Miner´s Regel 123
Minoritätsträger
   Lebensdauer 144
Minoritätsträgerströme
   am pn-Übergang 30
Mismatch 114
Missionsprofil 177
Modul 104; 107
MS-Kontakt 96
MS-Solarzelle 42
MS-Übergang 40–43
Multiübergangszellen 77–80

N

n-Halbleitung 5
Niederhaltepunkte 211
Niederhalter 212
Niederhaltestift 211

O

Oberflächen-Rekombination 17
Oberflächentexturierung 66
Ohl R.S. 1
Ohmsche Kontakte 40
omnidirektionaler Strahlungsfluß 156

P

Panelgelenke 212
Panelsubstrat 210
Parallelschaltung von Solarzellen 113
passives Substrat 77
Passivierung 72; 98
PCU 187
Pearson 1
p-Halbleitung 5
Photonenergie 31
Photostrom 33
pn-Übergang 22
Poisson-Gleichung 21
Polabstand 183
Potential
   eingebautes 27
   elektrostatisches 18
   Fermi 18
Primärstandard 50
Prozeßfolgen 83

R

rad
   Definition 140
Raumfahrtzellen
   charakteristische Zellparameter 243
   kritischer Teilchenfluß 246
   Restfaktoren 245–46
   Temperaturkoeffizienten 244
Raumladung und elektrisches Feld 21
Raumladungsverteilung
   im pn-Übergang 24
Raumladungszone 25
Reflexionsverluste 65
   bei schrägem Einfall 197
Reflexionsvermögen 34
Reichweite
   Elektronen 158
   Protonen 162
Rekombination 12; 71
   Auger 13
   direkte 13
   emmissive 13
   im Emitter 72
   im Rückkontakt 73
   indirekte 13
Rekombinationsrate 12
   im Nicht-Gleichgewicht 16

Rekombinationszentren 14
Rektaszension 178
Relative I Schädigungskoeffizienten
    GaAs 167
    Si 165
Relative V Schädigungskoeffizienten
    GaAs 168
    Si 166
relativer Schädigungskoeffizient
    omnidirektionale Strahlung 157
    Proton 162
    unidirektionale Strahlung 157
Richardson Konstante 42
Richardson-Dushman-Gleichung 42
Ripple 206
Rückseitenreflektor 68

S

SAFE-Array 218
Sammelwirkungsgrad
    Verbesserung des 70
Satelliten
    spinstabilisierte 222
satellitenmontierte Solargeneratoren
    Leistung 205
SCA 104
Schädigung
    durch Mikrometeoriten und Weltraum-
        schrott 199
Schädigungskoeffizient 145
Schädigungskoeffizienten
    Elektronen 148–49
    Neutronen 151
    Protonen 149–51
    relative 151; 156–68
Schädigungskurven
    Protonen 164
Schottky-Diode 40
Schottky-Fehlordnung 89
Schweißinsel 99
Schweißstrom 103
Schweißtechnik 99
Schweißtemperatur 101
Schwellenergie 141
Seilzug 212
Sektion 107
    charakteristische Kennlinienparameter
        202

Sekundäremission
    innere 171
Sekundärstandard 51
Serienwiderstand 53
    und Flächennutzung 68–70
Shunt 188
    partieller 188
    partieller, sequentieller 189
Shunt-Regler 188
Shunt-Widerstand 55
Silizium
    Herstellung 86
Solar Flare
    Energiespektrum Protonen 139
    Protonenflüsse 137
Solar Flare Protonenflüsse 137
Solargenerator
    flexibler, entfaltbarar 214–21
    satellitenmontierter 222–25
    starrer, entfaltbarer 209–14
    thermische Eigenschaften 180–83
Solargeneratorflügel
    Entfaltsequenz 210
Solargeneratorleistung
    Beispiel 203
Solarzelle *siehe auch* Raumfahrtzelle
    aktive Fläche 45
    Aufbau 45
    BSF 71
    Diodensättigungsstrom 36
    elektrische Eigenschaften 80–82
    erzeugter Strom 36
    GaAs 73–77
    Größe 45
    Grundmaterial 86
    Merkmale 45
    niederohmige 70
    Nomenklatur 83
    schwarze 66
    Si-Hi-eta 85
    Vertikal-Übergangs- 67
    violette 70
Solarzellenkennlinie 48–50
    Aufnahme 48
Solarzellenmaterialien
    Eigenschaften 242
Solarzellenverbinder 119–24
SOLPRO 137
Sonnenfleckenhäufigkeit 133

Sonneninklination
   zeitliche Varaition 204
Sonnenintensität
   Variation der 196
Sonnenspektrum 47
Spaltänderung
   thermische 121
Spaltbreite
   Variation 120
spektrale Empfindlichkeit 50
Sperrkennlinie
   Temperaturabhängigkeit 112
Sperrstrom 31
spezifische Leistung 194; 225; 227
spezifischer Widerstand 11
   Halbleiter 4
   Isolator 4
   Metalle 4
Starfish 134
STEM 214
   Prinzip 215
Strahlungsgürtel der Erde 129
Strombelastbarkeit
   Kabel 195
Stromdichte 21
Strom-Spannungs-Charakteristik
   pn-Übergang 31
Stufenübergang
   einseitiger 26

T

Teilchenfluß Modelle 136–39
Teilchenschädigung 140
   äquivalente 146–48
Teilchenstrahlung
   erdnaher Raum 129–34
Temperatur
   Solargeneratoren 180–83
Temperaturkoeffizienten 58–61
   Degradation 154
Texturierung 66
Thekaekara 47
Totschicht 91
Trümmerhäufigkeit 198
Tunnelübergang 79

U

Umlaufzeit 178
Umrechnungsfaktoren
   1MeV-e gegen 10 MeV-p 150
unidirektionaler Strahlungsfluß 156
UV-Schädigung 200

V

Valenzband 4
Van-Allen-Strahlungsgürtel 132
Vanguard I 1
Verbindermaterialien 99
Verhinderung von Hot Spots 127
Verlustfaktoren 191–200
   Anwendung der 201
Verlustmechanismen 64
Verschaltung von Solarzellen 112
Verschaltungstechniken 99–104
Versetzungsenergie
   Atom 141
Verteilungsfunktion 6
Vette James I. 136

W

Wafer 83; 88
Wärmeleitfähigkeit 182
Wärmestrahlung
   der Erde 183–87
Wärmestrom
   zur Substratrückseite 182
Wattkosten 226
   relative 230
Welligkeit 222
Weltraumschrott 197
   Häufigkeitsverteilung 199
Weltraumstation
   Alpha 216
Widerstände
   am Vorderseiten-Kontakt 69
Widerstandsschweißen 99
Wirkungsgrad
   begrenzende Faktoren 63
   Definition 61
   Intensität und 63
   theoretischer 61–63
Wöhlerkurve 123
Wolf, M. 64

Z

Zellparameter
Störstellen und 144
zellspezifische Faktoren 55–56

Zenitdistanz 179
Zonenschmelzverfahren 87
Zustandsdichte 6
Zuverlässigkeit 195